全国高等院校水利水电类精品规划教材

水工建筑物

主　编　李天科　王艳艳
副主编　刘仲秋　张新山

黄河水利出版社
·郑州·

内容提要

本教材是在汇总、综合分析当前国内外水利水电工程设计的基础理论和工程设计实例的基础上，依据中华人民共和国国家发展和改革委员会、水利部、电力行业标准等规范、规程要求，针对水工建筑物经过几十年运行中出现的问题，分析其设计中的不足，结合现代新的设计理论和计算方法编制而成的。本教材共分十一章，包括绪论、重力坝、拱坝、土石坝、河岸式溢洪道、水闸、橡胶坝、地基防渗与加固处理、土工合成材料的应用、其他水工建筑物、水利枢纽布置等。

本教材可作为高等院校水利水电工程专业、成人教育水利水电工程专业的教材使用，也可供水利水电工程设计、施工技术人员使用。

图书在版编目(CIP)数据

水工建筑物/李天科，王艳艳主编．—郑州：黄河水利出版社，2011.4

全国高等院校水利水电类精品规划教材

ISBN 978-7-5509-0010-3

Ⅰ.①水… Ⅱ.①李… ②王… Ⅲ.①水工建筑物-高等学校-教材 Ⅳ.①TV6

中国版本图书馆 CIP 数据核字(2011)第 048047 号

策划编辑：李洪良 电话：0371-66024331 邮箱：hongliang0013@163.com

出 版 社：黄河水利出版社

地址：河南省郑州市顺河路黄委会综合楼14层 邮政编码：450003

发行单位：黄河水利出版社

发行部电话：0371-66026940、66020550、66028024、66022620(传真)

E-mail: hhslcbs@126.com

承印单位：河南地质彩色印刷厂

开本：787 mm×1092 mm 1/16

印张：17.25

字数：399 千字 印数：1—4 100

版次：2011 年 4 月第 1 版 印次：2011 年 4 月第 1 次印刷

定价：35.00 元

前 言

水是生命之源,世间万物均离不开水。水决定了植物、动物、人类的生存与分布,水工建筑物就是要解决水在空间和时间上的分布不均匀与用水者需求的不平衡问题。

经过新中国60多年的水利工程建设,据2008年统计已建各类水库86 353座。这些水库在兴水利、除水害、调节水资源平衡、美化城市环境、促进国民经济发展等方面发挥了巨大作用。

由于新中国成立初期水利建设技术水平相对落后、建设资金有限,且受到某些不符合客观规律思潮的影响,主要表现为急于求成、重建轻管、只求数量不求质量。因此,工程存在很多隐患,多数建筑物经过四五十年的运行,已暴露出很多问题,也揭示了工程在设计、施工、运行管理中的缺陷,同时为后期的工程设计、施工、运行管理等积累了丰富的经验。

本书是编写组人员在总结20多年的水工建筑物教学、科研、工程设计、事故处理、科技咨询、技术交流的基础上整编而成的。

在编写过程中,本书以求新、求准、实用为原则,以常规水工建筑物设计为主体,以新版的水工建筑物设计规范为主干线,并结合了近期相关的新技术、新工艺、新设备、新材料等。

本书可供水利水电类等专业使用,需要70~90学时,着重讲授水工建筑物的规划要求、设计方法、规范使用、设计中应注意的问题、工程运行管理等。同时,介绍了水利水电工程建筑中应用的新设备、新技术、新材料,以及先进的优化设计手段等。

本书内容自成体系,既可作为高等学校水工建筑物教材,也可作为水利设计工程技术人员的参考书。

当前一般水工建筑物教材存在的问题有教材编写使用周期长、只讲成熟的理论等。目前,水利水电工程建设的特点是施工设备、技术等先进于设计,而设计又先进于教材,导致学生不能掌握施工中的前沿科学。所以,本教材在编写中注意体现了以下几个原则:

(1)本书着重结合某些建筑物的设计,进行基本概念、基本理论和基本知识的阐述,不追求全面设计的要求;对于方法性的内容,着重介绍基本思路,不过分追求系统和全面;对于规范性、资料性内容,着重进行原则性说明,不过多列出数据和图表。

(2)本书努力体现专业特点,着重介绍常见水工建筑物的设计方法、设计中应注意的问题、设计规范的使用等。

(3)为了开拓学生思路,培养学生的自学能力和创新能力,对于一些最新成就、当前动态或不成熟的方法和理论,阐明思路和目标,由学生自己在以后的学习和工作中探讨、改进、发展;对于某些错误的方法及工程中的教训,也在文中列出,以便于学生借鉴。

(4)本书结合当前水工建筑物设计的特点,增加了土工合成材料在水利工程中的应用、橡胶坝设计、地基防渗加固处理等三部分内容。

本书以水利水电枢纽工程为主要对象,着重介绍它们的设计原则、规范要求、不同水工建筑物设计的基本理论和基本方法。

本书由李天科、王艳艳担任主编，由刘仲秋、张新山担任副主编。各章由下列人员分工执笔完成：第一、九章由李天科编写，第二、十、十一章由王艳艳编写，第三章由刘仲秋编写，第四章由刘仲秋、董小花、孙继志编写，第五章由刘仲秋、张新山编写，第六章由王艳艳、张新山、董涛编写，第七章由李天科、姬新建、程亮编写，第八章由李天科、张新山编写。全书由山东农业大学李天科教授统稿，参编人员对本书的编写提出了很多宝贵意见，对此我们表示衷心的感谢。

由于编者水平有限，时间仓促，书中难免存在不当之处，希望广大读者给予批评和指正。

编　者

2010 年 12 月

目　录

第一章　绪　论

【学习指导】

目标:掌握水利工程建设中常用的基本概念,掌握水利枢纽等别划分标准、依据、方法,掌握水工建筑物级别确定方法,掌握工程等别与洪水标准的对应关系,学习使用水利工程相关的设计规范。

重点:与水工建筑物相关的基本概念,枢纽等别、建筑物级别划分方法,相应洪水重现期的确定方法。

第一节　水利工程概况

为了征服水旱灾害和开发水利资源,必须修建各类水利工程。水利工程是由若干个水工建筑物组成的。水工建筑物是人们兴水利、除水害的产物,它来源于实践。“善治国者,必重水利”,治水推动了历史的发展:大禹治水成功,舜禅位于大禹,禹创立了中国第一个朝代——夏,中国由原始社会进入封建社会,李冰修建的都江堰,使成都平原成为中国当时最大的粮仓,秦始皇在此囤粮三年作为战争的后盾,一举统一中国……

一、水资源

我国地跨北温带和亚热带,幅员辽阔,水量充沛,有奔腾的江河水流,也有彭湃的海湾潮汐。

(1)大江大河。在960万km^2的国土上,水系众多,大江大河源远流长:有长江、黄河、珠江、淮河、海河、辽河、松花江等七大水系,有雅鲁藏布江、澜沧江、怒江、鸭绿江、图门江、黑龙江、额尔齐斯河、伊利河、阿克苏河等众多国际河流。流域面积在100 km^2以上的河流有50 000多条,其中1 000 km^2以上的河流有1 598条。

(2)水量资源。全国多年平均降水量630 mm,总降水量约60 000亿m^3,每年平均河川径流量为27 155亿m^3,居世界第六位。按人口平均占有水量计算,世界人均占有水量为10 930 m^3/(人·年),我国为2 080 m^3/(人·年),不足世界平均值的1/5,低于美国1975年的人均实际用水量(2 528 m^3/(人·年)),所以中国仍为贫水国,水资源十分宝贵。

(3)水能资源。中国地势西高东低,地形复杂多变。水能资源其中山地占33%,高原占26%,丘陵占10%,合计占69%。长江落差为5 400 m,黄河落差为4 830 m,雅鲁藏布江、澜沧江、怒江的落差都在4 000 m以上。水能资源居世界第一位,理论蕴藏量为6.944亿kW,经济可开发量为4.018亿kW。据2010年8月21日《人民日报》报道:随着小湾水电站6台机组的全部投产,截至目前,我国水电装机容量突破2亿kW,稳居世界第一。三峡水利枢纽电厂,单站装机容量为1 820万kW(远期为2 240万kW),为目前世界最大的水电站。溪洛渡水电站单机容量77万kW，也将是世界最大的水轮发电机组。正在规划中的刚果河上的印加水电站装机容量为75万kW×52台=3 900万kW，建成后将成为世界最大的水电站。

为降低碳排放量，我国已经做出了两项承诺，即2020年的非化石能源消费量占一次能源消费量的比重15%，2020年我国碳排放量将比2005年下降40%~45%。2009年，我国能源消费总量约为31亿t标准煤，其中水电、核电、风电等商品化非化石能源消费量约为2.3亿t标准煤，约占能源消费总量的8.3%。按到2020年我国能源消费总量达到45亿t标准煤设计，为实现非化石能源消费量占一次能源消费量的比重达到15%的目标，水电装机容量应达到3.5亿kW，风电装机容量应达到1.5亿kW，太阳能发电装机容量应达到2 000万kW，生物质发电装机容量应达到3 000万kW，核电装机容量应达到8 000万kW。

水能资源无污染，为再生能源，而火电站消耗的煤和石油等是一次能源，一次能源在我们生活的地球上是不可能再生的。

二、建设成就

（一）悠久的治水历史

中国是世界四大文明古国之一，勤劳的中国人民在征服水旱灾害和开发利用水利资源中取得了很大的成就，积累了宝贵的经验。

公元前256年，蜀郡太守李冰修建的都江堰，巧夺天工，旱能灌，涝能排，水旱从人，并提出“深淘滩、低作堰”的治水方针，使成都平原成为粮仓，当时灌溉面积为200万亩（1亩=1/15 hm^2，下同），目前已发展到1 300万亩；经隋唐到元明建成的京杭大运河，全长1 794 km，成为古代中国南北交通运输的大动脉；始建于春秋战国时代的黄河大堤长1 400 km，保卫黄河的安澜；开创于东汉时期的江浙海塘，有效防止了海水的入侵。以上四项工程被誉为四大古代水利工程，还有安徽的芍陂、河北的引漳十二渠、陕西郑国渠、新疆坎儿井等水利工程，都体现了古代劳动人民的智慧和治水业绩。

（二）当代的水利工程建设

新中国成立以来，在中国共产党的领导下，中国的水利建设更加辉煌。据2008年统计，全国共建成各类水库86 353座，总库容达6 924亿 m^3，其中：大型水库529座，库容5 386亿 m^3；中型3 181座，库容910亿 m^3；小型水库82 643座，库容628亿 m^3。整修和加固堤防28万km，已建海堤13 718 km（其中达标海堤7 900 km），兴建水闸31 742座，有效地控制了水旱灾害。

截至2010年8月21日，我国水电装机容量已突破2亿kW，装机容量稳居世界第一位。其中，三峡水利枢纽总装机容量1 820万kW（远期扩容到2 240万kW），是世界最大的水电站。

水利工程建设也不断地促进了水工建筑物科学技术的发展，如坝型革新、坝基处理方法、高水头消能防冲、模型试验方法、结构优化设计、计算软件的开发和应用、结构设计可靠度理论、弹塑性力学计算方法等应用，使水工建筑物结构设计更明确、更准确、更快捷。

三、现存问题

由于水量分布的地域不均衡、时间不均衡等因素，旱灾和洪涝灾害几乎每年都可能在不同的地区出现，集中表现为洪涝灾害、干旱缺水、水环境恶化等三大问题。很多城市缺水现象还相当严重，制约了经济发展，甚至影响城市居民的正常生活。1998 年长江、松花江特大洪水，2010 年我国西南地区春季大旱、夏季特大洪水并引发泥石流灾害，又一次给人们敲响了警钟。水与人类不相适应主要有以下几个方面。

（一）地理特征

东南沿海年降水量大于 1 600 mm，华北地区年降水量为 400 ~ 800 mm，西北地区年降水量不足 250 mm。长江以南诸河的年径流量占全国的 82%，而耕地仅占全国的 38%；处于干旱、半干旱的黄、淮、海以北地区，水量占 18%，土地占 62%。北方的严重缺水，制约了农业生产和当地的经济发展。因此，国家领导人下决心搞南水北调工程，此举已酝酿几十年，当前南水北调东线、中线的主体工程正在进行中，不久即可通水。

（二）时间分布

由于气候受季风的影响，夏秋季的径流量占全年的 70% ~ 80%，且主要集中在汛期，造成春旱夏涝。北方地区的降水量年际之间变化很大，丰、枯水年的降水量相差 5 倍以上。

（三）水土流失

水土流失已成为当今社会一大公害，我国水土流失面积达 367 万 km^2，占国土面积的 38%，严重地破坏了生产力，恶化了生态环境。其自然因素是土壤、植被条件差，社会因素是大兴土木、盲目开垦等。新中国成立后，我国有三次大开荒，垦地 244.7 万亩，严重破坏了天然植被。第一次是 1960 ~ 1962 年，目的是增产防饥饿；第二次是 1966 ~ 1969 年，是“以粮为纲，全面发展”的农业政策；第三次是 1980 ~ 1981 年，“联产承包，农民包山，开荒种粮”。结果均造成“跑水、跑土、跑肥”，淤积河流湖泊，被迫加高堤防，形成恶性循环。黄河河床已高出开封市 13 m，高出新乡市 21 m，危及城市安全。

（四）水质污染

由于某些地方群众的环保意识差，当地领导不重视，为了短期的眼前经济效益而破坏了生态环境，一些小型的造纸厂、化肥厂没有污水处理设施，生产中大量污水直接排放到河道中，污染了水源，甚至水中的某些生物都无法存活。

（五）泥沙问题

黄河是中华民族的摇篮，也是中国的忧患，过去黄河年输沙量达 16 亿 t，为世界第一位。河床不断淤积，大堤不断加高，形成恶性循环，下游已成为地上悬河，成了海河、淮河两大流域的分水岭。

（六）洪涝灾害

洪涝灾害依然是中国江河的心腹大患，近几年长江、淮河、珠江等几大河流特大洪水频频发生，给人民生命财产和国家经济建设带来巨大影响，防洪建设始终是我国的一项长期而紧迫的任务。

第二节　水利工程

一、基本概念

为兴水利、除水害而修建的工程称为水利工程；每一项水利工程又由不同用途的建筑物组成，这些建筑物叫水工建筑物；不同用途的建筑物组合成一个有机的综合体，称为水利枢纽。

二、分类方法

（一）水利工程的分类

水利工程一般按照其所承担的任务来进行分类，如防洪工程、灌溉工程、治涝工程、水力发电工程等。我国的社会主义制度为水利资源综合开发提供了良好条件，一个工程往往可以具有许多任务，这种工程称为综合利用工程。

1. 防洪工程

防洪工程是通过修建水库、分洪或蓄洪工程以及堤防、河道整治、开挖新河等措施来保护农田、工矿区和城市，免受洪水危害。防洪工程应根据防护对象的要求，统一考虑上下游、左右岸、干支流、近远期和大中小工程相结合等因素，合理确定防洪工程的防洪任务，并根据防护对象的重要性、历次洪水灾害情况及政治、经济影响，结合防护对象和防洪工程的具体条件确定其防洪标准。

2. 灌溉工程

灌溉工程是通过修建蓄水、引水、提水工程，为农作物提供必需的水量。兴建灌溉工程时要尽量考虑蓄、引、提相结合和大、中、小相结合，充分利用当地水源，实行"长藤结瓜"或"井渠结合"。灌溉工程的灌溉设计标准，要根据灌区水土资源、作物组成、气象水文、水量调节程度及国家对当地农业生产的要求等选择确定。

灌溉工程多采用灌溉设计保证率作为灌溉设计标准，它用灌溉用水量全部获得满足的年数占计算总年数的百分率表示，即灌溉用水量的保证程度；也有采用抗旱天数作为灌溉设计标准的，即设计采用的作物生长期间尤其是关键需水时期，由于连续无雨或少雨而需要灌溉的天数。

3. 治涝工程

治涝工程可以采取设置排水闸、排水站或挡潮闸等工程措施，来治理洼地、垸田的涝渍灾害。兴建排涝工程时应根据农业高产、稳产的要求，考虑涝区的地形、土壤、水文气象、涝渍情况，正确处理大中小、近远期、上下游、泄与蓄、自排与抽排及工程措施与其他措施等关系，合理确定其防涝任务及设计标准。防涝设计标准一般以涝区发生一定重现期的暴雨不受渍涝为准，重现期一般为 5 ~ 10 年。

4. 水力发电工程

水力发电工程有水库电站、引水式电站及抽水蓄能式电站。根据地区工农业用电需要、综合利用要求和电站建设条件，并考虑系统中已建和计划兴建的水、火电站组成水力电力系统的发展条件等情况，合理确定所设计水电站在电力系统中的任务；根据水电站所在电力系统的负荷特性、系统中水电容量的比重、水库的调节性能、水电站的规模及其在电力系统中的作用等因素，合理选择水电站的设计保证率。水电站的设计保证率是指水电站正常发电的保证程度，用电站正常发电总时段与计算总时段相比的百分率表示。

5. 综合利用工程

综合利用工程是一个具有多种任务的工程。所承担的任务及其主次关系，应根据国民经济有关部门的要求和工程建设的条件合理确定，并考虑远景发展及主次关系发生变化的可能性。综合利用工程各用水部门对水量、水位和用水时间各有不同的要求，应根据主次关系通过方案比较进行水量平衡妥善处理。综合利用工程还应根据综合利用和经济合理的原则，妥善解决好通航、过木、渔业、给水、卫生及水源保护等问题。对于水质污染和由于水利条件变化引起生态环境变化可能产生的影响，也应进行研究并提出解决的办法。

(二)水利枢纽的分类

水利工程中有的只建有单项水工建筑物，如只建分洪闸的防洪工程、仅有排水闸的治涝工程及无坝引水只建进水闸的灌溉工程等。但是，大多数水利工程都是由几种水工建筑物组成的，这种水利工程往往被称为水利枢纽工程或水利水电枢纽工程。例如，位于长江西陵峡的三峡水利枢纽工程，是我国目前已经建成的最大水利工程，整个枢纽由拦河坝、泄洪闸、船闸、升船机、冲沙闸和水电站等主要建筑物组成，工程建成后不仅可有效地改善三峡天险航道，促进长江航运事业的发展，还可利用径流发电，年平均发电量 860 亿 kWh，相当于新中国成立初期全国总发电量的 20 倍。

在农田水利工程中，还往往把水利枢纽按其作用分为蓄水(水库)枢纽、取(引)水枢纽和抽水枢纽等。例如，湖南省韶山灌区工程在涟水中游水府庙以上 2 km 处建有水库枢纽，枢纽由拦河坝、电站和船闸等建筑物组成，经水库调节后的水量由下游 18 km 处的洋潭引水枢纽进水闸进入总干渠，引水枢纽的主要建筑物有滚水坝、泄洪闸、重力坝、土坝、电站、斜面升船机和进水闸等。

(三)水工建筑物的分类

水工建筑物一般按其作用、用途和使用期间来分类。

1. 按作用分类

水工建筑物按其作用分类有挡水建筑物或壅水建筑物(如坝、闸、堤防及拦截河流的各种建筑物)、泄水建筑物(如溢洪道、泄水孔等)、取水建筑物(如进水闸、取水塔等)、输水建筑物(如渠道和渠道上的渡槽、隧洞、涵管等)和整治建筑物(如护岸护底建筑物、导流堤、防浪堤、防水墙及拦沙建筑物等)。

2. 按用途分类

水工建筑物按其用途分类有一般性建筑物和专门性建筑物，前者可以应用于所有的水利工程，后者仅用于某一个水利工程实现其特定的任务。专门性水工建筑物有水电站建筑物(如厂房、压力前池、调压塔或调压井等)、水运建筑物(如船闸、升船机、停泊建筑物、木材浮运建筑物及港口防护建筑物等)、农田水利建筑物(如灌区的渠系建筑物和量水设备等)、给水排水建筑物(如给水排水管道及扬水站等)和过鱼建筑物(如鱼道、鱼梯、升鱼机)等。

3. 按使用期间分类

水工建筑物按其使用期间分类有永久性建筑物和临时性建筑物。永久性建筑物是指工程运行期间长期使用的建筑物,根据其重要性又分为主要建筑物和次要建筑物。主要建筑物指失事后将造成下游灾害或严重影响工程效益的建筑物,如坝、闸、泄洪建筑物、输水建筑物及电站厂房等;次要建筑物指失事后不致造成下游灾害或对工程效益影响不大并易于修复的建筑物,如挡土墙、导流墙、工作桥及护岸等。临时性建筑物指工程施工期间使用的建筑物,如导流建筑物等。

三、水利枢纽实例——三峡工程

三峡水利枢纽位于西陵峡中段,湖北宜昌的三斗坪,具有防洪、发电、航运等多种功能。正常运行水位 175 m,总库容 393 亿 m^3,坝轴线长 2 335 m,坝顶高程 185 m,最大坝高 181 m,总投资 2 039 亿元。枢纽主要由以下建筑物组成:

(1)溢流坝。坝顶高程 185 m,23 个坝段,位于河床中部,设有 23 个 7 m × 9 m 的泄水深孔,22 个宽 8 m 的溢流表孔,其作用是汛期溢洪,保证大坝的安全。

(2)水电站。采用坝后式厂房,布置于泄水闸两侧,左边 14 台机组,右边 12 台机组,单机容量 70 万 kW,总装机容量 1 820 万 kW,年发电量 847 亿 kWh,相当于每年节省 5 000万 t 标准煤,既节省了能源,又减轻了“北煤南运”的费用。

(3)船闸。采用双线五级船闸,闸室有效尺寸为 280 m × 34 m × 5 m,单向过闸时间为 5 ~ 6 h,可通过万吨级船队,年单向通过能力 5 000 万 t。库区回水长度 660 km。高水位时淹没了航道中的险滩,加大了水面宽度,减少了水的流速,可使水运成本降低 35% ~ 37%。

(4)升船机。为单线一级垂直提升式,承船箱有效尺寸为 120 m × 18 m × 3.5 m,一次可通过一艘 3 000 t 客轮或者 1 500 t 级船队,过坝时间为 1 h。

四、水工建筑物的特点

(一)工作条件复杂多变

水工建筑物主要受水的作用和自然环境的影响。水对建筑物有静水压力而产生水平推力,因此建筑物必须有足够的水平抵抗力和稳定性,水平水压力随挡水深度的不同在随时变化。此外,水面有波浪时将给建筑物附加波浪压力,水面结冰时将附加冰压力,发生地震时将附加水的地震激荡力,水流经建筑物时也会产生各种动水压力,都必须加以考虑。

建筑物上下游的水头差,会导致建筑物及其地基内的渗流。渗流会引起对建筑物稳定不利的渗透压力,渗流也可能引起建筑物及地基的渗透变形破坏,过大的渗流量会造成水库的严重漏水。因此,建造水工建筑物要妥善解决防渗和渗流控制的问题。

高速水流通过泄水建筑物时可能出现自掺气、负压、空化、空蚀和冲击波等现象,强烈的紊流脉动会引起轻型结构的振动,挟沙水流对建筑物边壁还有磨蚀作用,挑射水流在空中会产生对周围建筑物有严重影响的雾化,通过建筑物水流的多余动能对下游河床有冲刷作用，乃至影响建筑物本身的安全。为此，兴建泄水建筑物，特别是高水头泄水建筑物，要注意解决高速水流可能带来的一系列问题，并做好消能防冲设计。

除上述主要作用外，还要注意水的其他可能作用。例如：当水具有侵蚀性时，会使混凝土结构中的石灰质溶解，破坏材料强度和耐久性；与水接触的水工钢结构易发生严重锈蚀；在寒冷地区的建筑物及地基将有一系列冰冻问题要解决。

（二）设计选型的独特性

水工建筑物的形式、构造和尺寸，与建筑物所在地的地形、地质、水文等条件密切相关。比如，规模和效益大致相仿的两座坝，由于地质条件优劣的不同，两者的形式、尺寸和造价都会迥然不同。由于自然条件千差万别，因而水工建筑物设计选型总是只能按各自的特征进行，除非规模特别小，一般不能采用定型设计。当然这不排除水工建筑物中某些结构部件的标准化。

（三）施工建造的艰巨性

在河川上建造水工建筑物，比陆地上的土木工程，施工条件困难且复杂得多。主要困难是解决施工导流问题，即必须迫使河川水流按特定通道下泄，以截断河流，便于施工时不受水流的干扰，创造最好的施工空间。要进行很深的地基开挖和复杂的地基处理，有时还必须水下施工。施工进度往往要和洪水“赛跑”，在特定的时间内完成巨大的工程量，将建筑物修筑到拦洪高程。

（四）失事后果的严重性

水工建筑物坚固可为人民造福，但如失事也会产生严重后果。特别是拦河坝如失事溃决，会给下游带来灾难性乃至毁灭性的后果，这在国内外都不乏惨重实例。据统计，大坝失事最主要的原因，一是洪水漫顶，二是坝基或结构出问题，两者各占失事总数的1/3左右。1959年法国Malpasset双曲拱坝溃坝，1975年8月河南省的板桥、石漫滩两座大型水库溃坝，均造成严重的经济损失和人员伤亡。应当指出的是，有些水工建筑物的失事与某些自然因素或当时人的认识能力与技术水平限制有关，也有些是不重视勘测、试验研究或施工质量欠佳所致，后者尤应杜绝。

五、水利枢纽对环境的影响

一条河流或一个河段及其周围地区在开发其水资源前一般处于某种相对平衡。水利工程的建设会使原有的平衡失调，特别是具有高坝大库的河川水利枢纽的建成运行，对周围的自然和社会环境都将产生重大的影响。规划、设计、建设水利枢纽时，在注意其巨大经济效益的同时，还必须注意其对环境的副作用，特别是不利影响方面，并力争缩小这种不利影响。

（一）物理影响

河流中筑坝建库后上下游水文状态将发生变化。如果水库不具有较大的径流调节性能，则变化只表现为上游有一壅水段，而一般具有季、年或多年调节性能的水库，上游水位将有很大的变化幅度，这就会造成一片淹没、浸没区，也就使原来的居民要迁移。与此同时，下游河流水位及地下水位都可能下降，甚至带来干旱。

上游水库水深加大，流速降低，河流带入水库的泥沙会淤积下来，逐渐减少水库库容，这实际上最终决定水库的寿命。据美国、印度等国 130 座水库的调查,每年淤积损失的库容为 2% ~14.33%。水库的“沉沙池”作用,使过坝调节下泄的水流成为“清水”,冲刷能力加大,从而会使下游河床刷深,也可能影响到河势变化乃至河岸稳定。经水库再下泄的水,水质一般有所改善;但因库区不同的条件,也可能受某些盐分污染。深水库底孔下放的水,水温会较原天然状态有所变化。

大面积的水库还会引起当地小气候的变化,例如可能增加雾天的出现频率,大水库可能诱发地震也是国内外广泛注意的问题。据调查,在已建的坝高超过 100 m 和库容超过 10 亿 m^3 的水库中,发生水库地震的达到 17%,但烈度不高。

(二)生态影响

高坝大库对生态影响的问题涉及范围很广,包含许多人们认识不足的未知因素。例如:较天然河流大大增加了的水库面积与容积可以养鱼,对渔业有利;但坝对原河鱼的洄游成为障碍,任何过鱼设施也难以维持原状,某些鱼类品种因此消失了。水库调蓄的水量增加了农作物灌溉的机会;但水温可能不如原来更适应作物生长。钉螺、疟蚊等传播疾病的媒介物可能得到新的有利的繁殖条件,从而增加了血吸虫病、疟疾等的传染危险性。此外,库水化学成分的改变,营养物质浓集导致水的异味或缺氧等,也会给生物带来影响。

上述无论物理影响还是生态影响,无疑都转移为对人类本身的影响。就我国当前水利建设来说,高坝大库的库区移民问题尤为重要。有的水库库区移民安置费用竟相当于总费用的 2/3。另外要注意,水库蓄水后还可能出现一些规划设计阶段较难预见的影响。例如,库岸由于水的渗入,原本稳定的边坡可能失稳坍滑,意大利 Vajout 拱坝上游就曾发生过这种大滑坡,造成高 150 m 的涌浪翻越坝顶,冲毁下游村镇,造成 3 000 人死亡。因此,修建水利枢纽必须充分考虑其对环境的影响,精心研究,慎重对待。

受气候变化、污染等因素的影响,世界上的一些主要河流正面临日益严重的干涸危险。受威胁最深的 10 条大河有亚洲的湄公河、怒江、长江、恒河和印度河,欧洲的多瑙河,南美洲的拉普拉塔河,北美洲的格兰德河,非洲的尼罗河,大洋洲的墨累—达令河。这 10 条“人类的血脉”正遭受人为破坏:河水被抽干,盐化,外来物种入侵,污染严重,捕捞过度,森林采伐,气候变暖,航运设施、防洪设施、过多的水坝建设破坏生态系统等。生活在流域中的人类和野生动物也面临威胁。全球大约 41% 的人口居住在这些流域,1 万种淡水动物和植物中至少 20% 已经灭绝。

六、现代水工建筑物的发展

随着流体力学、岩土力学、结构理论和计算技术的发展,以及新型材料、大型机械、设备制造能力的提高和施工技术的进步,有了以高坝为代表的现代水工建筑物的发展。

在混凝土坝方面,我国于 20 世纪 50 年代依靠自己的力量,设计、施工、建成了装机容量 66 万 kW 的新安江水电站的宽缝重力坝,其最大坝高 105 m,溢流坝与坝后厂房顶溢流式水电站结合,枢纽布置高度集中紧凑,为我国大型水利工程建设开创了良好的先例。随后,建成了多座坝高 100 m 上下的各种形式的混凝土坝。20 世纪 60 年代,在黄河干流强地震区建成了坝高 147 m 的刘家峡水电站的实体重力坝,在解决高坝技术以及相应高水头泄水建筑物高速水流问题方面取得了相当大的进展和重要的经验。70 年代在石灰岩岩溶地区建成了165 m的乌江渡拱形重力坝，成功地处理了岩溶地基。80年代在著名的葛洲坝水利枢纽施工中，在长江流量4 400～4 800 m^3/s情况下胜利实现了大江截流，保证了我国当时最大装机容量水电站和最大通航船闸的顺利建成，标志着我国水利施工达到的新水平。80年代我国建造的高坝工程以黄河"龙头"的龙羊峡重力拱坝为代表，其坝高为178 m，上游可形成247亿 m^3 库容的水库。该坝设计、建造过程中成功地解决了坝肩稳定、泄洪消能布置等一系列结构与水流问题。与此同时，坝高150 m以上的薄拱坝（双曲拱坝），如东江、东风等水电站的高坝建设也都取得了成功。90年代开工的三峡工程为世界瞩目。到目前为止，我国已具有设计和建造各种形式高坝的能力，坝高超过200 m的高坝在中国不断出现，如二滩水电站薄拱坝坝高240 m，溪洛渡双曲拱坝坝高278 m，小湾双曲拱坝坝高292 m，锦屏一级双曲拱坝坝高达305 m。

在土石坝方面，我国是建造这种当地材料坝最多的国家，而且形式多样，施工方法也多样。无论是通常的碾压式筑坝技术，还是水中倒土、水力冲填、定向爆破等特殊筑坝技术，都不乏成功的工程实例，甚至还建成很多小型的可溢流土石坝。我国建成的高土石坝以甘肃碧口水电站和陕西石头河水库的两座心墙土石坝为代表，两者的坝高分别达101 m和105 m。与土石坝本身密切有关的深覆盖层地基处理技术也取得了很大的进展，例如碧口土石坝的砂砾石坝基混凝土防渗墙深达44 m，效果很好。相应坝型为高土石坝的情况下，高水头河岸溢洪道和泄洪隧洞的修建也积累了良好的经验。现在我国在高土石坝建设方面有了飞速发展，瀑布沟水电站心墙堆石坝高188 m，水布垭混凝土面板堆石坝高233 m，还有大量高坝在规划设计中。从数量和高度来看，都居于世界前列。

目前，世界上100 m以上的高坝超过450座，差不多是1950年以前的12倍。高土石坝在高坝中所占比例越来越大，目前其数量大致相当于混凝土重力坝与混凝土拱坝数之和。这显然与高土石坝设计理论和施工技术的不断改进及大型施工机械的采用有关。世界上坝高超过300 m的两座坝都是土石坝，其中塔吉克斯坦的罗贡斜心墙土石坝高达335 m，也是目前世界最高坝。高土石坝的建造技术不但表现在地面以上的坝高，还表现在地面以下的地基处理深度，在冲积层土基内已实现了170 m深的深孔水泥灌浆和131 m深的混凝土防渗墙施工。著名的高土石坝还有美国的奥洛维尔土石坝（高236 m）、加拿大的买加堆石坝（高252.244 m）及印度的特里堆石坝（高260.5 m，目前世界最高的堆石坝）等。奥洛维尔土石坝工程量达 59.64×10^6 m^3，高度机械化施工，工期只用4年即在1968年建成。坝高名列世界首位的各种混凝土坝包括瑞士的大狄克桑斯重力坝（高285 m）、苏联的英古里拱坝（高272 m）、加拿大的丹尼尔·约翰逊连拱坝（高214 m）等。美国的德沃歇克坝混凝土方量达 497×10^6 m^3，仅用6年即浇筑到顶。

我国正在建造多座200～300 m以上量级的高坝，高坝建设的成套技术必须进行研究并掌握。采用碾压混凝土的高重力坝和高拱坝、采用刚性面板防渗的碾压式堆石坝（非抛填式堆石坝）将是很有发展前途的新坝型。它们在相当高的情况下已有成功经验，正研究推广到更高的坝工建设中去。高坝成套技术中所涉及的难点包含水工新材料、大型设备的研制、高速水流、消能防冲、抗震、高边坡稳定性、安全监控等问题的解决，以及一系列设计、计算技术和施工技术的提高，都要进行攻关研究，水工科技工作者可以说是任重而道远。

七、本门学科的学习方法和研究途径

水工建筑物又称水工结构，是一门综合性很强的学科，涉及的知识面很宽，并需要较深的数学、力学基础。它同时又是一门实践性很强的课程，掌握它的标志是工作中具有对各种水工建筑物进行设计、施工和运行管理的良好能力。为此在学习过程中要综合运用基础理论，并通过作业、试验、设计等教学环节，锻炼培养解决实际问题的独立工作能力。

水工建筑物种类繁多，形式千变万化，学习过程中应该也只能对若干种典型建筑物进行较仔细的分析，认识一般规律，掌握设计原则和方法，进而达到举一反三的目标。

水工科学技术水平在不断提高，但随着水工建筑物的规模日益加大，待解决的各种水工问题的难度也在不断提高，研究解决水工问题的途径可归结为以下几点：

(1)理论分析与计算。理论分析是对实际工程问题的属性进行提高归纳，使其成为某一物理力学问题，再对其普遍性规律进行演绎推断，得到公式化、函数化的分析解，可引用于所有同类问题的求解。这自然是基本的理想的途径，应首先考虑选取。但由于工程问题往往涉及众多的影响因子和复杂的边界条件，能由这一途径走到底的一般已由前人走过并给出了结论；而更多不断出现的问题却是无法经此途径解决的，即使已知其控制方程——数学物理方程，仍难得其解析解。所幸，随着计算数学和电子计算机的发展，将各种工程问题数学模型化，再引入具体初始条件和边界条件，运用适当的离散方法，问题的数值求解就有了可能，这方面的前景是广阔的。不过目前及可预见的将来还无法做到单由这条途径即数学模型、数值模型解决全部问题，而应与以下三者进行配合研究。

(2)试验研究。即通过水工水力学模型、水工结构模型等物理模型试验途径来解决理论分析计算尚不能解决的问题。它的优点是便于对三维复杂的建筑物或枢纽整体形态、水流边界以及地基情况进行模拟并取得直观的结果。物理模型的方法还可与数学模型结合研究，成为合交模型以提高精度和效率。

(3)原型观测。对已建或在建的水工建筑物进行水流、结构或地基的各种观测，分析观测结果并找出一般规律，用以验证理论分析计算或物理模型试验成果，进而引用于其他工程。这也是解决水工问题重要的更可靠的途径。

(4)工程类比。通过调查研究，了解与本工程类似的已建并运行良好工程的参数、尺寸，归纳总结其经验教训，从而参照进行本工程的设计，这也是水工设计中常用的方法。

显然，对兴建大型重要枢纽或其中主要建筑物而言，为解决一系列水工问题，上述诸途径往往是综合取用的。

八、本门课程特点

(1)专业性。本课程着重阐述水利水电工程中常见的、有代表性的水工建设物的设计程序、设计方法及相关的事故处理等。

(2)实用性。为便于学生(或设计人员)学习后使用方便，本书阐述了各种水工建设物的相应设计规范、设计手册、相关参数选取、建筑物的适用条件等。

(3)系统性。对于某一水工建筑物的设计，可以有不同的地质条件、建筑材料、功能要求、施工设备及施工方案，书中尽量地进行归类比较分析，有选择性地应用，以理论联系实际,进行设计方案优化。

(4)启发思考性。书中阐述的某些理论和设计方法可能不完善,有些还需要改进,有些可能还是错误的,这就要求学生们进行批判性的学习,既吸取其精华部分,又能分辨那些是不合理的,还能学到自己工作中应注意的问题,不走他人走过的弯路,同时继续进行水利工程设计中的研究和技术创新。

第三节　水利枢纽与水工建筑物的等级划分

一、等级划分

一项水利枢纽工程的成败对国计民生有直接影响,但不同规模的工程影响程度也不同。为使工程的安全性、可靠性与其造价的经济合理性适当统一起来,水利枢纽及其组成建筑物要分等分级,即先按工程的规模、效益及其在国民经济中的重要性,将水利枢纽分等,而后对各组成建筑物按其所属枢纽等别、建筑物作用及重要性进行分级。枢纽工程、建筑物的等、级不同,对其规划、设计、施工、运行管理的要求也不同,等、级越高者要求也越高。这种分等分级、区别对待的方法,也是国家经济政策和技术政策的一种重要体现。

根据我国水利部颁发的现行规范——《水利水电工程等级划分及洪水标准》(SL 252—2000),水利水电枢纽工程按其规模、效益和在国民经济中的重要性分五等,其中分等指标见表 1-1,永久性水工建筑物级别见表 1-2。

表 1-1　水利水电工程分等指标

工程等别	工程规模	分等指标						
		水库总库容（亿 m^3）	防洪		治涝	灌溉	供水	发电
			保护城镇及工矿区的重要性	保护农田（万亩）	治涝面积（万亩）	灌溉面积（万亩）	供水对象重要性	装机容量（万 kW）
Ⅰ	大(1)型	≥10	特别重要	≥500	≥200	≥150	特别重要	≥120
Ⅱ	大(2)型	10~1.0	重要	500~100	200~60	150~50	重要	120~30
Ⅲ	中型	1.0~0.1	中等	100~30	60~15	50~5	中等	30~5
Ⅳ	小(1)型	0.1~0.01	一般	30~5	15~3	5~0.5	一般	5~1
Ⅴ	小(2)型	0.01~0.001		<5	<3	<0.5		≤1

表 1-1 中的总库容指水库最高水位以下的静库容,治涝面积、灌溉面积则均指设计值。对综合利用的水利水电工程,当按表中指标分属几个不同等别时,整个枢纽的等别应以其中的最高等别为准。按表 1-2 确定水工建筑物级别时,如该建筑物同时具有几种用途,应按最高级别考虑,仅有一种用途时则按该项用途所属级别考虑。

对于Ⅱ~Ⅴ等工程,在下述情况下经过论证可提高其主要建筑物级别:一是水库大坝高度超过表 1-3 中数值者提高一级，但洪水标准不予提高；二是建筑物的工程地质条件特别复杂，或采用缺少实践经验的新坝型、新结构时提高一级；三是综合利用工程如按库容和不同用途的分等指标有两项接近同一等别的上限，其共用的主要建筑物提高一级。对于临时性水工建筑物，当其失事后将使下游城镇、工矿区或其他国民经济部门造成严重灾害或严重影响工程施工时，视其重要性或影响程度，应提高一级或两级。对于低水头工程或失事损失不大的工程，其水工建筑物级别经论证可适当降低。

表 1-2　永久性水工建筑物级别

工程等别	Ⅰ	Ⅱ	Ⅲ	Ⅳ	Ⅴ
主要建筑物	1	2	3	4	5
次要建筑物	3	3	4	5	5

表 1-3　需要提高级别的坝高界限

坝的原级别		2	3	4	5
坝高(m)	土坝、堆石坝、干砌石坝	90	70	50	30
	混凝土坝、浆砌石坝	130	100	70	40

不同级别水工建筑物的不同要求主要体现在以下几个方面：

(1)抗御洪水能力。如洪水标准、坝顶安全超高等。

(2)强度和稳定性。如建筑物的强度、稳定安全系数、抗裂要求及限制变形要求等。

(3)建筑材料。如选用材料的品种、质量、强度等级及耐久性等。

(4)运行可靠性。如建筑物各部分尺寸裕度和是否设置专门设备等。

二、洪水标准

水利水电工程永久性水工建筑物的洪水标准，应按山区、丘陵区(见表 1-4)和平原区(见表 1-5)分别确定。

当山区、丘陵区水利水电工程永久性水工建筑物的挡水高度低于 15 m，且上下游最大水头差小于 10 m 时，其洪水标准宜按平原区标准确定；当平原区水利水电工程永久性水工建筑物的挡水高度大于 15 m，且上下游最大水头差大于 10 m 时，其洪水标准宜按山区、丘陵区标准确定。

山区、丘陵区水利水电工程的永久性泄水建筑物消能防冲的设计洪水标准，可低于泄水建筑物的洪水标准，根据泄水建筑物的级别按表 1-6 确定，并应考虑在低于消能防冲设计洪水标准时可能出现的不利情况。对超过消能设计标准的洪水，容许消能防冲建筑物出现局部破坏，但必须不危及挡水建筑物及其他主要建筑物的安全，且易于修复，不致长期影响工程运行。

表 1-4　山区、丘陵区水利水电工程永久性水工建筑物洪水标准[重现期(年)]

项目		永久性水工建筑物级别				
		1	2	3	4	5
设计		1 000 ~ 500	500 ~ 100	100 ~ 50	50 ~ 30	30 ~ 20
校核	土石坝	可能最大洪水(PMF)或10 000 ~ 5 000	5 000 ~ 2 000	2 000 ~ 1 000	1 000 ~ 300	300 ~ 200
	混凝土坝、浆砌石坝	5 000 ~ 2 000	2 000 ~ 1 000	1 000 ~ 500	500 ~ 200	200 ~ 100

表 1-5　平原区水利水电工程永久性水工建筑物洪水标准[重现期(年)]

项目		永久性水工建筑物级别				
		1	2	3	4	5
水库工程	设计	300 ~ 100	100 ~ 50	50 ~ 20	20 ~ 10	10
	校核	2 000 ~ 1 000	1 000 ~ 300	300 ~ 100	100 ~ 50	50 ~ 20
拦河水闸	设计	100 ~ 50	50 ~ 30	30 ~ 20	20 ~ 10	10
	校核	300 ~ 200	200 ~ 100	100 ~ 50	50 ~ 30	30 ~ 20

表 1-6　山区、丘陵区水利水电工程消能防冲建筑物洪水标准

永久性泄水建筑物级别	1	2	3	4	5
洪水重现期(年)	100	50	30	20	10

坝体施工期临时度汛洪水标准,应根据坝型及坝前拦洪库容按表 1-7 确定。根据其失事后对下游的影响,标准可适当提高或降低。

表 1-7　坝体施工期临时度汛洪水标准[重现期(年)]

坝型	拦洪库容(亿 m^3)		
	>1.0	1.0 ~ 0.1	<0.1
土石坝	>100	100 ~ 50	50 ~ 20
混凝土坝、浆砌石坝	>50	50 ~ 20	20 ~ 10

三、建筑物超高

水利水电工程永久性挡水建筑物顶部高程,应按工程设计情况和校核情况时的静水位加相应的波浪爬高、风壅增高和安全加高确定。其安全加高应不小于表 1-8 中的规定。

表 1-8　永久性挡水建筑物安全加高　（单位:m）

建筑物类型及运用情况			永久性挡水建筑物级别			
			1	2	3	4、5
土石坝	设计		1.5	1.0	0.7	0.5
	校核	山区、丘陵区	0.7	0.5	0.4	0.3
		平原、滨海区	1.0	0.7	0.5	0.3
混凝土闸坝、浆砌石闸坝	设计		0.7	0.5	0.4	0.3
	校核		0.5	0.4	0.3	0.2

当水利水电工程永久性挡水建筑物的顶部设有稳定、坚固和不透水的且与建筑物的防渗体紧密结合的防浪墙时，防浪墙顶部高程也可按表 1-9 确定，但挡水建筑物顶部高程应不低于水库正常蓄水位。

不过水的临时性挡水建筑物的顶部高程，应按设计洪水位加波浪高度，再加安全加高确定。安全加高值按表 1-9 确定。

过水的临时性挡水建筑物的顶部高程，应按设计洪水位加波浪高度，再加安全加高确定，安全加高值见表 1-9。

表 1-9　临时性挡水建筑物安全加高　（单位:m）

临时性挡水建筑物类型	建筑物级别	
	3	4、5
土石结构	0.7	0.5
混凝土、浆砌石结构	0.4	0.3

第四节　本课程的基本内容

水工建筑物是水利水电工程专业的一门主要专业课程。基本任务是使学生能运用相关的水利水电工程设计规范，结合已学过的理论基础课和专业基础课及工程具体实践，掌握水工建筑物的设计方法、控制运用要求、一般性的事故处理措施等。

对于成人教育，要求学生能结合本地区水工建筑物的工程特点，掌握适合本地区的建筑物形式、工作条件、应用范围、工程布置、建筑物的基本尺寸、构造、材料要求等，掌握作用在水工建筑物上的荷载及其组合、设计条件选择、水力计算、渗流计算、稳定计算、结构计算等。

本课程主要介绍挡水建筑物（包括重力坝、拱坝、土石坝、橡胶坝等）、泄水建筑物（包括水闸、河岸式溢洪道等），对于岩基、砂砾石地基、软土地基的防渗和加固处理方法的选择，土工合成材料的应用方法与领域及其他水工建筑物等内容。

思考题

1. 我国的水资源丰富吗？开发程度如何？解决能源问题是否应优先开发水电，为什么？

2. 什么是水利枢纽？什么是水工建筑物？与土木工程等其他建筑物相比，水工建筑物有哪些特点？

3. 水工建筑物有哪几类？各自功用是什么？

4. 河川上建造水利枢纽后对环境影响如何？利弊如何？人们应如何对待？

5. 水利枢纽、水工建筑物为何要分等分级？分等分级的依据是什么？

6. 洪水标准与水利枢纽等别有怎样的对应关系？

自测题

一、填空题

1. 水工建筑物按其作用可分为________、________、________。

2. 按现行规范《水利水电工程等级划分及洪水标准》(SL 252—2000)，水利工程分________等、水工建筑物分________级，等别划分的依据是根据水库的________、________、________、________、________。

3. 当前世界上的一些主要河流受气候变化、污染等因素的影响，正面临日益严重的危险，其中为人为破坏的因素有：________、________、________、________。

二、判断题

1. 土坝枢纽中，溢洪道为次要建筑物。(　　)

2. 中国的水资源总量为世界第六位，所以中国是一个丰水的国家。(　　)

3. 水工建筑物级别是一个反映整个工程重要性的指标。(　　)

三、多项选择题

1. 由于水量分布的地域不均衡、时间不均衡等因素，旱灾和洪涝灾害几乎每年都可能在不同的地区出现。造成这些现象的因素有(　　)。

A. 中国的水库建的过多　　B. 南北方降雨量差别太大
C. 水土流失严重　　D. 耕地太多

2. 我国多条河流水质污染严重，造成这种现象的原因是(　　)。

A. 某些地方的群众环保意识差　　B. 中国的工业过于发达
C. 没有污水处理设施的小化肥厂、造纸厂太多　　D. 某些当地领导不重视污染问题

3. 水利工程按其所承担的任务来进行分类，一般可分为(　　)。

A. 防洪工程　　B. 灌溉工程
C. 土石坝工程　　D. 水力发电工程

第二章　重力坝

【学习指导】

目标：掌握重力坝的工作原理、工作特点，掌握各种工况下荷载计算及其组合，掌握稳定及强度分析的安全度计算方法，掌握溢流重力坝消能形式及适用条件，了解重力坝的构造和混凝土分区的依据。

重点：荷载计算，沿坝基面的抗滑稳定分析，坝体边缘应力计算及控制标准。

第一节　概　述

一、重力坝的特点和形式

重力坝是用混凝土或浆砌石修筑的大体积挡水建筑物，见图 2-1，一般做成上游面近于铅直的三角形断面。在上游水压力的作用下，重力坝主要依靠坝体自身重力产生的抗滑力来维持坝身的稳定。

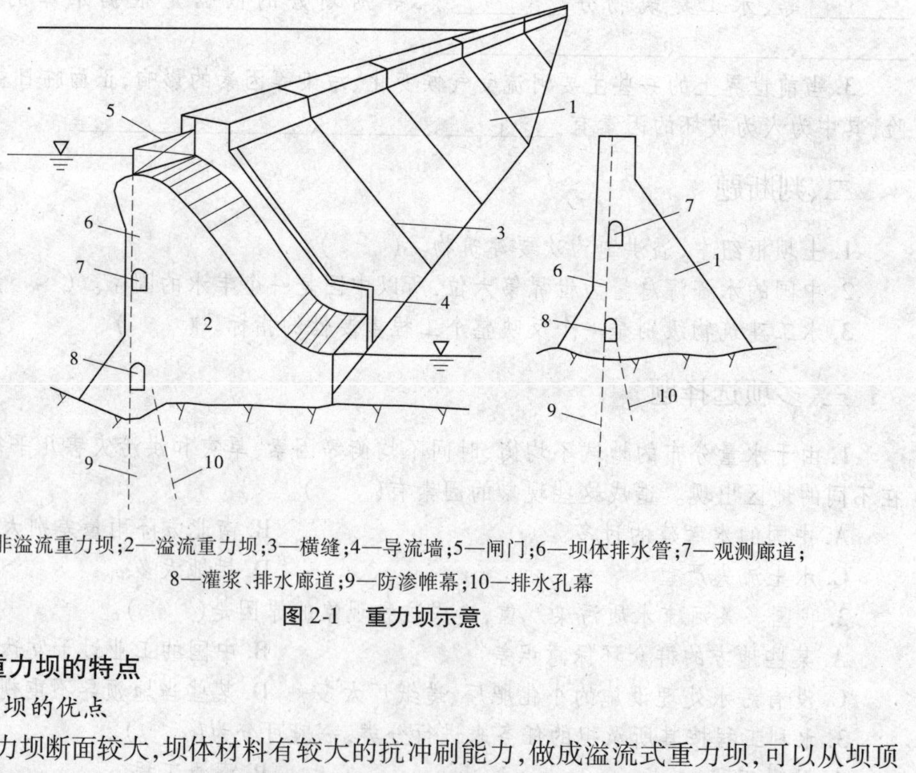

1—非溢流重力坝；2—溢流重力坝；3—横缝；4—导流墙；5—闸门；6—坝体排水管；7—观测廊道；8—灌浆、排水廊道；9—防渗帷幕；10—排水孔幕

图 2-1　重力坝示意

(一)重力坝的特点

1. 重力坝的优点

(1)重力坝断面较大，坝体材料有较大的抗冲刷能力，做成溢流式重力坝，可以从坝顶大量泄流，一般不必另行布置河岸溢洪道等泄水建筑物，且在施工时还可通过较低坝块或预

留底孔过水。因此,与土石坝等坝型相比,重力坝更易于解决永久性泄洪及导流问题。

(2)重力坝对地形、地质等条件的适应性较强,任何形状的河谷都可以修建重力坝。在地质上,除承载能力低的软基和有难以处理的断层、破碎带等构造的岩基外,具有一般强度的岩基,均可修建重力坝。当坝的高度较低时,甚至可建在土基上。

(3)重力坝的设计方法较简单,施工方法易掌握,运行期间的维护及检修工作量较小。

(4)重力坝对意外情况如地震、特大洪水漫坝等的抵抗能力较强。

由于重力坝有上述优点,所以得到了较为广泛的应用。

2. 重力坝的缺点

坝体断面尺寸大,水泥用量多;坝体应力较低,材料强度不能充分发挥;对于用混凝土建造的重力坝,因水泥水化热引起施工期的混凝土温度应力很大,为了控制温度应力,在高坝施工中,需采用较复杂的温控措施。

(二)重力坝的形式

从材料上讲,重力坝可以是用混凝土浇筑成的混凝土重力坝,也可以是用水泥砂浆或细石混凝土等做胶结材料、用块石做砌体的浆砌石重力坝。浆砌石重力坝可以就地取材,利用当地石料筑成,也可节省水泥和木材,施工技术简单易掌握,因而在我国得到较大的发展。

重力坝除通常采用的实体重力坝外,还有宽缝重力坝及空腹重力坝。混凝土重力坝从施工方法上还可分为用常规方法施工的混凝土重力坝及用碾压方法压实混凝土而成的碾压混凝土重力坝。

本章主要介绍混凝土实体重力坝。浆砌石实体重力坝的设计计算与混凝土实体重力坝的基本相同,其与混凝土重力坝在构造上的不同之处将在本章第八节中给予介绍。

二、重力坝的工作条件及对地基、材料的一般要求

重力坝工作时,作用在坝上的水压力、浪压力、泥沙压力、地震力及坝体自重等荷载使坝体产生应力,同时通过坝体将这些荷载传给地基,使地基受到很大的压力和剪力作用。另外,重力坝挡水后,上游的水将通过坝体和坝基向下游渗透,渗流不仅引起漏水,还会产生渗透压力。渗透压力会使坝体应力恶化,坝基渗透压力则更会减小坝体的有效重力,从而降低坝的稳定性。渗流还会对坝体材料和坝基产生侵蚀,对坝体或坝基造成破坏,影响坝的安全。水面以上的坝面因大气的影响,会受到风化、冰冻等的作用;库水位变化范围内的坝面受到湿胀、干缩和温度变化的影响;溢流坝溢流面则又受到高速水流及所挟带杂物的冲击、气蚀、磨损等的作用。

上述坝的工作条件对坝基和坝体材料提出下述要求:重力坝的地基应有足够强度,受力后有较小的变形;有较小的透水性和较强的抗侵蚀性;岩基应完整,没有难以处理的断层、破碎带;对地质条件稍差的坝基要做好防渗及加固处理;重力坝的坝体材料除应具有必要的强度外,尚应具有抗水侵蚀性能;上游水位以下的坝面材料还须有较高的抗渗性能,以降低坝内的渗透压力,防止漏水;长期露天的坝面,应具有抗冻、抗风化的性能;库水位变化范围内的坝面,则需兼有抗冻、抗渗及抗湿胀、干缩等的性能;对于溢流面,要求有良好的耐磨、抗冲刷的性能等。

在选择重力坝坝型及对其进行布置、设计时,应详细了解当地情况,研究和预计各种具体工作条件,进行合理的设计。施工时,必须保证坝体和坝基的处理质量,以确保坝的安全。

三、重力坝的组成及布置

重力坝通常由非溢流坝段、溢流坝段和两者之间的连接边墩、导墙及坝顶建筑物(如闸墩、坝顶桥等)组成(见图 2-2)。此外,坝内常设有各种泄水或取水管道、检查维修用的廊道,以及溢流坝、泄水洞的闸门等。

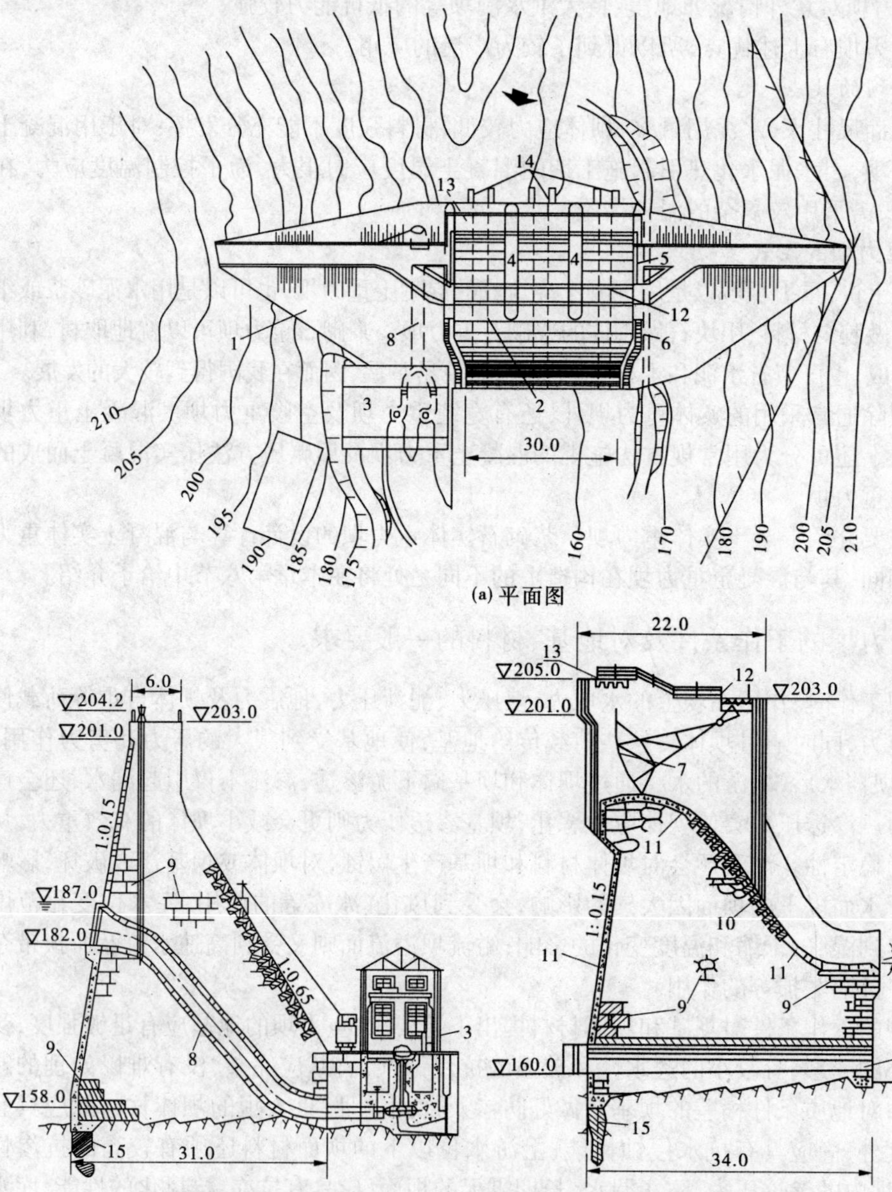

(a) 平面图

(b)非溢流坝剖面

(c)溢流坝剖面

1—非溢流坝段;2—溢流坝段;3—水电站厂房;4—闸墩;5—边墩;6—导流墙;7—弧形闸门;8—引水管;9—浆砌块石;10—浆砌条石;11—混凝土防渗层;12—交通桥;13—工作桥;14—导流底孔;15—灌浆帷幕

图 2-2　重力坝的布置及重力坝的剖面　(单位:m)

在进行坝的布置时，须根据地形、地质条件并结合枢纽其他建筑物综合考虑，应首先选择坝址，确定坝轴线。重力坝的坝轴线一般采用直线，有时为了使坝体布置在更好的岩基上或其他原因，也可布置成折线或弯度不大的曲线。溢流坝段通常布置在原河道主流位置，两端以非溢流坝与岸坡相连。

由于施工能力的限制及不均匀沉降和温度应力控制的要求，混凝土坝体常沿轴线方向用垂直于坝轴线的永久性横缝分为许多坝段，各坝段的外形应尽量协调一致。当地形、地质及运用等条件有显著差别时，应尽量使上游面保持齐平，下游面可按不同情况分别采用不同的下游边坡，使各坝段均达到安全经济的目的。

溢流坝坝顶布置有闸墩、工作桥及交通桥等坝顶建筑物，溢流坝的尾部接消能建筑物。

当需布置一些其他建筑物（如水电站、船闸等）时，应根据地形、地质、水力、施工及运行等条件，有机地、妥当地进行安排。

第二节　重力坝的荷载及荷载组合

一、重力坝的荷载

作用于重力坝上的荷载主要有：①坝体及坝上永久设备的自重；②上、下游坝面上的静水压力及溢流坝溢流面上的动水压力；③扬压力；④浪压力；⑤冰压力；⑥土压力；⑦淤积于坝前的泥沙压力；⑧地震力，包括地震惯性力、地震动水压力和地震动土压力；⑨其他荷载。

下面分别对自重、水压力、扬压力、泥沙压力、浪压力、冰压力及地震力的计算进行介绍。

（一）坝体及坝上永久设备的自重

坝体自重与筑坝材料的容重有关，一般混凝土的容重为 23.0 ~ 23.5 kN/m^3，浆砌块石的容重为 21.5 ~ 23.5 kN/m^3。坝上永久设备应计入固定设备如闸门、固定式启门机的自重，非固定设备如坝上车辆、活动启门机等的重力不予计算。

（二）水压力

1. 静水压力

垂直作用于坝体表面的静水压力强度为

$$p_w = \gamma y \tag{2-1}$$

式中　γ——水（或含泥沙水）的容重，kN/m^3；

y——计算点的水深，m。

对作用于坝面的总静水压力，为计算方便，通常分解为水平向分力及竖向分力进行计算。

作用在单位坝长的上游总静水压力的水平向分力为

$$P_{zH} = \frac{1}{2}\gamma H_1^2 \tag{2-2}$$

作用在单位坝长的总静水压力的竖向分力一般为坝面上水的重力，如图 2-3 所示的上游竖向分力 P_{zV} 为

$$P_{zV} = \frac{1}{2}\gamma n H_1{}^2 \tag{2-3}$$

式中 H_1——上游水深，m；

n——上游坝面坡度系数，$n = \cot\alpha$，α 为坝面与水平面夹角，(°)。

如下游有水，同理可求得下游坝面的总静水压力的水平向分力及竖向分力。

2. 动水压力

溢流重力坝泄水时，溢流面上单宽反弧段动水压力的水平向分力 P_{dx} 与竖向分力 P_{dy}（见图 2-4）可按式(2-4)、式(2-5)计算，即

$$P_{dx} = \frac{\gamma q}{g} v(\cos\alpha_2 - \cos\alpha_1) \tag{2-4}$$

$$P_{dy} = \frac{\gamma q}{g} v(\sin\alpha_2 + \sin\alpha_1) \tag{2-5}$$

式中 γ——水的容重，kN/m^3；

q——单宽流量，$m^3/(s \cdot m)$；

v——反弧段上水的平均流速，m/s；

α_1、α_2——反弧段的最低点至反弧两侧弧段所对的中心角，(°)。

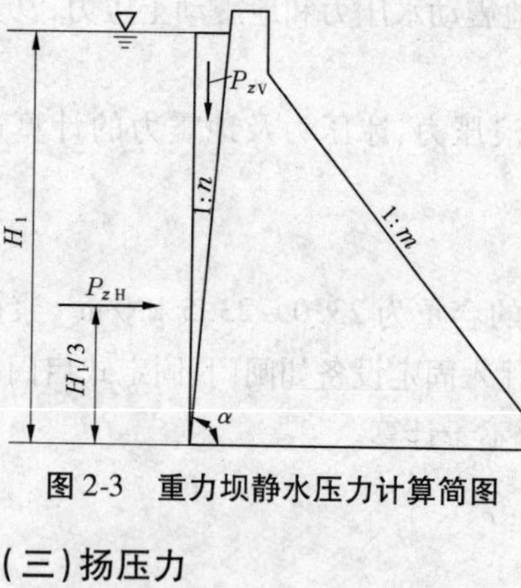

图 2-3　重力坝静水压力计算简图

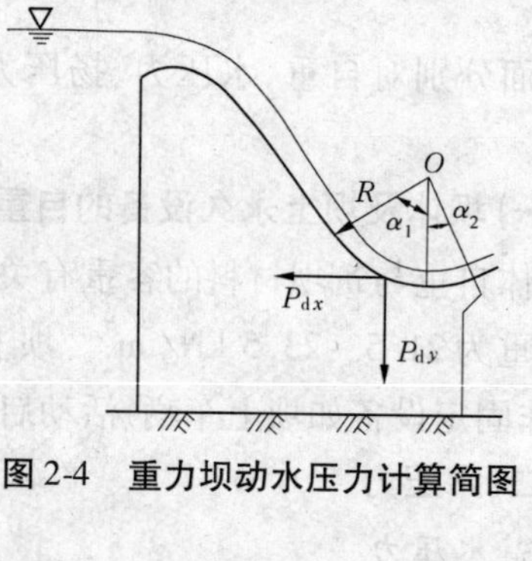

图 2-4　重力坝动水压力计算简图

（三）扬压力

重力坝坝体混凝土或浆砌石砌体并不是绝对不透水的，它们的表面及内部存在着无数微小的孔隙，坝基岩石本身孔隙虽很少，但也存在着节理、裂隙。重力坝建成挡水后，在上下游水位差的长期作用下，上游的水将通过这些孔隙及坝体和坝基的接触面、坝基的节理裂隙等向下游渗透，从而在坝体内和坝底面产生渗透水压力。

1. 坝底扬压力

垂直作用于坝底面上的渗透水压力在铅直方向的分力称为扬压力。库水经坝基向下游渗透时，沿程受到阻力，造成水头损失，由于基岩裂隙、节理分布极不规则，难以用理论

方法求得坝底扬压力的精确分布,通常都是根据一些实际观测成果作近似假定。

对于未作任何防渗及排水处理的坝基,假定上游坝踵处的扬压力压强为 γH_1,下游坝趾处的扬压力压强为 γH_2,中间沿坝基大体呈直线变化(见图 2-5(a)),此处 H_1、H_2 分别为上游坝踵和下游坝趾处的水深,γ 为水的容重。当坝底水平时,如以 γH_2 为准作一水平直线,即可把扬压力分成两个部分:矩形面积 $ABCD$ 构成的为浮托力,这是由下游水深 H_2 形成的;三角形 CDE 构成的为渗透压力,这是由上下游水位差形成的。坝底扬压力是浮托力与渗透压力两者之和。当下游水深 $H_2=0$,且坝底面水平时,浮托力为零,则扬压力等于渗透压力;当水库放空,使上游水位与下游水位相等,即 $H_1=H_2$ 时,扬压力等于浮托力。

扬压力是一个铅直向上的力,它减小了重力坝作用在地基上的有效压力,从而降低了坝的抗滑能力。为了降低坝底扬压力,提高坝的稳定性,通常采用坝基防渗帷幕以增加渗透途径,消耗坝底的渗透水头,并在防渗帷幕后设排水孔幕,以释放剩余的压力水头,此时坝底扬压力分布如图 2-5(b)所示,坝踵处扬压力强度为 γH_1,坝趾处为 γH_2,排水孔幕处为 $\gamma H_2+a\gamma H$,其间均呈直线变化。此处,H 为上下游水位差,a 称为扬压力折减系数。我国重力坝设计规范中建议:在河床坝段,$a_1=0.2\sim0.3$;岸坡坝段考虑到排水条件较差,$a_2=0.3\sim0.4$。a_2 值应根据坝基岩石的性质和构造,防渗帷幕的厚度、深度及排水孔的质量和类似工程的实测资料等选定。

当坝基只设防渗帷幕或排水孔幕时,扬压力的分布可结合专门论证加以确定。

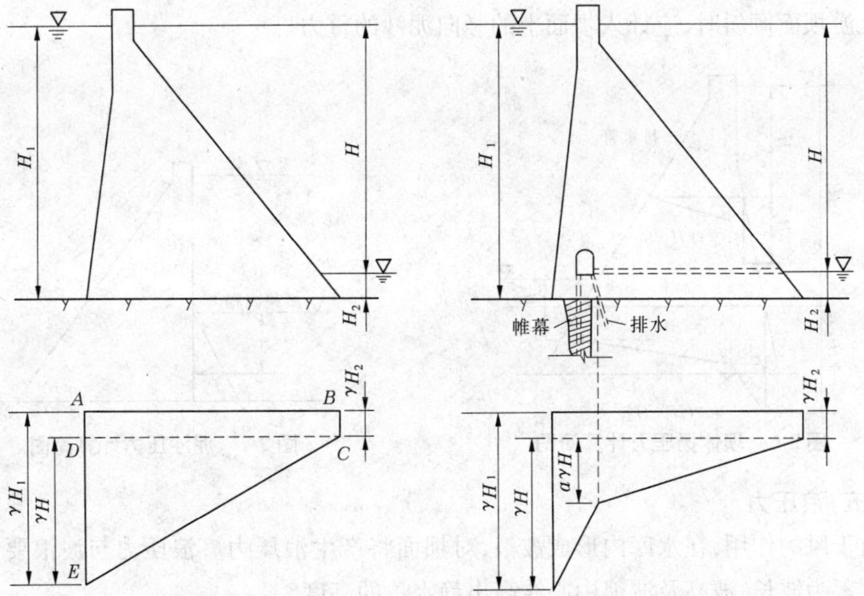

(a)坝基中无帷幕和排水　　(b)坝基中有帷幕和排水

图 2-5　坝底扬压力计算简图

2. 坝体内扬压力

渗入坝体内的水流也产生扬压力,此扬压力影响坝体的应力分布。为了减小坝体内的扬压力，常提高坝体上游坝面 3 ~ 5 m 内材料的防渗性能提高，以形成防渗层，在防渗层后面再设置排水管。计算坝体水平截面扬压力强度时，假定上游坝面处为 $\gamma H'_1$，在坝体排水管处为 $\gamma H'_2 + a_3\gamma(H'_1 - H'_2)$，下游坝面处为 $\gamma H'_2$，其间均呈直线变化（见图 2-6）。H'_1、H'_2分别为计算截面处上、下游水深；对于 a_3 值，规范建议为 0. 15 ~ 0. 30。若计算截面在下游水面以上，则取 $H'_2 = 0$。

（四）泥沙压力

水库蓄水后，入库水流挟带的泥沙逐渐淤积在坝前，对坝上游面产生泥沙压力。

坝前泥沙是逐年淤高、逐年固结的，淤沙容重和内摩擦角亦逐年变化，且各层不同，因而泥沙压力难以精确确定。坝前泥沙淤积高程，可先按一定的水库淤积年限乘以库内平均泥沙淤积量估算出水库的淤积总量，再由库容曲线查得。水库淤积年限可采用 50 ~ 100 年。淤积高程确定后，坝面任一点所受的水平向泥沙压强可按一般的土压力公式计算（见图 2-7），即

$$P_n = \gamma_n y_n \tan^2(45° - \frac{\varphi_n}{2}) \tag{2-6}$$

式中 y_n——坝面计算点处的泥沙淤积深度，m；

γ_n——淤沙的浮容重，kN/m^3；

φ_n——淤沙的内摩擦角，(°)，对粗颗粒砂砾，可取 18° ~ 20°，对较细的黏土质淤积物，可取 $\varphi_n = 12° \sim 14°$，对于极细的黏土或淤泥，可取 $\varphi_n = 0°$。

上游坝面倾斜时，应计入坝面上的竖向泥沙的重力。

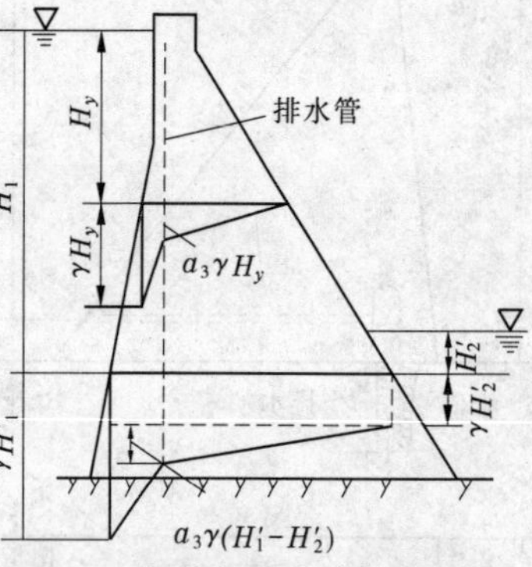

图 2-6 坝体扬压力计算简图

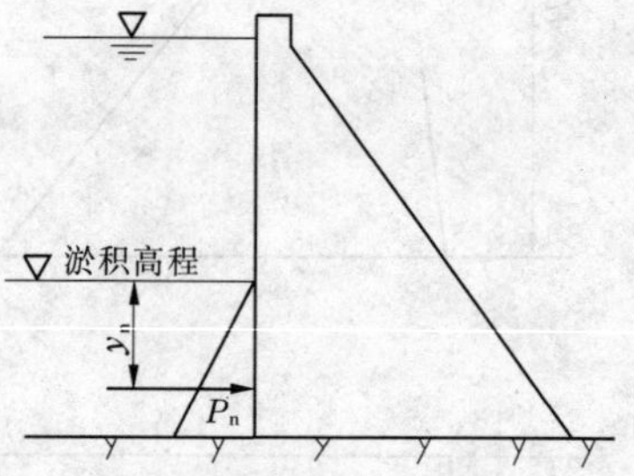

图 2-7 泥沙压力计算简图

（五）浪压力

由于风的作用，在水库内形成波浪，对坝面将产生浪压力。浪压力与波浪要素有关，波浪要素为波长、波高及波浪中心线高出静水位的高度。

1. 波高及波长

波高是指从波峰到波谷之间的高差，波长是指相邻两波峰之间的距离，见图 2-8。其值可用官厅水库公式计算。该式适用于山区峡谷水库，水库周边地势高峻，风速 4 ~ 16 m/s，吹程 1 ~ 13 km。计算式分别为

$$2h_l = 0.0166 v^{\frac{5}{4}} D^{\frac{1}{3}} \tag{2-7}$$

$$2L_l = 10.4(2h_l)^{0.8} \tag{2-8}$$

式中 $2h_l$——波高，m；

$2L_l$——波长，m；

v——计算风速，m/s，正常蓄水位及设计洪水位时，宜采用相应洪水期多年平均最大风速的 1.5 ~ 2.0 倍，校核洪水位时，宜采用相应洪水期多年平均最大风速；

D——吹程，km，沿着风向，从坝前沿至水库对岸的水面最大直线距离，若库面水域特别狭长，长度大于库面平均宽度 B 的 5 倍，则采用 $D = 5B$。

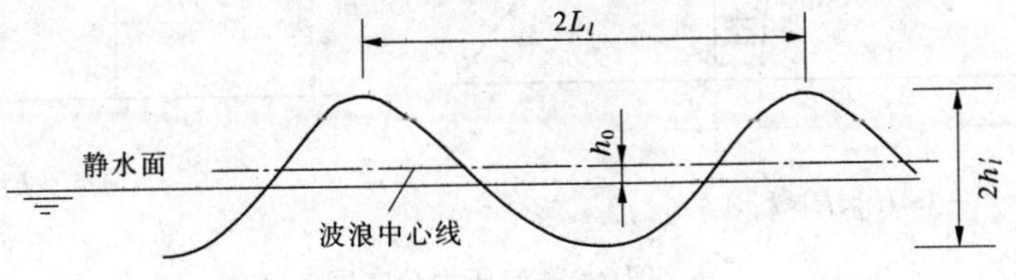

图 2-8　波浪示意图

由于空气阻力比水的阻力小，波浪中心线比静水面高，其超出静水面的高度 h_0 可由式(2-9)计算，即

$$h_0 = \frac{4\pi h_l^2}{2L_l} \coth \frac{\pi H_1}{L_l} \tag{2-9}$$

2. 浪压力

波浪推进到挡水建筑物的铅直或接近铅直的上游面，受到坝面的反射作用而产生驻波，其波高要比水库中的波高增加一倍。

(1) 当坝前水深 H_1 满足 $H_{lj} < H_1 < L_l$ 时，波浪运动受到库底影响，称浅水波。铅直面上的浪压力 P_{zl} 可用式(2-10)计算，即

$$P_{zl} = \frac{(H_1 + 2h_l + h_0)(\gamma H_1 + P_l)}{2} - \gamma \frac{H_1^2}{2} \tag{2-10}$$

式(2-10)中的 P_l 为坝基面的浪压力剩余强度，其值为

$$P_l = \gamma(2h_l) \operatorname{sech} \frac{\pi H_1}{L_l} \tag{2-11}$$

H_{lj} 为波浪破碎的临界水深，其值为

$$H_{lj} = \frac{L_l}{2\pi} \ln \frac{2L_l + 4\pi h_l}{2L_l - 4\pi h_l} \approx (3 \sim 5) h_l \tag{2-12}$$

浪压力的分布在水库静水位上下均近似呈直线变化，如图 2-9(a)所示。

(2) 当坝前水深 $H_1 > L_l$ 时，波浪运动不受库底的约束，称深水波。铅直面上浪压力分布如图 2-9(b)所示，距水库水面深 H_1 以下各点的浪压力可以忽略，浪压力 P_{zl} 可用式(2-13)计算，即

$$P_{zl}=\gamma\frac{(L_l+2h_l+h_0)L_l}{2}-\gamma\frac{L_l^2}{2} \tag{2-13}$$

对中等高度以上的坝,浪压力在全部荷载中所占的比重很小,通常可以忽略不计,而对低坝及闸墩、胸墙等结构,浪压力常占相当大的比重,设计时应予考虑。

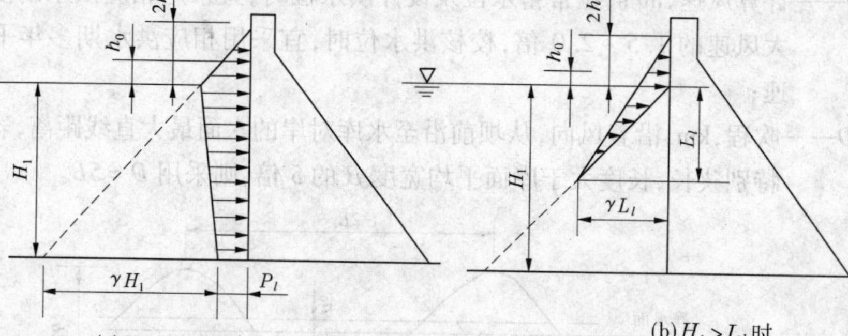

图 2-9 浪压力分布图

(六)冰压力

在寒冷地区,水库表面冬季结成冰盖,当气温回升时,冰盖发生膨胀,因而对挡水建筑物上游面产生冰压力。冰压力的大小主要与温升速度有关,当温升速度很慢时,冰盖可能产生塑性变形,冰压力则较小;冰压力还与冰盖周边支承有关,如岸坡较软,则冰盖膨胀会使土壤变形,如岸坡或建筑物表面倾斜,冰盖将沿斜面上爬,都将使冰压力减小。

1. 静冰压力

静冰压力目前尚无合适的公式进行计算。通常可按表 2-1 数值进行估算,选用单位面积上的静冰压力,乘以冰的厚度,即为作用在单位长度坝体上的静冰压力。

表 2-1 静冰压力分布

最低温度(℃)	-40	-35	-30	-25	-20	-15	-10
气温上升率(℃/h)	2.5	2.5	2.5	2.0	2.0	2.0	2.0
静冰压力(kPa)	280~400	250~350	230~300	200~280	150~220	130~180	120~140

工程上为了减小静冰压力,通常在建筑物上游采取防冰、破冰措施。例如,在建筑物上游面附近的冰盖上凿槽或在建筑物附近的水中通以压缩空气等,使建筑物附近水面不能结冰,使冰压力减小或去掉。

2. 动冰压力

冰块破碎随水流流动,若撞击在坝面上、闸墩上,将产生动冰压力。

当冰块运动方向垂直或接近垂直于铅直坝面,撞击在坝面上的动冰压力值 P_{bd}(kN)可按式(2-14)计算,即

$$P_{bd}=K_b v_b \delta_b \sqrt{A_b} \tag{2-14}$$

式中 K_b——系数,取决于流冰的抗碎强度 R_b 值,$R_b=1\ 000$ kPa 时 $K_b=43.0$,$R_b=500$

kPa 时 $K_b = 30.0$，$R_b = 300$ kPa 时 $K_b = 23.6$；

v_b——冰块流速，m/s，一般不大于 0.6 m/s，对于大水库，应通过研究决定；

δ_b——冰块厚度，m；

A_b——冰块面积，m^2。

冰块撞击在闸墩上所产生的动冰压力值 P'_{bd}（kN）可按式（2-15）计算，即

$$P'_{bd} = mR_b d\delta_b \tag{2-15}$$

式中 R_b——冰的抗碎强度，当无试验资料时，可采用下值：结冰初期为 750 kPa，结冰末期为 450 kPa；

d——闸墩在冰层平面处的宽度，m；

m——与闸墩平面形状有关的系数，半圆形闸墩，$m = 0.9$，三角形闸墩根据其平面上的顶端角度 2α 按表 2-2 采用；

其他符号意义同前。

表 2-2　m 值

2α(°)	45	60	75	90	120
m	0.6	0.65	0.69	0.73	0.81

（七）地震力

在地震区建坝，应考虑地震荷载的影响。地震荷载包括坝体及坝上荷重产生的地震惯性力、地震动水压力和地震动土压力。至于地震对扬压力、浪压力、泥沙压力的影响，通常数值较小可不考虑。

在考虑地震荷载时，各类地震参数应根据《中国地震动参数区划图》（GB 18306—2001）确定。常用到地震的基本烈度和设计烈度两个概念。基本烈度是指在一定期限内，建筑物所在地区可能遭遇到的最大地震烈度，设防标准为 50 年超越概率 10%；设计烈度是指抗震设计时实际所采用的地震烈度。新的国家标准中将 7 度区分为 1 组和 2 组，8 度区也分为 1 组和 2 组，见表 2-3。一般情况下都是以基本烈度为设计烈度，但对于特殊重要的水工建筑物，设计烈度可比基本烈度提高 1 度。

表 2-3　水平向地震系数 K_H

设计烈度	6	7 - 1	7 - 2	8 - 1	8 - 2	9
K_H	0.05	0.10	0.15	0.20	0.30	0.40

设计烈度在 6 度以下时，由于地震荷载相对较小，设计时可以不考虑。设计烈度在 7 度及 7 度以上时，才必须考虑地震荷载，进行抗震计算。对于设计烈度在 9 度以上的地区修建重要的水工建筑物时，应进行专门研究。

根据有关文献介绍，地震力的计算一般采用拟静力法。下面介绍重力坝地震惯性力及地震动水压力的计算方法。

1. 地震惯性力

重力坝沿坝轴线方向刚度很大，这个方向的地震作用力将传至两岸，因而重力坝只计算顺河流方向的水平向地震及竖向地震的作用。

对于顺河流水平向地震惯性力，满库时按地震波向上游传播考虑，坝体受到向下游作用的地震惯性力；空库时按地震波向下游传播，地震惯性力指向上游。当要对空库情况进行地震计算时，其设计烈度可降低 1 度。

重力坝的水平向总地震惯性力 Q_0 可按式(2-16)计算，即

$$Q_0 = K_H C_z F W \tag{2-16}$$

式中 K_H——水平向地震系数，为地面水平最大加速度的统计平均值与重力加速度的比值，按表 2-3 采用；

C_z——综合影响系数，是为了弥合理论计算与宏观震害实践之间的差异而取用的系数，可取 1/4；

F——地震惯性力系数，为由动力法求得的总地震惯性力与按拟静力法求得的总地震惯性力之比值，按表 2-4 采用；

W——产生地震惯性力的建筑物总重力。

表 2-4 地震惯性力系数 F 及其分布

竖向	水平向		
$h < 150$ m	$h \leqslant 30$ m	30 m $< h \leqslant$ 70 m	70 m $< h \leqslant$ 150 m
$F = 1.5$	$F = 1.1$	$F = 1.3$	$F = 1.5$
	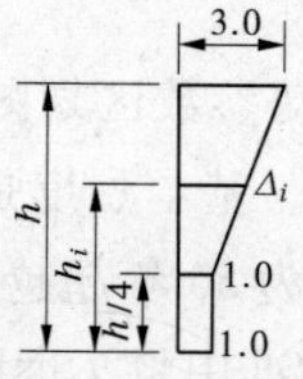	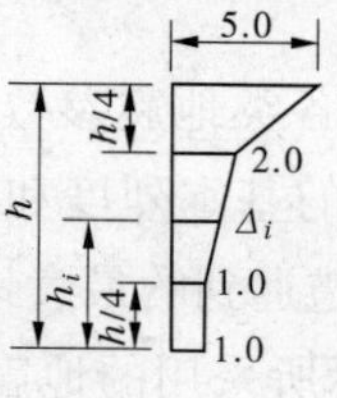	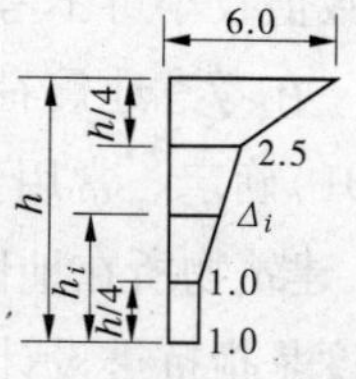

沿建筑物高度作用于质点 i 的地震惯性力 P_i 为

$$P_i = \frac{W_i \Delta_i}{\sum_{i=1}^{n} (W_i \Delta_i)} Q_0 \tag{2-17}$$

式中 Δ_i——地震惯性力分布系数，按表 2-4 采用；

W_i——集中在质点 i 的重力；

n——建筑物计算的质点总数。

计算溢流坝的地震惯性力分布系数 Δ_i 时，坝高 h 应算至墩顶。

重力坝主要靠自身重量维持稳定，在竖向地震作用下，会使稳定性降低，但对某些工程的研究表明，计入地震竖向分量后，对滑动安全系数值降低较小，对应力的影响也不大，故规范中规定一般只对设计烈度为 8、9 度的 1、2 级坝在计算水平向地震惯性力的同时，

考虑计入竖向地震惯性力。竖向地震惯性力仍按式(2-16)及式(2-17)计算,但式中的水平向地震系数 K_H 应以竖向地震系数 K_V 代替,经统计 $K_V = 2K_H/3$,当同时计入水平向地震惯性力和竖向地震惯性力时,竖向地震惯性力应乘以0.5的遇合系数。

2. 地震动水压力

地震时,坝前、坝后的水也随着震荡,形成作用在坝面上的激荡力,称之为地震动水压力。在水平地震作用下,重力坝铅直坝面水深为 y 处的地震动水压强 P_y 按式(2-18)计算,即

$$P_y = K_H C_z f_y \gamma H_1 \tag{2-18}$$

式中 f_y——水深 y 处的地震动水压力分布系数,按表2-5采用;

H_1——坝前水深(包括淤沙深度);

其他符号意义同前。

表2-5 水深 y 处地震动水压力分布系数

y/H_1	0	0.1	0.2	0.3	0.4	0.5	0.6	0.7	0.8	0.9	1.0
f_y	0	0.43	0.58	0.68	0.74	0.76	0.76	0.75	0.71	0.68	0.67

单位宽度总地震动水压力 $\overline{P}_0$ 为

$$\overline{P}_0 = 0.65 K_H C_z \gamma H_1^2 \tag{2-19}$$

其作用点位置在水面以下 $0.54H_1$ 处。

水深 y 处以上单位宽度地震动水压力合力 $\overline{P}_y$ 及其作用点位置 H_y 见图2-10。

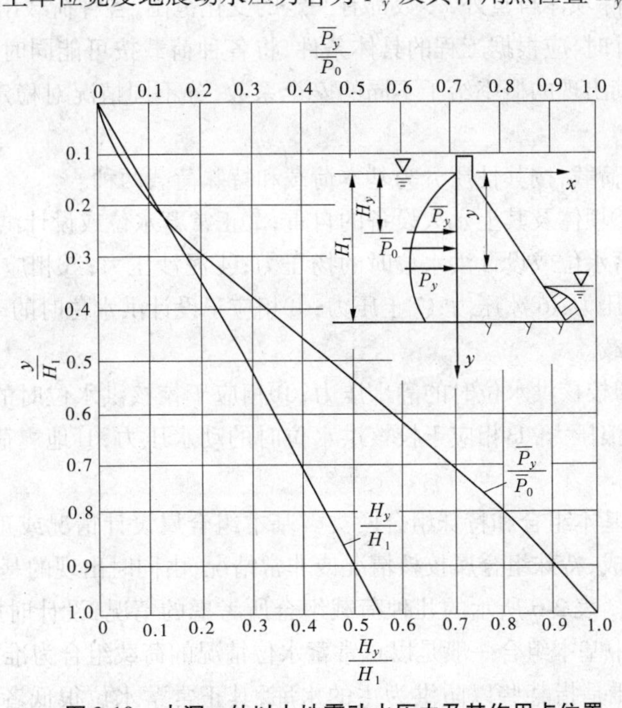

图2-10 水深 y 处以上地震动水压力及其作用点位置

对于倾斜迎水面，按式(2-18)及式(2-19)计算的动水压力应乘以折减系数 $\alpha/90°$，α 为坝的迎水面与水平面的夹角。当迎水面有折坡时，若水面以下部分的直立高度等于或大于水深的一半，可近似作为直立面计算，否则可近似取水面点与坝坡脚点的连线坡度作为坝面斜坡进行计算。

对于宽高比 B/H_1 小于5的梯形或三角形河谷，按式(2-18)及式(2-19)计算地震动水压力时，可乘以折减系数 C_1，其值为

$$C_1 = 0.75 + 0.05B/H_1 \tag{2-20}$$

式中 B——河谷在水面处的宽度。

计算地震动水压力时的水位，一般取正常蓄水位。作用在坝上、下游坝面的地震动水压力均垂直于坝面。当地震加速度的方向指向上游时，上、下游坝面上的地震动水压力均指向下游。

竖向地震作用下的动水压力，一般可以不计。

至于地震淤沙压力，由于通常数值较小而不考虑，但这时应将地震动水压力的水深取至库底。若淤沙过高，则应作专门研究。

(八)其他荷载

其他荷载包括风荷载、雪荷载，以及坝顶的活动荷载等。它们对重力坝影响很小，当需要计算时，可查阅相应的规范。

二、荷载组合

以上所述荷载除坝体自重外，多数都有一定的变化范围，各种荷载出现的机会也不相同，因此在进行设计时，应根据工程的具体条件，将各种荷载按可能同时出现的机会组合成几种情况，并按其出现的概率给予不同的安全系数，分不同情况对稳定、应力等进行核算。

作用在坝上的荷载，按其性质分为基本荷载和特殊荷载两种。

基本荷载有：①坝体及其上永久设备的自重；②正常蓄水位或设计洪水位时的静水压力；③相应于正常蓄水位或设计洪水位时的扬压力；④泥沙压力；⑤相应于正常蓄水位或设计洪水位时的浪压力；⑥冰压力；⑦土压力；⑧相应于设计洪水位时的动水压力；⑨其他出现机会较多的荷载。

特殊荷载有：⑩校核洪水位时的静水压力；⑪相应于校核洪水位时的扬压力；⑫相应于校核洪水位时的浪压力；⑬相应于校核洪水位时的动水压力；⑭地震荷载；⑮其他出现机会很少的荷载。

荷载组合分为基本组合和特殊组合两类。基本组合属设计情况或正常情况，由同时出现的基本荷载组成；特殊组合属校核情况或非常情况，由同时出现的基本荷载和一种或几种特殊荷载组成。表2-6所示的几种荷载组合所考虑的情况，设计时应选择其中最不利的情况。表2-6中基本组合一般是以正常蓄水位情况的荷载组合为准。基本组合的设计洪水位情况，主要是指某些以防洪为主的水库，其正常蓄水位很低者，可以采用50～100年一遇的洪水位时的荷载组合。

表 2-6　荷载组合

荷载组合	组合情况	荷载									说明
		自重	静水压力	扬压力	泥沙压力	浪压力	冰压力	地震荷载	动水压力	土压力	
基本组合	①正常蓄水位情况	①	②	③	④	⑤	—	—	—	⑦	土压力根据坝体外是否填土而定
	②设计洪水位情况	①	②	③	④	⑤	—	—	⑧	⑦	
	③冰冻情况	①	②	③	④	—	⑥	—	—	⑦	静水压力及扬压力按相应冬季库水位计算
特殊组合	①校核洪水位	①	⑩	⑪	④	⑫	—	—	⑬	⑦	
	②地震情况	①	②	③	④	⑤	—	⑭	—	⑦	静水压力、扬压力和浪压力按正常蓄水位计算，有论证时可另作规定

注：1. 对分期施工的坝，必要时应按相应的荷载组合分别进行计算。

2. 施工期的情况应作为特殊组合。

3. 根据地质和其他条件，当运用时排水设施易于堵塞，应考虑排水失效的情况，亦作为特殊组合。

第三节　重力坝的稳定分析

一、重力坝的稳定分析方法

重力坝失稳可能有三种情况：①由于上游水平推力作用而发生滑动；②在不平衡力矩的作用下而倾覆；③在扬压力的作用下而上浮。由于混凝土的容重远大于水的容重，一般情况下又不允许坝底面正应力为拉应力，因而不存在倾覆和上浮问题，重力坝的稳定分析实际上是抗滑稳定分析。

为了满足抗滑稳定的要求，应对坝体截取不同截面进行计算，当某一截面的抗剪能力不足以抵抗该截面以上坝体承受的水平荷载时，便可能产生沿此截面的滑动。由于坝体与地基接触面的结合一般较差，加之坝体混凝土收缩和温降收缩常使接触面产生微小的裂缝，因此滑动往往是沿坝体与坝基的接触面发生的，所以抗滑稳定分析主要是核算在各种荷载组合下坝底面的抗滑稳定性。

目前，重力坝沿水平坝底面的抗滑稳定计算公式有以下两种。

（一）抗剪强度公式（纯摩擦公式）

$$K = \frac{f(\sum W - U)}{\sum P} \tag{2-21}$$

式中　K——安全系数，按表 2-7 采用；

$\sum W$——作用于坝体滑动面以上的总铅直力；

U——作用于滑动面上的扬压力；

$\sum P$——作用于坝体滑动面以上的总水平力；

f——坝体与坝基接触面的抗剪摩擦系数。

表 2-7　抗滑稳定安全系数

荷载组合		坝的级别		
		1	2	3、4、5
基本组合		1.10	1.05	1.05
特殊组合	①	1.05	1.00	1.00
	②	1.00	1.00	1.00

纯摩擦公式忽略了坝体与基岩间的胶结作用，认为坝体仅依靠坝体和坝基面之间所产生的摩擦力来抵抗水平推力的作用，不能完全反映实际情况，求得的抗滑力和滑动力的比值偏小，所以规定的安全系数较低。

（二）抗剪断强度公式（剪摩公式）

$$K' = \frac{f'(\sum W - U) + c'A}{\sum P} \tag{2-22}$$

式中　K'——抗剪断强度计算的抗滑稳定安全系数，规范规定：不分坝的级别，基本组合时采用 3.0，特殊组合①采用 2.5，特殊组合②不小于 2.3；

f'——坝体与坝基接触面的抗剪断摩擦系数；

c'——坝体与坝基接触面的抗剪断黏聚力；

A——坝底截面面积；

其他符号意义同前。

二、参数选择

坝体与坝基接触面之间的抗剪断黏聚力是客观存在的，因此抗剪断强度公式较接近实际情况。但是黏聚力 c' 值变动范围比较大，因而在计算时采用了较大的安全系数值。

对于式(2-21)和式(2-22)，当坝基内不存在可能导致深层滑动的软弱面时，应按抗剪断强度公式计算，其中 f' 和 c' 值应由野外及室内试验测定，并结合现场实际情况，参照已建类似的工程经验合理地选用。对于中小型工程，当缺乏开展野外抗剪试验的条件时，也可按抗剪强度公式，但在确定 f 值时，最好也能进行室内试验。过去我国长期使用抗剪强度公式，经验表明，f 值比较稳定，容易选择，只要选用合理，所设计出来的坝体断面是能满足安全要求的，但不一定经济。

无论是 f，还是 f'、c'，其值的选取直接影响到工程的安全和经济，因此应慎重对待。

在很多情况下，坝基基岩内经常存在有各种软弱夹层或断裂面，由于其抗剪强度较低，也可能成为滑动面，此时要根据实际情况核算坝体带动部分地基一起沿软弱面或断裂面滑动的情况，即重力坝深层抗滑稳定，具体计算方法可参考有关文献。

三、增加坝体抗滑稳定的工程措施

为了提高坝体抗滑稳定性，可采取以下一些工程措施：

(1)利用水重。做成向上游倾斜的上游坝面，这样可以利用坝面上的水重来增加坝的稳定性，但上游坝面的坡度一般应控制在1∶0.1～1∶0.2内，不宜太缓，太缓将会导致上游面出现拉应力。

(2)坝基开挖成倾向上游的斜面(见图2-11(a))。这会增加坝基岩石开挖量和坝体工程量，同时也加大了上游水压力，通常较少采用，坝底若做成若干段倾向上游的斜面(见图2-11(c))，各段合计总长占坝底宽度的70%～80%，抗滑稳定安全系数可按坝底面倾斜时计算。但这种情况施工难以控制，能否开挖成所规定的形状，与坝基岩石的节理裂隙产状有很大关系。

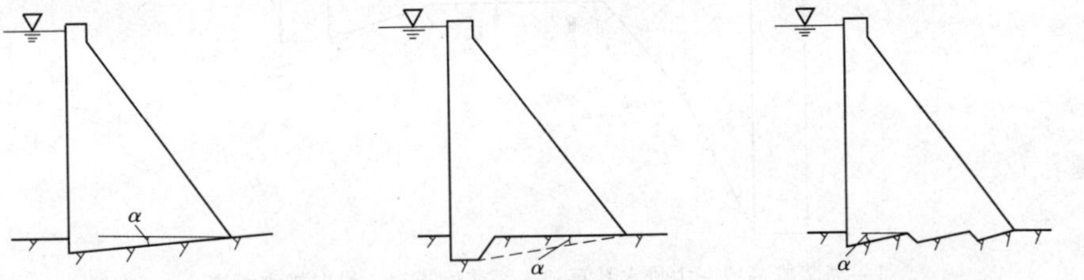

(a)坝基向上游倾斜 (b)坝踵下做齿墙 (c)坝基多段倾斜于上游

图2-11 增加坝体抗滑稳定的几种措施

(3)设置齿墙。在坝踵下做齿墙(见图2-11(b))，坝体将沿图中虚线滑动，其作用与坝底向上游倾斜相似，坝基开挖量及坝体回填量均增加不多，但齿墙有可能被剪裂，而使阻滑作用得不到保证，因此齿墙不宜做得太深。

(4)采用抽水降压措施。即坝基面设置的纵、横向廊道排水系统不直接和下游尾水连通，另用水泵定期抽水排向下游以减小扬压力。当下游尾水位较高时，效果更为显著。图2-12为规范所推荐的采用抽水降压措施的扬压力计算简图，a_1为主排水幕处扬压力折减系数，河床坝段用0.2～0.3，岸坡段用0.3～0.4；a_2为坝基面上残余扬压力系数，可采用0.3～0.5。但采用这种措施必须保证坝基排水系统的可靠性，如应设置抽水设备的备用动力、事故报警设施等，并具备监测、维修条件。

此外，地基加固处理也是提高坝体稳定性措施之一。

第四节 重力坝的应力分析

对重力坝进行应力分析，是为了确定坝体在规定的各种工作条件下，坝体各部位的应力状态是否满足强度要求，是衡量重力坝是否安全的指标之一，同时也是确定坝体材料分区、坝身廊道和孔口设置位置及其配筋等的基本依据。

重力坝应力分析方法分为理论计算和模型试验两大类。两类方法彼此补充、相互验证，并同时受原形观测的检验。重力坝应力分析方法的选择，应根据坝型、坝高及地质条

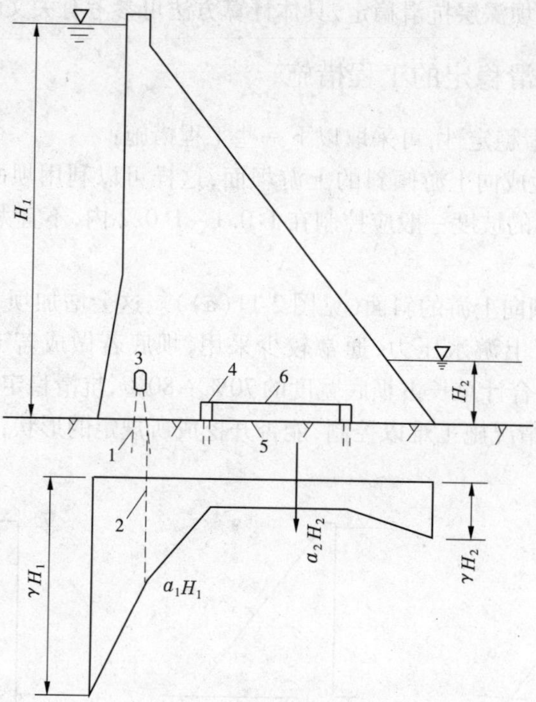

1—灌浆帷幕;2—主排水孔幕;3—灌浆廊道;4—纵向排水廊道;
5—基岩面;6—横向排水廊道

图 2-12　坝基有抽水设施的扬压力计算简图

件等而定。对中等高度的重力坝,当地质条件比较简单时,可按材料力学法计算应力;对高坝,尤其当地质条件复杂,地基与坝体材料的弹性模量相差较大时,除用材料力学法计算应力外,尚应进行结构模型试验来验证,或采用有限单元法进行计算研究。

材料力学法是一种常用的基本计算方法,其优点是简单,应用范围广,适用于各种坝体外形和各种荷载。本章仅对材料力学法进行介绍。由于坝体最大应力和最小应力一般都出现在坝面,因此本章仅论述坝体边缘应力的计算,对于坝体内部各点应力可根据边缘应力用插值法估算。如要详细计算,可参看《混凝土重力坝设计规范》(DL 5108—1999)。

材料力学法的基本原理是沿坝轴线截取单位长坝体作为固支在地基上的悬臂梁。假定:①不考虑两侧坝体的影响;②坝体材料为均质、连续、各向同性的弹性体;③任意水平截面上的正应力呈直线分布。水平计算截面的位置一般应取在坝体断面有特点的地方,如坝面折线交点、坝厚突然变化处等。计算时,坐标原点取在计算截面与下游坝面的交点处,竖轴 y 向下为正,水平轴 x 向上游为正,计算简图如图 2-13 所示,正应力以压为正,拉为负。

一、边缘应力的计算

(一)水平截面上的正应力

按材料力学偏心受压公式,上、下游边缘正应力 σ_{yu}、σ_{yd} 为

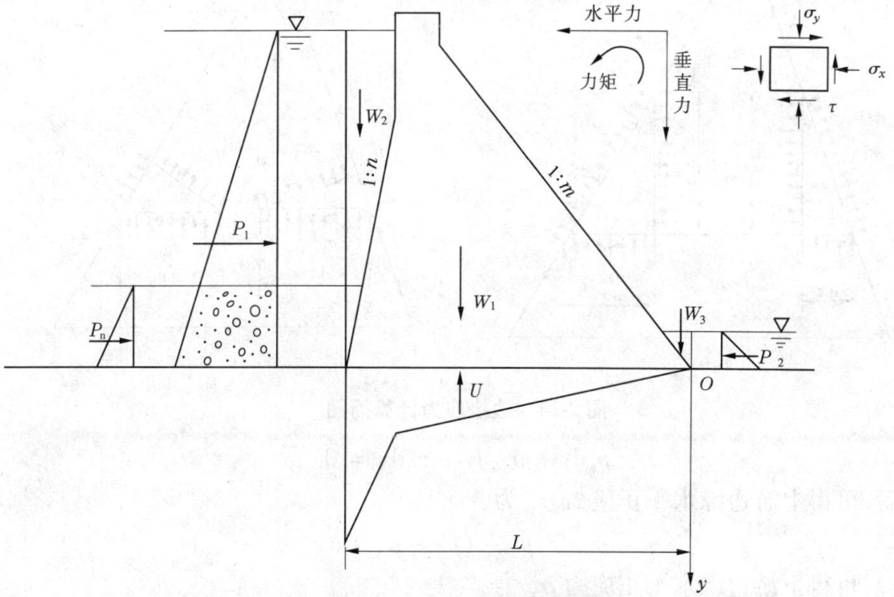

图 2-13　坝体应力计算简图

$$
\left.
\begin{aligned}
\sigma_{yu} &= \frac{\sum W}{L} + \frac{6\sum M}{L^2} \\
\sigma_{yd} &= \frac{\sum W}{L} - \frac{6\sum M}{L^2}
\end{aligned}
\right\} \tag{2-23}
$$

式中　$\sum W$——计算截面上全部荷载的铅直分力总和(包括或不包括扬压力)；

$\sum M$——计算截面上全部荷载对于计算截面形心的力矩总和(包括或不包括扬压力)，以使上游面产生压应力为正；

L——计算截面沿上、下游方向的长度。

(二)边缘剪应力

计算边缘剪应力时，可在计算截面上、下游边分别取如图 2-14(a)所示的三角形微单元体，根据对上游边微单元体的力平衡条件$\sum F_y = 0$，则可得

$$p_u dx - \sigma_{yu} dx - \tau_u dy = 0$$

经整理后，可得上游边缘剪应力τ_u为

$$\tau_u = (p_u - \sigma_{yu})n \tag{2-24}$$

同理，根据对下游边微单元体的力平衡条件$\sum F_y = 0$，可得下游边缘剪应力τ_d为

$$\tau_d = (\sigma_{yd} - p_d)m \tag{2-25}$$

式中　p_u、p_d——作用于上、下游坝面该点的水压力强度(如有淤沙压力，应计入在内)；

n、m——上、下游坝面的坝坡系数，但在上两式中，n 及 m 的数值则分别表示上、下游坝面的坡度，这是由于 $n = \tan\varphi_u$，$m = \tan\varphi_d$，φ_u、φ_d 为上、下游坝面与铅直面的夹角(见图 2-14)，以下各式均同。

(三)水平正应力

仍利用图 2-14(a)所示的三角形微单元体，根据力的平衡条件$\sum F_x = 0$，对上游边有

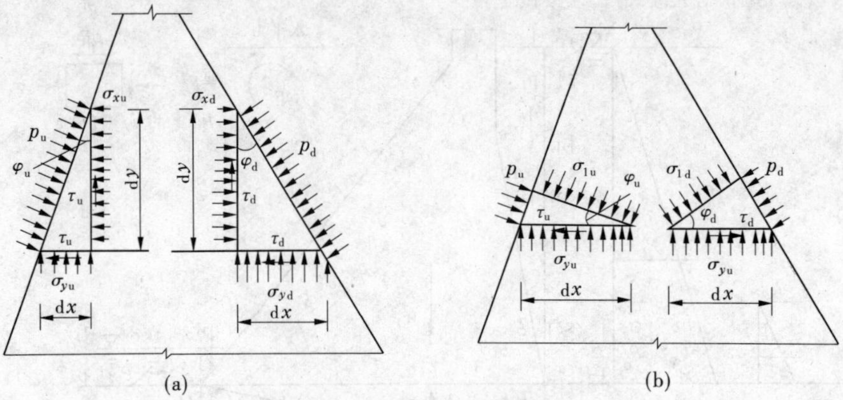

图 2-14　边缘应力计算简图

$$p_u \mathrm{d}y - \sigma_{xu}\mathrm{d}y - \tau_u \mathrm{d}x = 0$$

经整理后，可得上游边缘水平正应力 σ_{xu} 为

$$\sigma_{xu} = p_u - (p_u - \sigma_{yu})n^2 \qquad (2\text{-}26)$$

同理，可得下游边缘水平正应力 σ_{xd} 为

$$\sigma_{xd} = p_d + (\sigma_{yd} - p_d)m^2 \qquad (2\text{-}27)$$

（四）主应力

计算边缘主应力时，可取如图 2-14(b)所示的三角形微单元体分析，上、下游坝面仅受垂直于坝面的水压力，没有剪应力，因此上、下游坝面为主应力面。另一主应力面则应与坝面垂直，分别取上、下游微单元体的力平衡条件 $\sum F_y = 0$，则可求得上、下游边缘主应力值 σ_{1u}、σ_{1d} 为

$$\sigma_{1u} = (1 + n^2)\sigma_{yu} - n^2 p_u \qquad (2\text{-}28)$$

$$\sigma_{1d} = (1 + m^2)\sigma_{yd} - m^2 p_d \qquad (2\text{-}29)$$

上、下游边缘另一主应力值显然就是作用在坝面上的水压力强度，即

$$\sigma_{2u} = p_u \qquad (2\text{-}30)$$

$$\sigma_{2d} = p_d \qquad (2\text{-}31)$$

由式(2-28)可知，在上游面 $n > 0$ 的情况下，即使 $\sigma_{yu} \geqslant 0$，如果 $\sigma_{yu} < \frac{n^2}{1+n^2}p_u$，主应力 σ_{1u} 仍为拉应力，为消除拉应力，n 值不宜太大，上游坝面坡度不宜太缓。

式(2-23) ~ 式(2-31)均是不考虑截面上扬压力作用的计算式，因而利用式(2-23)计算正应力 σ_{yu}、σ_{yd} 时，坝体计算截面上总铅直力 $\sum W$ 和总力矩 $\sum M$ 均应不包括截面上的扬压力，这相当于重力坝建成刚蓄水或由于坝体防渗性能好，水尚未渗入坝体的情况。

不论是坝体还是岩基，都不是绝对不透水的，它们都存在微小的孔隙，当坝建成后，在长期蓄水运行的情况下，水便会充分渗入坝体和基岩的孔隙，渗透水压力将作用在整个渗流区内，此时应考虑扬压力对坝体应力的影响。

当计入截面上扬压力的作用时，应将扬压力视为外荷载，与其他荷载一起进行计算。因此，在利用式(2-23)计算正应力 σ_{yu}、σ_{yd} 时，式中的 $\sum W$ 及 $\sum M$ 均应包括作用在水平计算截面上的扬压力。

若考虑地震的作用,式(2-23)中的$\sum W$、$\sum M$应加上由地震惯性力和地震动水压力等产生的铅直力和力矩,其他各式中的压力强度p_u、p_d应分别加入上、下游坝面地震动水压力在该点的压强。但应注意,上游加的是正值,下游加的是负值。

二、重力坝的强度控制指标

由于扬压力只是一种可能存在的荷载,因此混凝土重力坝设计规范要求对有扬压力和无扬压力两种情况都要进行核算。

(一)坝基面

(1)运用期。在各种荷载组合下(地震荷载除外),上游端在计入扬压力的情况下,最小垂直正应力$\sigma_{yu}>0$,即不允许出现拉应力;下游端在计入扬压力和不计入扬压力的两种情况下,最大铅直正应力σ_{yd}均不得超过坝基的允许压应力值。坝基的允许压应力应根据坝基岩石的实际情况而定,一般为基岩抗压强度的1/10~1/12。

(2)施工期。下游坝基面可允许有不大于0.1 MPa的拉应力。

(二)坝体

(1)运用期。当不计入扬压力时,上游面最小主应力$\sigma_{1u}>0.25\gamma H$,其中:γ为水的容重;H为坝面计算点的水头。下游面主应力不得超过坝体材料的允许压应力,计算时应分别考虑有扬压力和无扬压力两种情况。

(2)施工期。坝体的主应力不大于混凝土的允许压应力,坝的下游面允许有不大于0.2 MPa的主拉应力。

混凝土的允许应力按混凝土的极限强度及相应的安全系数来确定。对于各级别的重力坝,其抗压安全系数在基本组合情况下应不小于4,特殊组合情况下(地震情况除外)应不小于3.5。

地震时混凝土的容许压应力可比静荷载情况提高30%,并允许出现瞬时拉应力,但混凝土抗拉安全系数应不小于2.5。

目前,许多单位正在探讨和研究将可靠度理论引入重力坝的稳定及应力分析,从而使设计计算由惯用的常值法变为考虑变量随机的概率分析法。但由于水工结构条件复杂、工程重要,无论在国外还是在国内,目前用可靠度进行水工设计的还很少,还有待进一步深入研究。

第五节　非溢流重力坝的剖面设计

进行重力坝设计时,可先根据一些简化条件求出基本剖面,并参照已建重力坝实例,结合实际情况来确定重力坝的实用剖面,然后进行稳定和应力分析。

重力坝剖面设计的原则是:①满足稳定和强度要求;②工程量小,造价低;③外形轮廓简单,便于施工;④满足运行要求。

一、基本剖面

重力坝承受的主要荷载是水压力和自重,控制剖面尺寸的主要因素是稳定和强度要求。因为作用于坝上游面的水压力呈三角形分布，所以重力坝的基本剖面应是顶部与上游水位齐平的三角形(见图 2-15)。如果基本三角形剖面满足对坝基面的抗滑及坝基面的坝体强度要求，则必然满足坝基以上坝体各截面对稳定和强度的要求。

从满足强度要求来看，对基本三角形的要求如下：

(1)当 $\alpha > 90°$，即上游面为倒坡时，在库空情况下，三角形重心超出底边 L 的上游三分点，下游端产生拉应力，因而不满足强度要求。倒坡对施工也极不便。

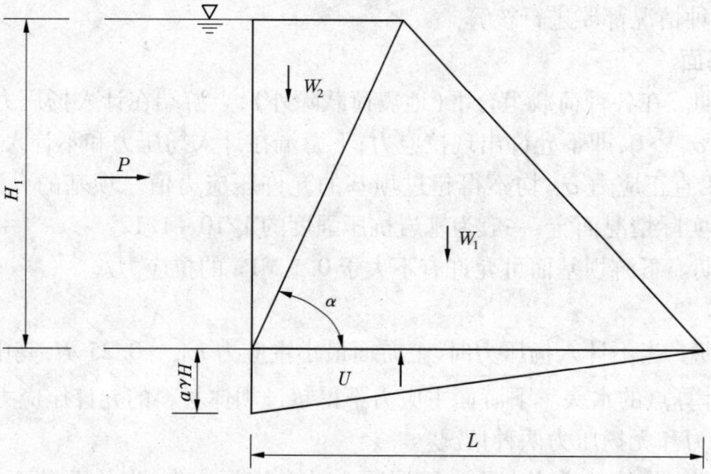

图 2-15　重力坝的基本剖面

(2)当 $\alpha < 90°$时，可利用上游面上的水重帮助稳定，但 α 小到一定程度后，库满时作用在坝上的水压力及自重的合力可能超出底边的下游三分点，使上游面产生拉应力。由式(2-28)可知，上游面坡角不宜太小。

根据上述分析，一般情况下，上游面常做成铅直的，即 $\alpha = 90°$。对于中等高度以下的岩基，坝底宽度基本上由稳定条件控制，故可由抗滑稳定公式定出三角形坝体的基本剖面尺寸；对于较好的岩基，断面尺寸有可能由强度条件控制，因此应进行强度核算。

当坝体与坝基间抗剪强度或抗剪断强度较低时，可适当减小 α 值，以便利用上游面的水重帮助维持稳定。根据工程经验，重力坝基本剖面的上游面坝坡系数常采用 $n = 0 \sim 0.2$，下游面坝坡系数常采用 $m = 0.6 \sim 0.8$，坝底宽度为坝高的 0.7 ~ 0.9 倍。

二、实用剖面

坝的基本三角形剖面是在简化条件下求得的，因此还应根据实际情况对基本剖面进行修正。由于施工及运行的要求，坝顶应有足够的宽度，一般可取为最大坝高的 8% ~ 10%，且不小于 2 m。如有交通要求，应按交通要求确定。当坝顶宽度较大时，为了减少坝顶结构的重力，可采用如图 2-16(b)、(c)所示的布置形式。

非溢流重力坝的坝顶高程应高出静水位 Δh(m)，其值可按式(2-32)计算，即

$$\Delta h = 2h_l + h_0 + h_c \tag{2-32}$$

式中　$2h_l$——波浪高度，m，由式(2-7)计算；

h_0——波浪中心线至水库静水位的高度，m，按式(2-9)计算；

h_c——超高，m，按表 2-8 采用。

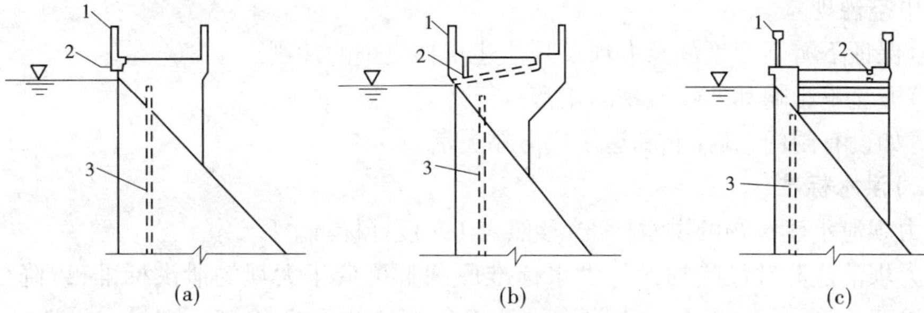

1—防浪墙;2—坝顶排水管;3—坝体排水管

图 2-16　坝顶布置形式

表 2-8　安全超高 h_c　（单位:m）

荷载组合(运用情况)	坝的级别			
	1	2	3	4、5
基本组合(正常运用)	0.7	0.5	0.4	0.3
特殊组合(非常运用)	0.5	0.4	0.3	0.2

由于设计情况(正常运用)和校核情况(非常运用)所采用的风速计算值及超高值不一样,所以在确定坝顶高程时,应按设计情况和校核情况分别求出坝顶高程,然后选用大值。当坝顶有与坝体连成整体的防浪墙时,可降低坝顶高程,但坝顶不得低于最高静水位。

坝顶加宽后,在满库情况下,坝顶所加部分的混凝土重力会减小坝体上游面的拉应力,但在空库情况下,自某一高程以下会使下游面出现拉应力。所以,坝的上游面常布置成倾斜面或折面,这样可利用部分水重以满足坝体抗滑稳定要求,同时可避免下游面产生拉应力。折坡起点高度 h 除应满足下游面在空库时不产生拉应力外,还应结合引水管、泄水孔的进口布置等因素考虑确定,一般为坝前最大水深的 1/3 ~1/2。

如坝修筑在地震区及坝前有泥沙压力,还应考虑把坝底适当加宽。

拟定出实用剖面布置方案后,便可进行稳定和应力分析计算,并对布置尺寸进行反复修改,直到得出既安全又经济的方案。

第六节　溢流重力坝

一、溢流重力坝的特点及洪水标准

(一)溢流重力坝的特点

溢流重力坝既是挡水建筑物,又是泄水建筑物。所以,在满足稳定和强度要求的同时,还应满足泄水及泄水所引起的其他要求,这些要求如下:

(1)有足够的孔口尺寸以满足泄洪要求。

(2)溢流面及闸墩等有较好的体形,以便使水流平顺过坝,不产生不利的负压、振动,避免产生空蚀现象。

(3)保证下游不产生危及大坝及其他建筑物安全的冲刷。

(4)泄流不影响其他建筑物的正常运行。

(5)如设有闸门,其控制和运用应可靠灵活。

(二)洪水标准

重力坝泄水建筑物的洪水标准,参照表1-5设计标准。

重力坝消能防冲设施的设计洪水标准原则上可低于大坝的泄洪标准,以降低造价。对于1级建筑物可按100年一遇洪水设计;2级建筑物可按50年一遇洪水设计;3级建筑物可按30年一遇洪水设计,并应考虑在小于设计洪水时可能出现的不利情况。

二、孔口设计

(一)孔口形式

1.坝顶溢流式

坝顶溢流式(见图2-17(a))的溢流孔除宣泄洪水外,还能排除冰凌和其他漂浮物。堰顶可设闸门,也可不设闸门。不设闸门的堰顶高程就是水库的正常蓄水位,库水位超过堰顶后就溢过堰顶泄向下游,这种形式结构简单、管理方便,适用于洪水流量大及上游淹没损失不大的中小型工程。设置闸门时,堰顶低于正常蓄水位,以利用一部分有效库容参加调洪,达到降低挡水建筑物高度、减少上游淹没损失的目的。溢流坝的闸门承受的水头较小,可以采用较大尺寸。泄流时,流量与水头的3/2次方成正比,随着库水位的增加,流量迅速增大,对保证枢纽的安全有较大的作用。另外,闸门设在顶部,操作、检修方便,工作安全可靠,所以大中型水库的溢流坝孔口一般均设有闸门。

2.带胸墙的溢流孔

带胸墙的溢流孔(见图2-17(b))的堰顶较低,胸墙的作用是降低闸门高度。库水位较低时,水流为堰顶溢流;随着水位升高,逐渐由堰流变为孔口泄流。这种形式的溢流孔可根据洪水预报提前放水,腾出较多的库容蓄洪水,从而提高了调洪能力。但由于库水位高出孔口以上一定高度后便成为孔口出流,因而超泄能力受到限制,也不利于排泄漂浮物。

(二)孔口尺寸

确定孔口尺寸主要是确定溢流堰的堰顶高程、孔口大小及数目。这与下面一些因素有关:①洪水标准及洪水过程线;②洪水可预报的时间;③水库最高限制洪水位及下游允许最大泄量;④调洪方式;⑤地形、地质条件及根据坝址地质条件所选择的允许下泄的单宽流量。

单宽流量的选择是关键因素,单宽流量愈大,单位宽度下泄水流所含的能量也愈大,消能愈困难,下游冲刷也愈严重。但所需溢流前缘愈短,这对狭窄山区河道上进行枢纽布置较为有利。选择单宽流量时,首先应考虑下游河床的地质条件。对一般软弱的岩石,常取单宽流量 $q=25\sim50\ m^3/s$;较好的岩石,可取 $q=50\sim70\ m^3/s$;特别坚固的岩石,可取 $q=100\sim120\ m^3/s$或更大。

按单宽流量拟定孔口尺寸后,就可进行调洪演算。在给定的设计水位和最大允许下

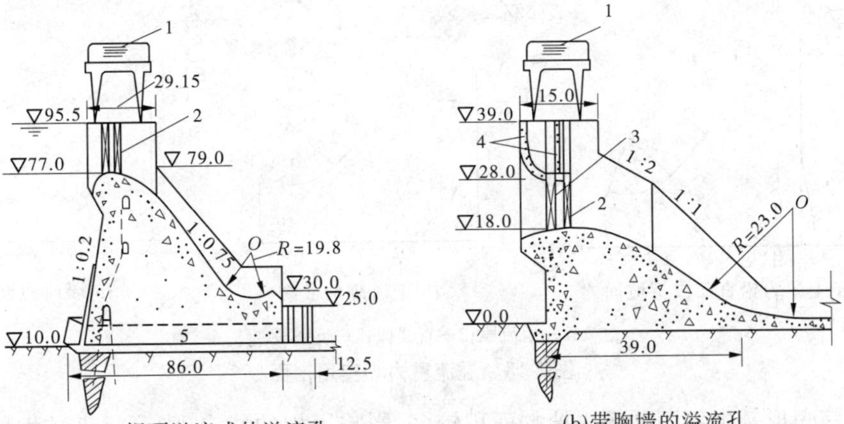

(a)坝顶溢流式的溢流孔　　(b)带胸墙的溢流孔

1—门机;2—工作闸门;3—检修闸门;4—胸墙;5—底孔

图 2-17　溢流重力坝　(单位:m)

泄流量的情况下,孔口尺寸与堰顶高程可有不同的组合。因此,溢流堰堰顶高程和孔口尺寸要通过方案比较来确定,具体方法是:先初拟几组溢流孔口布置方案(包括不同的堰顶高程及溢流前缘长),根据给定的设计洪水流量过程线,分别进行调洪演算,得出不同的水库最高洪水位及相应的最大下泄流量;根据满足要求的各方案定出整个枢纽中各建筑物的布置和主要尺寸,估算工程量及造价,进行技术经济比较,选出最优方案。

设有闸门的溢流坝,用闸墩分成若干个孔(不设闸门的溢流坝也常因交通要求设置桥墩),分孔数目及每孔净宽则根据所用闸门形式、尺寸、启闭设备及混凝土坝分段长度等条件确定。闸门尽可能选择工厂已生产、使用成功的或规范所推荐的尺寸。应尽量将孔口数量定为奇数,这样有利于闸门对称开启,使过闸水流均匀。

如孔口数为 n、每孔净宽为 b_0、闸墩厚度为 d,则溢流前缘总长度 L_0 为:

$$L_0 = nb_0 + (n-1)d \tag{2-33}$$

三、溢流重力坝的剖面设计

溢流重力坝的基本剖面也是三角形,为适应泄流要求,三角形上部和下游面需做成溢流面。溢流面由顶部溢流段、中间直线段和下部反弧段组成。上游为铅直面或折坡面,见图 2-18(a)。顶部溢流段一般采用曲线形非真空实用剖面堰。真空实用剖面堰溢流时,溢流面产生负压,易引起空蚀,水流也不稳定,故采用较少。我国在溢流重力坝中采用的曲线多为 WES 曲线。溢流面中间直线段上端与顶部曲线相切,下部与反弧相切,直线段的坡度可与非溢流重力坝下游面相同,也可不同;溢流重力坝下端反弧段的作用是使水流平顺地与下游水面衔接。反弧常用圆弧曲线,其半径的大小与坝高、堰上水头及消能方式有关,通常取 $R=(4\sim10)h$,h 为校核水位闸门全开时反弧最低点处的水深。反弧处水流速度越大,反弧半径宜取值越大。对于较低的溢流重力坝,坝顶曲线可直接与下部反弧相切,而省去中间直线段。

溢流重力坝的实用剖面是由基本剖面与溢流面拟合修改而成的。如果坝基较差、孔

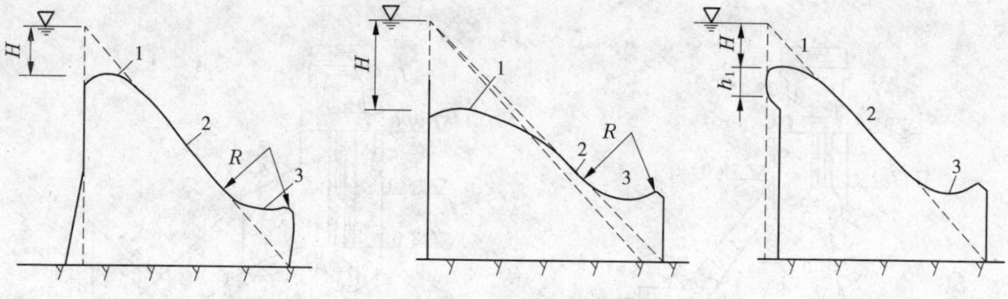

(a)上游为铅直面或折坡面　　(b)下游坝坡放缓　　(c)堰顶为悬臂

1—溢流段;2—直线段;3—反弧段

图 2-18　溢流重力坝实用剖面

口较大,三角形基本剖面顶部去掉的面积较多,影响了坝的稳定,则可将下游坝坡略微放缓(见图 2-18(b));如果地基较好,由于溢流曲线的要求使断面过分肥大,超出基本三角形较多,为节省工程量,可使下游面与基本三角形一致,而将堰顶部伸向上游,将堰顶做成具有突出的悬臂(见图 2-18(c)),悬臂高度 h_1 应大于 $H/2$,H 为堰上水头。溢流孔两侧的边墩应沿下游坝面延伸,做成导水墙,以防止溢流面上的水流向两侧漫溢。导水墙厚为 0.5 ~2 m,顶面应高出掺气后的水面 1.0 m 以上。

四、溢流重力坝的消能方式

通过溢流重力坝下泄的水流,具有很大的能量,如不加处理,必将冲刷下游河床,威胁建筑物的安全或其他建筑物的正常运行。国内外坝工实践中,由于坝下消能措施不当而遭受严重冲刷的例子很多。因此,必须采取有效措施解决溢流坝的消能防冲问题。溢流重力坝的消能方式有底流式、挑流式、面流式及消力戽式等四种。

(一)底流消能

底流消能主要是利用在消力池内产生的底流式水跃消能,在低水头、下游水深合适的闸坝中,常采用这种方式。

(二)挑流消能

挑流消能是利用溢流重力坝反弧段的鼻坎将下泄水流射到空中,利用水流扩散、掺气及与水垫剧烈的摩擦、撞击而消能,这种方式较适用于落差和流量较大、下游有一定水垫深度、基岩条件良好的情况,我国采用较多。当坝基有延伸至下游的缓倾角软弱夹层面时,挑流式形成的冲坑有可能危及大坝的稳定或岸坡可能被冲塌而危及坝肩稳定时,不宜采用挑流式。

(三)面流消能

面流消能是利用鼻坎将下泄的高速水流挑至水面,使坎上射流与下游尾水在表层衔接,在鼻坎附近的表面主流与河床之间形成流向坝趾的漩滚,将高速水流与河床隔开,避免了对临近坝趾部分河床的冲刷,主流则在水面的逐渐扩散中消除能量,见图 2-19(a)。面流消能工的挑角一般较小。面流消能适用于下游尾水较深且水位变化不大的情况。但由于表面高速水流和波浪的影响,下游在很长一段距离内水面都不稳定,容易冲刷河岸,可能影响水电站等的正常运行,因此应做一定的防护措施。面流消能工的设计内容主要是确定坎高、坎长、反弧半径及鼻坎角度等。面流消能的水力学计算理论尚研究得不充分，设计时可参看有关文献。

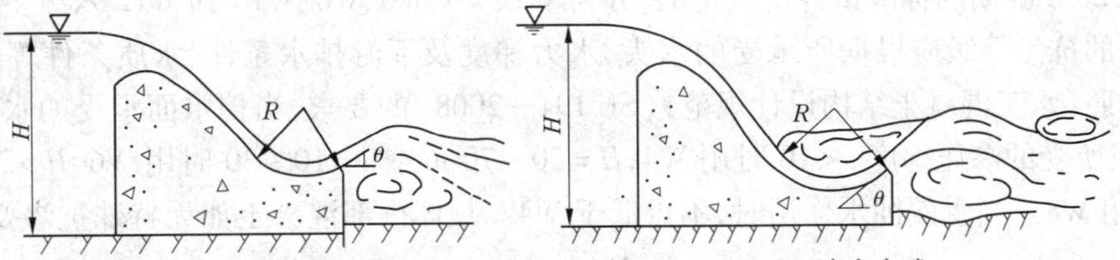

图 2-19　面流式及消力戽消能

(四)消力戽消能

消力戽消能是利用反弧半径和挑角均较大的戽唇形成凹面戽斗，下泄的高速水流在下游水深的作用下在戽斗中形成表面水滚，使出戽的急流水股在底部产生底部漩滚，而离开戽唇的急流水股，挑至下游水面后，形成激荡不定的涌浪与尾水衔接，并在戽斗下游的水流表面形成漩滚，成为强烈的“三滚一浪”流态，见图 2-19(b)。由于漩滚与主流的强烈作用，可以得到较好的消能效果。消力戽适用于下游水深较大、河床及两岸有一定抗冲能力的情况。消力戽的设计方法还不成熟，水力计算也不完善，设计时可参考已建工程的经验及有关文献。

第七节　重力坝的材料及构造

一、混凝土重力坝的材料及坝体材料分区

(一)混凝土

混凝土重力坝的材料主要是混凝土。重力坝除要求材料有足够强度外，还要有一定的抗渗性、抗冻性、抗侵蚀性、抗磨性及低热性等。

1. 强度

水工混凝土的强度，以《水工混凝土结构设计规范》(SL 191—2008)为准，按标准方法制作养护的边长为 150 mm 的立方体试件，在 28 d 龄期用标准试验方法测得的具有 95%保证率的抗压强度。混凝土强度等级用符号 C 和立方体抗压强度标准值(以 N/mm^2 计)表示。如强度等级 C20，是指立方体抗压强度标准值为 20 N/mm^2。水工混凝土强度等级有 C10、C15、C20、C25、C30、C60 等。对用于大坝的大体积混凝土，其立方体抗压强度标准值则是用标准试验方法测得的具有 80%保证率的抗压强度，不能直接采用上述具有 95%保证率的抗压强度。由于《混凝土重力坝设计规范》(DL 5108—1999)目前尚在执行，还未修订，该规范中使用的混凝土标号如何与具有 80%保证率的强度等级衔接，目前尚无明确规定。

混凝土的抗压强度是随龄期而增长的，其增长规律应由试验确定。重力坝一般可以用 96 ~ 180 d 龄期的强度。

2. 抗渗性

抗渗性表示混凝土抵抗压力水渗透作用的能力。抗渗性可用抗渗等级表示，抗渗等级是按28 d龄期的标准试件所测定的，分为W2、W4、W6、W8、W10和W12六级。重力坝所采用的抗渗等级应根据所承受的水头、水力梯度及下游排水条件、水质条件等因素确定。按照《水工混凝土结构设计规范》(SL 191—2008)的要求，当挡水面承受的水头$H<30$ m或所受的渗压梯度$i<10$时用W4，$H=30\sim70$ m或$i=10\sim30$时用W6，$H>70$ m或$i>30$用W8。当受侵蚀水作用时，不得低于W4。坝体内部混凝土如无特殊抗渗要求，采用W2。

3. 抗冻性

抗冻性表示混凝土在水饱和状态下能经受多次冻融而不被破坏，同时也不严重降低强度的性能。混凝土抗冻性用抗冻等级表示。抗冻等级是按28 d龄期的试件采用快冻试验测定的，分为F30、F100、F200、F300、F400五级。采用时，应根据建筑物所在地区的气候分区、建筑物类别及工作条件等选定。

4. 抗侵蚀性

抗侵蚀性是指抵抗环境水侵蚀的性能，当环境水具有侵蚀性时，应采用适当的抗侵蚀水泥。

5. 抗磨性

抗磨性指在水流及挟沙水流冲刷的部位，应采用高等级的硅酸盐水泥及耐磨性能高的骨料拌制成高强度等级混凝土。

6. 低热性

混凝土按照发热量的大小分为低热的和非低热的两种。低热混凝土应采用发热量较小的水泥，如矿渣水泥，并尽量降低水泥用量。

为了降低水泥用量并提高混凝土的性能，坝体混凝土内可适量掺加粉煤灰掺合料及引气剂、塑化剂等外加剂。

(二)混凝土重力坝坝体材料分区

混凝土重力坝根据其不同部位的工作条件及受力条件将坝体分区，选用不同强度等级和性能的混凝土，以节省和合理使用水泥。一般可分成下列各区(见图2-20)。

Ⅰ区：上游库水位及下游尾水位以上坝体表面层混凝土，其特点是受大气影响。

Ⅱ区：上、下游水位变化区坝体表面层混凝土，既受水的作用也受大气的影响。

Ⅲ区：上、下游最低水位以下坝体表面混凝土。

Ⅳ区：与地基接触的底层混凝土。

Ⅴ区：坝体内部混凝土。

Ⅵ区：抗冲部位(如溢流面、泄水孔、闸墩、导墙等处)的混凝土。

各区对混凝土性能的要求见表2-9。表中有“++”的，表示选择各区混凝土等级的主要控制因素；有“+”的表示需要提出要求的；有“-”的为不需提出要求的。

选定各区混凝土强度等级时，等级的类别应尽量少，以便于施工。相邻区的强度等级相差应不超过两级，以免由于性能差别太大而引起应力集中或产生裂缝。为了方便施工，分区厚度一般不小于2~3 m。

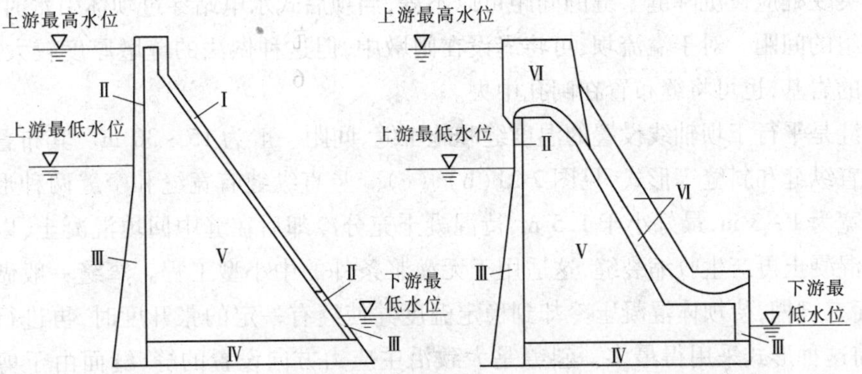

图 2-20 坝体混凝土分区

表 2-9 各区对混凝土性能的要求

分区	强度	抗渗	抗冻	抗磨	抗侵蚀	低热	最大水灰比		选择各区厚度的主要指标
							严寒区、寒冷区	温和地区	
Ⅰ	+	−	++	−	−	+	0.60	0.65	施工和冰冻深度
Ⅱ	+	+	++	−	+	+	0.50	0.55	冰冻、抗渗、施工
Ⅲ	++	++	+	−	+	+	0.55	0.60	抗裂、抗渗、施工
Ⅳ	++	+	+	−	+	++	0.55	0.60	抗裂
Ⅴ	++	+	+	−	−	++	0.70	0.70	
Ⅵ	++	−	++	++	++	+	0.50	0.50	抗冲、耐磨

二、重力坝的分缝

由于地基不均匀沉降和温度变化、施工时期的温度应力及施工浇筑能力等原因，一般要对坝体进行分缝。有些缝是永久性的，它们的存在不影响坝体的整体性，不妨碍坝的正常运行；有些缝是临时性的，只是在施工时设置，它们的存在将影响坝的整体性，使坝的正常工作受到影响，因而要对这种缝加以处理，使各个块体结合成整体。

按缝的作用可把缝分为沉降缝、温度缝及工作缝。沉降缝是将坝体沿长度分段以适应地基的不均匀沉降，避免由此而引起坝体裂缝。温度缝是将坝体分块，以减小坝体伸缩时地基对坝体的约束，以及新旧混凝土之间的约束而造成的裂缝。工作缝主要是为便于分期浇筑、装拆模板及混凝土的散热而设的临时缝。

按缝的位置可把缝分为横缝、纵缝及水平缝。

横缝（见图 2-21（a））是垂直于坝轴线的竖直缝，可兼作温度缝和沉降缝，一般从坝底直至坝顶，是永久性的贯通缝。有的横向温度缝仅设在坝体上部，做到水库最低工作水位以下 1～2 m。混凝土坝的温度缝间距通常为 15～20 m，沉降缝间距可达 50～60 m，在地基岩性突变处应设沉降缝。缝的间距可以不等，当坝后式水电站穿过坝体引水时，应考虑厂房机组的间距。对于溢流坝，可将缝设在闸墩中，但这种做法的缝墩厚度较大；地基若为坚硬的岩基，也可将缝布置在闸孔中央。

纵缝是平行于坝轴线设置的温度缝和施工缝，间距一般为 15 ~ 30 m。其布置形式主要有竖直纵缝和斜缝等形式，见图 2-21(b)、(c)。竖直纵缝有宽缝和窄缝两种形式。宽缝的缝宽为 1 ~ 3 m，最好小于 1.5 m，待混凝土充分冷却后在缝中回填混凝土，以免封缝灌入的混凝土再产生收缩裂缝，这适用于无灌浆条件的中小型工程。窄缝一般做成紧贴的，缝面有键槽，待坝体混凝土冷却到稳定温度并使缝有一定的张开度时，再进行接缝灌浆，目前这种形式采用得最多。斜缝是大致沿主应力方向设置的缝，缝面由于剪应力很小，因而从结构观点看，斜缝要比直缝合理。斜缝张开度很小，一般灌不进浆液，也有可能不用灌浆。但斜缝有相邻坝块施工干扰较大的缺点。也有用通仓薄层浇筑混凝土而不设纵缝的，这可加快施工进度，但要求温度控制严格，需要有大量的冷却设施。

水平工作缝是分层施工的新老混凝土之间的接缝，是临时性的。为了使工作缝接合好，施工时必须把下块混凝土表面的水泥乳膜及浮渣用压力水冲洗并使表面成为干净的麻面，先铺一层水泥砂浆，然后在上面浇混凝土。国内外普遍采用薄层浇筑，每层厚 1.5 ~ 3.0 m，以便通过表面散热降低混凝土温升。加拿大对中、低坝采用高块浇筑，块厚达 10 ~ 30 m，可减少水平工作缝，但立模困难，我国还较少采用。

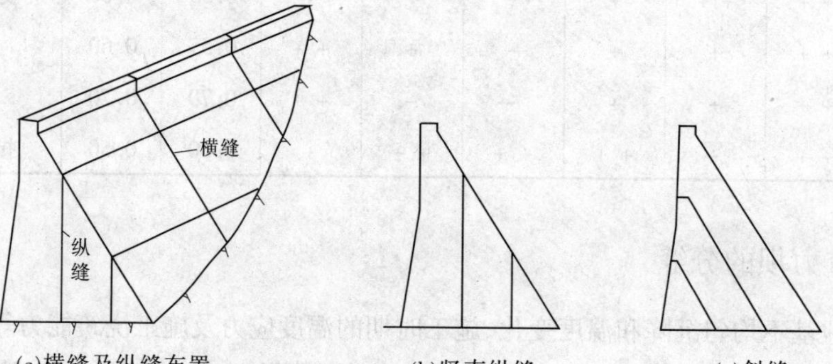

(a)横缝及纵缝布置　　(b)竖直纵缝　　(c)斜缝

图 2-21　重力坝的横缝及纵缝

三、坝体止水和排水

(一)坝体止水

重力坝的横缝是永久缝，缝中应设止水设施。止水离上游坝面 0.5 ~ 2.0 m，寒冷地区应远些，以免受冰冻的影响。止水有金属、橡胶、塑料、沥青等。金属止水片有紫铜片、铝片和镀锌铁片，做成 U 形(U 形适应变形能力较强)。止水片厚一般为 1.2 ~ 2.0 mm，两端插入混凝土的深度为 15 ~ 20 cm。橡胶止水和塑料止水适应变形能力较强，在气候温和地区可用塑料止水片，在寒冷地区则可采用橡胶止水，应根据工作水头、气候条件、所在部位等选用标准型号。沥青止水置于沥青井内，井内设有蒸汽或电热设备，加热可使沥青玛瑞脂熔化,使其与混凝土有良好的接触。沥青止水较复杂,在中小型工程中使用较少。

为了提高止水效果,横缝中常设置几道止水,并把不同形式止水配合使用,如图 2-22 所示。必要时,可在止水后面设检查井,以便检查止水设备的工作情况。

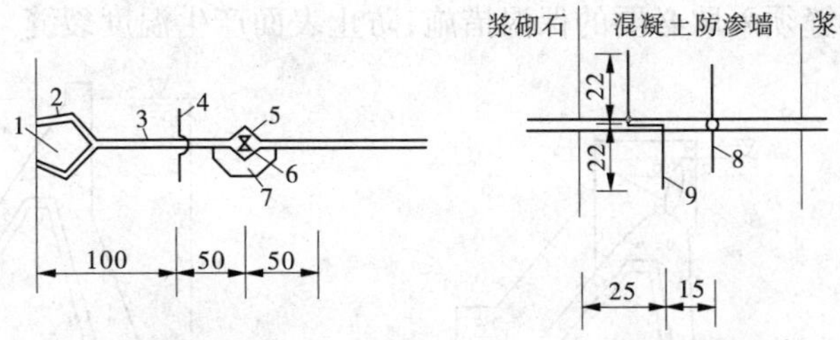

(a)混凝土坝止水　　(b)浆砌石坝止水

1—钢筋混凝土塞;2、3—沥青油毡;4—塑料止水;5—加热器;
6—沥青井;7—混凝土预制件;8—塑料止水;9—铜片止水

图 2-22　横缝止水构造　(单位:cm)

在坝底,横缝止水必须与坝基岩石妥善连接。通常是在基岩上挖一深 30 ~ 50 cm 的方槽,将止水片嵌入,然后用混凝土填实。

当廊道穿过横缝时,在廊道的四周也应设止水。

(二)坝体排水

为了减少坝体渗透压力,靠近上游坝面应设排水管幕,将渗入坝体的水由排水管排入廊道,再由廊道汇集于集水坑排到下游。排水管幕距上游坝面的距离为水头的 1/15 ~ 1/25,且不得小于 2 m。排水管的间距为 2 ~ 3 m,由坝顶向下做成铅直的或接近铅直的,直通到靠近地基的排水廊道内,以便清洗和检查。

排水管可采用预制疏松混凝土管,内径为 15 ~ 25 cm。排水管施工时用水泥浆砌筑,随着坝体混凝土的浇筑而加高,在浇筑坝体混凝土时,须对排水管做好保护,防止水泥浆漏入而被堵塞。

第八节　其他形式的重力坝

一、宽缝重力坝

(一)宽缝重力坝的工作特点

为了克服实体重力坝扬压力大,材料的抗压强度不能充分发挥等缺点,我国在水利建设中,发展了一些改进重力坝的坝型,宽缝重力坝就是其中的一种,例如新安江水电站、丹江口水库、潘家口水库等。

宽缝重力坝是将实体重力坝横缝的中下部扩宽成为具有空腔的重力坝,见图 2-23。与实体重力坝相比,宽缝重力坝具有下述优点:设置宽缝后,坝基中的渗透水可以从宽缝中排出,故渗透压力较实体重力坝显著降低,扬压力的作用面积也显著减少(见图 2-24),

因而坝体工程量比实体重力坝要省 10% ~20%;由于有了宽缝,坝段内部厚度减薄,增加了施工期间坝块的侧向散热面,加快了坝体混凝土的散热过程。宽缝重力坝的主要缺点是:宽缝重力坝的扬压力分布模板用量多,尤其是宽缝的侧坡倒悬模板部分立模比较困难。在严寒地区,宽缝须采取必要的保温措施,防止表面产生温度裂缝。

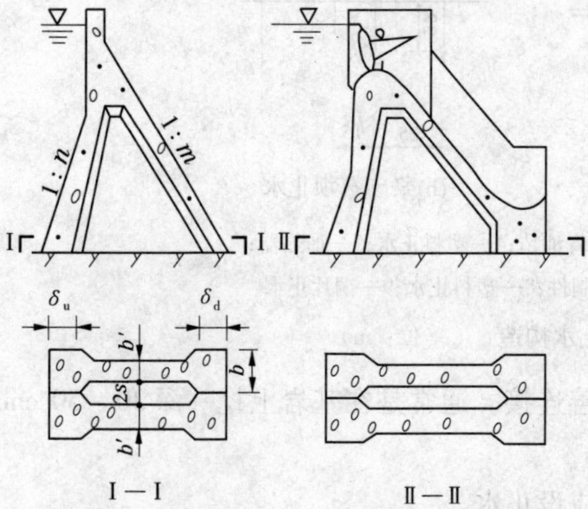

(a)非溢流式宽缝重力坝　(b)溢流式宽缝重力坝

图 2-23　宽缝重力坝

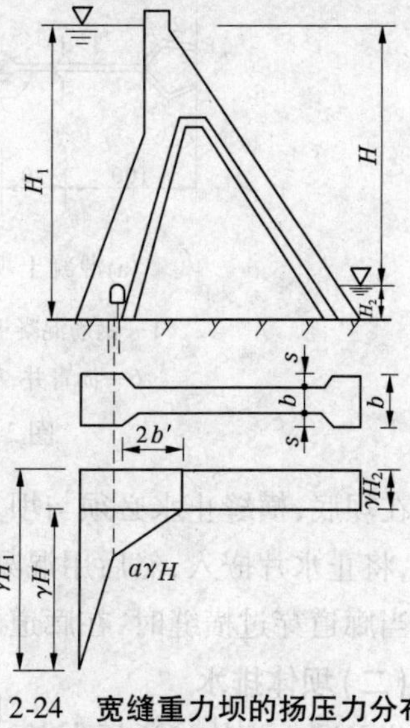

图 2-24　宽缝重力坝的扬压力分布

(二)宽缝重力坝的剖面尺寸

(1)坝段宽度。一般采用坝段宽度 $L=16\sim24$ m,可根据坝高、施工条件、泄水布置、坝后厂房机组间距选定。

(2)缝宽比。缝宽 $2s$ 与坝段宽 b 的比值,即 $2s/b$ 称为缝宽比,一般情况下 $2s/b=0.2\sim0.35$。缝宽比愈大,愈省混凝土,但当缝宽比大于 0.4 时,宽缝头部将产生较大的拉应力。

(3)上、下游坡率。上游坝坡坡率一般采用 $n=0.15\sim0.35$,下游坝坡坡率 $m=0.5\sim0.7$。在强度允许的情况下加大缝宽比,放缓坝坡,可减少混凝土用量。

(4)上游头部厚度和下游尾部厚度。上游头部厚度应满足强度和防渗要求,同时应满足坝基灌浆、排水廊道的布置、坝体排水及人防要求。一般取头部厚度为坝面作用水头的 0.07 ~0.10 倍,即 $\delta_u \geqslant (0.07\sim0.10)h$,且不小于 3.0 m。下游尾部厚度 δ_d 一般取 3 ~5 m,考虑应力和施工要求不小于 2.0 m。

宽缝重力坝多由混凝土建造,其稳定和应力分析的基本原理与实体重力坝相同,但须以一个坝段作为计算单元。另外,还须对宽缝头部应力进行校核。

二、空腹重力坝

在实体重力坝底部,沿坝轴线方向设置大尺寸的空腔,即为空腹重力坝(见图 2-25)。空腹下面不设底板,坝体所受的荷载直接通过所谓的前、后腿传到地基上。

空腹坝与实体坝相比,主要优点如下:

(1)由于空腹的存在,通过坝基的渗流可以从腹孔排出,降低了坝底面的扬压力(见图2-26),因而空腹重力坝与实体重力坝相比工程量可节省20% ~30%。

(2)腹孔部分清基时不必清到好的岩基,可节省坝基开挖量。

(3)空腹有利于混凝土的散热。

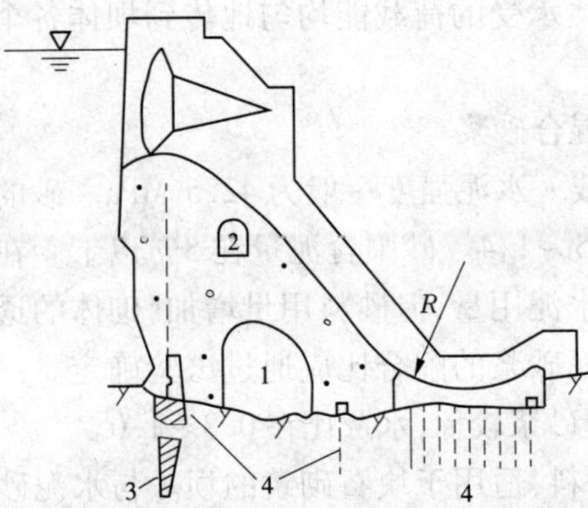

1—下腹坝;2—上腹坝;3—灌浆帷幕;4—排水孔

图2-25 空腹坝

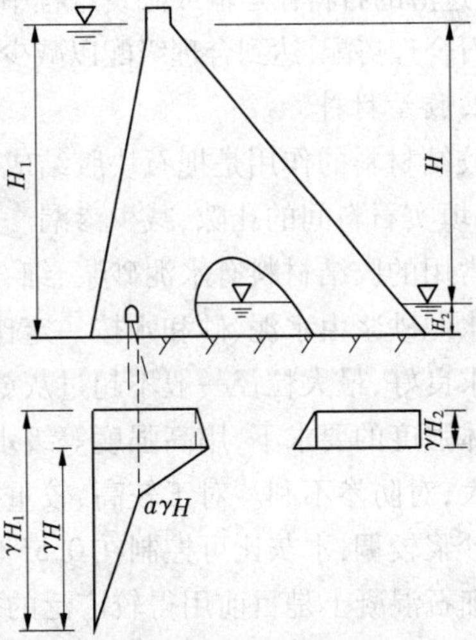

图2-26 空腹坝的扬压力分布

(4)空腹内可布置水电站厂房,以解决狭窄河谷、洪水流量大的河流的枢纽布置上的困难。但空腹底部须设置底板,须设置排水以降低扬压力。空腹内还可以进行检查、灌浆和观测等。

其主要缺点是设计施工比较复杂,钢筋和模板用量较多。

空腹坝的坝体尺寸须经试验和计算确定。根据目前的经验,空腹坝的腹孔净跨度一般为坝底全宽度的1/3,腹孔高为坝高的1/4 ~1/5,下游坝体(后腿)的宽度与上游坝体(前腿)大致相等。按照坝体应力的要求,腹孔的较优形状以近似半个椭圆形或二心圆形为宜,空腹上游侧多做成铅直面。为便于施工,底部常做成矩形或倒梯形,上部为组合圆弧形。

空腹重力坝的坝体应力情况比较复杂,材料力学法已经不适用了,应采取有限元法和结构模型试验法进行应力分析。

三、浆砌石重力坝

(一)材料

1. *石料*

石料是浆砌石坝的主要材料,有片石、块石和条石等多种。

片石没有规则的形状和尺寸,砌筑的坝体受力条件较差,胶结材料用量大,一般仅用于坝体次要部位。块石是具有两个较大平行面且基本方正的石料,砌体质量较好,强度较高,但石料加工费力,胶结材料用量比砌筑片石少,宜用于砌筑浆砌石坝体。条石为外形方正的六面体，最省胶结材料，砌体质量容易保证，砌体强度高，但加工石料极费人工，一般用于上下游坝面及溢流面等部位。

砌筑坝体的石块尺寸越大越省胶结材料，砌体强度也愈高，但应以能运输上坝为原则。片石厚度不应小于 15 cm，块石、条石厚度不小于 25 ~ 30 cm。石块长度不大于厚度的 3 倍，过长、过薄的石料在运输或砌筑过程中易被压碎或折断，影响坝体强度。在砌筑时应大、中、小块石合理搭配，达到合理级配以减少砌体孔隙，节省胶结材料，增加砌体密度。

2. 胶结材料

胶结材料的作用是把石块胶结成整体，使坝体承受的荷载能均匀地传到坝体各个部位，并填实石料间的孔隙，减少渗漏。

常用的胶结材料有水泥砂浆、细石混凝土及混合砂浆等。

水泥砂浆由水泥、砂和水按一定比例拌和而成。水泥强度一般为 42.5 MPa。砂的级配要求良好，最大粒径一般不超过灰缝厚度的 1/5 ~ 1/4。砂中含泥量在 5% 以下。在满足砌体强度的要求下，用高强度等级水泥可减少水泥用量，但砂料用量增加，砌体的透水性加大，对防渗不利。对于较高、较重要的坝，水泥砂浆的配合比应通过试验确定。一般用的砂浆较稠，水灰比可控制在 0.55 ~ 0.65；灌缝砂浆较稀，水灰比在 0.8 ~ 1.0。

细石混凝土是目前用得较广泛的一种胶结材料，适用于块石砌筑的坝。与水泥砂浆相比，不仅节省水泥，还可改善砂料的级配，从而提高砌体的密实度和强度，但施工时不如水泥砂浆易于捣实。对于浆砌条石，因砌缝很小，故不采用。

为了节省水泥，中小型浆砌石重力坝的坝体内部，常采用混合砂浆砌筑。混合砂浆就是在水泥砂浆中掺入一定比例的石灰或黏土等掺合料。混合砂浆一般只用于坝体的次要部位。

（二）坝体材料分区和砌体强度的选择

浆砌石坝坝体各部位砌体强度和胶结材料强度等级可根据受力情况、防渗要求等选用。对于上下游坝面、溢流面和坝体下部受力较大或有防渗、防冲等要求的重要部位，采用较高强度等级的胶结材料砌筑；一些次要部位（如坝的上部、坝腹等处）则采用较低强度等级。但任何部位砌体的砂浆强度等级不应低于该处应力的 5 倍。我国修建的浆砌石重力坝，砌筑块石采用的胶结材料强度等级一般为 M5.0、M7.5、M10。低于 40 m 的砌石坝，除重要部位采用较高强度等级外，其他部位可采用较低的强度等级。砌筑条石及勾缝的水泥砂浆一般采用较高强度等级。

砌体强度的高低不仅取决于石料和胶结材料的强度等级，还与石料的形状、大小及砌筑质量有关。砌筑质量不如混凝土的易于控制，目前也没有制定全国性的规范。因此，较为重要或工程量较大的砌石坝，应通过试验并参考已建工程经验来选定砌体强度指标和胶结材料的强度等级。对于小型浆砌石坝，在缺少试验的条件下，一般可参考已建工程试验成果和经验来选定，也可按有关书籍中介绍的砌体强度指标来选定。由于影响砌体强度的因素很多，而浆砌石坝又是人工大面积砌筑，质量不易均匀，因此根据坝体应力选择砌体强度和胶结材料的强度等级时，常需采用较大的安全系数。

（三）浆砌石重力坝的坝体防渗

为了阻止水流渗入坝体，除应注意施工质量、使砌体密实、防止因干缩和震动而使砌体产生裂缝外，工程中还广泛采用了以下两种防渗措施。

1. *混凝土防渗面板*

在坝体迎水面设置混凝土防渗面板，在底部应嵌入完整基岩内 1～1.5 m，并与坝基防渗设施连成整体。面板厚度一般为上游水深的 1/30～1/20 或更薄，但最小不得小于 0.3 m。为了防止因温度变化及混凝土干缩引起面板裂缝，沿坝轴线方向每隔 15～20 m 设伸缩缝一道，缝内设止水。板内一般布设Φ 6～8 的温度钢筋，纵横布置，间距 30 cm。为了使面板与坝体砌石连接牢固，可在砌体每平方米面积上预埋一根Φ 12～16 的锚筋，将锚筋与面板的钢筋连接在一起。中小型砌石坝的防渗面板一般采 C20 混凝土即可满足防渗要求。

有的工程将混凝土防渗面板做在距上游坝面 1～2 m 的坝体内，迎水面用浆砌石或预制混凝土块砌筑，这样可省去浇筑混凝土面板的模板、支撑及脚手架等材料。

2. *浆砌条石防渗层*

在坝体迎水面用水泥砂浆砌筑一层质地良好的条石做防渗层，厚度一般不超过坝上水头的 1/20，砌缝厚度控制在 1～2 cm，用水泥砂浆做胶结材料并仔细勾缝。有的工程采用凿槽填缝防渗，即将已砌好的防渗层，在迎水面沿砌缝凿成宽 4～5 cm、深 3 cm 的梯形槽，然后用水泥砂浆填塞满。防渗层施工以在冬末春初为宜，勾缝则在砌体初凝开始后进行较好。此种防渗措施一般用于小型工程。

除上述两种防渗措施外，还可在迎水面采用钢丝网水泥喷浆护面及预制混凝土板护面等防渗设施。

（四）溢流面保护

为了使水流顺畅，避免产生气蚀和防止水流的冲刷，浆砌石溢流坝的溢流面应进行保护。单宽流量较大的工程，一般用混凝土护面，混凝土厚 0.6～1.0 m，强度等级为 C20，并布设温度筋，用锚筋与砌体锚固。有的浆砌石溢流坝为了节省水泥和钢筋，只在堰顶或反弧段用混凝土护面，直线段用条石或方正的块石砌筑。单宽流量较小的工程，除坝顶用混凝土外，其他部位可全用条石或方块石护砌。

（五）坝体分缝

浆砌石坝由于水泥用量少，施工时又是分层砌筑，散热条件好，所以不设纵缝。横缝间距也可比混凝土重力坝的大，一般为 20～30 m，但最大不宜超过 50 m。在基岩岩性变化或地形有陡坎处均应设横缝，以适应不均匀沉降。防渗面板缝距为 15～20 m。

（六）坝与地基的连接

为了使坝体与岩基结合紧密，常在砌石坝底部先浇筑一层厚 0.5～1.0 m 的混凝土垫层。当工程规模不大、基岩完整坚硬、地形较规整时，也可在坝底先铺 5 cm 厚的砂浆，紧接着砌石。

四、碾压混凝土重力坝

(一)碾压混凝土重力坝的特点

碾压混凝土坝是用水泥含量比较低的超干硬性混凝土,经碾压建成的混凝土坝。它从根本上改革了常态混凝土的浇捣方法,是将土石坝碾压设备和技术应用于混凝土坝施工的一种新坝型。与常态混凝土坝相比,其主要优点如下:

(1)施工工艺程序简单,可快速施工,缩短工期,提前发挥工程效益。

(2)胶凝材料(水泥+粉煤灰+矿渣等)用量少,一般在120~160 kg/m^3,其中水泥用量为60~90 kg/m^3。

(3)由于水泥用量少,结合薄层大仓面施工,坝体内部混凝土的水化热减小,散热面大,温升可大大降低,从而简化了温控措施。

(4)不设纵缝,节省了模板及接缝灌浆等费用。

(5)可适用大型通用施工机械设备,提高混凝土运输和填筑的工效。

(6)降低工程造价。

因此,碾压混凝土坝20多年来有长足的发展,随着科学水平的不断提高和经验的积累,今后从数量到规模必将得到更快的发展。

碾压混凝土坝的剖面设计、水力计算、强度和抗滑稳定分析与常态混凝土坝相同。但在材料、构造与施工工艺等方面需要适应碾压混凝土坝的特点。

(二)碾压混凝土重力坝的材料

碾压混凝土坝的胶凝材料远比常态混凝土坝用量少,其中粉煤灰在胶凝材料中所占比例一般为30%~60%。为防止骨料分离,骨料的最大粒径大多数小于80 mm,并要求级配良好。砂与砂、砂与石子的质量比约在30%,水胶比一般为0.45~0.7。

(三)碾压混凝土重力坝的构造

为了保证坝体的抗渗、抗冻、抗冲、耐磨等性能要求,一般在坝基、上下游面及坝顶部位仍采用常态混凝土,内部用碾压混凝土,即所谓的“金包银”结构,见图2-27。

坝体上游面2~3 m内采用常态混凝土做防渗体时,为减少温度应力和防止不均匀沉降,防渗体也要设置横缝,与坝体的横缝相通,缝内设置止水。当采用富胶凝材料碾压混凝土做防渗层时,其厚度和抗渗等级应满足坝体的防渗要求。

由于碾压混凝土坝采用通仓碾压,故一般不设纵缝。但为了适应温度伸缩和地基不均匀沉降,仍应设置横缝,间距一般为15~20 m。坝体排水管可设置在防渗层的下游侧。为了减少施工干扰,增大施工作业面,坝内廊道的层数可适当减少,构造尽可能简化。

施工时,表层的常态混凝土与内部混凝土同步上升。碾压混凝土时,分层摊铺,每层厚30 cm。碾压后间隔一定时间,先进行层面处理,然后填筑上层。由于水泥用量小,再加上薄层填筑,坝体内的水化热温升大为降低,可简化温控措施,从而比常态混凝土重力坝降低造价约10%。

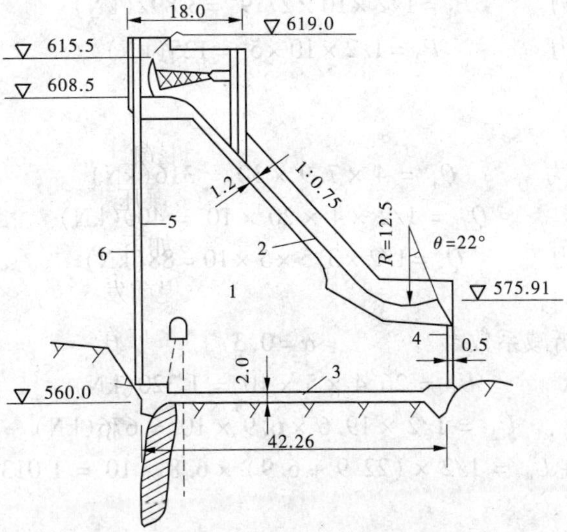

1—碾压混凝土;2—钢筋混凝土;3—常态混凝土;4—预制混凝土板;
5—沥青砂浆防渗层;6—预制钢筋混凝土板

图 2-27　坑口碾压混凝土坝横剖面（单位:m）

第九节　工程实例

某混凝土重力坝为 3 级建筑物,上游坝坡取折坡形,折坡点位于坝高的 2/3 处,即 179.3 m 高程。在此以上坝坡铅直,在此以下坝坡坡率 n 取 0.2,下游坝坡坡率 m 取 0.7,坝顶宽度 5.0 m。防洪高水位 187.2 m,相应下游水位 164.3 m;校核洪水位 187.8 m,相应下游水位 164.7 m;正常高水位 186.0 m,相应下游水位 164.0 m;死水位 170.4 m,淤沙高程 170.4 m;淤沙的浮容重 $\gamma_n = 8\ kN/m^3$,内摩擦角 $\varphi = 18°$;混凝土强度等级为 C20,其容重 $\gamma_c = 24\ kN/m^3$。河床基岩面高程为 159.3 m,地基为较完整的微风化花岗片麻岩,坝体混凝土与坝基接触面的摩擦系数 $f = 0.6$,坝体混凝土与坝基接触面的抗剪断摩擦系数 $f' = 1.15$,坝体混凝土与坝基接触面的抗剪断黏聚力 $c' = 300$ kPa;坝基设帷幕灌浆和排水孔,帷幕及排水孔中心线距上游坝脚分别为 5.3 m 和 6.8 m。地震设计烈度为 7 度;50 年一遇风速 22.5 m/s;水库吹程 $D = 3$ km。

要求:(1)分析其荷载组合。

(2)分析其沿坝基面的抗滑稳定性。

(3)校核其坝基面边缘应力是否满足强度要求。

解:(1)分析荷载组合。

①坝体自重:

$$W_1 = 5 \times 30 \times 24 = 3\ 600(\text{kN})$$

$$W_2 = 1/2 \times 17.36 \times 24.8 \times 24 = 5\ 166(\text{kN})$$

$$W_3 = 1/2 \times 4 \times 20 \times 24 = 960(\text{kN})$$

②水平水压力:

上游水平水压力　　$P_1 = 1/2 \times 10 \times 27.9^2 = 3\ 892(\text{kN})$

下游水平水压力　　$P_2 = 1/2 \times 10 \times 5^2 = 125(\text{kN})$

③垂直水压力：

上游垂直水压力　　$Q_1 = 4 \times 7.9 \times 10 = 316(\text{kN})$

$Q_2 = 1/2 \times 4 \times 20 \times 10 = 400(\text{kN})$

下游垂直水压力　　$Q_3 = 1/2 \times 3.5 \times 5 \times 10 = 88(\text{kN})$

④扬压力：

排水处扬压力折减系数　　$\alpha = 0.3$

$U_1 = 26.4 \times 5 \times 10 = 1\ 320(\text{kN})$

$U_2 = 1/2 \times 19.6 \times 6.9 \times 10 = 676(\text{kN})$

$U_3 + U_4 = 1/2 \times (22.9 + 6.9) \times 6.8 \times 10 = 1\ 013(\text{kN})$

⑤浪压力：

防洪高水位时风速采用50年一遇的风速，即 $v = 22.5$ m/s，$D = 3$ km。各波浪要素计算如下：

$$2h_l = 0.016\ 6 v^{\frac{5}{4}} D^{\frac{1}{2}} = 0.016\ 6 \times 22.5^{\frac{5}{4}} \times 3^{\frac{1}{2}} = 1.17(\text{cm})$$

$$2L_l = 10.4(2h_l)^{0.8} = 10.4 \times 1.17^{0.8} = 11.79(\text{m})$$

坝前水深　　$H_1 = 187.2 - 159.3 = 27.9(\text{m})$

$$h_0 = \frac{4\pi h_l^2}{2L_l}\coth\frac{\pi H_1}{L_l} = \frac{3.14 \times 1.17^2}{11.79}\coth\frac{3.14 \times 27.9}{11.79/2} = 0.36(\text{m})$$

又因为防洪高水位情况下，半个波长 $L_l = 11.79/2 = 5.90(\text{m})$，$H_1 > L_l$，则浪压力按深水波计算：

$$P_l = \gamma\frac{(L_l + 2h_l + h_0)L_l}{2} - \gamma\frac{L_l^2}{2} = \frac{(5.90 + 1.17 + 0.36) \times 5.90 - 5.90^2}{2} \times 10 = 45(\text{kN})$$

⑥泥沙压力：

水平泥沙压力

$$P_{n1} = \frac{r_n h_n^2}{2}\tan^2(45° - \varphi/2) = \frac{8 \times 11.1^2}{2}\tan^2(45° - 18°/2) = 260(\text{kN})$$

重直泥沙压力　$P_{n2} = 1/2 \times 8 \times 0.2 \times 11.1^2 = 99(\text{kN})$

具体参见荷载计算简图见图2-28及荷载计算表2-10。

(2)分析其沿坝基面的抗滑稳定性。

抗剪强度公式

$$K = \frac{f(\sum W - U)}{\sum P} = \frac{0.6 \times 7\ 620}{4\ 072} = 1.12 > [K] = 1.05$$，满足规范要求。

抗剪断强度公式

$$K' = \frac{f'(\sum W - P) + c'A}{\sum P}$$

$$= \frac{1.15 \times 7\,620 + 300 \times 26.36}{4\,072} = 4.09 > [K'] = 3.0\text{，满足规范要求。}$$

(3)校核其坝基面边缘应力是否满足强度要求。

①水平截面上的正应力：

$$\sigma_{yu} = \frac{\sum W}{L} + \frac{6\sum M}{L^2} = \frac{7\,620}{26.36} + \frac{6 \times (-14\,165)}{26.36^2} = 166.8(\text{kPa}) > 0\text{，满足强度要求。}$$

$$\sigma_{yd} = \frac{\sum W}{L} - \frac{6\sum M}{L^2} = \frac{7\,620}{26.36} - \frac{6 \times (-14\,165)}{26.36^2} = 411.4(\text{kPa}) < [R_a]\text{，满足强度要求。}$$

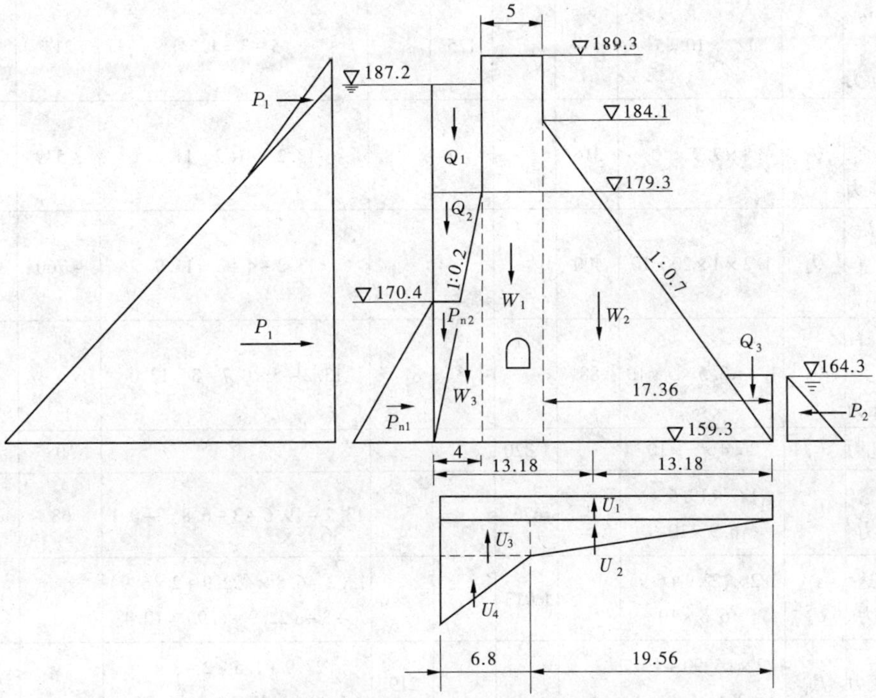

图 2-28　荷载计算简图　（单位：m）

②边缘剪应力：

$$\tau_u = (p_u - \sigma_{yu})n = (279 - 166.8) \times 0.2 = 22.4(\text{kPa})$$

$$\tau_d = (\sigma_{yd} - p_d)m = (411.4 - 50) \times 0.7 = 253(\text{kPa})$$

③水平正应力：

$$\sigma_{xu} = p_u - (p_u - \sigma_{yu})n^2 = 279 - (279 - 166.8) \times 0.2^2 = 274.5(\text{kPa})$$

$$\sigma_{xd} = p_d + (\sigma_{yd} - p_d)m^2 = 50 + (411.4 - 50) \times 0.7^2 = 227.1(\text{kPa})$$

④主应力：

$\sigma_{1u} = (1 + n^2)\sigma_{yu} - n^2 p_u = (1 + 0.2^2) \times 166.8 - 0.2^2 \times 279 = 162.3(\text{kPa}) > 0$，满足强度要求。

表 2-10　荷载计算（基本组合）

序号	荷载	符号	计算式	垂直力（kN）		水平力（kN）		偏心距 e（m）（距底面形心）	力矩（kN·m）	
				（↓）	（↑）	（←）	（→）		↶	↷
1	自重	W_1	$5\times30\times24$	3 600				$13.18-4-5\div2\approx6.7$	24 120	
2	自重	W_2	$1/2\times17.36\times24.8\times24$	5 166				$13.18-9-17.36\div3\approx-1.6$		8 266
3	自重	W_3	$1/2\times4\times20\times24$	960				$13.18-4\times2\div3\approx10.5$	10 080	
4	上游水平水压力	P_1	$1/2\times10\times27.9^2$				3 892	$27.9\div3=9.3$		36 196
5	下游水平水压力	P_2	$1/2\times10\times5^2$			125		$5\div3=1.7$	213	
6	上游垂直水压力	Q_1	$4\times7.9\times10$	316				$13.2-4\div2=11.2$	3 539	
7	上游垂直水压力	Q_2	$1/2\times4\times20\times10$	400				$13.2-4\div3=11.9$	4 760	
8	下游垂直水压力	Q_3	$1/2\times3.5\times5\times10$	88				$13.2-5\times0.7\div3=12.0$		1 056
9	浮托力	U_1	$26.4\times5\times10$		1 320			0	0	0
10	渗透压力	U_2	$1/2\times19.6\times6.9\times10$		676			$13.2-19.6\div3-6.8=-0.1$	68	
11	渗透压力	U_3+U_4	$1/2\times(22.9+6.9)\times6.8\times10$		1 013			$13.2-6.8\times(22.9+2\times6.9)\div3\div(22.9+6.9)=10.4$		10 535
12	浪压力	P_l	$1/2\times(5.90+1.17+0.36)\times5.90\times10$				219	$27.9+1.5-2\div3\times(5.90+1.17+0.36)=24.4$		5 344
13	浪压力	P'_l	$1/2\times5.90^2\times10$			174		$27.9-2\div3\times5.90=24.0$	4 176	
14	水平泥沙压力	P_{n1}	$1/2\times8\times11.1^2\times\tan^2(45°-18°/2)$				260	$11.1\div3=3.7$		962
15	垂直泥沙压力	P_{n2}	$1/2\times8\times0.2\times11.1^2$	99				$13.2-11.1\times0.2\div3=12.5$	1 238	
合计				10 629	3 009	299	4 371		48 194	62 359
总计				7 620		4 072			−14 165	

$\sigma_{1d}=(1+m^2)\sigma_{yd}-m^2p_d=(1+0.7^2)\times 411.4-0.7^2\times 50=588.5(\text{kPa})<[R_a]$,满足强度要求。

$\sigma_{2u}=p_u=279\ \text{kPa}$,$\sigma_{2d}=p_d=50\ \text{kPa}$。

思考题

1. 重力坝的工作原理是什么？重力坝的工作特点有哪些？
2. 作用于重力坝上的荷载有哪些？为什么要进行荷载组合？
3. 重力坝抗滑稳定分析方法有哪些？提高坝体稳定的工程措施有哪些？
4. 重力坝的应力分析方法有几种？用材料力学法计算坝体应力的基本假设有哪些？
5. 重力坝剖面设计的程序如何？
6. 溢流坝孔口设计的主要内容有哪些？
7. 溢流坝常用的消能方式有几种？适用条件如何？
8. 为什么要对坝体混凝土进行分区？
9. 为什么要对重力坝分缝？横缝如何处理？
10. 碾压混凝土坝的主要优点有哪些？

自测题

一、填空题

1. 重力坝主要依靠________产生的________来满足坝体稳定要求。

2. 抗滑稳定分析是重力坝设计中的一项重要内容,其目的是核算坝体沿________面或沿地基深层________面抗滑稳定的安全性能。

3. 重力坝地基处理主要包含两个方面的工作:一是________,二是________。

4. 碾压混凝土坝是用________含量比较低的超干硬性混凝土,经________而成的混凝土坝。

二、判断题

1. 扬压力是由上、下游水位差产生的渗透水压力和下游水深产生的浮托力两部分组成的。(　　)

2. 重力坝的基本剖面呈三角形是因为考虑施工方便。(　　)

3. 挑流消能一般适用于基岩比较坚固的高坝或中坝。(　　)

三、选择题

1. 重力坝的主要荷载包括(　　)。

A. 扬压力　　B. 自重

C. 温度荷载　　D. 水压力

2. 重力坝按其结构形式分为(　　)。

A. 挡水重力坝　　B. 溢流重力坝

C. 宽缝重力坝　　D. 空腹重力坝

3. 实体重力坝的结构形式简单,设计施工比较方便,其缺点是(　　)。

A. 扬压力大　　B. 扬压力小

C. 工程量较小　　D. 工程量较大

第三章 拱 坝

【学习指导】

目标：掌握拱坝的工作特点及其对地形、地质条件的要求，掌握拱坝的类型，了解拱坝布置的原则和一般步骤，掌握拱坝在构造上的特点。

重点：拱坝工作特点，拱坝对地形条件的要求，拱坝坝体的分缝及其周边缝。

第一节 概 述

一、拱坝的工作特点

拱坝是固接于两岸岩体的空间壳体结构，平面上呈凸向上游的拱形，在垂直剖面呈竖直或向上游凸出的曲线形，见图 3-1。

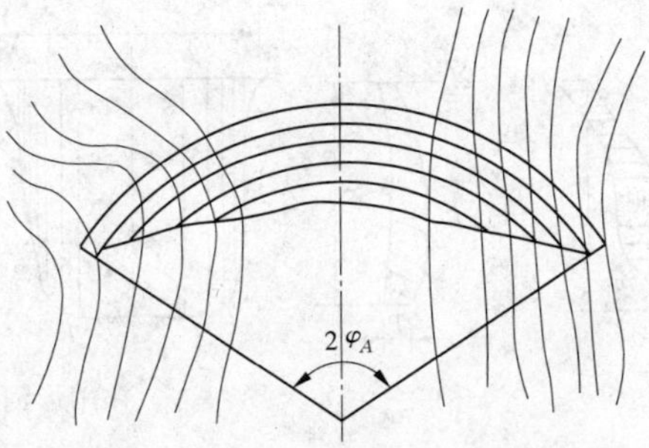

(a)拱坝平面图

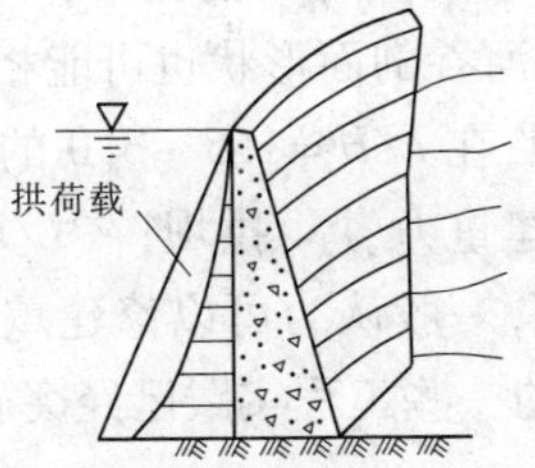

(b)垂直剖面(悬臂梁)图

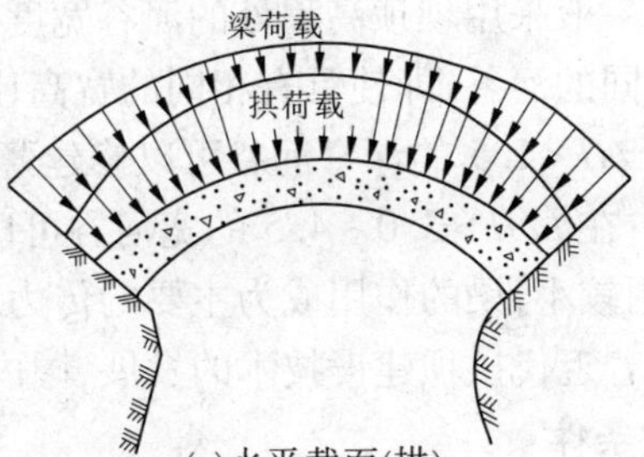

(c)水平截面(拱)

图 3-1 拱坝布置

与其他坝型相比，拱坝具有如下独特的工作特点：

(1)受力(稳定)特点。拱坝可以视为由拱梁组成的系统，即水平方向可以将其分为若干拱圈，拱圈的两端支撑于两岸坝肩岩体；垂直方向可将其分割为若干悬臂梁，梁的下端支撑于坝底岩体。因此，与重力坝相比，其稳定不需要依靠自重来维持，主要是利用拱端岩体的反力作用来支撑。在水荷载作用下拱坝坝体绝大部分是受压的，可充分利用筑坝材料的抗压强度,使坝体厚度较薄。因此,拱坝是一种经济性和安全性都很好的坝型。

(2)安全(结构)特点。拱坝属于周边固支约束的高次超静定结构,因此其自身应力调整能力和超载能力较强。当外荷载增大或拱坝的某一部位因拉应力过大而发生局部开裂时,能调整拱作用和梁作用及其荷载分配,进行坝体应力重分配,不致使拱坝丧失全部承载能力。

(3)荷载特点。拱坝坝身没有永久性伸缩缝,为超静定结构,因此温度荷载和岩体变形对坝体应力影响较大,因此设计时,岩体变形与温度荷载应列为主要荷载。

另外,拱坝剖面较薄,几何形状复杂,对施工质量、筑坝材料强度、防渗等要求方面较重力坝严格,但可在坝身或坝顶安全溢流,抗震性能较好。

二、拱坝的地形和地质条件

(一)地形条件

地形条件是选择拱坝结构形式、工程布置及其经济性的主要影响因素。理想的地形条件应该是两岸对称,岸坡平顺无剧烈变化,在平面上向下游收缩的 V 形或 U 形河谷地段(如果不符合此条件,可以将河谷开挖成此形状,此时河谷剖面形状是指开挖后的基础岩体形状,见图 3-2),且坝端下游侧应该有足够厚的岩体支撑,以确保坝体的稳定。

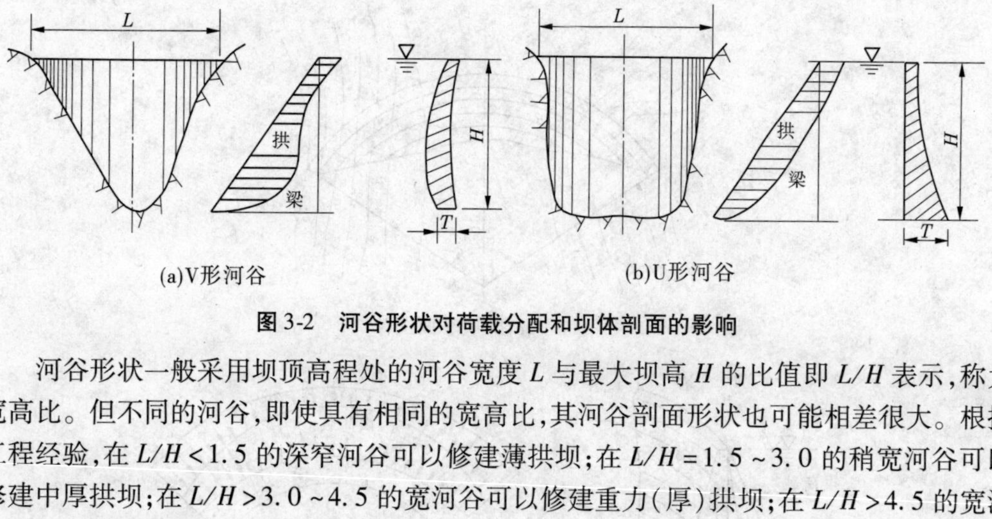

(a)V形河谷　　(b)U形河谷

图 3-2　河谷形状对荷载分配和坝体剖面的影响

河谷形状一般采用坝顶高程处的河谷宽度 L 与最大坝高 H 的比值即 L/H 表示,称为宽高比。但不同的河谷,即使具有相同的宽高比,其河谷剖面形状也可能相差很大。根据工程经验,在 $L/H<1.5$ 的深窄河谷可以修建薄拱坝;在 $L/H=1.5\sim3.0$ 的稍宽河谷可以修建中厚拱坝;在 $L/H>3.0\sim4.5$ 的宽河谷可以修建重力(厚)拱坝;在 $L/H>4.5$ 的宽浅河谷,拱的作用较小,梁的作用成为主要的传力方式,一般认为可以修建重力坝或者拱形重力坝。但随着近代拱坝建设技术的发展,国内外的一些工程实践已经突破上述界限。

(二)地质条件

拱坝对坝址地质条件的要求要高于重力坝和土石坝,要求河谷两岸和河床的岩体必须能够承受由拱端传来的巨大推力,要在任何情况下都能保持稳定,不致危害坝体的安全。理想的地质条件应该是基岩岩体较均匀、坚固完整、有足够的强度、无断层破碎带和严重节理裂隙、弱透水性、抗风化性。但实际上很难找到这种坝址,因此在选择坝址的时候应该查明工程地质条件,采取必要的工程处理措施。

三、拱坝的类型

按照不同的分类原则，拱坝大致可以分为如下一些类型：

(1)按照拱坝的高度分类。大于70 m的为高拱坝，30~70 m的为中坝，小于30 m的为低坝。

(2)按照拱坝的厚高比分类。拱坝的厚薄程度常用坝底厚度 T 和最大坝高 H 的比值(T/H)表示，称为厚高比。$T/H < 0.2$ 为薄拱坝，$T/H = 0.2 \sim 0.35$ 为中厚拱坝，$T/H > 0.35$ 为厚拱坝(重力拱坝)。

(3)按照拱坝的体形分类。只在水平剖面内呈拱形，在垂直剖面内上游面呈铅直的拱坝称为单曲拱坝；水平剖面内和垂直剖面内上游面都呈拱形的拱坝称为双曲拱坝。

(4)按照水平剖面内拱圈线形分类。水平拱圈是单心的圆弧水平拱，称为圆(单心圆)拱坝；水平拱圈是多圆心的圆弧水平拱，称为多心圆拱坝；水平拱圈是非圆弧形水平拱，称为变曲率拱坝。

(5)按照拱坝结构特征分类。可分为常规拱座拱坝、周边缝拱坝、空腹拱坝、重力墩拱坝、铰拱坝和预应力拱坝等。

(6)按照筑坝材料分类。可分为常规混凝土拱坝、碾压混凝土拱坝和浆砌石拱坝等。

第二节　拱坝的布置

一、拱坝布置的原则和一般步骤

(一)布置原则

应根据坝址地形、地质、水文等自然条件及枢纽综合利用要求统筹布置，在满足拱坝强度和稳定性的要求下，通过调整拱坝的外形尺寸，使坝体材料的强度得到充分发挥，控制拉应力在允许范围之内，而拱坝的工程量最省。因拱坝形式比较复杂，剖面形状又随地形地质情况而变化，故拱坝布置需有较多的方案，应进行全面技术经济比较，选择最优方案。

(二)布置步骤

(1)根据坝址地形、地质资料定出开挖深度，绘出坝址可利用基岩岩体面等高线地形图。

(2)综合考虑地形、地质、水文、施工及运用条件等，选择适宜的拱坝坝型。

(3)利用基岩岩体面等高线地形图，试定顶拱轴线的位置。在实际工程中，常以顶拱外弧作为顶拱的轴线。按选定的半径、中心角及顶拱厚度画出顶拱内外缘弧线。

(4)初拟最大坝高的拱冠梁剖面尺寸，并拟定各高程拱圈的厚度。自坝顶往下，沿坝高不同高程选取5~10个拱圈，绘制各层拱圈平面图，布置原则与顶拱相同。各层拱圈的圆心连线在平面上最好能对称于河谷可利用基岩岩体面的等高线，在垂直面上圆心连线应是光滑的曲线。

(5)沿拱圈切取若干垂直剖面，检查其轮廓是否光滑连续，有无上层突出下层严重倒悬现象，确定倒悬程度。如不符合要求，应适当修改形状尺寸。

(6)根据上述拟定的各拱圈尺寸，进行应力计算及坝肩岩体抗滑稳定校核，根据计算结果修改坝体布置和拱圈及梁的剖面尺寸，重复以上工作程序，直到满足要求。

(7)将拱坝沿拱的轴线展开，绘成立视图，显示基岩岩体面的起伏变化，对突变处采取削平或填塞措施。

(8)计算坝体工程量，作为不同方案比较的依据。

由于拱坝布置需反复修改，并作多方案比较，目前大多采用计算机进行设计。首先根据地形、地质条件，初绘拱坝轮廓，由计算机计算控制点坐标，画出坝体透视图、展开图，在展开图上画好二维网格后，计算机即可自动形成三维网格，采用有限元法计算出坝体内部应力，然后根据应力状态修改坝体形状，重复几次即可。采用这种方法，坝体上下游面形状由坐标定点，改变形状方便，适用于任何复杂形状的拱坝。

二、拱坝布置中的一些问题

(一)拱端的布置原则

拱坝两端与基岩岩体的连接也是拱坝布置的一个重要方面。应保证拱端能很好地嵌入开挖后坚实的基岩岩体，有充分的岩体承受拱端传递过来的荷载，并应考虑岩石内节理的倾向，以保证在各种荷载条件下坝肩的稳定。

拱端拱座可分为以下几种：

(1)全径向拱座。使拱端推力接近垂直于拱座面，以减小向下游滑动的剪力。

(2)半径向拱座(见图3-3(a))。上游面基岩开挖过多时采用，靠上游侧1/2拱座面与基准面的交角应大于10°。

(3)非径向拱座(见图3-3(b))。下游面基岩开挖过多时采用，拱座面与基准面的夹角应不大于80°。

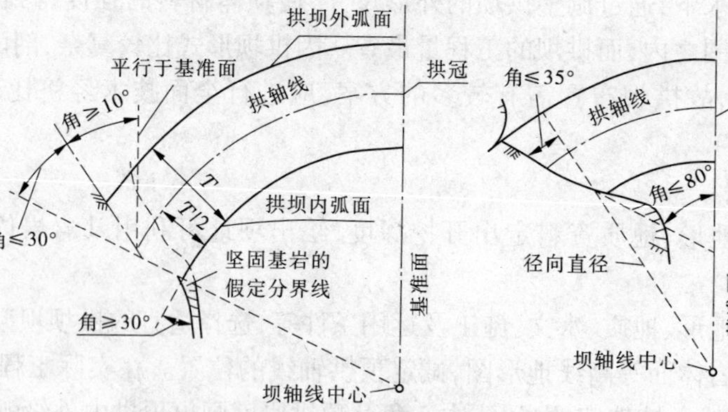

图3-3　拱座布置形式

(二)坝面倒悬的处理

由于上、下层拱圈半径及中心角的变化，坝体上游面不能保持直立，如上层坝面突出于下层坝面，就形成了坡面的倒悬，这种上、下层坝面错动距离与其间高差之比称为倒悬

度。在双曲拱坝中很容易出现坝面倒悬现象,对倒悬的问题和处理,大致可以归纳为以下几种情况:

(1)使靠近岸边的坝体上游面维持直立,而河床中部坝段俯向下游,见图3-4(a)。此时河床中部坝段上游坝基面拉应力可能超过允许值。为此,对俯向下游的坝段需加速冷却,采取重复灌浆方法,伸缩缝随浇随灌。缺点:施工复杂,不经济。优点:①增加向下的竖向水压力,坝内主应力轨迹线倾斜向下,有助于坝体稳定。②如沿主应力倾斜方向截取拱圈,其中心角将比水平拱圈大,故应力情况要比不向下游倾斜的拱坝好。③采用坝顶溢流时,可使下泄水流的冲刷坑远离坝脚。

(2)使河床中间的坝体上游面维持直立,而河岸坝段向上游倒悬,见图3-4(b)。此时须在上游加设临时混凝土支墩或通过开挖基础支墩(见图3-4(d)),或使水平拱两端上游侧加厚,以消除坝体两翼向上游的倒悬。

(3)协调前两种方案,使河床坝段稍俯向下游,河岸坝段稍向上游倒悬,见图3-4(c)。

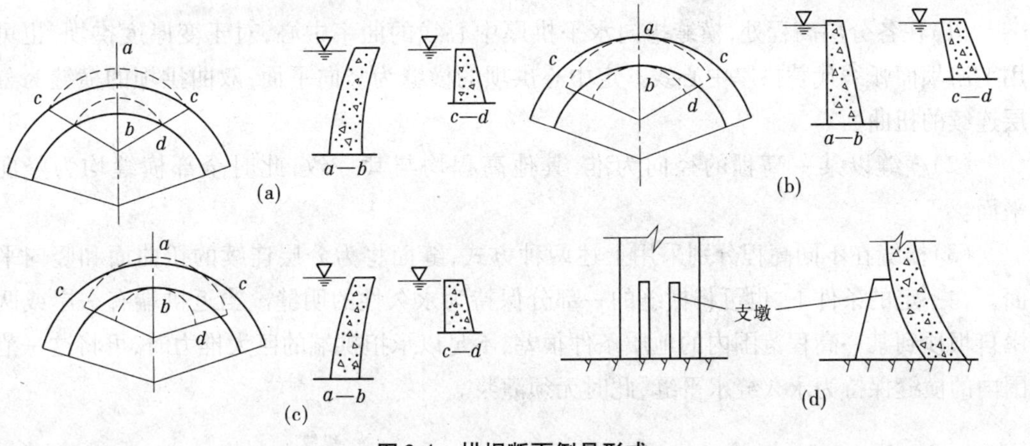

图3-4　拱坝断面倒悬形式

第三节　拱坝的材料及构造

一、拱坝的材料

用于修建拱坝的材料主要是混凝土(常规混凝土和碾压混凝土)与钢筋混凝土,中小型工程常常就地取材,使用浆砌块石。拱坝对混凝土的要求较高,应满足设计规范对强度、抗渗、抗冻、低热、抗冲刷和抗侵蚀等方面的要求。

坝体混凝土的极限抗压强度一般以90 d或180 d龄期为准,极限抗拉强度一般取极限抗压强度的1/10～1/15。此外,还应注意混凝土的早期强度,以确保早期的抗裂性。除强度外,还应保证抗渗性、抗冻性和低热等方面的要求。为此,对坝体混凝土的水灰比必须严格控制,对较高的拱坝,坝体外部混凝土的水灰比应限制在0.45～0.50内,内部可为0.60～0.65。在承受高速水流和挟沙水流冲刷的部位,混凝土应具有很好的抗磨性。

用水灰比低的、振捣密实并表面抹光的混凝土,抗磨性较高。

对于浆砌石拱坝而言,其容许拉应力取决于所用石料和胶结材料的强度等级,其值接近砂浆的极限抗拉强度。在坝体的上、下游面,坝端接头及靠近地基的部位,应适当用一部分混凝土,以保证工程质量。其溢流坝面一般采用钢筋混凝土材料。

二、拱坝的构造

(一)拱坝坝体分缝与接缝处理

拱坝是三维空间整体结构,一般不作永久性的结构分缝,但为了便于施工期间混凝土散热和降低收缩能力,防止混凝土产生温度裂缝,施工需要分段浇筑,各段间设收缩缝,待坝体温度冷却至稳定温度、混凝土充分收缩时再保证坝的整体性。

收缩缝有横缝和纵缝两类,见图 3-5,横缝一般沿径向或近于径向布置,间距一般为 15 ~ 20 m,缝内应设键槽,具体布置方式有三种:

(1)在各分层高程处,横缝指向水平拱厚中心线的曲率中心,对于变厚度拱坝,也可用上游坝面弧线代替拱厚中心线。定中心拱坝的横缝为竖向平面,双曲拱坝的横缝为分层连续的扭曲面。

(2)横缝以某一高程的径向为准,其他高程均与其一致,此时全部横缝均为竖向平面。

(3)横缝在不同高程分别采用上述两种方式,缝面将为分层连续的扭曲面和竖向平面。在一定的条件下,也可将横缝的一部分保持为永久性的明缝。当近拱端有一岸或两岸自坝顶到某一高程范围内的地质条件很差,不足以承担拱端的巨大推力时,可将这一范围内的横缝保持为永久缝水平缝,此时无须灌浆。

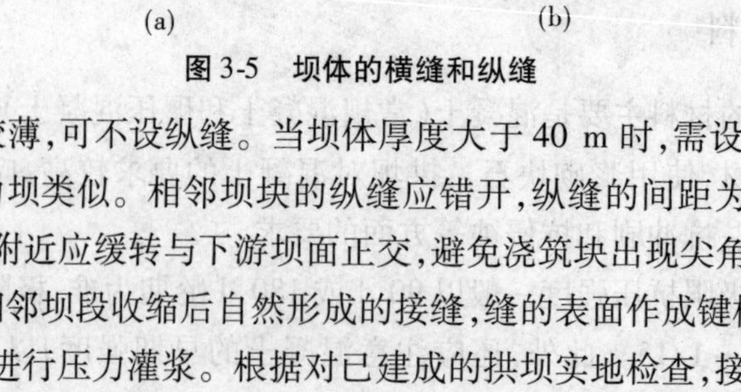

图 3-5　坝体的横缝和纵缝

拱坝断面一般较薄,可不设纵缝。当坝体厚度大于 40 m 时,需设置纵缝。纵缝的布置和构造要求与重力坝类似。相邻坝块的纵缝应错开,纵缝的间距为 20 ~ 40 m,一般采用铅直纵缝,到缝顶附近应缓转与下游坝面正交,避免浇筑块出现尖角。

收缩缝是两个相邻坝段收缩后自然形成的接缝,缝的表面作成键槽,预埋灌浆管与出浆盒,在坝体冷却后进行压力灌浆。根据对已建成的拱坝实地检查,接缝灌浆的结果也不尽如人意,其仍然是坝体的薄弱面。因此,现代拱坝建设的趋向是尽可能减少收缩缝,布置要求也与重力坝类似。

(二)拱坝坝顶与坝面

拱坝坝顶的结构形式和尺寸应按使用要求确定,当无交通要求时,非溢流坝顶宽度一般应大于等于3 m。在拱坝上游面一定厚度内应浇筑抗渗性和抗冻性较好的混凝土,下游面1~2 m内用抗冻性较好的混凝土。除特殊情况外,一般不配筋。但在严寒地区的薄拱坝,可在坝顶配筋以防渗水冻胀而开裂。在地震区,为防止坝顶开裂,可穿过横缝布置钢筋,以增强坝的整体性。溢流坝段坝顶的尺寸和布置应满足泄洪、闸门启闭、设备安装、操作运行、交通、监测和观测的要求。地震区的坝顶工作桥、交通桥等结构应尽量减轻自重,以提高结构抗震性能。

(三)廊道、排水

为满足检查、观测、灌浆、排水和坝内交通等要求,需要在坝体内设置廊道。由于拱坝坝体应力较高,廊道对其周围的坝体应力有较大影响。为避免过多地削弱坝体,对于高度不大、厚度小于10 m左右的薄拱坝,可不设廊道,或只设一层灌浆廊道,而将检查、观测、交通及坝缝灌浆工作移至坝后桥上进行。桥宽一般为1.2~1.5 m,上、下层间隔20~40 m,桥的伸缩缝宽为1~3 cm,并与坝的横缝一致。厚拱坝设置廊道,其要求与重力坝类似。

(四)垫座、周边缝与重力墩

对于地形不规则的河谷或局部有深槽时,可在基岩岩体与坝体之间设置垫座,在坝体与垫座间应设置永久性结构缝,称为周边缝。在有周边缝的拱坝中,垫座与坝体分开浇筑,在其他情况下则多与坝体一起浇筑。

周边缝一般做成二次曲线或卵形曲线,使垫座以上的坝体尽量接近对称。其作用是:

(1)改变坝体与坝基面直接连接的边界条件。当河谷形状不规则或坝基存在地质上的缺陷时,仍可设计成经济合理的拱坝体形。

(2)有利于深入比较选定拱坝体形。当周边缝的位置拟定后,如实际的坝基开挖深度与预计的情况略有差别,只需调整垫座高度而不必修改拱坝体形。

(3)改善坝体上游面的应力状态,可减小甚至免除上游面的竖向拉应力。由于周边缝多为连续光滑曲面,可使坝体与垫层间的应力分布较均匀,并可利用垫座增大与坝基接触面,调整和减小该处的压应力。

(4)减小坝体传至垫座的弯矩,从而减小垫座和坝基面间产生拉应力的不利影响,避免垫座与坝基阻水帷幕的接触面受拉而破坏。

(5)可以提前浇筑垫座混凝土,以覆盖和保护基岩面,并进行坝基灌浆。

当拱坝上部坝肩基岩岩体面高程偏低,形成较大台梯时,可设置推力墩来弥补,使拱端作用力沿水平方向由推力墩传递至坝头处的基岩。如拱端至坝头距离较大,或坝头处的基岩承载能力较低,可采用重力墩,将拱端作用力通过重力墩底面传至基岩。重力墩与坝头间的缺口,需布置翼坝。翼坝一般折向上游与岩体连接。

第四节 白鹤滩拱坝工程简介

白鹤滩水电站位于金沙江下游四川省宁南县和云南省巧家县境内，距巧家县城 45 km，上接乌东德梯级，下邻溪洛渡梯级，距离溪洛渡水电站 195 km，控制流域面积 43.03 万 km^2，占金沙江流域面积的 91.0%。白鹤滩水电站的开发任务以发电为主，电站正常蓄水位为 825.00 m，汛期限制水位 795.00 m，死水位 765.00 m，水库总库容 205.10 亿 m^3。

枢纽工程主要由混凝土双曲拱坝、二道坝及水垫塘、泄洪洞、引水发电系统等建筑物组成。混凝土双曲拱坝坝顶高程 834.00 m，坝底高程 545.00 m，最大坝高 289.0 m，坝顶弧长 704.0 m，坝身布置有 6 孔泄洪表孔和 7 个泄洪深孔；泄洪洞共 3 条，均布置在左岸；电站采用地下厂房，左右各有一座，每座厂房内安装 9 台单机为 778 MW 的水轮发电机组，电站总装机容量为 14 004 MW。

河流流向由南到北，坝址河谷呈左岸低右岸高的不对称 V 字形，左岸坡缓，右岸坡陡，两岸山体雄厚。枯水期江面宽 70 ~ 115 m，水位 591 m，水深 10 m 左右，覆盖层厚 13.06 ~ 24.30 m，河床地面高程 576.00 ~ 581.00 m，正常蓄水位 825.00 m 处河谷宽 490 ~ 590 m。

坝址区两岸基岩裸露、山体雄厚，岩性主要为峨眉山组 P2β2 ~ P2β6 的玄武岩，右岸高程 920 ~ 1 100 m 出露 P2β7 ~ P2β11，1 100 m 以上见飞仙关组泥质粉砂岩、粉砂质泥岩及少量细砂岩；玄武岩以隐晶玄武岩、杏仁玄武岩及变玄武质角砾熔岩为主，岩性坚硬，部分岩性段内柱状节理发育。基岩主要为峨眉山组玄武岩 P2β3 ~ P2β6 流层段，以微晶、隐晶玄武岩为主，斑状、杏仁状玄武岩次之，玄武质角砾熔岩及凝灰岩呈夹层状分布。具体坝基岩体分区如图 3-6 所示。

混凝土双曲拱坝采用椭圆线型，具体参数见表 3-1。

表 3-1　枢纽优化体形主要特征参数

拱圈高程	拱冠上游曲线坐标	拱冠厚	左拱端厚	右拱端厚	左曲率半径	右曲率半径	左椭圆半径	右椭圆半径	左半中心角	右半中心角
834.00	38.166	14.000	17.000	18.000	430.903	321.751	1 115.174	1 287.519	44.348	41.984
800.00	18.552	31.374	31.957	36.679	376.216	276.633	1 357.083	1 428.999	46.163	44.837
760.00	2.718	45.233	48.705	55.480	332.802	239.152	1 776.348	1 498.141	46.899	47.386
720.00	−6.480	53.639	63.380	70.274	304.915	216.257	2 190.831	1 346.561	46.376	48.857
680.00	−10.294	58.342	74.766	80.456	285.089	205.548	2 148.328	1 046.129	44.835	48.964
640.00	−9.978	61.089	81.647	85.420	265.855	204.629	1 583.171	765.572	41.507	47.107
610.00	−7.785	62.919	83.118	85.356	247.327	208.921	1 115.554	608.552	36.667	43.083
580.00	−4.502	65.370	80.858	81.761	221.781	216.359	741.880	492.879	29.535	35.856
545.00	0	70.000	72.819	72.764	178.907	227.662	427.291	395.659	10.037	17.308

注：表中长度的单位为“m”，角度的单位为“°”。

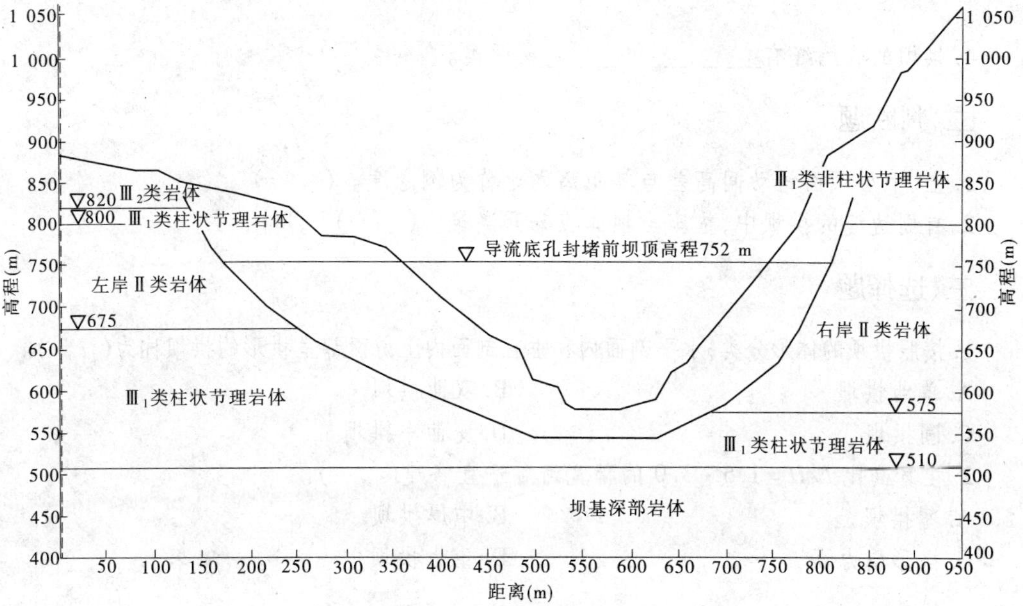

图 3-6 坝基岩体分区

坝体设有导流底孔、泄洪深孔和表孔,其中 $1^{\#}$ ~ $8^{\#}$导流底孔跨横缝布置,其尺寸为5.5 m×10 m,其余导流孔和永久泄洪深孔按常规布置。以往的研究和工程建设表明,常规的不跨横缝布置的孔口对拱坝结构的影响很小,而跨横缝布置的研究和工程实例很少,因此需研究导流底孔跨横缝布置对坝体结构的影响。

思考题

1. 拱坝的工作特点是什么?与重力坝的工作原理有什么不同?
2. 结合拱坝的工作条件和特点,分析拱坝对地形和地质条件有何要求?
3. 拱坝的布置原则是什么?
4. 拱坝的构造需要注意哪些方面的内容?

自测题

一、填空题

1. 拱坝是固接于两岸岩体的________结构,平面上呈凸向上游的________,在垂直剖面呈竖直或向上游凸出的________。

2. 拱坝可以视为是由拱梁组成的系统,即水平方向可以将其分为若干________,拱圈的两端支撑于两岸坝肩岩体;垂直方向可将其分割为若干________。与重力坝相比,其稳定不需要依靠________来维持,主要是利用________作用来支撑。

3. 河谷形状一般采用坝顶高程处的________与________的比值即 L/H 表示,称为宽高比。

4. 拱坝的收缩缝有________和________两类。

二、判断题

1. 上、下层坝面错动间高差与其距离之比称为倒悬度。(　　)

2. 有周边缝的拱坝中,垫座与坝体应分开浇筑。(　　)

三、选择题

1. 按照拱坝的体形分类,水平剖面内和垂直剖面内上游面都呈拱形的拱坝称为(　　)。

A. 单曲拱坝　　B. 双曲拱坝

C. 圆拱坝　　D. 变曲率拱坝

2. 在宽高比 $L/H = 1.5 \sim 3.0$ 的稍宽河谷适宜修建(　　)。

A. 薄拱坝　　B. 中厚拱坝

C. 拱形重力坝　　D. 重力拱坝

第四章　土石坝

【学习指导】

目标:掌握土石坝的工作条件及其类型,掌握土石坝的剖面设计及其构造特点,掌握土石坝的渗流分析和渗透稳定分析,掌握土石坝的坝坡抗滑稳定分析,了解土石坝的固结与沉降原理,了解土石坝的护坡设计理论。

重点:土石坝的构造特点,土石坝的渗流计算,土石坝的边坡抗滑稳定分析方法。

第一节　概　述

土石坝又称当地材料坝,主要由坝址附近的土石料填筑而成,根据坝体所用材料不同又可分为土坝和堆石坝。坝体材料以当地土料和砂、砂砾、卵砾为主的称土坝,以石渣、卵石、爆破石为主的称堆石坝。

土石坝是传统的坝型,历史悠久,使用较为普遍。至19世纪已具有较高的水平,最大高度达50 m。到20世纪,特别是50~60年代,由于土石坝施工技术的发展,大型碾压设备如振动碾的出现,各种粒径的土、砂、砂砾、石渣、堆石能方便地碾压密实,因此土石坝建造的数量不断增加,高度也越来越高。在25座坝高超过200 m的大坝中,土石坝占9座;25座库容超过354亿m^3的水库中,土石坝有16座;在86座装机容量大于100万kW的水电站水库中,有59座大坝是土石坝。这说明土石坝在坝工建设中所占的比重越来越大。目前,世界上两座最高的坝均为土石坝,一座为罗贡斜心坝,高325 m,另一座为努列克心墙坝,高300 m,均在塔吉克斯坦共和国内。我国已建成的最高土石坝为黄河上的小浪底水库,坝高154 m;陕西石头河坝,坝高105 m;水布垭混凝土面板堆石坝,坝高233 m;瀑布沟心墙堆石坝,坝高188 m。

一、土石坝的特点

土石坝被广泛采用并不断发展与其下列优越性是分不开的:

(1)筑坝材料就地取材,可节省大量钢材、水泥、木材等建筑材料。

(2)适应地基变形能力强,土石坝散粒体结构具有适应地基变形的良好条件,对地基的要求比混凝土坝低。

(3)施工方法选择灵活性大,能适应不同的施工方法,从简单的人工填筑到高度机械化施工都可以,且工序简单、施工速度快,质量也易保证。

(4)结构简单、造价低廉、运行管理方便、工作可靠,便于维修加高。

当然,土石坝也有以下不足:

(1)坝顶不能溢流,常须另开溢洪道。

(2)施工导流不如混凝土坝方便,因而相应地增加了工程造价。

(3)坝体断面大,土料填筑的质量易受气候影响。这给施工带来困难,甚至延长工期、增加造价。

二、土石坝的工作条件

土石坝是由松散颗粒土石料填筑碾压而成的挡水建筑物。由于土粒间的抗剪强度小,上、下游坡如不维持一定的坡度,就可能发生坍塌现象。所以,土石坝的剖面一般呈梯形。失稳的形式则是坝坡滑动或坝坡连同地基一起滑动的剪切破坏,这是与其他建筑物不同之处。土石坝主要受下列因素的影响。

(一)渗流影响

土坝挡水后,由于坝体断面较大,除坝基有水平软弱夹层外,产生整体滑动的可能性较小。但在上、下游水位的作用下,水流经过坝身及坝基(包括两岸)的结合面和坝体土与混凝土等建筑物的结合面易产生渗漏。渗流在坝体内形成自由水面,浸润线以下的土体全部处于饱和状态。饱和区的土体受水的浸泡而使土的有效重量减轻,并使土的内摩擦角和黏聚力减小。同时,渗透水流对土体还有动水压力的作用,这些力增加了坝坡滑动的可能性;渗透水流在土壤中运动时,如渗透坡降超过允许渗透坡降,还会引起坝体和坝基的渗透变形,严重时会导致坝的失事。

(二)冲刷影响

由于土料颗粒间的黏聚力很小,因此土石坝抗冲能力较低。雨水一方面侵入坝内降低坝的稳定性,另一方面将沿坝坡面下流而冲刷坝面;库内风浪对坝面也将产生冲击和淘刷作用,使坝面容易受到破坏,甚至滑坡。因此,上、下游坝坡均需采取有效的保护措施。

(三)沉陷影响

由于土粒间存在孔隙,在坝体自重和水荷载作用下,坝体和地基(土基)都会因压缩而产生沉陷。沉陷量过大会造成坝顶高程不足而影响坝的正常工作;过大的不均匀沉陷量还会引起坝体开裂,甚至造成渗水通道而威胁大坝安全。

(四)其他影响

在严寒地区,当气温低于0 ℃时,库水面结冰形成冰盖层,与岸坡及坝坡冻结在一起,冰层的膨胀对坝坡产生很大冰压力,易导致护坡的破坏。位于水位以上的坝体黏土,在冻融作用下会造成孔穴、裂缝。在夏季,由于含水量的损失,上述土壤也可能干裂引起集中渗流。

在地震区筑坝,还应考虑地震影响。地震的作用增加了坝坡坍滑的可能性。粉沙地基在强烈振动作用下还容易引起液化破坏。

三、设计和建造土石坝的原则要求

(一)不允许水流漫顶

设计时由于对洪水估计偏低,坝顶高程不足,溢洪道尺寸偏小,或水库控制运用不当等,都会造成土石坝漫顶溃坝的严重事故。因此,在土石坝枢纽中应设置容量足够大的泄水建筑物,绝对不允许洪水漫顶。设计中,要充分估计水库风浪及坝的沉陷值,预留足够的超高。库区滑坡要查勘清楚,滑坡体在水库内坍滑产生的涌浪对土石坝极为不利。除对设计标准洪水有足够的泄洪建筑物外,对于可能发生的特殊洪水,也应有应急的泄洪保坝措施。据国外对土石坝失事资料的分析,由于水流漫顶而失事的占30%。

(二)满足渗流控制要求

土石坝蓄水后,一般会在坝体和坝基中形成渗流,有时还会有绕坝渗漏。若不进行有效的控制,将会引起多方面的问题:渗流量过大,影响水库效益;坝体和坝基产生危害渗透变形,导致大坝失事。例如,美国93 m高的提堂坝(1975年建成)建成不足一年,由于坝基透水性大,防渗帷幕施工质量不佳而导致溃坝。浸润线过高也会降低坝的稳定性,为此应特别注意土石坝防渗体的合理设计,并保证其施工质量,加强坝与地基、岸坡或其他建筑物的连接,合理布置排水及反滤设施,以避免事故的发生。

(三)坝体坝基稳定可靠

土石坝为散粒体结构,局部范围内土体的抗剪强度不足时,土体开始滑动。因此,应有足够的断面维持坝坡的稳定。边坡稳定是坝安全的基本保证。据统计,过去失事的土石坝中1/4是由于滑坡破坏造成的。如何结合土石坝的类型、材料、构造选择适宜的坝坡,使之既能保持稳定又最为经济,是土石坝设计的主要内容。

(四)土石坝须能抵抗其他自然界的破坏作用

对如下因素都必须采取防护措施:库水风浪将淘刷坝坡,雨水冲刷坝体,冬季冰冻膨胀影响产生裂缝,夏季日晒龟裂,南方有些省份还有白蚁蛀空坝脚等。

四、土石坝的类型

土石坝按施工方法的不同可分为碾压式土石坝、抛填式堆石坝、定向爆破堆石坝、水中倒土坝和水力冲填坝等。其中,以碾压式土石坝应用最广。按土料在坝体中的配置和防渗体的位置不同,又可分为如图4-1所示的坝型。

(一)均质坝

坝体的绝大部分由均一的透水性较弱的黏性土填筑而成。整个坝体起防渗作用,如图4-1(a)所示。这种坝的优点是材料单一、工序简单。当坝址附近有足够的适宜土料时,是较常采用的一种坝型之一,特别是中小型水库采用较多,如海南松涛均质坝,坝高78.7 m,由风化土料填筑而成。这种坝的缺点是坝坡较缓,剖面大。黏性土料的施工受到气候的限制,坝体孔隙水压力大。所以,高坝很少采用这种形式。

(二)分区坝

坝体由土质防渗体及若干透水性不同的土料分区所构成。其中,土质防渗体设在坝体中部或稍向上游倾斜的称为心墙坝,如图4-1(b)所示。这种坝由于土料在总方量中所占比重不大,施工受季节影响也小。缺点是施工时要求心墙与坝体大体同时填筑,相互干扰大。我国高105 m的石头河水库大坝为黏土心墙坝。

土质防渗体设在坝体上游面或接近上游面的称为斜墙坝,如图4-1(c)、(d)所示。斜墙与坝体施工干扰小。但其抗震性能和适应不均匀沉陷的能力不如心墙坝。北京密云水库白河主坝为66 m高的斜墙坝。

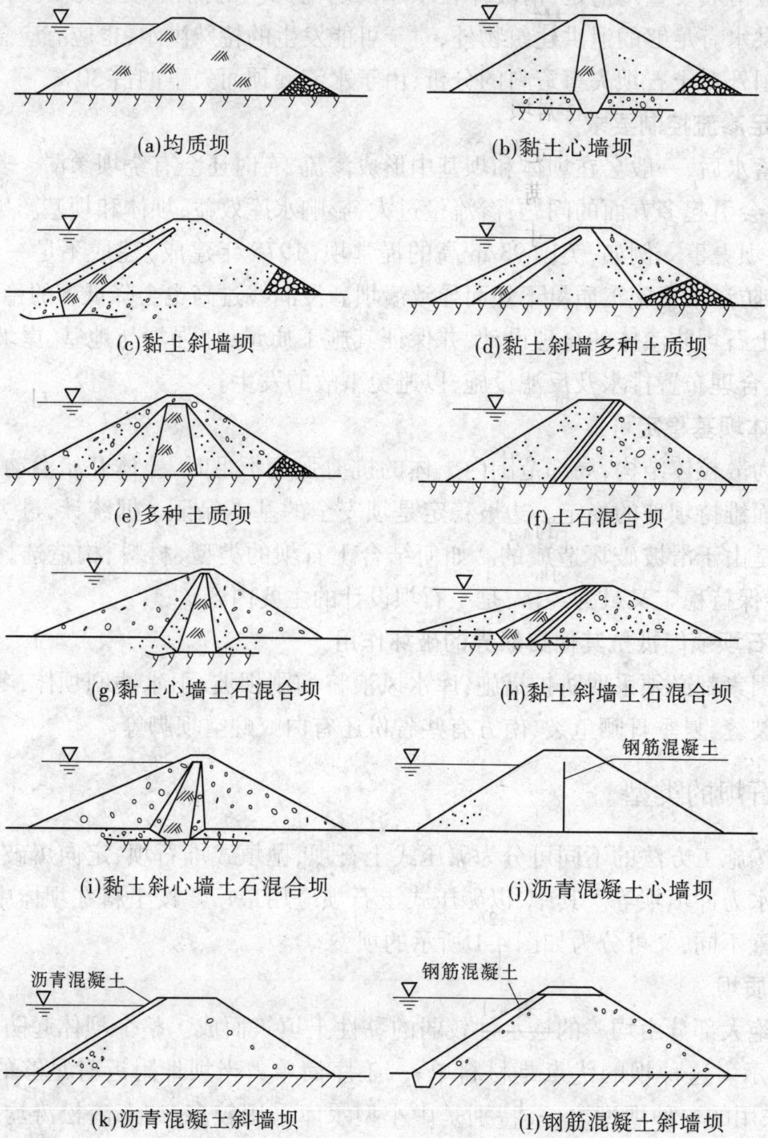

图 4-1　碾压式土石坝类型

此外,还有坝中心向外透水性逐渐增大的土石混合坝和上游断面为防渗土料、下游断面为透水料的土石混合坝,如图 4-1(e)、(f)、(g)、(h)所示。

为便于施工,改善坝体应力状态,避免裂缝,近代也有采用如图 4-1(i)所示的斜心墙土石坝。

(三)人工防渗材料坝

坝的防渗体由沥青混凝土、钢筋混凝土或其他人工材料组成,其余部分由土石料筑成。其中,防渗体在坝体中央的称为心墙坝,防渗体在上游的称为斜墙坝(面板坝),如图 4-1(j)、(k)、(l)所示。

第二节　土石坝的剖面和构造

土石坝的设计，首先是根据坝址附近土石料的分布情况（种类、数量、运距）及地形地质条件选定合适的坝型。再拟定坝的基本尺寸，包括坝坡、坝顶高程、坝顶宽度、防渗体及排水设备、护坡等的尺寸，使之满足土石坝的工作要求。然后进行必要的计算校核，并根据其结果进一步修正原设计尺寸与构造，使之达到既安全又经济的目的。

一、土石坝剖面的基本尺寸

（一）坝顶高程

坝顶高程由水库静水位加波浪爬高及安全超高确定。坝顶在静水位以上的超高按式（4-1）计算：

$$d = h_1 + e + a \tag{4-1}$$

式中　d——水库静水位以上的超高，m，如图 4-2 所示；

h_1——波浪在坝坡上的爬高，m；

e——坝前静水位因风浪引起的涌高，m；

a——安全超高，按坝的等级及运用情况，由表 4-1 确定。

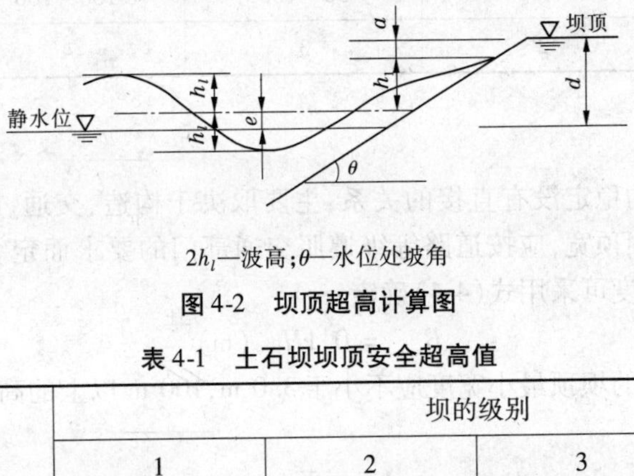

$2h_l$—波高；θ—水位处坡角

图 4-2　坝顶超高计算图

表 4-1　土石坝坝顶安全超高值　　（单位：m）

运用情况		坝的级别			
		1	2	3	4、5
设计		1.5	1.0	0.7	0.5
校核	山丘区	0.7	0.5	0.4	0.3
	平原区	1.0	0.7	0.5	0.3

波浪要素可按下面的经验公式计算：

$$e = 0.036\frac{v^2 D}{2gH}\cos\alpha \quad (\mathrm{cm}) \tag{4-2}$$

$$h_1 = 3.2K2\ h_l\tan\theta \tag{4-3}$$

式中　v——风速，m/s；

D——吹程，km；

H——坝前水深,m;

α——风向与坝轴线法线方向夹角,(°);

K——坝坡护面的粗糙系数,按表 4-2 选用。

表 4-2 土石坝护面的粗糙系数 K 值

护面结构	沥青混凝土	混凝土板	砌石	单层铺石	块石
K	1.0	0.9	0.75 ~ 0.80	0.60 ~ 0.65	0.50 ~ 0.55

当上游坝坡设马道或变坡时,h_1 还要作适当的修正。

坝顶高程要分别计算正常情况和非常情况,得出两个坝顶高程计算值后取大值。坝顶设防浪墙时,d 指静水位到墙顶的高差,并规定正常情况下坝顶应高出静水位 0.5 m 以上,非常情况下不低于静水位。

以上要求的坝顶高程是指沉降稳定后的数值,因此竣工时的顶坝高程应有足够的预留沉陷值。一般施工质量良好的坝,坝体沉降值为坝高的 0.2% ~0.4%。重要的大坝要进行专门的沉降分析以确定预留值,具体计算可参考有关文献。

地震区安全超高应包括地震引起坝顶沉陷和涌浪高度,其值要满足表 4-3 所列数值。

表 4-3 地震区土石坝的超高

(单位:m)

坝高	<50	50 ~ 100	100 ~ 200	>200
最小超高值	2	3	4	5 ~ 7

(二)坝顶宽度

坝顶宽度与坝的稳定没有直接的关系,主要取决于构造、交通、施工及运行等要求。对于有交通要求的坝顶宽,应按道路等级遵照交通部门的要求而定。一般坝高小于 100 m 时,其坝顶最小宽度可采用式(4-4)确定:

$$B_{\min} = 0.1H \quad (\mathrm{m}) \tag{4-4}$$

高度 30 m 以下的坝顶最小宽度应不小于 3.0 m,100 m 以上的高坝,其最小宽度可按式(4-5)确定:

$$B_{\min} = \sqrt{H} \quad (\mathrm{m}) \tag{4-5}$$

(三)坝坡

土石坝坝坡对坝的稳定和工程量有着直接的影响,主要取决于坝型、坝高、坝的等级、坝体及坝基的材料性质、所承受的荷载、施工和运用条件等因素。一般可先参照已建工程的实践经验或用近似方法初步拟定坝坡,然后进行稳定计算,确定合理的坝体断面。对碾压式土坝砂、壤土类坝坡,其平均坡度一般为 1∶2.0 ~1∶4.0。当坝基较为软弱时还需适当放缓。

在拟定坝坡时,应考虑到上游坝坡长期浸泡于水中,土的抗剪强度降低。所以,当采用相同土料时,坝的上游坡比下游坡要缓;在一般情况下,土质斜墙坝的上游坡比心墙坝的缓,而下游坡则可比心墙坝陡些;砂壤土、壤土的均质坝坡比砂或砂砾料的坝坡缓些;黏性土均质坝的坝坡与坝高有一定关系,其高度越大,坝坡越缓。砂或砂砾料坝体的坝坡与坝高的关系则很小。

一般坝的下游坡每隔 10 ~ 30 m 设置一条马道。当坝的坡度自上到下有变化时,马道则设在变坡处。马道的宽度视其用途而定,但其最小宽度不得小于 1.5 ~ 2.0 m。马道上设置排水沟以汇集雨水防止冲刷,还可用于观测、检修和交通。

初拟坝坡时,会大致参考表 4-4 所列统计数据。砂性土采用较小值,黏性土采用较大值。

表 4-4　土石坝坝坡参数值

坝高(m)	上游坝坡	下游坝坡
<10	1:2 ~ 1:2.5	1:1.75 ~ 1:2.0
10 ~ 20	1:2.25 ~ 1:2.75	1:2.0 ~ 1:2.5
20 ~ 30	1:2.5 ~ 1:3.0	1:2.25 ~ 1:2.75
>30	1:3.0 ~ 1:3.5	1:2.5 ~ 1:3.0

二、坝的防渗体

坝的防渗体必须能将渗透坡降、下游坝体浸润线及渗流量降低到允许范围内,还要满足结构上和施工上的要求。

作为坝的防渗体的材料有土质防渗体、人工材料(沥青混凝土、复合土工膜)等,其中用得最多的是土质防渗体。

(一)土质防渗体

1. 土质心墙

心墙顶部在静水位以上的超高,正常运用时为 0.3 ~ 0.6 m,非常运用时则不低于校核洪水位。

心墙的顶宽考虑到机械施工的可能不应小于 2.0 ~ 3.0 m。心墙两侧的边坡一般为 1:0.15 ~ 1:0.30。

防渗体底部的厚度,取决于土料的允许渗透坡降,采用黏土、重壤土时,心墙底厚不应小于 $H/4$,且不应小于 3 m,其中 H 为作用水头。

心墙顶面必须设砂砾保护层,其厚度不小于当地冰冻和干燥厚度,且不小于 1.0 m。心墙与地基及岸坡必须有可靠的结合,防止结合面漏水和产生集中渗流。心墙与岸坡结合处常需加大心墙剖面。

2. 土质斜墙

斜墙顶部在静水位以上的超高,正常运用情况时为 0.6 ~ 0.8 m,非常运用时不低于校核洪水位。斜墙的顶厚(垂直于斜墙上游面的厚度)不小于 2.0 m。

斜墙底部的厚度应满足允许渗透坡降的要求,一般要求不小于水头的 1/5。为防止斜墙断裂,其厚度常比按渗透稳定条件确定的数值大。

斜墙上游应设置保护层以防止冰冻和机械破坏。保护层材料可为砂砾、卵石、块石,其厚度不得小于当地冰冻及干燥深度,且不小于 1.0 m,一般取 1.5 ~ 2.5 m。保护层应分层碾压填筑，达到坝体相同标准。其外坡坡度应按稳定计算确定，使保护层不致沿斜墙面或连同斜墙一起滑动。

3. 铺盖

铺盖与斜墙相连。铺盖由黏土或壤土做成，一般要求地基与铺盖土料渗透系数之比至少在1 000以上。铺盖应铺成不等厚的，由上游向下游逐渐加厚，具体数值由土料的允许渗透坡降而定。前端厚度由于构造要求应不小于0.5 m，一般采用1.0 m。末端与斜墙连接处的厚度不小于3～5 m。两端通常做小槽嵌入地基中，铺盖长度一般为水头的4～6倍。填筑铺盖前必须清基，在砂卵石地基上应设置过渡层，以防渗透破坏，顶面应设保护层。

4. 斜心墙

斜心墙介于心墙与斜墙之间，即心墙略向上游倾斜。这种坝是为了克服心墙坝可能产生拱效应和斜墙坝对变形敏感等不足而发展起来的。它很适合于高土石坝，如美国的奥洛维尔土石坝即采用了这种形式。斜心墙倾斜度对心墙的应力影响很大。近年研究结果显示，斜心墙向上游倾斜的坡度为1∶0.25～1∶0.75较好。防渗体结构尺寸要求与心墙和斜墙类似。

(二)复合土工膜防渗体

复合土工膜有较好的柔性和塑性，渗透系数为10^{-11}～10^{-12} cm/s。因此，防渗性及变形适应的能力均较好。其施工简单、造价低廉，因此得到广泛应用。复合土工膜防渗体有心墙和斜墙两种基本的类型。

三、坝体排水设备

排水设备是土石坝的一个重要组成部分。主要目的是：

(1)防止渗流逸出处的渗透变形。

(2)降低坝体浸润线及孔隙压力，改变渗流方向，增加坝体稳定。

(3)保护坝坡，防止冻胀破坏。坝体排水设备须保证充分的排水能力，能自由地向下游排出全部渗水，同时应按排水反滤原则设计，保证坝体及地基土不发生渗透破坏。坝体排水设备的形式与坝型、下游水位、材料、施工条件及筑坝地区的气候条件等因素有关，应通过技术经济比较确定，主要形式有棱体排水、贴坡排水、褥垫排水和综合式排水等。

(一)棱体排水

在坝脚处用块石堆筑而成，如图4-3所示。棱体排水设备适用于下游有水的情况，能降低坝体浸润线，防止坝坡冻胀和渗透变形，保护下游坝脚，且有支持坝体增加稳定的作用，是一种可靠的排水形式。

棱体排水的顶部高程应超出下游最高水位，应大于波浪滑坡面的爬高，且不小于下列数值：对1、2级坝不小于1.0 m，对3～5级坝不小于0.5 m。

棱体顶部高程应保证坝体浸润线距坡面的距离大于该地区的冻结深度。顶部宽度应根据施工条件及检查观测需要确定，且不得小于1.0 m。棱体排水一般不做道路用，以免排水堵塞。棱体内坡根据施工条件确定，为1∶1.0～1∶1.5，外坡一般为1∶1.5～1∶2.0。在排水与坝体及坝基之间应设反滤层。

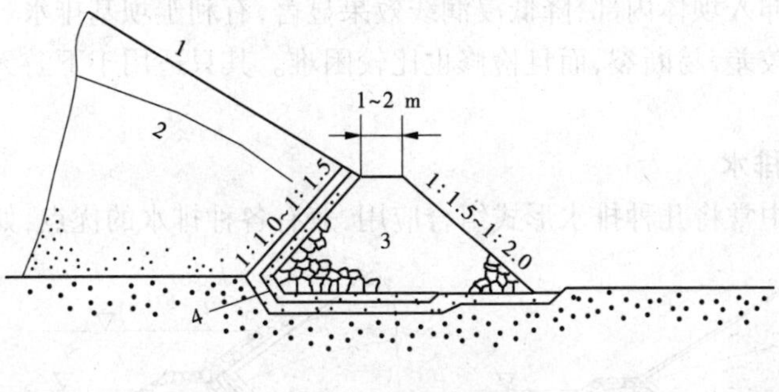

1—坝坡;2—浸润线;3—排水棱体;4—反滤层

图 4-3　棱体排水

(二)贴坡排水

贴坡排水又称表层排水,如图 4-4 所示。排水设在下游坝坡底部,由 1~2 层堆石或砌石筑成。在石块与坝坡间应设反滤层。这种排水结构简单、省料且便于检修,可防止渗透破坏,保护下游坝脚。但因未伸入坝体,不能降低浸润线,且防冻性较差,常用于中小型水库且下游无水的均质坝,以及有良好防渗体、坝体浸润线较低的中等高度的土石坝。

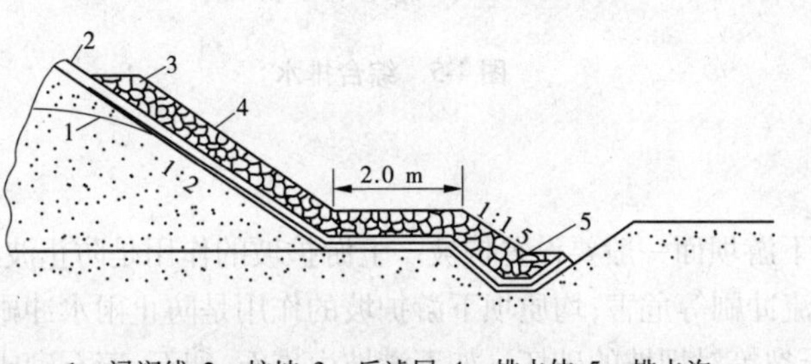

1—浸润线;2—护坡;3—反滤层;4—排水体;5—排水沟

图 4-4　贴坡排水

贴坡排水层的顶部应高于坝体浸润线的逸出点,超出的高度务必使坝体浸润线位于该地区冻结深度以下,且不小于下列数值:对 1、2 级坝不小于 2.0 m,对 3~5 级坝不小于 1.5 m。

贴坡排水层的底脚处必须设置排水沟或排水体,其深度或厚度应使水面结冰后,排水沟(排水体)的下部仍有足够的排水断面。当下游有水时,应同时满足护坡稳定的要求。

(三)褥垫排水

将排水体平铺在坝下游的部分地基上,形似褥垫,故称褥垫排水。伸入坝体的长度一般不超过 1/3~1/4 坝底宽度,向下游做成 0.005~0.01 的坡度以利排水。排水的厚度可按式(4-6)计算:

$$\delta = \frac{Kq}{ki} \tag{4-6}$$

式中　q——单宽流量;

K——堆石的渗透系数,一般砾石为 100~200 m/d,块石为 1 000~1 500 m/d;

i——堆石中的水力坡降。

排水的厚度一般不宜小于 30 cm。

褥垫排水体伸入坝体内部,降低浸润线效果显著,有利于坝基排水。但对地基不均匀沉陷的适应能力较差,易断裂,而且检修也比较困难。其只适用于下游无水或下游水位很低的情况。

(四)综合式排水

在实际工程中常将几种排水形式组合应用,兼有各种排水的优点,如图 4-5 所示。

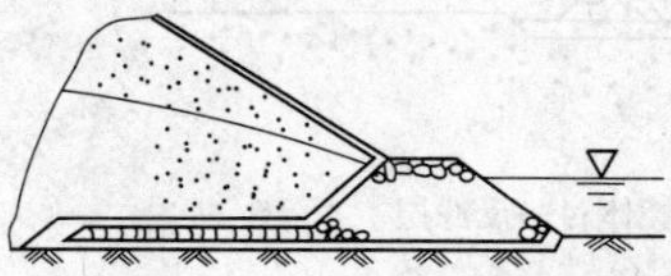

(a)褥垫排水与棱体排水相结合

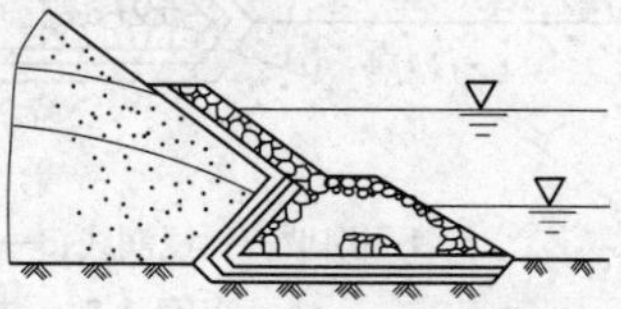

(b)贴坡排水、褥垫排水与棱体排水相结合

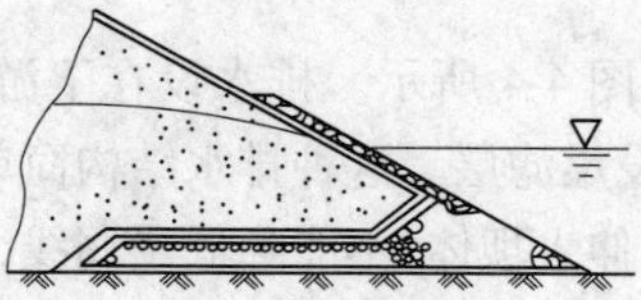

(c)贴坡排水与棱体排水相结合

图 4-5　综合排水

四、护坡

土石坝的上、下游坝面一般要设置护坡。上游护坡的作用是防止波浪淘刷、冰层和漂浮物的损害、顺坝水流冲刷等危害;均质坝下游护坡的作用是防止雨水冲刷,风浪、冰层和水流作用,动物、冻胀干裂等对坝坡的破坏。如下游坡由堆石、卵石、碎石砌成,可不设护坡。

对上、下游护坡的要求是坚固耐久,能抵抗各种因素的破坏作用,并保证底层不受淘刷。尽可能就地取材,以降低造价;施工简单,维修方便。

上游护坡的形式有堆石护坡、砌石护坡、混凝土或钢筋混凝土护坡、沥青混凝土护坡;下游护坡的形式有砌石、堆石、碎石和草皮护坡等。

护坡覆盖的范围,上游由坝顶起延伸至水库最低水位以下一定距离,一般为 2.5 m。下游则由坝顶至排水棱体,无排水棱体时则至坝脚。

(一)砌石护坡

砌石护坡由人工将块石铺砌而成,是土石坝中采用最多的一种。石块应力求紧密嵌紧。砌石所用石块要求质地坚硬、耐风化。石块的大小应根据风浪大小计算确定,单层厚为 0.3 ~0.35 m,双层厚为 0.4 ~0.6 m。砌石下设碎石或砾石垫层以防水流淘刷。垫层厚一般为 0.15 ~0.25 m,有时需铺 2 ~3 层,如图 4-6 所示。

根据我国的经验,当水库波浪较大时(浪高大于 2.0 m)可在砌石护坡上用水泥砂浆或细骨料混凝土填缝,以形成整体,提高抗冲能力,但要留一定的缝隙或排水孔,以便排水。

(二)堆石护坡

堆石护坡是将适当级配的石块直接倾倒在坝面垫层上而成的,不加人工铺砌。因堆

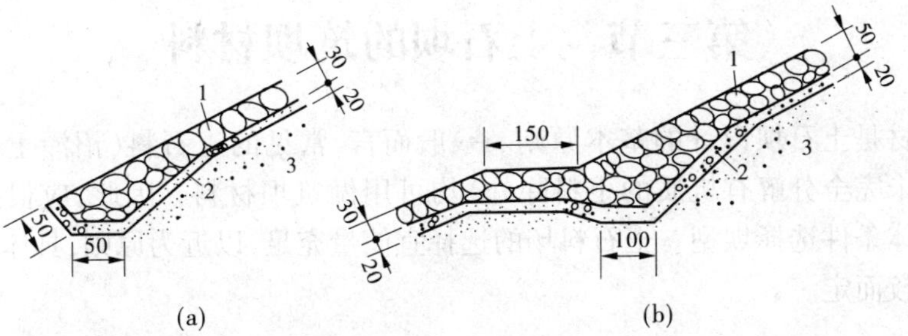

1—堆石层;2—垫层;3—坝体

图 4-6　砌石护坡　(单位:cm)

石抵抗风浪的能力低于砌石,所以厚度要大于砌石护坡,堆石护坡的厚度一般为 0.5 ~ 0.9 m。下面设厚度为 0.4 ~0.5 m 的砂砾石垫层。

(三)其他形式的护坡

当坝址缺少石料或风浪过大,块石护坡不足以抵御风浪时可以采用混凝土或钢筋混凝土护坡。其既可以就地浇筑,也可以预制。混凝土板下应设厚度不小于 0.15 ~0.20 m 的碎石或砾石垫层,粒径一般为 2 ~8 mm,也可采用沥青混凝土。

在国外,有些土石坝采用水泥土护坡。这种护坡的材料由土、水和水泥混合而成。水泥占干土重的 7% ~15%。用砂壤土或砾质土与水泥拌和,加水 10% 左右,分层压实。填筑后保持潮湿,养护 1 ~2 周。其防冲能力和柔性都较好。

土石坝的下游坡一般可用 0.1 ~0.15 m 厚的碎石和砾石护坡。在气候适宜地区也可用草皮护坡。

五、坝顶构造

坝顶设路面,如坝顶有交通要求,则应按道路要求设计;如没有交通要求,则可用单层砌石或砾石护面以防雨水冲蚀。

坝顶上游侧通常设防浪墙,下游侧设栏杆。防浪墙高度通常为 1.0 ~1.2 m,用浆砌石或钢筋混凝土筑成。墙的基础应牢固地埋入坝内,伸入防渗体内。为排除雨水,坝顶路面通常向两侧或一侧做 1% ~3% 的斜坡。有防浪墙时坡向下游,并在坝顶下游侧设纵向排水沟,以便汇集雨水,经坡面排水沟排至下游。图 4-7 是典型的坝顶布置。

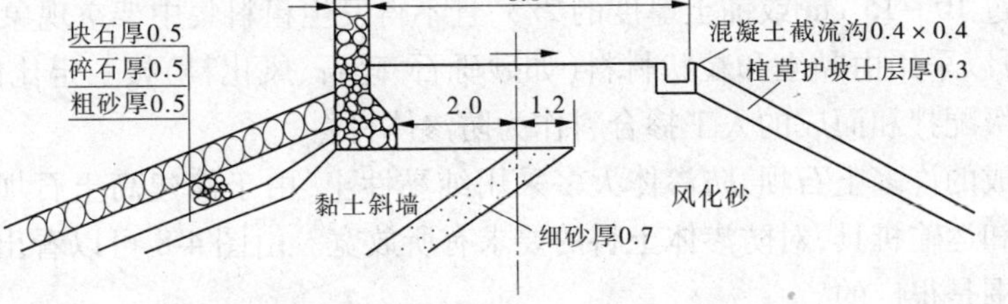

图 4-7　典型的坝顶布置　(单位:m)

第三节　土石坝的筑坝材料

就地取材是土石坝设计的基本原则。一般而言,常见的土石料(沼泽土、膨润土、地表土及含有未完全分解有机质的土料除外)均可用做筑坝材料。因此,应根据坝址附近土石料的具体条件选择坝型。土石料场的选择宜储量充足,以近为原则,具体选用须通过技术经济比较而定。

一、筑坝材料的选择

土石坝坝体主要由坝壳、防渗体、排水体、护坡等组成。由于它们的工作条件不同,因而对材料的要求也不同。筑坝材料应具有与其使用目的相适应的工程特性,并具有较好的长期稳定性。

(一)防渗体土料

防渗土料在压实后,应具有足够的防渗性能和一定的抗风化能力。高坝心墙土料还应具有低压缩性。一般用于填筑心墙、斜墙和铺盖的土料,其渗透系数 K 宜小于 10^{-5} cm/s,用做均质坝的土料 K 宜小于 10^{-4} cm/s。土料须具有足够的塑性,使之能适应坝体及坝基的变形而不致产生裂缝。土料中水溶盐含量(按质量计)不大于3%;有机质含量,对均质坝不大于5%,对心墙或斜墙不大于2%。土体浸水与失水时体积变化较小,以防止土体发生显著的膨胀与收缩。

一般黏粒含量为15%~30%或塑性指数为10~17的中壤土、重壤土及黏粒含量为30%~40%或塑性指数为17~20的黏土较合适。塑性指数大于20和液限大于40%的冲积黏土,浸水后膨胀软化较大的黏土,难以压实的干硬性黏土应尽量不用。

我国南方的残坡积红土或红土状土,具有稳固的团粒结构,虽然黏粒含量很高,天然容重很低、天然含水量高,压实性差,但在较低填筑容量和较高填筑含水量下,仍具有较高的强度、较低压缩性和较小渗透性,耐水性和抗冲刷能力也较好,可用于填筑均质坝和防渗体。但用于高坝时应作必要的技术论证。

湿陷性黄土或黄土状土可用于填筑均质坝和防渗体,但需具有适当的填筑含水量与压实密度,使土料的原状结构得到破坏,防止浸水后的湿陷和软化。

近年来,国内外有些工程采用砾质黏土或人工加砾黏土做防渗体,收到很好的效果。用做防渗体的砾质黏土应满足:抗渗性能好;大于5 mm的粗粒含量不超过50%;其最大粒径一般不超过10~15 cm或铺土厚度的2/3,且不得发生粗料集中架空现象。

必要时,可以采用由黏土和粒状材料(如砂砾石、碎石、风化料)按一定比例混合的或按设计规定的级配拌和而成的人工掺合料作为防渗体材料。

国内已建成的许多土石坝,防渗体大多采用纯黏性土,由于修建高土石坝,施工时采用重型的压实和运输机具,对防渗体土料的要求有所放宽。由图4-8可以看出,适于做防渗体的土料范围是很广的。

(二)坝壳土石料

土石坝的坝壳材料主要是为了保持坝体的稳定性,一般要求有较高的强度。下游坝

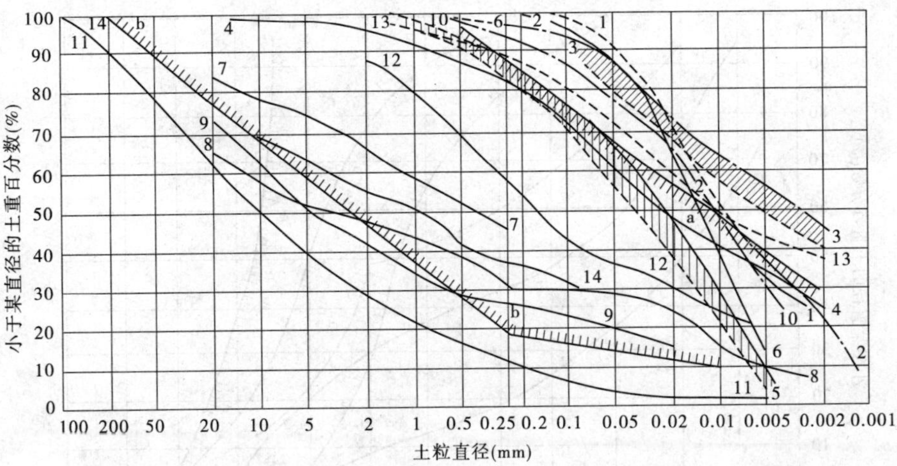

1—南湾;2—大伙房;3—毛家村;4—碧口;5—官厅;6—努列克;7—麦加;8—奥洛维尔;
9—格帕奇;10—英菲尔尼罗;11—泥山;12—安布克劳;13—福尔纳斯;14—塔尔百拉;
a—心墙或斜墙细限;b—心墙、斜墙及其均质土料粗限

图 4-8 国内外土石坝不透水料颗粒级配曲线

壳水下部位及上游坝壳水位变动区宜有较高的透水性,且具有抗渗和抗震稳定性。粒径级配良好的无黏性土(包括砂、砾石、卵石、漂石、碎石等)及料场开采的石料和由枢纽建筑物中开挖的石渣料,均可根据其性质用于坝壳的不同部位。均匀的中、细砂及粉砂一般只能应用于坝壳的干燥区,因在地震荷载作用下,用于浸润线以下坝区时易产生振动液化。

应优先选用不均匀和连续级配的砂石料。一般认为不均匀系数 $\eta = d_{60}/d_{10} = 30 \sim 100$ 时较易压实,$\eta < 5 \sim 10$ 时则压实性能不好。

图 4-9 是我国几个工程采用的坝壳透水料级配曲线。

(三)排水设备、护坡石料

排水设备与砌石护坡所用的石料,应有足够的抗水性,不易溶蚀,其软化系数(饱和抗压强度与干抗压程度之比)不小于 0.75 ~ 0.85,同时还要能抗冻融和风化。块石的饱和抗压程度不小于 40 ~ 50 MPa,岩石孔隙率不大于 3%,吸水率(按孔隙体积比计算)不大于 0.8,容重应大于 22 kN/m^3,除块石外,碎石、卵石也可应用,但不宜使用风化岩石。

二、土石料填筑标准设计

为了提高填土的密实性和均匀性,使填土具有足够的抗剪强度和较小压缩性,不因大量不均匀变形引起坝体裂缝,以及满足渗流控制要求,以达到设计上和经济上的合理性,需要提出土石料的填筑压实设计标准。

一般来说,土石料压得越密实,其抗剪强度、抗渗性、抗压缩性等也越好,但需要较大的压实功能,耗费较多的人力和物力。因此,在进行土料设计时,应对坝的等级、施工条件、土石料的压实特性、填土干容重和含水量与土的力学性质的关系,特别是压缩性(包括湿陷性)渗透性、抗剪强度及孔隙压力等有较深入的分析研究,综合考虑,合理地确定填筑标准。

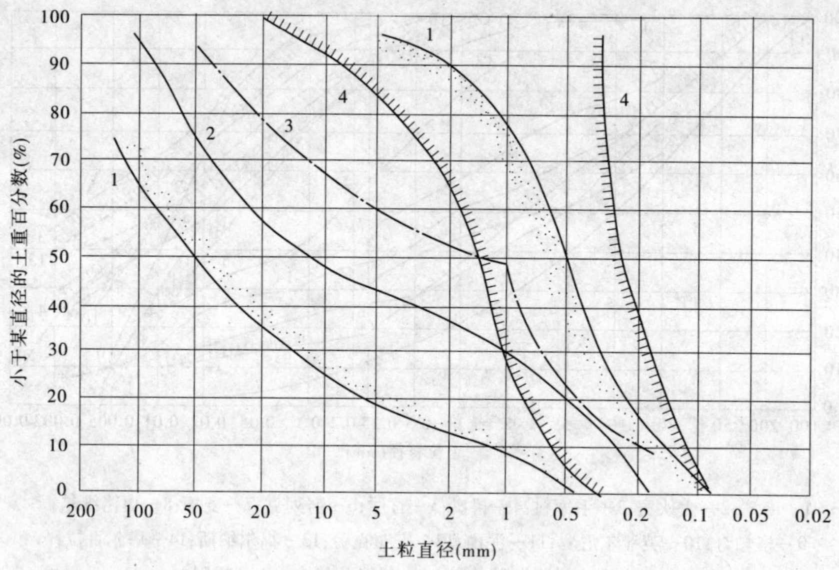

1—大伙房;2—横山;3—薄山;4—南湾

图 4-9　土坝透水料级配曲线

(一)黏性土料的填筑标准

黏性土料的填筑密度以压实干容重为设计指标,并按密实度确定:

$$p = \gamma_d / \gamma_{dmax} \tag{4-7}$$

式中　p——填土的密实度;

γ_d——设计填筑干容重;

γ_{dmax}——标准击实试验最大干容量。

对1、2级坝和各种等级的高坝 p 应不低于98%~100%,对3~5级坝(高坝除外)p 应不低于96%~98%。

用击实试验来确定压实标准,对大多数黏性土料,是合理的方法。但如何选定标准压实功能是确定压实标准的关键。我们来分析如图4-10所示的黏性土的击实曲线、发现黏土的干容重、含水量与压实功能之间存在着密切的关系。所以,在确定填筑标准时,必须确定一个适宜的含水量,使土料在一定的击实功能下具有较稳定和较好的力学性质。一般将一定压实功能下,对应最大干容重的含水量称为最优含水量。从图4-10可以看出,压实功能越大,最优含水量越小;当实际含水量小于最优含水量时,增加压实功能很有效果。当实际含水量大于最优含水量时,则增加压实功能的效果就不明显了。因此,黏性土的填筑含水量一般控制在最优含水量附近,其上下限偏离最优含水量取值不超过±(2%~3%)。

当含水量略低于最优含水量时,填土可得到较高的密实度和低压缩性,但含水量过小,则土体适应变形能力和浸水后的强度将显著降低,力学性质不稳定;当含水量略高于最优含水量时,填土适应变形的能力较强,但含水量过大,压实时可能出现"橡皮土",施工期将产生较大的孔隙水压力,抗剪强度低,不利于坝的稳定。一般在土石坝建设中将黏

土含水量取值在塑限附近略高于塑限,可用式(4-8)初步拟定:

$$\omega = \omega_P + I_L I_P \tag{4-8}$$

式中 ω_P——土料的塑限;

I_P——土料的塑性指数;

I_L——土料的液性指数,高坝为 -0.10~0.10,低坝为 0.10~0.20。

黏性土料实际所能达到的最大干容重为:

$$\gamma_d = \frac{\gamma_s(1 - V_a)}{1 + \omega\gamma_s/\gamma_w} \tag{4-9}$$

式中 V_a——压实土体单位体积中的含气率,黏土为 0.05,壤土为 0.04,砂壤土为 0.03;

γ_s——土粒容重;

ω——填筑含水量。

亦可用式(4-10)拟定填土干容重

$$\gamma_d = \frac{S_p\gamma_s\gamma_w}{S_p\gamma_w + \omega\gamma_s} \tag{4-10}$$

式中 γ_s——土的容重;

γ_w——水的容重;

S_p——填土的饱和度,一般为 0.8~0.9。

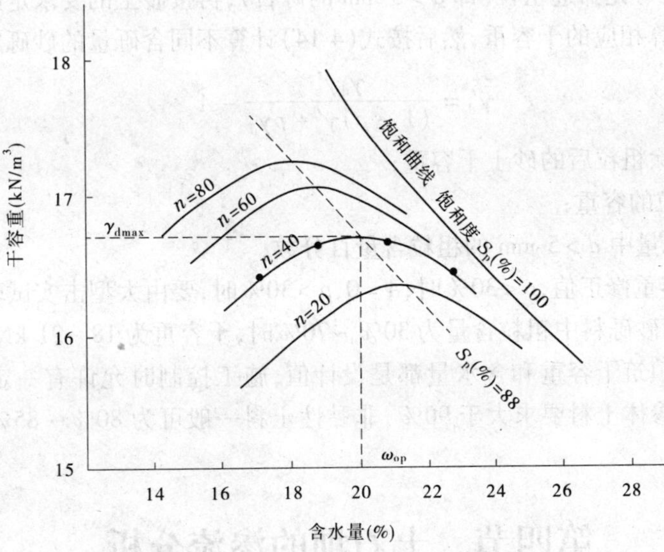

图 4-10 黏性土的击实曲线

(二)非黏性土料设计

坝体的砂、砂砾、石料等同样要求一定的填筑密实度,压实的目的是为了提高抗剪强度和变形模量,增加坝的稳定,减小坝的变形,防止砂料液化。非黏性土的压实性与含水量关系不大,主要与粒径级配、压实作用力的性质和压实功能有密切关系。级配差的均匀砂、砂砾不易压实。非黏性土压实程度常用相对紧密度 D_r 表示:

$$D_r = \frac{e_{max} - e}{e_{max} - e_{min}} \tag{4-11}$$

式中 D_r——相对紧密度；

e_{max}、e_{min}——砂砾料最大、最小孔隙比；

e——设计孔隙比。

非黏性土料的填筑标准一般要求达到密实状态，砂砾石 D_r 不低于0.75，砂土 D_r 不低于0.70，反滤层 D_r 不低于0.70。地震情况下，浸润线以下土体按设计烈度大小 D_r 不低于0.75～0.85。

已知相对紧密度，可换算成干容重，作为施工指标：

$$\gamma_d = \frac{\gamma_{dmax} - \gamma_{dmin}}{(1 - D_r)\gamma_{dmax} + D_r\gamma_{dmin}} \tag{4-12}$$

式中 γ_{dmax}、γ_{dmin}——砂砾料的最大、最小干容重，随砾石含量而变，由试验得出。

设计干容重也可由式(4-13)计算：

$$\gamma_d = \frac{\gamma_s}{1 + e} \tag{4-13}$$

式中 γ_s——土的比重；

e——设计孔隙比。

对于砂砾料，可先筛选粗粒(即 $d > 5$ mm 的砾石)，再按砂土的要求定出相对紧密度，并由式(4-12)计算相应的干容重，然后按式(4-14)计算不同含砾量的砂砾料填筑干容重：

$$\gamma'_d = \frac{\gamma_d \gamma'_s}{(1 - p)\gamma'_s + p\gamma_d} - A \tag{4-14}$$

式中 γ_d——筛除粗粒后的砂土干容重；

γ'_s——粗粒的容重；

p——砂砾量中 $d > 5$ mm 的粗粒含量百分数；

A——干容重修正值，$p < 30\%$ 时，$A = 0$，$p > 30\%$ 时，要由大型击实试验确定。

一般经验，当砂砾料中粗粒含量为30%～70%时，干容重为18～21 kN/m^3。

上述土料的填筑干容重和含水量都是设计值，施工控制时允许有一定范围的出入。施工合格率对防渗体土料要求大于90%，非黏性土料一般可为80%～85%，视工程的重要性而定。

第四节 土石坝的渗流分析

水库蓄水后，土石坝坝体内将产生渗流，其渗透水面称为浸润面。在坝的剖面上其显示为浸润线，如图4-11所示。土石坝渗流计算的目的是为确定经济可靠的坝型和合理的结构尺寸提供重要依据。其主要任务是：

(1)确定坝体浸润线及其下游出逸点的位置，绘制坝体及地基内的等势线分布或流网图，供坝体稳定分析、应力计算与排水设备选择之用。

(2)确定坝体与地基渗流量，以便估计水库渗漏损失和确定坝体排水的尺寸。

(3)确定坝坡出逸段与下游地基表面的出逸比降，以及不同土层之间的渗透坡降，以判断该处的渗透稳定性。

(4)确定库水降落时上游坝壳内自由水面的位置，估算由此产生的孔隙压力，供上游坝坡稳定分析之用。

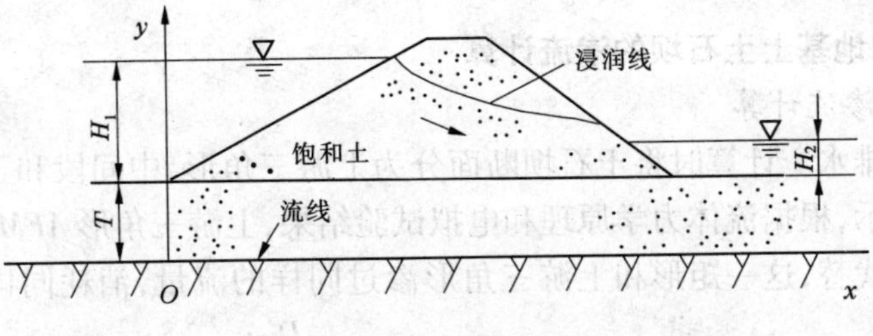

图4-11　土坝浸润线示意

一、土石坝渗流的基本方程及其解法

土石坝的渗流是一个复杂的空间问题，工程上通常近似地简化为平面问题来分析。常用的分析方法有流体力学法、水力学法、图解法和试验法。而工程上最常用的是水力学法和图解法(流网法)。

(一)渗流的基本方程

土石坝的渗流通常为层流状态，因此满足达西定律。考虑到水流的连续条件，渗流区内任一点的势函数应满足下列拉普拉斯方程：

$$K_x \frac{\partial^2 H}{\partial x^2} + K_y \frac{\partial^2 H}{\partial y^2} = 0 \tag{4-15}$$

式中　K_x、K_y——x、y 向的渗透系数。

对简单的边界条件，求解式(4-15)比较容易。但对上、下游变坡的坝或多种土质坝，边界条件比较复杂，求解方程非常困难，此时须通过数值方法求解。

(二)渗流问题的水力学解

在平面渗流条件下，水力学解法是研究求解稳定渗流的一种近似方法。它应用达西定律，并假定任一铅直过水断面内各点的渗透坡降相等。不透水地基上的矩形土体，此时过流断面上的平均流速为：

$$v = -K\frac{\mathrm{d}y}{\mathrm{d}x} \tag{4-16}$$

设单宽流量为 q，则：

$$q = vy = -Ky\frac{\mathrm{d}y}{\mathrm{d}x} \tag{4-17}$$

将式(4-17)自上游面($x=0, y=H_1$)至下游面($x=L, y=H_2$)积分，得

$$H_1^2 - H_2^2 = \frac{2q}{K}L$$

$$q = \frac{K(H_1^2 - H_2^2)}{2L} \tag{4-18}$$

对式(4-17)积分,可得浸润线方程:

$$H_1^2 - y^2 = \frac{2q}{K}x \tag{4-19}$$

二、计算土石坝渗流的水力学方法

(一)不透水地基上土石坝的渗流计算

1. 均质坝的渗流计算

(1)下游无排水。计算时将土石坝断面分为上游三角形、中间段和下游三角形三段,如图4-12(a)所示,根据流体力学原理和电拟试验结果,上游三角形 AFM 可用高为 H_1、宽为 ΔL 的矩形来代替,这一矩形和上游三角形渗过同样的流量,消耗同样的水头,值可用式(4-20)计算:

$$\Delta L = \frac{m_1}{1 + 2m_1}H_1 \tag{4-20}$$

式中 m_1——上游坡率,如为变坡则取平均值。

然后把上游三角形和中间段合成一段 $EOB''B'$,通过这段渗流区域的渗流量为:

$$q_1 = \frac{K[H_1^2 - (a_0 + t)^2]}{2L'} \tag{4-21}$$

式中 a_0——浸润线逸出点距下游水面以上高度;

t——下游水深。

下游三角形 $B'B''$入段,可以下游水面为界,分为水上部分 BCB' 和水下部分 $CBNB''$,见图4-12(b),应用达西定律可得其渗流量:

$$q_2 = \frac{Ka_0}{m_2}(1 + \ln\frac{a_0 + t}{a_0}) \tag{4-22}$$

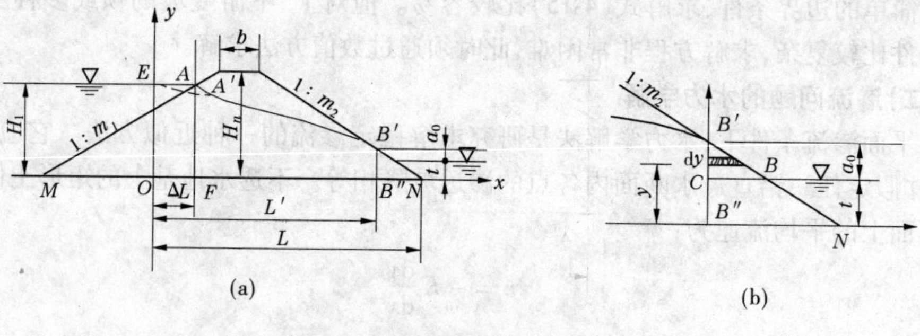

图4-12 均质坝计算简图

根据水流连续条件 $q = q_1 = q_2$,联立解式(4-21)、式(4-22)即可求得 a_0 和 q_0。浸润线方程可用式(4-19)求解。求出浸润线以后,还应对渗流进口部分作适当修正:自 A 点引与坝坡 AM 正交的平滑曲线,曲线下端与计算求得的浸润线相切于 A'点。

当坝体有贴坡排水时,由于贴坡排水对坝身浸润线位置没有什么影响,计算方法与下游无排水时相同。

(2)下游有褥垫排水。根据流体力学分析表明,浸润线可由一通过 E 点并以排水起点为焦点的抛物线来表示,如图 4-13 所示。若 B 点的高度为 h_e,则 C 点的位置 $l_1 = h_e/2$。由于浸润线通过 B 点($x=L, y=h_e$)和 C 点($x=L+h_e/2, y=0$),故浸润线方程为:

$$L = \frac{y^2 - h_e^2}{2h_e} + x \tag{4-23}$$

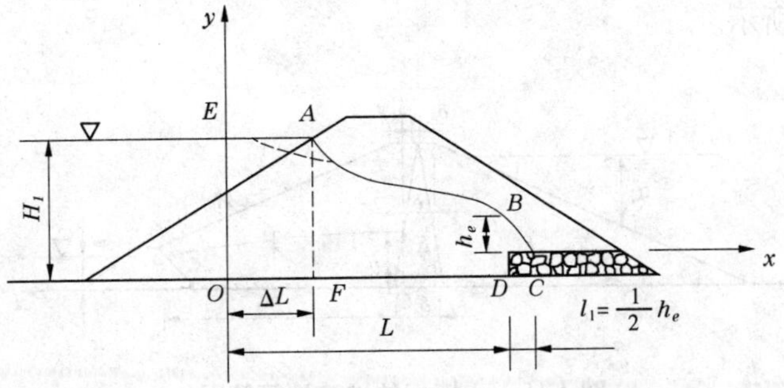

图 4-13　有褥垫排水的渗流计算简图

又由于浸润线通过 $E(x=0, y=H_1)$ 点,故

$$L = \frac{H_1^2 - h_e^2}{2h_e}$$

即

$$h_e = \sqrt{L^2 + H_1^2} - L \tag{4-24}$$

由式(4-18)得 $EOCBA$ 段的单宽流量

$$q = \frac{K(H_1^2 - h_e^2)}{2L} \tag{4-25}$$

(3)有棱体排水。当下游无水时与褥垫式相同。当下游有水时,如图 4-14 所示,可将下游水面以上部分按照无水情况处理。

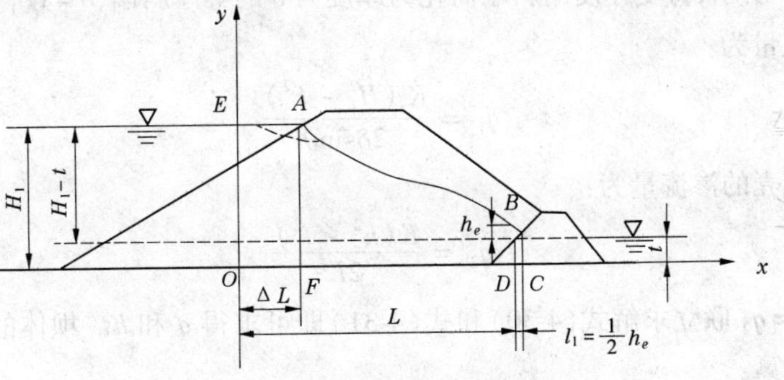

图 4-14　有棱体排水时渗流计算图

$$h_e = \sqrt{L^2 + (H_1 - t)^2} - L \tag{4-26}$$

单宽流量

$$q = \frac{K}{2L}\left[H_1^2 - (h_e + t)^2\right] \tag{4-27}$$

浸润线仍按式(4-19)计算。

2. 心墙坝的渗流计算

一般心墙土料的渗透系数 K_e 很小，坝壳的渗透系数比其大 10^4 倍以上，因此在进行计算时，可不考虑上游楔体降落水头的作用。下游坝壳的浸润线也较平缓，水头主要在心墙部位损失。当下游有排水时，可近似地假定浸润线的逸出点为下游水位与堆石内坡的交点 A，如图 4-15所示。

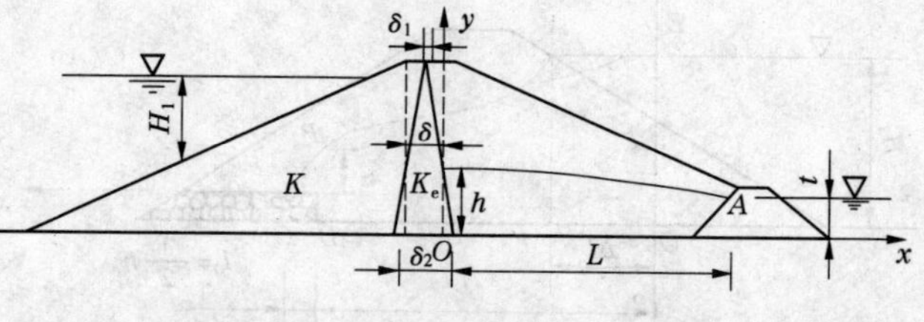

图 4-15　心墙坝的渗流计算简图

将心墙简化成等厚的矩形断面，$\delta=\frac{1}{2}(\delta_1+\delta_2)$。则通过心墙段的单宽流量为：

$$q_1=\frac{K_e(H_1^2-h^2)}{2\delta} \tag{4-28}$$

心墙下游坝壳的单宽流量为：

$$q_2=\frac{K(h^2-t^2)}{2L} \tag{4-29}$$

由 $q=q_1=q_2$ 联立求解式(4-28)和式(4-29)，即可求得心墙后浸润线高度 h 和渗流量 q。下游坝壳的浸润线仍可按式(4-19)计算。

3. 斜墙坝的渗流计算

如图 4-16 所示，将变厚度的斜墙简化为厚度为 δ 的等厚斜墙，$\delta=(\delta_1+\delta_2)/2$，这样通过斜墙的渗流量为：

$$q_1=\frac{K_e(H_1^2-h^2)}{2\delta\sin\theta} \tag{4-30}$$

斜墙后坝壳的渗流量为：

$$q_2=\frac{K(h^2-t^2)}{2L} \tag{4-31}$$

由 $q=q_1=q_2$ 联立求解式(4-30)和式(4-31)即可求得 q 和 h。坝体的浸润线方程仍按式(4-19)计算。

图 4-16　斜墙坝的渗流计算简图

(二)有限深透水地基上土石坝的渗流计算

1. 均质坝的渗流计算

均质坝透水地基的深度为 T,渗透系数为 K_T,坝体的渗透系数为 K,如图 4-17 所示。可将坝体和坝基渗流分开计算。坝体部分的计算可按前述不透水地基上坝的计算方法,由此决定坝的渗流量和浸润线的位置,再假定坝体不透水,按式(4-32)计算地基的渗流量:

$$q' = \frac{K_T HT}{nL_0} \tag{4-32}$$

式中　n——流线弯曲对渗流途径的修正系数,与渗流区的几何形状有关,见表 4-5。

表 4-5　渗流途径修正系数

L_0/T	20	5	4	3	2	1
n	1.05	1.18	1.23	1.30	1.44	1.87

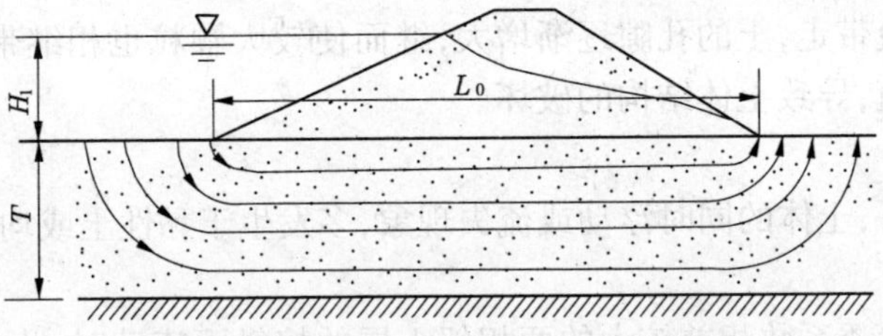

图 4-17　透水地基上均质坝渗流计算简图

2. 带截水槽心墙坝的渗流计算

如图 4-18 所示,透水地基上筑有黏土防渗墙。渗流计算分防渗体段和墙后段两部分。通过防渗心墙和地基防渗墙的渗流量为:

$$q_1 = K_e \frac{(H_1 + T)^2 - (h + T)^2}{2\delta} \tag{4-33}$$

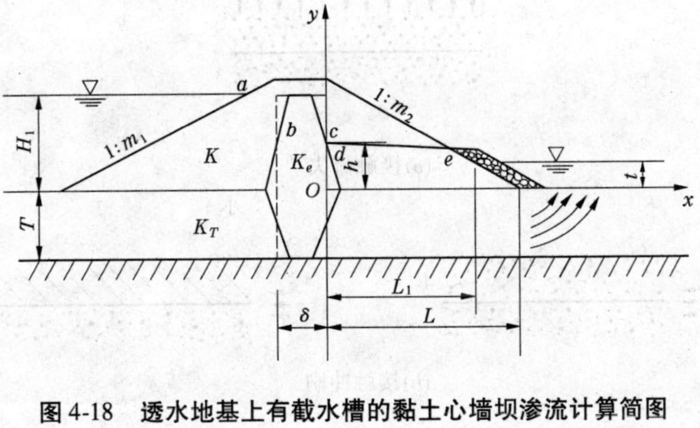

图 4-18　透水地基上有截水槽的黏土心墙坝渗流计算简图

墙后段的流量为

$$q_2 = \frac{K(h^2 - t^2)}{2L_l} + \frac{K_T(h - t)}{L + 0.44T}T \tag{4-34}$$

式中符号见图 4-18，0.44T 是对出口流线弯曲渗流途径的修正。

由 $q=q_1=q_2$ 联立求解式(4-33)、式(4-34)即可求得 q 和 h。

三、渗透稳定计算

土石坝及地基中的渗流，由于物理和化学的作用，土体颗粒流失，导致土壤发生局部破坏，称为渗透变形。据统计，对土石坝破坏的事例中，有 45% 是由于渗透变形造成的。对此应采取有效的防范措施。

（一）渗透变形的形式

渗透变形及其发展过程，与土料性质、土料的颗粒级配、水流条件及防渗、排渗措施等因素有关。一般有管涌、流土、接触流失、接触冲刷等类型，工程中以管涌和流土最为常见。

1. 管涌

管涌是渗流将土体中的细颗粒带走的现象，多发生于缺乏中间粒径的非黏性土中。细颗粒首先被渗流带走，土的孔隙逐渐增大，继而使较大颗粒也相继带出，逐渐形成一个挟沙渗流集中通道，导致土体结构的破坏。

2. 流土

在渗流作用下，土体的同时浮动或流失现象，多发生于黏性土或均匀的非黏性土中。

3. 接触流失

渗流垂直于渗透系数相差较大的两相邻土层的接触面流动时，将渗透系数较小土层中的细颗粒带入渗透系数较大的另一土层的现象即接触流失，如图 4-19(a)所示。

4. 接触冲刷

当渗流沿着粗细两种土层的接触面或建筑物与地基的接触面流动时，沿层面带走细颗粒的现象即接触冲刷，如图 4-19(b)所示。

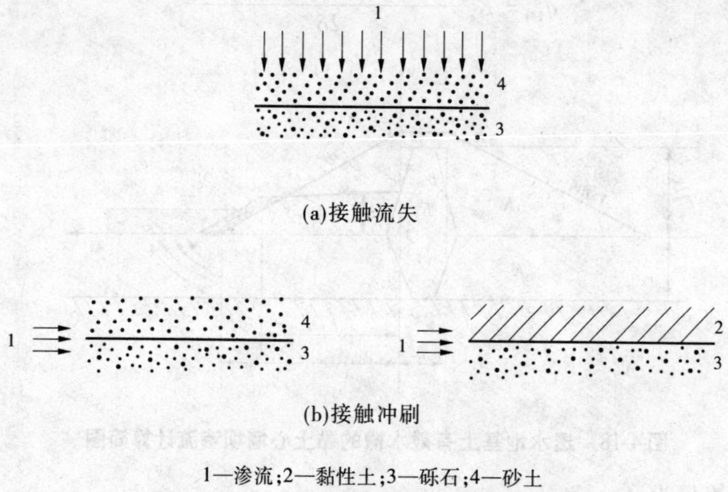

(a)接触流失

(b)接触冲刷

1—渗流；2—黏性土；3—砾石；4—砂土

图 4-19　土层接触面的渗透变形

(二)渗透变形形式判别

影响渗透变形的因素很多,包括土的颗粒级配、细粒含量、密实度等。

20 世纪 50 ~ 60 年代,非黏性土渗透变形形式的判别多以不均匀系数 η 为依据。$\eta<10$时土的渗透变形为流土;$\eta>20$ 时为管涌;$10<\eta<20$ 时可能是管涌,也可能是流土。如图 4-20 所示的试验曲线,表示产生渗透破坏的临界坡降与不均匀系数的关系。从图 4-20中可以看出,不均匀系数越大,在较小的水力坡降下就越可能发生渗透变形。

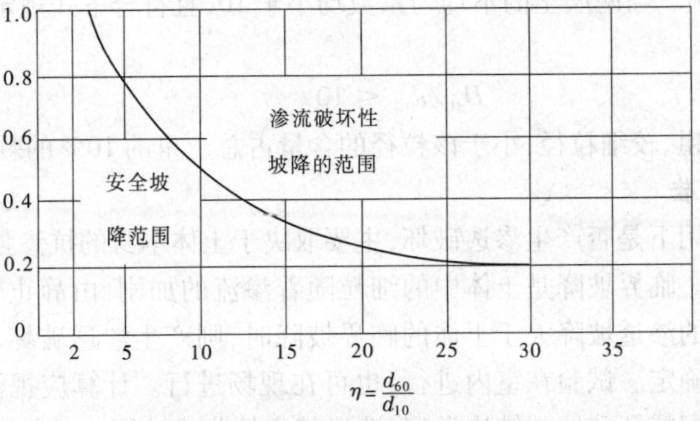

图 4-20　渗流破坏水力坡降 J 与不均匀系数 $\eta=d_{60}/d_{10}$ 的关系曲线

20 世纪 60 年代以后,通过大量工程实践,发现级配不连续的土,尽管不均匀系数 $\eta>20$,如果其细粒含量大于 35%,则其渗透变形的形式仍为流土。因此,对于级配不连续的土,可以细粒含量作为判别渗透变形形式的标准。区分粗细颗粒的方法是:对级配不连续的土,以颗粒组成曲线中缺乏的粒径组或含量不足 3% 的粗径组,为粗细料的区分粒径;对级配连续的土,方法较多,一般较为简便,有的以 1.0 mm 也有的以 2.0 mm 作为区分粒径。

对于接触面变形,一般认为相邻的两层土体 d_{10}的比值小于 10,且两层土的不均匀系数小于 10 的将不致产生接触冲刷,反之则应考虑接触冲刷和接触流失的问题。

(1)对于不均匀系数小于 5 的连续级配的土,根据土的细粒含量,采用下式判别:

流土型　　$p_c \geqslant 100/4/(1-n)$

管涌型　　$p_c < 100/4/(1-n)$

式中　p_c——土的细粒含量,以质量的百分率计(%);

n——土的孔隙率(%)。

土的粗细粒区分粒径 d_f 以式(4-35)计算:

$$d_f = \sqrt{d_{70} d_{10}} \tag{4-35}$$

式中　d_f——粗细粒区分粒径,mm;

d_{70}——小于该粒径的含量占总土重的 70% 的颗粒粒径,mm;

d_{10}——小于该粒径的含量占总土重的 10% 的颗粒粒径,mm。

(2)对于不均匀系数大于 5 的不连续级配的土,采用下式判别:

流土型　　$p_c \geqslant 35\%$

管涌型　　$p_c < 25\%$

过渡型　　　　　　　　　　　$25\% \leqslant p_c < 35\%$

土的不均匀系数按式(4-36)计算：

$$C_u = d_{60}/d_{10} \times 100 \tag{4-36}$$

式中　C_u——土的不均匀系数；

d_{60}——小于该粒径的含量占总土重的60%的颗粒粒径，mm；

d_{10}——小于该粒径的含量占总土重的10%的颗粒粒径，mm。

(3)接触冲刷判别。当两层土的不均匀系数均小于10，且符合下式规定的条件时，则不会发生接触冲刷：

$$D_{10}/d_{10} \leqslant 10$$

式中　D_{10}、d_{10}——较粗、较细粒径，小于该粒径的含量占总土重的10%的颗粒粒径，mm。

(三)渗透破坏标准

土体在渗流的作用下是否产生渗透破坏，主要取决于土体本身的抗渗强度，具体以临界坡降作为判定标准。临界坡降是土体中的细粒随着渗流的加剧，由静止转化为运动状态的坡降。当土体中的渗透坡降大于土体的临界坡降时，则产生渗透破坏。临界坡降可通过试验和计算方法确定。试验在室内进行，也可在现场进行。计算应视渗透变形的形式、渗流方向、颗粒级配特征和地基结构类型，选择相应的公式计算。

一般管涌按式(4-37)计算：

$$J_c = \frac{42d}{\sqrt{K/n^3}} \tag{4-37}$$

式中　d——流失颗粒的粒径，可取为小于这个粒径的土壤颗粒占5%~3%，cm；

K——渗透系数，cm/s；

n——土体孔隙率。

容许渗透坡降可按建筑物级别，以临界坡降除以安全系数求得。

对流土通常采用太沙基公式：

$$J_c = (\gamma_s/\gamma_w - 1)(1 - n) \tag{4-38}$$

式中　γ_s——土粒容重；

γ_w——水的容重；

n——土的孔隙率。

对级配不连续的土，可根据细粒含量的多少和渗透系数的大小，分别确定抗渗坡降值。

当无资料时，也可根据表4-6选取临界坡降和允许坡降。

表4-6　非黏性土临界坡降的变化范围及允许值

项目	渗透变形形式					
	流土型			过渡型	管涌型	
	$C_u \leqslant 3$	$C_u = 3 \sim 5$	$C_u \geqslant 5$		级配连续	级配不连续
允许水力比降 $J_{允许}$	0.25~0.35	0.35~0.50	0.50~0.80	0.25~0.40	0.15~0.25	0.10~0.20

(四)增加渗透稳定的工程措施

产生渗透变形破坏的条件,一方面取决于渗透坡降的大小,另一方面又与土的组成有关。因此,防止渗透变形增加渗透稳定的工程措施为:降低渗透坡降从而减小渗透流速和渗透压力,增加渗流出口处土体抵抗渗透变形的能力。具体措施如下:

(1)增大渗透途径,降低渗透坡降或截阻渗流。

(2)增设排水沟或减压井,降低下游渗流出口处的渗透压力,将渗水有计划地排除。对可能发生管涌的地段,需设反滤层,拦截可能被渗流挟带的细粒;对下游可能产生流土的地段,应加设盖重,盖重与保护层之间也必须按反滤原则铺设。

(五)反滤层设计

在渗流出口或进入排水处,渗透坡降较大、流速较高,土壤易产生渗透变形。为了防止土体在渗流的作用下发生渗透变形,土质防渗体与坝壳或坝基透水层之间、排水与坝体和土壤地基之间必须设置反滤层。

反滤料一般有两种形式:土工织物反滤和砂砾料反滤。土工织物反滤料具有施工简单、容易保证质量、造价低廉等优点,是一种很有发展前途的化工反滤料。由于土工织物在紫外线照射、高温作用以及其他某些环境条件作用下,老化问题尚未妥善解决,设计理论研究也刚刚起步,在高土石坝领域中应用尚不广泛,土反滤层一般由 1 ~ 3 层不同粒径的非黏性土铺筑而成。层面与渗流方向近乎垂直,其粒径随渗流方向而增大,如图 4-21 所示。

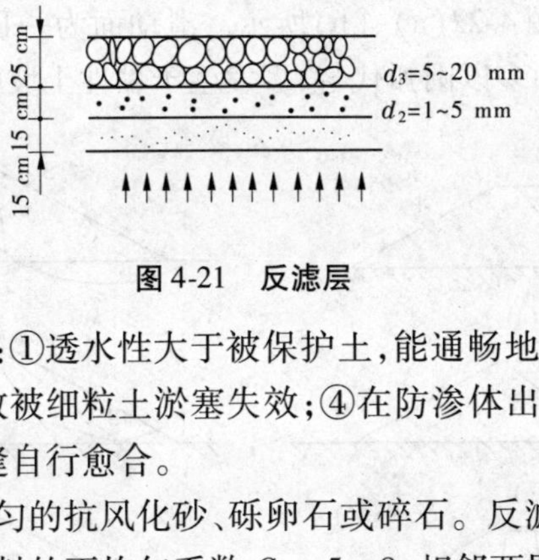

图 4-21　反滤层

对反滤层的基本要求是:①透水性大于被保护土,能通畅地排除渗透水流;②使被保护土不发生渗透变形;③不致被细粒土淤塞失效;④在防渗体出现裂缝的情况下,土颗粒不会被带出反滤层,能使裂缝自行愈合。

反滤料一般采用比较均匀的抗风化砂、砾卵石或碎石。反滤层的级配和层数通过计算比较而定。一般要求反滤料的不均匀系数 $C_u < 5 \sim 8$,相邻两层间的层间系数应满足:

$$\xi = \frac{D_{40\sim60}}{d_{40\sim60}} \leqslant 8 \sim 10 \tag{4-39}$$

对于被保护土的第一层反滤料,建议:

$$D_{15}/d_{85} \leqslant 4 \sim 5, D_{15}/d_{15} \geqslant 5 \tag{4-40}$$

式中　D_{15}——反滤料的粒径,小于该粒径的土占总土重的 15%;

d_{85}——被保护土的粒径,小于该粒径的土占总土重的 85%;

d_{15}——被保护土的粒径,小于该粒径的土占总土重的 15%。

当选择第二、三层时,可按以上方法确定。但选择第二层反滤料时,以第一层反滤料为保护土;选择第三层反滤料时,以第二层反滤料为被保护土。

反滤层的厚度应根据材料的级配、料源、用途等情况综合确定。水平反滤层的最小厚度可采用 30 cm，垂直或倾斜反滤层的厚度可采用 50 cm。采用机械化施工时，最小水平厚度视施工方法而定，但不宜小于 3.0 m。

第五节　土石坝的稳定分析

土石坝在自重、水荷载、渗透压力和地震荷载等作用下，若剖面尺寸不当或坝体、坝基土料的抗剪强度不足，坝体或坝体连同部分坝基有可能发生坍滑，造成失稳。当坝基内有软弱夹层时，也有可能发生塑性流动。另外，饱和细沙受地震作用还可能发生液化失稳。土石坝稳定分析的目的在于分析坝体及坝基在各种不同的工作条件下可能产生的失稳形式，校验其稳定性，并经反复修改定出经济剖面。

本节所述的稳定分析，主要指边坡的抗滑稳定。对地震区的非黏性土有时需作液化分析；对于重要工程地基为软黏土时，应作塑流分析。关于液化及塑流问题可参阅有关文献。

一、土石坝滑动面的形状

土石坝滑坡滑动面的形状与坝体结构、地基地质条件以及坝的工作条件有关，大致有以下几种。

(1)曲面滑动面，如图 4-22(a)、(b)所示。滑动面为一顶部陡而底部渐缓的曲面，曲面近似圆弧。稳定分析中多以圆弧代替，多发生于黏性土坡中。

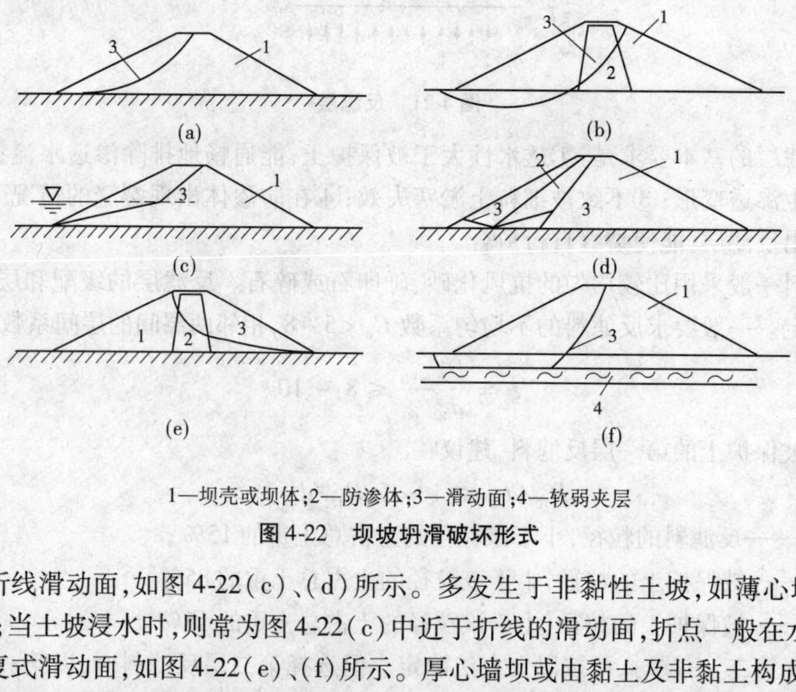

1—坝壳或坝体；2—防渗体；3—滑动面；4—软弱夹层

图 4-22　坝坡坍滑破坏形式

(2)折线滑动面，如图 4-22(c)、(d)所示。多发生于非黏性土坡，如薄心墙坝、斜墙坝坝体中；当土坡浸水时，则常为图 4-22(c)中近于折线的滑动面，折点一般在水面附近。

(3)复式滑动面，如图 4-22(e)、(f)所示。厚心墙坝或由黏土及非黏土构成的多种土质坝形成复式滑动面。当坝基内有软弱夹层时，滑动面不再往下深切，而是沿夹层形成曲、直面组合的复式滑动面。

二、作用力与安全系数

(一)作用力

1. 坝体自重

自重为土石坝的主要荷载,应根据其位于水上、水下的情况分别选取湿容重、浮容重计算。

2. 渗透压力

当渗透水流通过土体时,土体受有动水压力,方向与渗流方向相同。作用在单位土体上的渗透压力为$f_c = \gamma_0 J_i$,渗透压力对边坡稳定是不利的。

3. 孔隙水压力

土石坝中的土体是可压缩的,而水是不可压缩的,且不能传递剪力,当土体孔隙被饱和后,其上所加荷重将全部为水所承担,在孔隙水因受压而逐渐排出时,所加的荷重才逐渐转移到土体骨架上。土体骨架所承担的应力为有效应力σ,孔隙水所承担的应力则称为孔隙水压力u,两者之和为总应力。

对于黏性土在以下三种情况下会产生孔隙水压力:①施工期由于填土不断增加,土体产生压缩,已填土孔隙中的水、气来不及排出而产生孔隙水压力。随着填土的增加,已有的孔隙压力逐渐消散,而又因上部填土的增加而产生新的孔隙压力,故其变化过程相当复杂。②库水位降落时,坝体土料由浮容重变成饱和容重,土体重量增加,孔隙中的水、气来不及排出而产生孔隙水压力。③地震时产生附加孔隙水压力。

孔隙水压力是影响土石坝稳定的关键性荷载。其大小与土料性质、填筑含水量、填筑速度、坝内各点的荷载及排水条件有关,并随时间而变,随荷载的增加而变大,又随孔隙水的排出而逐渐消散,因此很难精确计算。目前,考虑孔隙水压力有两种方法:一种是总应力法,即采用不排水剪的总强度指标来确定土的抗剪强度;另一种是有效应力法,即把孔隙水压力当成一组作用在滑动面上的外力来考虑。此时,采用与有效应力相应的指标,此值由排水剪或固结快剪试验提供。

4. 地震荷载

地震区应考虑地震惯性力。地震惯性力可按拟静力法计算,沿坝高作用于质点i处的水平向地震惯性力P_i为:

$$P_i = K_H C_z a_i W_i \tag{4-41}$$

式中 K_H——水平向地震系数,与地震烈度有关;

C_z——综合影响系数,常取0.25;

a_i——地震加速度分布系数,按图4-23采用;

W_i——集中在质点i的重量。

竖向地震力,也可按水平向地震惯性力的公式计算,式中的K_H换成竖向地震系数K_V,用$K_V = 2K_H/3$代替。对设计烈度为8、9度的1、2级坝,应同时考虑水平向和竖向地震惯性力,这时的竖向地震惯性力还应乘以0.5的遇合系数。

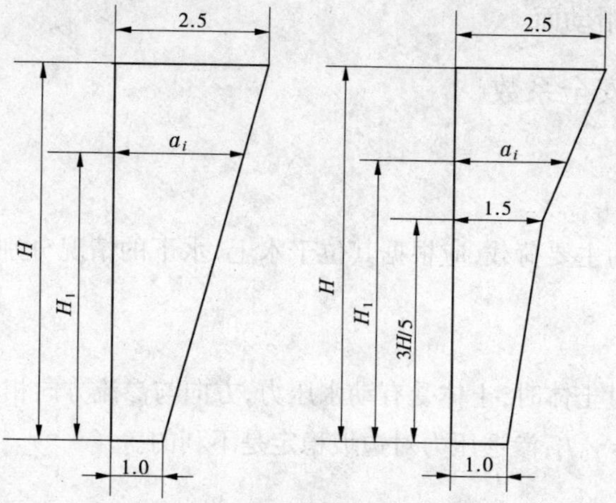

图 4-23 地震加速度分布系数 a_i

(二)荷载组合

(1)正常运用分以下几种情况:①水库蓄满水(一般为正常蓄水位)形成稳定渗流时,验算下游坝坡的稳定;②水库水位为最不利水位时,上游坡的计算;③库水位降落,使上游坡产生渗透压力时的稳定计算。

(2)非常运用分以下几种情况:①库水位骤降(一般当 $K \leqslant 10^{-3}$ cm/s,水位下降速度 $v > 3$ m/d)时上游坝坡的计算;②施工期(含竣工期)考虑孔隙水压力上、下游坝坡稳定计算;③地震情况下,上、下游坝坡计算;④校核水位时下游坡的计算。

坝坡抗滑稳定的安全系数按《碾压式土石坝设计规范》(SL 274—2001)应不小于表 4-7规定的值。

表 4-7 坝坡抗滑稳定最小安全系数

运用条件	工程等级			
	1	2	3	4、5
正常运用条件	1.50	1.35	1.30	1.25
非常运用条件Ⅰ	1.30	1.25	1.20	1.15
非常运用条件Ⅱ	1.20	1.15	1.15	1.10

采用不计条间作用力的瑞典圆弧法计算坝坡抗滑安全系数时,对 1 级坝正常运用条件安全系数不小于 1.30。其他情况坝坡的抗滑稳定安全系数的容许值应比表 4-7 的规定值减小 8%。

三、土石料抗剪强度指标

土石料的抗剪强度指标选用关系到工程的安全和经济性。选用的指标须与坝的工作情况相符合。坝体稳定渗流期,坝体已经固结,应用排水剪 S 或饱和固结不排水剪 R;施工期和刚完建时,粉质土固结缓慢,孔隙压力可能最大,应采用不排水剪指标 Q;库水位骤降期，对于坝上游坡的稳定验算，由于水位骤降，形成不稳定渗流，黏性土料中可能产生一定的孔隙压力，所以常采用排水剪 S 或饱和固结不排水剪 R 指标，各种情况的土料抗剪强度指标建议按表 4-8 选用。

表 4-8　土料抗剪强度指标的选取

<table>
<tr><th>控制稳定的时期</th><th>强度计算方法</th><th colspan="2">土类</th><th>使用仪器</th><th>试验方法与代号</th><th>强度指标</th><th>试样起始状态</th></tr>
<tr><td rowspan="8">施工期</td><td rowspan="6">有效应力法</td><td colspan="2" rowspan="2">无黏性土</td><td>直剪仪</td><td>慢剪(S)</td><td rowspan="6">c',φ'</td><td rowspan="8">填土用填筑含水量和填筑容重的土，坝基用原状土</td></tr>
<tr><td>三轴仪</td><td>固结排水剪(CD)</td></tr>
<tr><td rowspan="4">黏性土</td><td rowspan="2">饱和度小于80%</td><td>直剪仪</td><td>慢剪(S)</td></tr>
<tr><td>三轴仪</td><td>不排水剪测孔隙水压力(UU)</td></tr>
<tr><td rowspan="2">饱和度大于80%</td><td>直剪仪</td><td>慢剪(S)</td></tr>
<tr><td>三轴仪</td><td>固结不排水剪测孔隙水压力(CU)</td></tr>
<tr><td rowspan="2">总应力法</td><td rowspan="2">黏性土</td><td>渗透系数小于 10^{-7} cm</td><td>直剪仪</td><td>快剪(Q)</td><td rowspan="2">c_u,φ_u</td></tr>
<tr><td>任何渗透系数</td><td>三轴仪</td><td>不排水剪(UU)</td></tr>
<tr><td rowspan="4">稳定渗流期和库水位降落期</td><td rowspan="4">有效应力法</td><td colspan="2" rowspan="2">无黏性土</td><td>直剪仪</td><td>慢剪(S)</td><td rowspan="4">c',φ'</td><td rowspan="6">填土用填筑含水量和填筑容重的土，坝基用原状土，但要预先饱和，而浸润线以上的土不需要饱和</td></tr>
<tr><td>三轴仪</td><td>固结排水剪(CD)</td></tr>
<tr><td colspan="2" rowspan="2">黏性土</td><td>直剪仪</td><td>慢剪(S)</td></tr>
<tr><td>三轴仪</td><td>固结不排水剪测孔隙水压力(CU)</td></tr>
<tr><td rowspan="2">水库水位降落期</td><td rowspan="2">总应力法</td><td rowspan="2">黏性土</td><td>渗透系数小于 10^{-7} cm</td><td>直剪仪</td><td>固结快剪(R)</td><td rowspan="2">c_{cu},φ_{cu}</td></tr>
<tr><td>任何渗透系数</td><td>三轴仪</td><td>固结不排水剪(CU)</td></tr>
</table>

四、稳定分析方法

土石坝的稳定分析常采用极限平衡理论。依据不同的滑坡形式，分为圆弧滑动法、折线滑动法和复式滑动法。

（一）圆弧滑动法

均质坝、厚心坝和厚斜墙坝的可能滑动面都近似圆弧，因此假定坝体或坝基有一系列圆柱形破坏面，按平面问题考虑即为圆弧面。圆弧内的土体绕其圆心转动，稳定性若能满足则表示坝坡稳定，即土体绕圆心 O 点的抗滑力矩大于滑动力距；否则边坡丧失稳定，见图 4-24。

计算时首先确定坝体浸润线的位置。然后在不同的区域采用不同的物理力学性质指标。坝体浸润线以上采用湿容重,下游水位以下用浮容重。考虑渗透压力的作用时,可采用替代容重法代替渗透压力的作用。对浸润线以下、下游水位以上的坝体,计算滑动力矩时用饱和容重,计算抗滑力矩时则用浮容重。

将圆弧内土体分成若干条,为方便计算,土体宽度 b 取为半径 R 的分数,即 $b = R/m$,m 常采用 10 或 20。

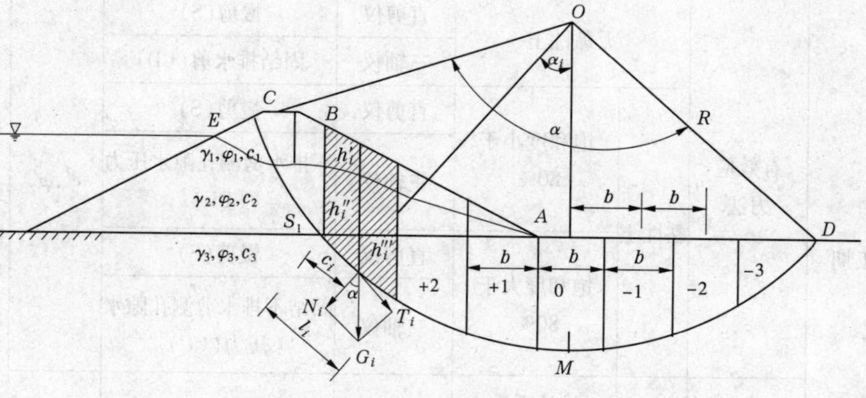

图 4-24 坝坡稳定计算示意图

以 i 土条为例,其自重为 $G_i = (\gamma_1 h_i' + \gamma_2 h_i'' + \gamma_3 h_i''')b$,符号意义见图 4-24。$G_i$ 在滑弧上可分解为切向分力 $T_i = G_i \sin\alpha_i$ 和法向力 $N_i = G_i \cos\alpha_i$。忽略条块间的相互作用,边坡的稳定安全系数为:

$$K_c = 抗滑力矩 / 滑动力矩$$

即

$$K_c = \frac{\sum G_i \cos\alpha_i \tan\varphi_i + \sum c_i l_i}{\sum G_i \sin\alpha_i} \tag{4-42}$$

土条编号的方法是以圆心正下方的一条为 $i = 0$,并依次向上游为 $i = 1,2,3,\cdots$,向下游为 $i = -1,-2,-3,\cdots$,于是有

$$\sin\alpha_i = \frac{nb}{R} = \frac{n}{m}$$

$$\cos\alpha_i = \sqrt{1 - \frac{n^2}{m^2}}$$

因此

$$K_c = \frac{\sum G_i \left(\sqrt{1 - \frac{n^2}{m^2}}\right)\tan\varphi_i + \sum c_i l_i}{\sum G_i \frac{n}{m}} \tag{4-43}$$

如需考虑孔隙压力的作用,可用总应力法或有效应力法。总应力法计算抗滑力时采用快剪或三轴不排水剪强度指标。对于高坝,用有效应力法更符合实际。计算滑动面的抗滑力时,采用有效应力指标 φ' 和 c',坝坡稳定安全系数为:

$$K_c = \frac{\sum (G_i \cos\alpha_i - u_i l_i)\tan\varphi'_i + \sum c'_i l_i}{\sum G_i \sin\alpha_i} \tag{4-44}$$

式中　u_i——孔隙水压力。

最危险圆弧位置的确定,按照一定的方式,取一系列的滑动面核算,便可求出最小安全系数,相应的滑动面即为最危险或具有最小安全系数的滑动面。

(二)其他方法

心墙坝的上下游坝坡,斜墙坝上游保护层和下游坝坡等非黏性土石料组成的坝坡,或较薄的塑性斜墙,常形成直线或折线滑动面。

当前土石坝设计中坝坡的稳定分析均采用相关的水利工程计算软件计算,本部分可参照相关程序中的说明使用。

第六节　土石坝的护坡设计

一、护坡结构

(一)护坡的作用

护坡是土石坝的外部结构的重要组成部分。它的作用为:在迎水坡主要是保护坝坡及坝体免受波浪冲刷及冰凌的影响,保护上游坡细土粒不被波动水流带出,防止靠近泄水建筑物处的坝面受水流冲刷。上下游护坡还有以下几个作用:防止坝体黏性土冻结、膨胀和收缩,防止坝坡受雨水冲刷、无黏性土被风吹散,防止鼠、蛇、白蚁等动物在坝内做窝、洞等,防止直根系发达的植物在坝面上生长。下游护坡的植物应选择无种子的须根系植物。

(二)护坡类型

1. 上游护坡

上游护坡有干砌块石护坡、浆砌块石护坡、抛石护坡、混凝土预制块护坡、混凝土板或钢筋混凝土护坡。

2. 下游护坡

下游护坡有草皮护坡、碎石护坡。

3. 选择护坡材料的原则

(1)能抵抗风浪的冲刷作用。

(2)保护底层土料不被冲刷。

(3)尽量就地取材。

(4)护坡施工简单、容易维修。

(三)常见的护坡形式

我国多数水库为20世纪50年代末期所建,故多采用干砌块石护坡。近几年水库护坡翻修中有的采用料石护坡,所建平原水库多采用混凝土预制块护坡或混凝土板护坡。

(四)新型护坡

对于过去所建水库,经过40~50多年的运行证明:干砌块石护坡的整体性差,不能抵抗较大的风浪作用,且局部出现破坏时,在较大的风浪作用下就会引起大范围的破坏。针对这一特点,经过研究分析,提出了新的护坡形式。

1. 井字网格护坡

井字网格护坡的特点是整体性强，在局部出现破坏时，能将破坏限制在一个或几个网格之内，防止破坏面积的扩大。例如，河北省岳城水库和文登市米山水库所采用井字网格护坡经受过9级风浪的作用，运行效果很好。

2. 拱形网格护坡

拱形网格护坡已在铁路路基加固中得以应用，但在水库护坡中还没有采用。经过计算分析，拱形网格护坡结构合理，受力条件好。

3. 裹砂喷射混凝土板护坡

对于护坡石料因多年使用而风化破碎，进行加固处理是行之有效的方法。

二、坝面波浪压力计算

水库内的波浪运动是一个随机过程，与风力、流体力学、波浪运动学等有关。波浪是造成护坡损坏的主要因素之一。波浪的能量主要来源于风能，波浪的大小主要取决于风速、库面吹程和风的作用时间等。同时，波浪运动的过程中也消耗能量，如水质点之间的相互摩擦、紊动以及在浅水中波浪向前运动受库底的阻力等。

（一）波浪要素

在波浪运动的过程中，波浪的大小是随时间作不规则变化的。库内不同的区域，不同时刻，其波浪的大小及各种要素是不同的，而对波浪运动的研究是在数理统计的基础上进行的。为便于描述和研究，常把这些不规则的波浪按流体力学的研究方法，假设波浪表面为一光滑曲面，作平面处理时简化为一条光滑曲线。当风速和水深及吹程一定时，波形周期性地重复，波高及波长为常数。

（1）波峰。波面曲线上的最高点称为波峰。

（2）波谷。波面曲线上的最低点称为波谷。

（3）波高。指波峰与波谷之间的高差，以 $2H$ 表示。

（4）波长。相邻两个波峰之间的距离，以 $2L$ 表示。

（5）吹程。坝前风作用区域水面的有效距离，以 D 表示。

（6）最小风时。在风速一定的条件下，产生某种波浪所需要的最短时间（h）。

（7）最短吹程。在风速一定的条件下，产生某种波浪所需要的最小距离（km）。

（8）深水波。水深大于半个波长，波浪运动不受库底影响。

（9）浅水波。水深小于半个波长，且大于临界水深，波浪运动受到库底影响。

（10）临界波。当水深小于临界水深时，波浪不能形成。

（二）影响因素

1. 风速

波浪的大小与风速关系很大，而风速取决于风力级别。一般地，陆地风力不大于10级（10级以上的风主要产生在海洋中），阵风有时可能大于10级，但历时较短，不足以掀起大浪。

2. 风的延时

波浪运动从风中获取能量，主波运动方向与主导风向一致。设计规范推荐的公式中所计算的波浪要素,均为相应的风速、吹程下的最大波浪,而产生这种波浪要有足够长的时间,所以阵风并不产生相应的波浪。

3. 地形条件

海洋中能产生大浪,是因为吹程无限大,且有星系运动的影响,而水库的水域是有限长的,风区又受到周围地形的限制,故不会产生很大的浪。对于山区,风的运动受阻,且方向不稳定,因而波浪运动的方向也不稳定。对于平原地区,周围没有较高的地物,因此风向较稳定,对水库影响较大。

(三)波浪计算公式

因水库所处的地理位置不同,同样的风力及吹程所产生的波浪大小也不一样,工程中一般分为山区和平原两种情况处理。参照水工设计规范相关公式,见第二章。

《水工设计手册》中还介绍有其他公式,对同一水库,各公式计算结果不同,有的相差70%以上。因此,在选用计算公式时,必须结合本地区的地理特点而定,做到既安全又经济。

(四)波浪设计标准

设计标准的选择,关系到建筑物的安全和经济。要解决好这对矛盾,就要作科学的分析,针对不同对象做因地制宜的处理。原则上应满足建筑物的安全、可行,再考虑其经济、合理性。有的资料介绍采用工程建筑费用和维修费用之和最小为控制条件。对于护坡工程,一般取波浪重现期为 $P=13\%$。

三、护坡破坏机理分析

经过调查分析,造成土石坝护坡损坏的主要原因可归纳为以下几个方面:

(1)自然灾害,如台风、洪水、暴雨、地震等。

(2)勘测工作,如气象、水文、建材、地质等资料不准确。

(3)设计不当,如结构不合理、施工中擅自更改设计。

(4)施工质量,如未按施工程序、规则施工。

(5)管理不当,出现问题未能及时修复。

(一)风浪作用机理

风浪作用是造成护坡损坏最突出的因素。平时的风浪淘刷已在护坡下造成很多隐患,但护坡表面还是完整的,不引起人们的注意。当遇到大风浪冲击时,将迅速造成大范围的塌陷、下滑等。所以,损坏部位就在水位变化部分。

波浪从风中获取能量,在深水中按余弦曲线向前推进。当边界条件改变(如水深变小),水深小于临界值时,波能全部集中于水面,形成击岸波,即涌浪,以很大的能量冲击建筑物。自波浪开始破碎的点到波浪的最大爬高点之间的区域为波浪破碎区,在波浪破碎中,水流质点紊动剧烈,与坝面摩擦、损耗自身能量并造成护坡的损坏。

波能量除大部分消耗于护坡的摩擦外,还有一部分被反射回到水库内。其反射程度主要取决于坝坡坡度 m。一般当 $m>10$ 时无反射波。相应的 m 值越小,反射波越多。反射部分与下一个周期波汇合后再次冲刷,周而复始地作用。

一般地,波浪在坝面上的能量损耗可分以下几个部分:部分能量克服坝面阻力,冲刷坝面做功，导致石块摇动；波浪破碎时，水质点剧烈紊动而消耗部分能量；部分能量表现为反射波，回到水库内；当坝面透水时，一部分能量消耗于透水层中水的渗流；坝面受水流冲击时，部分能量使护坡块石运动而做功。

第一，这些能量损耗中，起主导作用的是对坝面的冲刷力。波浪破碎时，水体以射流状态冲击斜坡并形成波动水流，往复冲刷。其最大值产生于波浪破碎时射流的冲击点。

第二，波浪透过护坡材料、反滤层、土料骨架的孔隙等，波压力将从表面向内部传递，压力不断衰减。但因各次波压力分布之间有相位差，当波动水流沿斜坡回落时，内压力产生浮托作用，可能将护坡材料掀起。

第三，由于波动水流的淘刷作用，在护坡材料上产生交替压力，正向压力（向坝体内）作用时，因坝体为连续介质，大颗粒不可能向坝内方向移动，故护坡及反滤层是稳定的。反向压力（向坝体外）作用时，即波浪部分渗透水流回落时的反向渗流作用，坝坡外临空面，砌石护坡有很多缝隙，当反滤材料级配不合理或无反滤料时，就可能将下部土体淘出，使坝面塌陷破坏，护坡体不连续，导致护坡损坏。

在整个的风浪作用中，平时的一般风浪作用是护坡损坏的量变积累，此时无明显的破坏表现。一次大风浪将造成质变——护坡大范围塌陷、滑动。

（二）风浪影响因素

风浪影响因素是多方面的，主要包括以下几个方面。

1. 风速影响

对于东南沿海地区，主要受来自太平洋的台风影响和冬春季风影响。天然风浪是随机的不规则波，风浪成长的基本因素是风速、风向、吹程和风的历时等。

设计风速是在水库正常蓄水位和设计洪水时，吹向大坝的多年平均最大风速的1.5～2.0倍。

对风速的测定方法、测试数据的处理，以及与水库库面风速的相关关系，设计中对风速的选择、风的历时等诸多方面，目前尚缺乏专题研究或分析研究的不够深透。因此，今后应加强这方面的工作，以使风速的选定更加正确合理。早期工程设计中，一是缺乏基本资料数据；二是对该部分工作不够重视，造成风速选择不合理。

2. 最小吹程影响

对应不同的波浪高度及不同的风速，就有对应的最小吹程，否则就不能形成波浪。如水库大坝两端的吹程小，则波浪较小。最小吹程为：

$$D_{\min} = (h/0.016\,6v^{1.25})^3 \quad (\mathrm{m}) \tag{4-45}$$

3. 临界水深影响

当水深较浅时，波浪运动受库底阻力大，波能沿程损失增大，波长随之减小。当水深减小到临界水深时，波峰将前倾而破碎，故不能形成波浪，如水库前的滩地波浪自然破碎。临界水深为：

$$H_{lj} = (2 \sim 3)h \quad (\mathrm{m}) \tag{4-46}$$

4. 表面糙率影响

护坡材料表面越粗糙，波浪的爬高越小。不同的材料、不同的坝坡，波浪爬高也不相同。

5. 护坡厚度

护坡块石在最大局部波浪作用下所需的直径(D 为换算球形直径)为:

$$D = 0.85D_{50} = 1.018K \frac{\gamma_w}{\gamma_k - \gamma_w} \frac{\sqrt{1 + m^2}}{m(m + 2)} h \tag{4-47}$$

式中 D_{50}——石块平均粒径,m;

γ_k——石块容重,t/m³;

γ_w——水的容重,t/m³;

m——坡率;

h——设计波浪高度,m;

K——随坡率变化的系数。

护坡厚度计算式为:

$$t = 1.67 \frac{d}{K} \tag{4-48}$$

砌石护坡的计算厚度,是最大局部波浪压力下的厚度,实际上最大局部的波浪压力只作用在一点上,而整个坝面上的压力分布是中间区域大,上下两端小。

土石坝上游坡一般较缓,坝面面积大,所用护坡工程量较大,因此设计时应根据风浪压力的大小进行分区域设计,特别是在水位较稳定的水库,全坝面采用同一厚度显然是不经济的,应根据波浪压力的大小和变化规律,采用不同的护坡厚度,以使护坡工程设计技术上可靠、经济上合理。

6. 护坡覆盖范围的上下界限

土石坝护坡应坚固耐久,能抵抗各种因素对坝坡的破坏作用,保证底层不被淘刷,应尽量就地取材,造价经济合理,同时应施工简单,维修方便。

土坝上游面护坡由坝顶到水库最低水位以下 2.5 m,对于 4 级以下的坝可为最低水位以下 1.5 m。

大中型水库均为多年调节水库,正常蓄水位多在兴利水位以下 2 ~ 3 m、死水位以上 2 ~ 3 m 范围内变化。

由于近 20 多年来水较少,农田灌溉及城市供水量的日趋增加,以及有关部门对水库汛前水位的限制,经调查统计表明,很多水库水位很少达到兴利水位,超过兴利水位的情况更少,且历时很短。

根据对护坡的要求和部分水库运行情况,认为护坡覆盖范围的上下界限可确定为:

(1)上限为兴利水位加波浪影响高度,下限为死水位减波浪作用影响深度。

(2)在此覆盖的上下界限内,护坡的厚度按不同的水位进行浪压力计算和厚度计算。

(3)其他部位按构造要求,运行管理方便及美观要求进行设计,以使全坝面护坡设计切合实际,技术经济上合理。

调查中发现,有的小型水库在死水位附近处块石护坡尺寸大于兴利水位附近处,显然这是不合理的。有的水库为求外表美观,将规则的大块料石砌筑在兴利水位以上,起不到应有的作用,而在兴利水位以下为干砌乱石,更不合理。

(三)坝体不均匀沉陷

坝体不均匀沉陷产生的原因主要是坝体填筑质量差,碾压不密实。

土石坝多数是20世纪50年代、70年代所兴建的,由于当时的社会和经济条件所限,施工机械少、工期紧等诸多原因,使坝体碾压不密实,如有的水库坝体密实度 $D_r = 0.33 \sim 0.45$,因而在水库蓄水后运行期间,局部或大面积范围内产生不均匀沉陷。

调查中还发现,在放水洞等建筑物附近处,因结构的材料不同、自重荷载的不同,也常引起坝体的不均匀沉陷。例如,胜利水库北放水洞附近处,不均匀沉陷严重。

跋山水库是一座大型水库,大坝上游坡为1∶3,由于不均匀沉陷使局部变为1∶0.5。块石护坡相对错动,缝隙大,上下不连续,垫层被淘空,大面积塌陷。此种情况如不及时修复,遇风浪时会迅速破坏,影响大坝的安全。

(四)有关设计问题

某些水库工程建设是边设计边施工,设计人员少、时间紧、基础资料不全,有的工程是分期施工,难免出现一些问题。

调查工作中发现,有的管理部门技术档案资料不齐全,有的出现异常现象或问题,缺少记录和总结备案,现就本次接触到的有关设计的几个问题叙述如下。

1. 垫层(反滤层)设计

砌石护坡是用人工铺砌块石于碎石或砾石垫层上,垫层一般厚20~40 cm,垫层的设计应按反滤层的设计原则进行设计,以防止风波作用而引起的水流冲(淘)刷,将坝体土料带出。

水库大坝护坡垫层用料多为清基或溢洪道开挖时的强风化或弱风化的碎石,其强度低,易风化破碎,铺设时多数不筛分,层间系数过大,有的设计虽合理,但施工时控制不严,达不到设计要求,失去反滤层的作用。

2. 土料设计

土料设计的任务是确定土料的填筑质量标准,按这一标准压实后达到设计的抗剪强度和较小的沉降量,对于黏性土应减小填筑过程中的孔隙水压力,以使压实时所需要的压实功能最小。

在小型水库工程中,由于土料料场及施工条件等原因,碾压不密实,填筑质量差是普遍存在的问题,蓄水运行后过大的沉陷量使护坡产生下陷、局部隆起现象。

土坝填筑质量好,对坝体稳定有利,对护坡有利;反之,对护坡不利。

3. 坝坡设计

土坝设计曾单一强调节省工程量,有的坝坡设计过陡,其上游迎水坡为1∶1.75,有的土料指标选择过高,或因分期施工、资金短缺,施工中变更设计使坝坡过陡,使护坡在风浪作用下,加上块石尺寸偏小而造成大面积塌陷、滑坡或局部隆起。

(五)护坡铺砌施工

调查中发现,除坝体填筑质量差、坝坡陡、垫层厚度小且层间混杂等原因外,护坡铺砌施工质量差也是护坡毁坏的主要原因。

(1)干砌石护坡施工技术不当。为了护坡表面平整美观,施工进度快、方便等,很多水库护坡采用直缝砌筑,近三年内完成的护坡翻修或改建工程中,仍采用平行于坝轴线方向的一条线直缝,早期工程这种传统的铺砌方法很普遍。这种铺砌方法使块石之间的咬合能力减弱,整体性能差。当某一局部塌陷或发生问题时,影响的范围相对扩大。

(2)块石铺砌时大面朝上,底部填塞碎石不实,稳定性小,在风浪作用下,所填碎石松动或垫层受水流作用而沉陷变位,造成护坡块石塌陷或翘起,如岸堤水库等。

(3)块石铺砌时底部孔隙不填塞,仅在顶部缝隙中塞片石,以求块石一时的稳定,风浪作用下,块石松动时很容易将外塞的片石拔出冲走,块石随即悬空失稳。这种情况在施工中或工程验收时应严加制止。

(4)护坡材料的选择。护坡用石料应坚固不易风化,其抗压强度不应低于 30 ~ 50 MPa,石料尺寸以 30 ~ 50 cm 为宜,其质量应根据风浪计算确定,一般应不小于 30 kg。调查中发现,有的水库或某水库护坡的部分部位石料强度低、尺寸小、质量轻,有的块石属风化片石,人工敲击很易破碎,有的在波浪作用及风化作用下,其尺寸变小,护坡因此而松动。

垫层除前述情况外,选用的碎石多为开挖溢洪道的强风化岩石,有的选用粗砂和碎石多层方式,施工中难以按设计要求进行分层铺设,出现分层不清、混杂的现象。

(5)护坡基脚设置。土坝上游护坡的最低部及戗台内缘均应设置基脚,一般应嵌入 0.5 ~ 1.0 m,以增加护坡的稳定性。基脚的垫层也应按反滤层要求的厚度和作用进行铺设,以防止局部薄弱环节或土石结合部意外事故发生,对护坡产生不利影响。

调查中发现,有的水库护坡底部无基脚,有的嵌入深度不够已下滑。

(六)有关护坡的形式

土石坝护坡形式有抛石、干砌石、浆砌石、混凝土或钢筋混凝土板等,部分土石坝护坡采用传统的单一干砌石护坡。该种形式可就地取材,施工技术较简单,具有便于人工铺砌及节省工程投资等特点。

1. 抛石护坡

《碾压式土石坝设计规范》(SL 274—2001)中指出:护坡形式选择应根据对护坡的要求,经技术经济比较,选择护坡形式。有条件的工程应尽量采用抛石护坡的形式。

美国陆军工程师团对土石坝上游护坡的调查统计资料表明:在相同条件下,干砌石护坡损坏所占比例最大;相同厚度情况下反不如抛石护坡。

抛石护坡由于石块尺寸大小不均,在抛投铺设中因重力作用充填较密实,在风浪等外力作用下相对稳定;因其表面糙率较大,影响波浪爬高,使波能的一部分消耗在其表面及缝隙中的水流紊动和摩擦中;在浪压力作用下,块石松动变位时自行调整的范围较大;局部失事或出现问题时,其影响范围较小。

小型水库护坡的下部采用堆石,表面不规则,其厚度不一。有的原指导思想是作为干砌石护坡的基脚,没有很好起到护坡的作用。

2. 料石(细料石)护坡

调查中发现,有个别水库采用料石(细料石)护坡,其尺寸规则,表面平整,石料面层颜色一致,全坝面设计美观得体。

水库位置多远离城市,若近郊水库工程为旅游、度假等而设置的景区景点,坝面在保证安全的前提下,局部区域,如游泳场、船坞护岸等可考虑采用料石(或细料石)护坡,非景观的水库护坡没有必要采用这种形式，应将有限的资金用于水库保安全和兴利，增加经济和社会效益。

3. 坝面分区采用不同的护坡形式

土石坝护坡的主要作用是防止波浪淘刷、冰层或漂浮物的损害、顺坝水流的冲刷等，以保证坝体安全，作用在护坡上的主要作用力是波浪压力。因此，根据风速、吹程、坝前水深等的不同而进行分区，采用技术上安全可靠、经济上合理的护坡形式。如在水库兴利水位以下或附近处，是水深较大、风浪作用的区域，选择井字网格或混凝土板的形式，而在其他区域选用厚度不同的干砌石护坡等。

四、护坡分区设计

(一)损坏部位

对大量护坡毁坏资料调查统计结果表明：护坡毁坏部位均在死水位以上 3 ~ 5 m 到兴利水位以下 2 ~ 4 m，且在常年经常保持的水位线上。护坡面积统计表明：兴利水位以上占 41%，定为第Ⅰ区；兴利水位至死水位之间占 45%，定为第Ⅱ区；死水位以下占 14%，定为第Ⅲ区。

第Ⅰ、Ⅲ区基本不受风浪作用(调查的 20 多座水库中均没有损坏)，此两个区定为安全区，占 55%；在第Ⅱ区内，因大坝两端的某个范围内水面吹程小、水深也小，产生的浪压力很小，也不引起护坡的损坏。在死水位以上的 5 ~ 7 m 内，因水深小，对应的库面吹程小，故仅有很轻微的损坏，这两个区定为轻损坏区，占 25% ~ 30%；第Ⅱ区的主河道处，对应的常年水位作用区，因水深大、库面吹程大，是经常损坏的部位，定为容易破坏区，占 15% ~ 20%，所调查水库的损坏部位均在这一区域内。

所以说，各个水库的护坡容易损坏区仅占总护坡面积的 15% ~ 20%，应当重点处理。每个水库的重点处理部位及范围大小应根据该水库的地理位置及各种特征水位而定。

(二)等安全系数设计

经过以上分析，可以看出全坝面的浪压力大小是不同的，采用同一材料等厚度单一的干砌石护坡是不合理的。根据浪压力大小分区，采用不同的护坡形式，或同一种形式而采用不同的厚度、或不同的材料等，使全坝面各个区域护坡的稳定安全度大致相同。这既能保证工程安全运行，又经济合理。

全坝面浪压力的分布规律是：在同一水平面上，浪压力分布为中间(主河床处)大两端(滩地)小；在同一断面上，浪压力分布为自静水位(兴利水位或常年蓄水位)以上 1.5 ~ 2.5 m 向下为递减趋势，静水位以上(包括波浪破碎区的 1.5 ~ 2.5 m)浪压力为零。有时在高水位时(设计洪水位)遇到大风浪作用，但护坡并没有损坏，说明这部分护坡平时没有受风浪淘刷，没有隐患，故能承受短历时的大风浪袭击；浅水处，波浪自然破碎；吹程小(小于最小吹程)，不形成波浪。

根据以上浪压力分布规律，经过计算，将全坝面按浪压力大小(如 $P_1 = 0.5\ t/m^2$，$1.0\ t/m^2$，$1.5\ t/m^2$，$2.0\ t/m^2$，$2.5\ t/m^2$，$3.0\ t/m^2$，$3.5\ t/m^2$)分成不同的区域，绘制出坝面等值浪压力分布图，并根据各不同浪压力区来选用护坡的结构形式、材料及厚度。如大块石铺砌大浪压力区、中等块石铺砌于一般浪压力区、小块石铺砌于无浪区(起构造要求作用)。

各区的交界处作防滑齿槽构造处理,以防止相互影响。这样,全坝面护坡将有大致相同的稳定安全度,做到物尽其用,既保证护坡的安全运用又经济合理。

五、井字网格护坡

井字网格是指沿坝上游坡纵横向以一定的间距设置混凝土或浆砌石结构,其宽度≥0.3 m,厚度≥0.2 m。水平向结构称为梁,纵向结构称为竖向格。格和梁组成井字网格,其间距一般大于等于5.0 m,在梁格间铺砌块石护坡。目前,米山水库等土石坝护坡已应用,并取得了较好的效果。

网格在坝面上形成具有整体刚度的框架结构。其本身可以承受浪压力及水流冲(退)刷作用,同时增加了护坡的整体性和稳定性。

当护坡局部塌陷或风浪作用而损坏时,可使毁坏限制在一定的范围内,防止毁坏的影响和范围扩大。

网格的布置和梁格尺寸应根据浪压力的大小,经计算确定。

纵横向梁格间的面积可是20～30 m^2,非大浪作用区可为100 m^2。经大量计算可知,最佳的经济尺寸为:梁跨为5.0 m(竖格间距),梁间距为6.0～7.5 m。

网格结构的材料常为混凝土(有时加少量的构造筋)浆砌石,水平梁为混凝土,竖向格为浆砌石。

网格的布置应根据浪压力大小、稳定水位情况及护坡损坏情况等进行,风浪作用区、护坡损坏较严重的区域,梁格间距可小些,反之可大些。

分缝及分缝间距:为适应温度变化和不均匀沉陷,网格应设变形缝,缝间距15～20 m,即3～4跨格梁设一缝;有时在网格布置及尺寸变化处亦设缝,以使结构受力条件合理。

混凝土补角:为增加网格的刚度和改善格梁两端的受力条件,在水平梁与竖向格交点处设补角,其尺寸等于或略大于梁的厚度,以保证其固支条件。

插筋的设置为加强梁和竖向格的联结,在补角处可加设数量很少的钢筋,同时又可防止施工期因温度变化引起的裂缝,由于插筋的主要作用是改善格梁的受力条件,因此可采用竹筋或铁丝等材料。

井字网格加固护坡常采用混凝土,或水平梁采用混凝土而竖向格采用浆砌石,针对地理位置温度变化和抗冻要求,混凝土宜选用C20。

由计算结果可知:当格梁跨度越大时,混凝土用量越多。格梁跨度相同时,梁间距 B 越大,混凝土用量越小。当 $L \times B = 5\ m \times 6\ m$,较经济合理。

六、拱形网格护坡

将井字网格的水平梁改变成承受水平推力的曲杆即为拱结构,从而组成拱形网格。

拱圈主要承受轴向力,可充分发挥圬工材料的性能,从结构内力分析可知,拱形网格较为合理。

目前,水库坝面护坡工程中尚没见到该形式的护坡,但在交通道路等护坡护岸工程中早已应用。

拱形网格布置中，为使结构受力条件较好，一般应等跨度、同间距布置。当拱圈所受荷载力均匀分布时，其合理拱轴线为二次抛物线。

拱圈常为矩形等截面布置。所承受的荷载主要有护坡材料的下滑力、波浪下拖力等。本次计算中，拟浪高 $2h=2.0$ m；护坡厚度按 $t=0.40$ m 计算。其计算方法同前所述。拱圈的构造要求如下：

(1)为防止温度变化和不均匀沉陷影响及改善拱端受力条件，可在拱端处加设少量钢筋，如：布置 4 根 Φ 6 ~ 10 钢筋，同时在拱形网格两拱端交点处浇筑 ≥ 1/2 拱厚的混凝土，以便于施工和改善结构受力条件。

(2)当拱圈用浆砌石时，应选用规则块材或粗料石，拱脚处最好用五角石，石料边长尺寸不小于 0.3 m。

(3)当拱圈为混凝土，竖向格为浆砌石时，在竖格顶部与拱脚相联结处，作高度 ≥ 拱厚度的混凝土拱座，以利联结和改善受力条件。

(4)施工中，可先浇筑(或砌筑)拱圈，后铺砌石料，其优点是：混凝土施工质量好，但需要模板，混凝土与砌石间接触不好；也可先砌石，后浇混凝土。其缺点是：可不用模板，混凝土与砌石结合较好，但易漏浆，混凝土用量多且浇筑质量不易保证。

拱结构的超载能力大，在风浪等外力作用下，拱圈产生裂缝时，可形成两铰拱、三铰拱或多铰拱，其内力可自身调整，由超静定结构变成静定结构。当竖向格有侧向位移时，两侧的铺砌石料将会产生被动压力，这对竖向格的稳定有利。

拱形网格护坡在布置上同井字网格，格间距及各部尺寸适应范围较大。在波浪经常作用区和浪压力较大的区域，可选用较小跨度，在大坝两端坝前水深较浅，浪压力较小的区域，其跨度可大些。

省材料：在相同荷载情况下，由计算可知，井字网格最少混凝土用量为 6.42 $m^3/100\ m^2$，而拱形网格为 1.26 $m^3/100\ m^2$，节省混凝土约 80%。

关于其他结构形式的网格护坡：井字网格的水平梁除可改变成拱形布置外，也可布置成折线形而构成刚架结构，目前在大型输水河(渠)工程的护坡中已经应用，这对护坡的稳定、防止大面积毁坏等都是行之有效的措施。

七、喷射混凝土护坡

调查资料表明：土石坝护坡石料粒径偏小是普遍存在的问题。很多水库土石坝护坡石料质量在 25 ~ 30 kg 以下，个别水库石料质量不足 10 kg。如大河水库土石坝护坡，其厚度虽为 0.7 ~ 0.9 m，但石料为乱片石，尺寸小、质量轻；石料强度低也是普遍存在的问题，抗风化能力差，在风浪和温度影响作用下，有的块石破碎；干砌石护坡铺砌不密实，缝隙大，整体稳定性差是又一普遍存在的问题。

因此，在质量差的干砌石护坡上增加其整体性，防止风浪作用引起破坏，采取加固措施是人们关注的问题。

20 世纪 70 年代，国内有些土石坝的干砌石护坡受到风浪作用损坏，采用了清洗砌缝后用水泥砂浆或混凝土勾缝 15 cm 深，留出 15% 的缝长作排水用，效果较好。

广东省沿海地区有些土石坝在干砌石护坡上浇筑一层 5 ~ 7 cm 厚的混凝土。经历了

10 级台风而没受损坏，效果很好。

山东省水利科学研究院在彩山水库、大河水库、小安门水库等护坡维修工程中应用喷射混凝土固坡 15 000 m^2，取得了较好的效果，为干砌石护坡维修加固提供了新的施工方法。现就有关情况简介如下：

水泥裹砂喷射混凝土新工艺 1984 年通过部级鉴定，该技术主要用于地下工程喷锚支护。该技术的主要特点是工效高、节省水泥、混凝土质量高和回弹少、粉尘低。在工作面大、空气通畅的坝坡上作业，更能发挥其优点。

护坡加固修复设计有如下内容：①确定加固范围，根据护坡损坏情况及水位、风浪作用范围等确定。②分缝分块，分缝常为水平缝和垂直缝，缝宽为 2.5～4.0 cm，缝距 1.0～2.5 m。③混凝土强度要求，抗压强度 C20，抗渗强度 W_8，抗冻要求 F_{150}，混凝土与石料黏聚力≥0.5 MPa。④排水，排水设施可根据干砌石护坡情况而定，常在每块混凝土板上留 2 个 ϕ50 mm 的排水孔，或采用部分缝间排水。⑤坝坡整平，喷射混凝土之前应将坝坡整平，清除缝间杂物，石料缝间充填砂石，顶部预留 5～8 cm 孔隙。坝面修理平整，要求在 2 m^2 内正负误差≤4 cm。

为保证喷射混凝土护坡的施工质量，冬季施工应有保温设施，温度过低时严禁施工。雨季也不能施工，以防止水泥被冲走或水灰比过大。施工中应保证施工场面无黏土、杂物等，还要留有不同部位的混凝土试块，以备检验。

八、干砌石块护坡

（一）特点

干砌石护坡是由人工铺砌块石于碎石或砾石层上。石块应力求紧密嵌紧。一般适用于波浪较小的场合，砌石所用石块的大小应根据风浪大小，经过计算确定，通常干砌石厚度为 0.20～0.60 m，在砌石下垫厚为 0.15～0.25 m 的碎石或砾石垫层，根据坝坡土壤的粒径和性质，为防止坝体土壤及垫层材料被淘刷，可能需要 2～3 层垫层。

干砌石护坡的下部高程应低于水库运行时最低水位下一定深度，此点甚为重要，一些水库护坡的破坏就常常是由于护坡基脚被淘刷而引起的。

由于人工砌石，采用石块不可能尽量地大，而块径在 40～50 cm 以下的干砌石护坡，根据以往经验，只可以安全地适用于浪高小于 2 m 的情况。加上块石料径和砌筑质量不易全面保证，所以有些土坝的干砌石护坡当遇到大风浪时，易被冲毁。例如：豫 04 土坝，因处于平原地区，石料皆从远处所运，按计算护坡石料需要 100 kg 以上的质量，但实际一般只为 10～20 kg，超过 30 kg 的只占 30%，护坡坡脚且处于风浪淘刷区，又未设置护坡基座，垫层也不符合级配要求甚至采用砖渣，护坡全是平铺式，厚度又不够，因此在波高 1.4 m 时全线护坡皆遭破坏。

（二）护坡石块的尺寸

石块在最大局部波压下所需的直径 D（D 为换算为球形的直径）为：

$$D_m = \frac{AP_{最大}}{\gamma_k - \gamma_w}\frac{\sqrt{1+m^2}}{m(m+2)} \tag{4-49}$$

式中 D_m——石块平均粒径，m；

A——系数，堆石护坡为0.80，砌石护坡为0.64，方块体的铺石护坡为0.54；

$P_{最大}$——最大局部波压，t/m^2，可用式(4-50)计算：

$$P_{最大} = 1.59\gamma K2h \tag{4-50}$$

式中，K值随坡率m而变化，对应关系见表4-9。

表4-9 系数K与边坡m的关系

边坡m	2.0	2.5	3.0	4.0	5.0
系数K	1.2	1.3	1.4	1.3	1.2

求出最大D以后，坝坡上任意点的石块尺寸D_z，则与波压大小成正比：

$$D_z = D\frac{P_z}{P_{最大}} \tag{4-51}$$

式中 P_z——任意点的波压。

块石的平均质量Q按式(4-52)计算：

$$Q = \frac{\gamma_k \pi D^3}{6} = 0.525\gamma_k D^3 \tag{4-52}$$

对于砌石护坡，石块的大小是大致相同的，但对堆石护坡则可以用具有级配的石块。经过筛选的均匀堆石，其最大、最小的石块质量与平均质量应满足式(4-53)的关系：

$$2Q_{最小} \geqslant Q \geqslant \frac{1}{2}Q_{最大} \tag{4-53}$$

对于未经筛选的不均匀堆石，最大粒径可以不限，但堆石中至少应有一半的石块达到设计的直径，最小粒径则可以比设计粒径小4倍。

(三)护坡的厚度

可用下列经验公式计算砌石护坡的厚度(m)：

$$t = 1.36\sqrt[3]{\frac{Q}{\gamma_k}} \tag{4-54}$$

式中 Q——块石平均质量，t；

γ_k——石块容重，t/m^3。

(四)护坡的上下界限

护坡的上限应根据波浪上卷高度确定，并加适当富裕度。护坡下限的决定，应计算在最低水位时，斜坡上不护砌而土石坝土料颗粒能承受波浪压的地点，则自该点以下即可不加护坡。

护坡基脚必须修筑可靠的支脚或设有宽度不小于1.5~2.0 m的戗台。护坡下限尚须考虑到冬季最低水位时的冰冻层厚度。在水库充水时，在个别场合尚需修筑临时护坡。通常，护坡下限，对于砂卵石，可取为最低水位下1.5倍波浪高；对于壤土，则为2倍波浪高。

(五)注意事项

干砌块石施工中，应避免“直落缝”、“摇大面”、“外塞石”三弊。

所谓“直落缝”，即各块石间的接缝一线相通，并无交错。所谓“摇大面”，即砌置块石时,不顾厚度要求,将块石的大面与坡面平行安放,以致在波浪作用下,块石稳定性小,易于动摇。避免"摇大面",其含义为砌石时应按照厚度要求,将块石竖放,各个块石紧密相靠,使任一块石,在不破坏其相邻各个块石排列位置的条件下无法单独抽出。所谓"外塞石",即块石与块石间的缝隙,用石片自外面填塞。避免"外塞石",其含义为每砌一块块石,在填塞其周围的缝隙时,应选取适当石片,以大面朝里,先将缝隙嵌好,然后砌置周围块石。如此则在波浪作用下,石片不致被波浪抽出。

护坡下部,应有保证坡面不致坍塌的相应支撑,例如平台、支撑桩、板桩、石棱体或框笼结构等。

在砌石护坡时,平台边缘应铺砌一列较大块石,此种块石应部分地嵌入碎石或砾石层。沿平台外侧边缘,需用一列巨型块石作为边石。

用手工铺反滤层时,应使已铺好各层不受损坏。铺置程序,应沿斜坡自下往上进行。

堤坝护坡的稳定性和持久性,在很大程度上将视建筑物的使用、维护与管理是否完善而定。护坡技术管理的主要内容如下。

(1)进行护坡的周期性检查,检查项目包括:

①坡面的一般状况,说明坡面的曲形沉陷、变形、滑坡、裂缝等损坏情形,如有平台,应注意平台外缘是否冲蚀;

②面层和垫层的情况,分析其破坏原因;

③注意坡面土壤有无被冲蚀流失等情况;

④坡面保护范围是否足够,堤顶及后坡有无因越浪、径流冲刷或风蚀等原因而引起的破坏迹象;

⑤堤脚和基础是否发生冲刷,护脚工程是否完好无损;

⑥排水设施是否通畅,滩面及堤身上的植被是否生长良好,块石是否风化、冻裂,有无人为的破坏因素等。

在护坡发生显著破坏或变形的地段,为分析护坡损坏原因并提出修缮措施,应选取反滤层及土壤的样品,妥为保存,并详细叙述破坏的形态和性质及其发展过程,最好附有照片记录。

(2)进行护坡的及时修理和岁修。护坡修理及时,则需花费较少的资金与人力,即能使坡面恢复正常或使损坏停止发展;否则,其后不得不耗费大量的资金与人力。在修缮工作中,不允许只修理水上部分而不修理水下部分或不修理护坡支撑。

九、浆砌块石护坡

浆砌块石护坡因表面较平整,增加了波浪在坝面上的爬高。另外,因坝面的不均匀沉陷,砂浆与块石之间将出现裂缝,不能起到预期的胶结作用,所以有时效果不很明显。常见的浆砌块石护坡有部分浆砌块石护坡、全部浆砌块口护坡等两种形式。

(一)部分浆砌块石护坡

在干砌块石护坡的基础上,用水泥砂浆勾缝。先将缝隙中的杂物冲洗干净,再勾缝,勾缝深度一般为15 cm,同时留有约15%的缝长作排水作用。此方式适于块石尺寸较大,但局部不能承受较大浪压力作用而采取的措施。例如,棘洪滩水库某些局部处理采用此方法。

(二)全部浆砌块石护坡

当块石直径较小,经计算不能满足风浪冲刷要求,库区附近又没有大块石时,可采用该种形式以增加其整体性。但水泥用量较多,工程造价高。为防止波浪在坝面上爬高过大,浆砌时可采用部分大块石立砌,且大块石有 1/3 的尺寸在护坡平面以上,以加大护坡表面的糙率,达到消浪效果。例如,东营市孤东油田的防浪堤就采用了全部浆砌块石护坡。

(三)应用情况

河北省岳城水库因石料合格率不足 20%,水库建成后护坡连年损坏。后采用网格加固并将格内改为浆砌,运行效果很好。在护坡修复中,将 5~10 块石料组砌为一个群体,以代替一个大块石,既能抵抗风浪作用,又能适应不均匀沉陷和排水,且节省水泥,是局部维修的一种好方法。

十、堆石护坡

(一)概况

国外有资料表明,抛石护坡好于干砌石护坡。其优点是:消浪作用好,易施工,对坝体的沉陷有很强的适应性,有利于坝坡的稳定,但其表面不平整、不美观,石料用量多。

在石料丰富的山丘地区,或因溢洪道工程开挖有大量弃石时,可考虑该方案。如莱芜市乔店水库,溢洪道开挖弃石方量大,除加厚坝体下游坡外,较大块石宜用于上游护坡。

抛石护坡块石以中值重量 G_{50}(t)控制,要求有半数以上石料应达到设计质量。抛石时先小后大,面层块石越大越好,表面应略加整理,以小石填塞缝隙,以防松动。

块石应坚硬有足够的强度,无裂隙,无尖锐棱角。

抛石护坡可水下施工,为减少弃水,在不降低库水位的情况下,可对水下部位的坝坡损坏部分进行抛石修复。

据美国陆军工程兵团曾对近 100 座土坝护坡进行调查,发现抛石护坡破坏的比率,占该类护坡的 5%,其原因为块石的尺寸不合格;干砌块石护坡损坏的比率,占该类护坡的 30%,其原因为铺砌的形式为单层。

(二)厚度确定

通常堆石护坡的厚度为 50~90 cm,垫层厚 45 cm。根据许多坝的堆石护坡经验,堆石的块径和层厚,当坝坡陡于 1∶5时可以参考表 4-10 确定,如坝坡缓于 1∶1.5,堆石层厚可适当比表 4-10 中数值减薄。

堆石的级配从大于平均块径(D_{50})1.5 倍的大石块到小至 D_{50}1/4 的小石块。堆石的块径如果过大,会突出护坡面外,通常以最大石块质量为平均质量(D_{50}的质量)的 4 倍为限度。在确定堆石厚度后,还应根据采石条件和堆筑条件,调整最大、最小块石的范围,使之既能保证安全又经济可行。

堆石护坡下面需设垫层。垫层可按反滤层的原则设计。垫层的 D_{15}不应大于坝体土壤 D_{85}的 5 倍,堆石护坡的 D_{15}不应大于垫层 D_{85}的 10 倍,且垫层的 D_{85}不应小于表 4-11

规定。

表 4-10　堆石护坡的块径和层厚

最大波高	平均块径 D_{50}(cm)	最大石块重(kg)	堆石层厚(cm)
0~0.60	25	91	40
0.60~1.20	30	227	45
1.20~1.80	38	680	60
1.80~2.40	45	1 130	75
2.40~3.00	52	1 810	90

表 4-11　垫层的最小厚度

最大波高(m)	0~1.20	1.20~2.40	2.40~3.60
垫层最小厚度(cm)	15	22	30

通常垫层的粒径由粗砂至 7.5~10 cm 的卵石或碎石组成。垫层厚度常为 30~60 cm,浪越大,堆石级配越差,坝体越不耐冲刷和管涌,故垫层应较厚,反之可较薄。当坝体土壤为黏性小的细粒土时,往往需要两层垫层,靠近坝体一层的垫层最小厚度为 15 cm。

堆石级配如不良,混杂在堆石中过小的石块脱落离散,就会使堆石层被冲刷成穴。如果过大的石块滚落也会造成凹穴使垫层被冲刷,这都要引起注意。

对于不受波浪打击的下游坡,为了防止雨水冲刷,往往采用厚 15~20 cm 的砾石或碎石护坡。

十一、模袋混凝土护坡

(一)概述

用有纺布制成多筒模袋,用混凝土泵向袋内灌碎石混凝土称模袋混凝土。其厚度常为 15 cm 左右。这是近几年发展应用的一项新的施工技术。山东省荣成市八河水库下游护坡为防止海浪破坏,采用了模袋混凝土护坡。

(二)设计要求

将坝面整平,去除石料尖锐角,以防刺破模袋;铺设无纺布做反滤层(当垫层被破坏不起作用时)。将工厂加工的模袋(一般宽 10 m)铺于坝面上;混凝土强度采用 C15 或 C20,为减小水灰比可适当加减水剂,用混凝土泵将混凝土从模袋注入口灌入模袋内,混凝土泵压力 P 为 0.2 MPa 左右,加压是将混凝土灌入袋内的同时,将部分水分挤出,以降低水灰比,使混凝土密实,提高其强度。要逐条铺灌,初凝后洒水养护。

(三)施工要求

模袋混凝土可水下施工,在不降低水位的情况下,对水下护坡损坏部位进行修复。

模袋混凝土施工工效高,每个台班可铺灌 200~300 m^2;造价较低;模袋尺寸可大可小,可根据损坏情况,制作相应形状尺寸的模袋。同时,混凝土早期强度较高。

模袋混凝土施工需一定的设备，技术要求较高，灌注时混凝土在袋内的传送有时不均匀，部分部位可能多，因此凸起，应严格控制质量。目前，在河道固坡等工程中应用，在土石坝护坡加固中尚属少见。

（四）适用条件

模袋混凝土护坡主要适用于水下施工，如海边防浪堤，水库因使用要求不能降低水位、护坡的临时抢护与永久性处理相结合等。以节省的弃水量的价值，往往高于维修加固投资。

十二、护坡损坏临时性抢护

当护坡被大风浪作用或冰凌挤压出现险情进而防止破坏范围的扩大和险情恶化，应采取临时性抢护措施。

（一）砂袋压盖抢护

砂袋压盖抢护适于风浪不大，局部护坡松动脱落，但垫层未被淘刷，可用砂袋压盖抢护破坏部位压盖范围应超出破坏边缘 1 m 以上，厚度不小于两层，上下层相互错开压紧。如果垫层和坝体已被淘刷，应当先抛填 0.3 ~ 0.5 m 厚的碎石，再用砂袋压盖。

（二）抛石护坡

当风浪较大，局部护坡已被冲坏塌落时，应采用抛石压盖。块石越大、石层越厚，效果越好。抛石越集中，越迅速越好。如果垫层和坝体已被淘刷，应当先抛填 0.3 ~ 0.5 m 厚的碎石，再用抛石处理。

（三）石笼抢护

对于风浪很大，护坡破坏严重，可将块石装在铁丝笼内，然后用适当长度的钢丝绳一端系于石笼上，另一端固定于坝顶，用木棍撬动石笼就位。

（四）柴排防浪

当水位较高，波浪很大，浪压力已超过护坡的设计标准，但护坡尚没有损坏，此时可采用消浪法保护护坡。用圆木绑扎成框架，中间绑上木条、柳枝等制成木排。将木排一边用缆绳固定于坝顶，另一边绑上部分块石或铁件（相当于“锚”），将木排漂浮于坝前水面起消浪作用。

第七节　工程实例

一、工程概况

某水库控制流域面积 21 km^2，于 1959 年 10 月动工兴建，1960 年 5 月主体工程竣工，由大坝、放水洞、溢洪道等主体工程组成。大坝为均质坝，坝长 480 m，最大坝高 26.2 m，坝顶高程 200.0 m。由于当时设计标准偏低，施工质量差，被列为病险水库，并于 2008 年开始进行除险加固处理。加固后总库容 1 660.8 万 m^3，兴利库容 1 370 万 m^3，死库容 30 万 m^3，校核水位 197.72 m，兴利水位 196.50 m，死水位 181.98 m。

该水库枢纽工程为Ⅲ等，大坝、溢洪道、放水洞等主要建筑物级别为 3 级，次要建筑物为4级。

大坝横断面见图4-25。

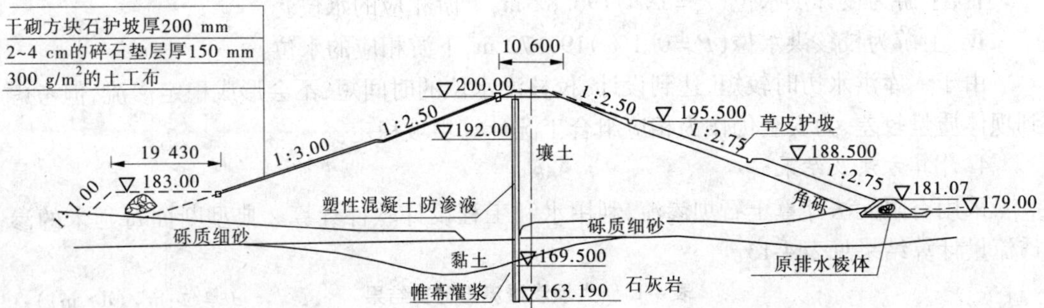

图4-25　大坝横断面　（单位:m）

二、渗流稳定计算

（一）渗流量计算

1. 计算断面

选取0+350断面作为代表断面进行渗流稳定核算，计算简图见图4-26。

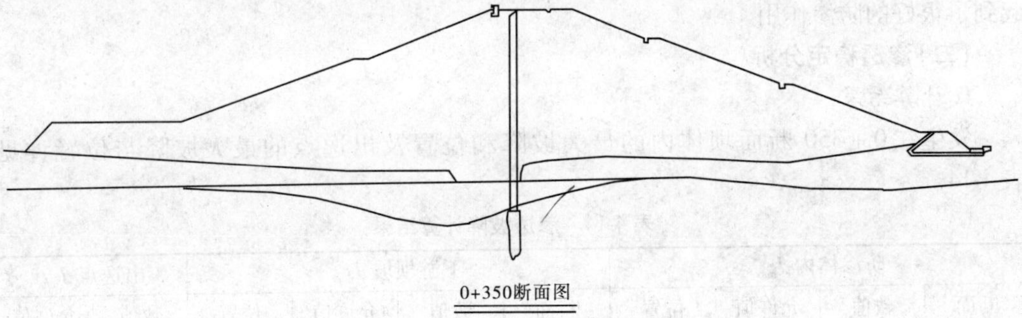

图4-26　大坝渗流计算简图

2. 主要物理力学指标

从安全角度考虑，上游坝坡翻压与下游坝坡补坡区域渗透系数仍采用现状指标。参考《中国堤坝防渗加固新技术》中的相关参数，混凝土防渗板墙渗透系数均小于1.96×10^{-8} cm/s。所以，本次设计综合分析确定各部位渗透系数如表4-12所示。

表4-12　大坝渗流计算渗透系数

断面桩号	上游坝坡 K_1(cm/s)	下游坝坡 K_2(cm/s)	混凝土防渗墙(cm/s)
0+350	9.23×10^{-5}	9.23×10^{-5}	1.96×10^{-8}

3. 计算工况

根据《碾压式土石坝设计规范》(SL 274—2001)的规定及稳定计算需要，考虑以下计算工况。

Ⅰ:上游为兴利水位 196. 50 m,下游相应的最低水位。

Ⅱ:上游为汛限水位 195. 40 m,下游相应的最低水位。

Ⅲ:上游为设计洪水位($P=1\%$)196. 82 m,下游相应的水位。

Ⅳ:上游为校核洪水位($P=0.1\%$)197. 72 m,下游相应的水位。

由于入库洪水历时较短,达到设计、校核洪水位的时间短,不会形成稳定渗流,但考虑到坝体质量较差,为安全仍作为相应组合工况计算坝坡稳定。

4. 计算方法及结果

采用有限元法计算土石坝渗流,利用水利工程设计软件计算。典型断面每延米的渗透流量计算结果见表 4-13。

表 4-13 大坝渗透流量计算结果 (单位:$m^3/(d \cdot m)$)

典型断面工况	0 + 350
工况Ⅰ兴利水位(196. 50 m)	0. 027
工况Ⅱ汛限水位(195. 40 m)	0. 026
工况Ⅲ设计洪水位(196. 82 m)	0. 028
工况Ⅳ校核洪水位(197. 72 m)	0. 036

由表 4-13 中计算结果可知,0 + 350 断面的渗透流量很小,说明塑性混凝土防渗板墙起到了很好的防渗作用。

(二)渗透稳定分析

1. 计算结果

发生在 0 + 350 断面坝体内的最大坡降和位置及出逸点的最大坡降与位置详见表 4-14。

表 4-14 渗透坡降计算结果

防渗体内 J_{max}				下游坝坡 J_{max}				出逸点 J_{max}	
断面	数值	允许值	位置	断面	数值	允许值	位置	数值	允许值
0 + 350	5. 25	60	板墙内	0 + 350	0. 032	4	下游坝脚	0. 34	0. 15

注:参考相关资料,混凝土防渗板墙的破坏坡降为 100。

2. 成果分析

由表 4-14 计算结果可知:防渗体计算渗透坡降小于允许值;下游坝坡计算渗透坡降小于允许值;下游坝坡出逸点渗透坡降大于允许值,在出逸点做有排水体和反滤层,不会发生渗透破坏;满足抗渗稳定要求。

三、大坝坝坡稳定计算

(一)计算断面

根据大坝坝体实际情况,选 0 + 350 断面为代表断面。

(二)计算工况

1. 正常工作条件

工况Ⅰ:上游兴利水位 196. 50 m,下游相应无水,计算上下游坝坡。

工况Ⅱ:上游设计洪水位196.82 m,下游相应水位,计算上下游坝坡。

2.非常工作条件

1)地震情况

工况Ⅲ:上游兴利水位196.50 m,下游相应无水,同时遇7级地震,计算上下游坝坡。

工况Ⅳ:上游1/3坝高水位,同时遇7级地震,计算上下游坝坡。

2)水位降落期

工况Ⅴ:上游由校核洪水位197.72 m,骤降至兴利水位196.50 m,计算上游坝坡。

工况Ⅵ:上游由兴利水位196.50 m,骤降至1/3坝高水位183.667 m,计算上游坝坡。

(三)计算参数

根据地质勘察报告,经综合分析确定,各土料的物理力学指标如表4-15所示。

表4-15　大坝稳定分析土工力学指标

指标部位		干密度 (g/cm^3)	湿密度 (g/cm^3)	黏聚力 c(kPa)	摩擦角 φ(°)	黏聚力 c'(kPa)	摩擦角 φ'(°)
0+350	坝体	1.57	1.96	29.00	13.00	27.00	18.50
	坝基	1.49	1.64	3.00	26.00	1.50	28.00

(四)计算方法

根据水利工程计算软件计算,采用简化毕肖普法和瑞典圆弧法,地震作用按《水工建筑物抗震设计规范》(SL 203—97)规定,采用拟静力法计算。

(五)计算成果

0+350断面坝坡稳定复核计算结果详见表4-16。

表4-16　吴家庄水库大坝稳定计算成果

计算方法	位置	计算情况	滑弧圆心坐标		滑弧半径	计算最小安全系数	允许最小安全系数	安全判别
			X(m)	Y(m)	R(m)			
简化毕肖甫法	上游坡	兴利水位	30.00	60.00	61.23	1.65	1.30	安全
		汛限水位(195.40 m)	40.00	45.00	45.09	1.64	1.30	安全
		设计洪水位	30.00	60.00	61.20	1.67	1.30	安全
		校核洪水位降至汛限(195.40 m)水位	30.00	60.00	61.08	1.57	1.20	安全
		1/3坝高水位遇7度地震	30.00	60.00	62.88	1.21	1.15	安全
		兴利水位遇7度地震	30.00	62.50	63.49	1.44	1.15	安全
		汛限水位(195.40 m)遇7度地震	30.00	65.00	65.86	1.40	1.15	安全

续表 4-16

计算方法	位置	计算情况	滑弧圆心坐标 X(m)	滑弧圆心坐标 Y(m)	滑弧半径 R(m)	计算最小安全系数	允许最小安全系数	安全判别
简化毕肖甫法	下游坡	兴利水位	23.33	60.00	66.63	1.39	1.30	安全
		汛限水位(195.40 m)	24.00	60.00	66.62	1.39	1.30	安全
		设计洪水位	23.33	60.00	66.63	1.38	1.30	安全
		兴利水位遇 7 度地震	26.67	70.00	77.46	1.27	1.15	安全
		汛限水位(195.40 m)遇 7 度地震	24.00	62.50	69.02	1.27	1.15	安全
瑞典圆弧	上游坡	兴利水位	38.00	42.50	44.17	1.39	1.20	安全
		汛限水位(195.40 m)	40.00	40.00	41.27	1.36	1.20	安全
		设计洪水位	36.67	45.00	46.56	1.40	1.20	安全
		校核洪水位降至汛限(195.40 m)水位	36.67	45.00	46.26	1.32	1.10	安全
		1/3 坝高水位遇7 度地震	33.33	50.00	54.21	1.11	1.06	安全
		兴利水位遇 7 度地震	36.67	45.00	46.59	1.22	1.06	安全
		汛限水位(195.40 m)遇 7 度地震	36.67	45.00	46.62	1.20	1.06	安全
	下游坡	兴利水位	26.67	50.00	58.77	1.27	1.20	安全
		汛限水位(195.40 m)	26.00	52.50	60.96	1.28	1.20	安全
		设计洪水位	26.67	50.00	58.80	1.27	1.20	安全
		兴利水位遇 7 度地震	26.67	50.00	58.80	1.18	1.06	安全
		汛限水位(195.40 m)遇 7 度地震	26.00	52.50	61.11	1.18	1.06	安全

由表 4-16 算结果可知,大坝在各种工况下均满足抗滑稳定的要求。

(六)结论

大坝在各种运行条件下,大坝的渗漏量、渗透变形、坝坡稳定等各项指标均满足规范规定要求。

思考题

1. 土石坝具有哪些特点?一般受哪些方面的影响?

2. 土石坝设计的原则是什么?

3. 土石坝的防渗体材料有哪些?增加土石坝渗透变形稳定性的工程措施有哪些?

4. 土石坝进行边坡稳定性分析时其受到的作用力有哪些?增强土石坝边坡抗滑稳定性分析的工程措施有哪些?

5. 土石坝的护坡类型有哪些？护坡各自的特点是什么？

自测题

一、填空题

1. 土石坝按照土料在坝体中的配置和防渗体位置的不同，可以分为______、______和______等。

2. 土石坝的排水形式主要有________、________、________和________等。

3. 土石坝的坝体主要由________、________、________和________等部分组成。

4. 拱坝的收缩缝有________和________两类。

二、判断题

1. 土石坝和重力坝相比，一般其上下游的坡度要比重力坝的坡度缓。(　　)

2. 土石坝反滤层中各层材料的粒径在沿着水流的方向的布置应该是由粗到细的。(　　)

3. 土石坝中存在渗流时，浸润线以上的部分都是干燥的。(　　)

三、选择题

1. 渗流将土体中的细颗粒带走的现象为(　　)。

A. 流土　　B. 管涌　　C. 接触冲刷　　D. 接触流失

2. 土石坝填筑时需考虑最优含水量的材料为(　　)。

A. 块石　　B. 卵石　　C. 砂砾料　　D. 黏性土

第五章　河岸式溢洪道

【学习指导】

目标：掌握开敞式正槽溢洪道的结构组成，掌握非常溢洪道的类型及其各自特点，了解迷宫堰的特点、主要参数及其水力特性。

重点：开敞式正槽溢洪道的组成，溢流堰的布置。

第一节　概　述

我国已建成的各类水库中，土石坝工程占90%以上。土石坝具有就地取材、易于施工等优点，但坝身不能过水，需修建河岸溢洪道或放水洞辅助泄洪，以保证水库大坝的安全。对于大中型水库，多采用有闸控制的溢洪道，以加大水库的调节能力。对于小型水库，为降低工程投资和便于运行管理，多采用无闸控制方案。

小型水库多位于河流水系支流的上端山区，地形特点是坡陡流急，洪峰历时短，水量大，而小型水库的调节能力差，因而水库的溃坝风险很大。根据国内溃坝资料统计，小型土石坝工程溃坝事故中因泄水能力不足而导致洪水漫顶溃坝的占98%。小型水库土石坝工程设计中溢洪道的设计更为重要。近几年在小型水库除险加固设计中，溢洪道采用迷宫堰的设计形式，既能降低工程造价，又能保证工程安全，是一种经济适用的结构形式。

一、泄水建筑物的作用及形式选择

蓄水枢纽中，用来泄放超过水库调蓄能力的洪水，以保证工程安全的水工建筑物称为泄水建筑物。其形式有深式泄水建筑物和溢洪道两类。

深式泄水建筑物有水工隧洞和坝下涵管等形式。这类建筑物因泄水能力较小，一般仅作为辅助的泄洪建筑物。

溢洪道是蓄水枢纽中的主要泄水建筑物。按布置位置的不同，可分为河床式与河岸式两种形式。土坝不能从坝顶溢流，需在坝体外的河谷两岸适当位置单独设置溢洪道，称河岸式溢洪道。溢洪道的进水口通常是敞露的，其后的泄水道可以是陡坡式明渠，称为开敞式河岸溢洪道。根据泄水槽与溢流堰相对位置的不同，开敞式河岸溢洪道又分为正槽式溢洪道和侧槽式溢洪道两种，本章主要介绍正槽式河岸溢洪道。

二、河岸溢洪道的布置和形式选择

河岸溢洪道的位置、布置和形式选择是相互联系的，而且与坝址附近的地形条件、地质条件、水文条件、坝型、枢纽总体布置、施工及运用条件等密切相关，必须综合分析，通过技术经济比较后确定。

(一)河岸溢洪道的布置

河岸溢洪道有正常溢洪道与非常溢洪道两种。一般情况下,当具备有利的地形、地质条件,校核洪水流量与设计泄量相差很大时,将正常溢洪道与非常溢洪道分开布置常常是经济的。因为非常溢洪道的作用是宣泄超过设计标准的洪水,机遇少,故可采用较简易的结构,以降低造价。根据国内外的工程经验,此类溢洪道的泄槽可不衬砌,无须设置消能设施,且行洪过水后,其修复费用也低。

正常溢洪道在布置上应根据地形、地质及对下游的影响等因素研究确定。国内外已建溢洪道的运行经验表明,绝大部分工程的泄量远低于设计标准。用正常溢洪道宣泄常遇洪水,用非常溢洪道宣泄超标准特大洪水。由于非常溢洪道运行机会少,故可采用简易结构,从而减少投资。

辽宁省浑河上的大伙房水库,总库容22亿m^3,下游有抚顺市和沈阳市,地理位置重要。水库设计中选择了一组四孔闸的正常溢洪道、一个放水洞(兼发电、供水、放空水库并用)、一段溢流坝式非常溢洪、一段引冲自溃式土坝非常溢洪、一段爆破溃决式土坝非常溢洪,三组非常溢洪道采用不同的堰顶高程,对应不同的设计洪水,体现了工程造价低、运行管理费用低、工程安全性强的设计理念。经过50多年的运行,状态良好。

根据澳大利亚对5座大坝的经济比较资料,采用正常溢洪道、非常溢洪道比采用单一溢洪道的造价可降低20%~50%。正常溢洪道、非常溢洪道宣泄洪水的标准没有具体的规定,一般认为,设计正常溢洪道的常遇洪水标准,可在20~200年一遇的范围内选定,非常溢洪道则选用正常溢洪道泄量以外的洪水。

(二)地形条件

溢洪道的地形条件往往是决定溢洪道形式与布置的主要因素。选择溢洪道的位置时,应充分利用有利地形。如离大坝不远的库岸有通向下游的马鞍形山垭口,其高程在正常蓄水位附近,垭口后面有冲沟直通原河道,出口离下游坝脚较远,这对工程的经济、安全及管理运用均有利,选择这种地形布置溢洪道是较理想的。我国修建的许多蓄水枢纽工程均利用库岸垭口修建溢洪道。

如果坝肩具有有利的地形条件,且高程适宜,可将溢洪道布置在坝肩上。这种布置形式工程量省,对于土石坝枢纽还具有利用其开挖料作为筑坝材料的优点,是一般常见的布置形式。在土石坝枢纽中选择这种布置时应注意,坝肩附近的山坡应比较平缓,有足够宽度的地段经开挖后可布置控制段;坝肩溢洪道与大坝相连的挡墙(包括导墙、接头、泄槽、边墙等)应保证进出口水流不能冲刷上下游坝坡。

(三)地质条件

地质条件直接影响溢洪道工程的安全性。溢洪道常见的工程地质问题是边坡稳定及溢洪道的地基稳定。

溢洪道边坡不稳定,可能导致堵塞或摧毁溢洪道,危及大坝安全,产生严重后果。在位置选择时,应尽量避免深挖形成高边坡。选择山垭口做溢洪道时,应特别注重鞍部两侧山坡的稳定性,绝不允许泄洪时山坡崩塌。

选择山垭口做溢洪道,山垭口的鞍部及其后坡是布置溢洪道的主要部位,要求地基岩层坚固、完整、稳定,以减小砌护工程量并有利于工程的安全。鞍部前坡也应稳定、完整,并具有较好的防渗性。

（四）水力条件

溢洪道轴线选择要同时考虑地形、地质、水力条件等。为使水流顺畅，流态稳定，轴线一般宜取直线。工程实际中的河岸式溢洪道多受地形、地质条件的限制而需转弯，这时应在进水渠或出水渠段内设置弯道。

（五）总体布置

泄水建筑物的布置是枢纽布置的组成部分，故应从枢纽总体设计上考虑泄水建筑物布置。要注意协调泄水建筑物与发电、通航、灌溉、过木、过鱼等建筑物在布置上的矛盾，避免相互干扰，保证在各种工作条件下各建筑物均能正常工作。应特别注意避免泄流对河床和岸坡造成冲刷以及河道的淤积，或危及其他建筑物的安全，同时不应影响水电站及通航建筑物的运行，出口消能段要远离高压开关站，以防止泄洪时产生的水雾造成短路。此外，河岸溢洪道应尽量避免与渠道、道路等其他建筑物交叉，以降低工程造价。溢洪道布置见图 5-1。

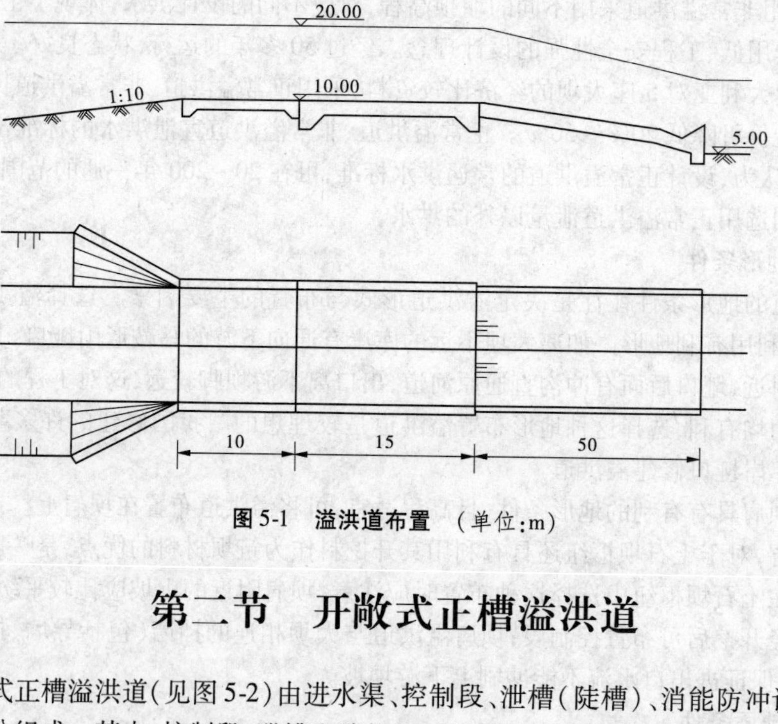

图 5-1　溢洪道布置　（单位：m）

第二节　开敞式正槽溢洪道

开敞式正槽溢洪道（见图 5-2）由进水渠、控制段、泄槽（陡槽）、消能防冲设施和出水渠五个部分组成。其中，控制段、泄槽和消能防冲设施三个部分是溢洪道的主体，是每个溢洪道工程不可缺少的。进水渠和出水渠则是主体部分同上游水库及下游河道的连接段，这两个组成部分是否需要设置，由地形条件而定。

正槽溢洪道的泄槽轴线与溢流堰轴线垂直（与过堰水流方向一致）。泄洪时，水流通过进水渠引向控制段。控制段通过不同的堰型、闸门等控制溢洪道的过水能力。泄槽将过堰水流安全地泄到下游。泄槽首末端高差一般占溢洪道整个落差的大部分或全部，其底坡较陡，槽中水流多为高速水流，冲刷能力大，这是泄槽设计时必须注意的问题。泄槽末端水流能量大，必须有消能防冲设施以消除水流动能，使水流以较缓流速进入下游河道。

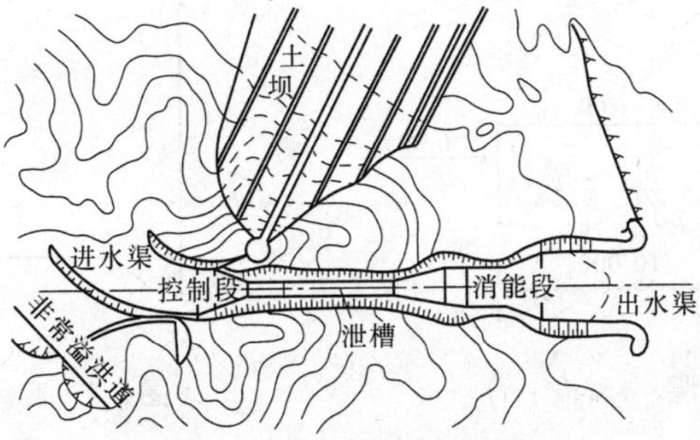

图 5-2　正槽溢洪道布置图

一、进水渠

进水渠的作用是平顺水流，对称地引向控制段。进水渠布置时，应尽量短而直。如需设置弯道，其轴线转弯半径不得小于4倍渠底宽度，流速越大，转弯半径也应越大。弯道与控制段间一般应有2～3倍水头的直线长度，以便将水流调整均匀，平顺入渠。进水渠一般采用梯形断面，末端用渐变段与控制段的矩形断面连接。

进水渠的水流要平稳、水面波动小、横向水面比降小。渠内流速一般不大于4 m/s，以减小水头损失。当进水渠较长时，水力计算中应考虑进口及沿程水头损失，如渠内流速较大，计算过堰流量时，尚应计入行近流速的影响。

进水渠的过水断面应大于控制段的过水断面。渠底应做成反坡。堰前进水渠的渠底高程应低于堰顶，当采用实用堰时，一般应低于1/3堰上水头，以降低堰前行近流速，且有较大的流量系数，并可减小堰顶长度，但进水渠挖深将相应增大。因此，堰高与进水渠的水深和宽度的选择，需经过方案比较后选定。

当进水渠两岸岩性较好时，一般可不衬砌。当岩性较差时，为防止严重风化剥落，应进行衬砌，可采用浆砌块石、喷锚支护或混凝土护面。工程中多用0.3～0.5 m厚混凝土衬砌，一般不设止水及排水。

进水渠进口一般布置成对称的喇叭口形式，使水流平稳入渠。如进口布置有一侧靠坝肩，靠坝一侧应设置导水墙，为防止水流冲刷坝脚。墙顶应高于泄洪时的最高库水位，其顺水流长度宜大于渠道最大水深的2倍，以保证良好的入流条件。

二、控制段

控制段是控制溢洪道泄量的关键部位。从水力特征来分，控制段分堰式和渠式两种。

渠式控制段是指开挖的明槽长度大于10倍溢流水深的情况，其过水能力按明渠非均匀流计算。这种形式的缺点是泄流能力小，应尽量避免采用这种形式。

堰式控制段是指控制段的底部为溢流堰。溢流堰多采用宽顶堰（见图5-3）及实用堰（见图5-4）两种。

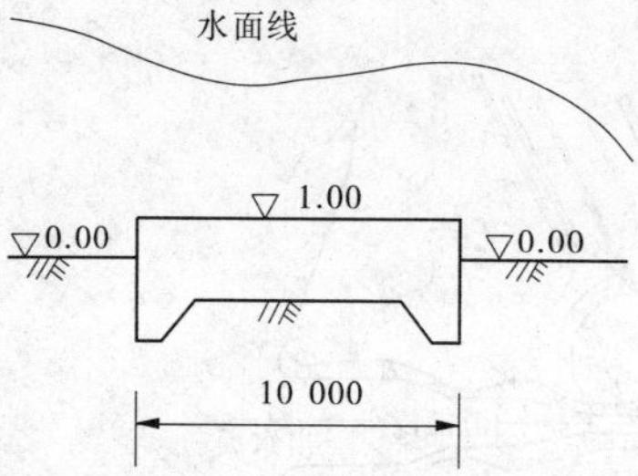

图 5-3　**宽顶堰**　（单位：m）

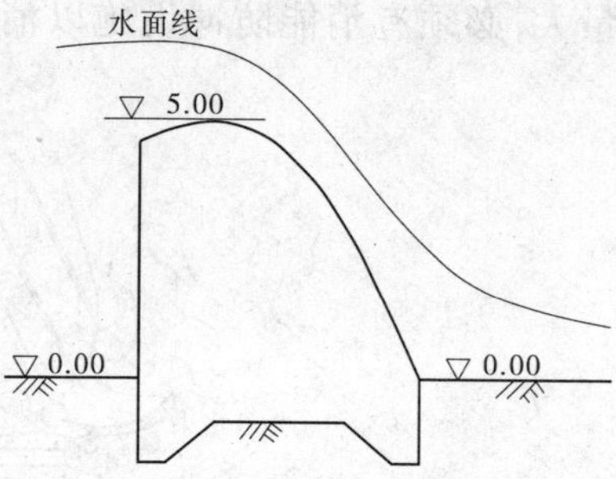

图 5-4　**实用堰**　（单位：m）

（一）宽顶堰

宽顶堰的特点是结构简单、总体开挖工程量小、易施工，但流量系数比实用堰小，泄量小，多用于中小型工程。

（二）实用堰

实用堰流量系数大，在相同泄量下，其前缘长度比宽顶堰的短，实用堰的结构及施工比宽顶堰较为复杂。当垭口狭窄、沿水流方向的山体或垭口比较单薄、地面高程较低、两旁山脊较高时多采用这种形式，以减小工程量。有时地面高程虽较高，但开挖容易且方量不大时也采用。

按照相对堰高 P_1/H_S 对水力特性是否发生影响，实用堰有高堰和低堰两种。高堰的相对堰高大，对水力特性影响较小或不发生影响；低堰相对堰高小，堰高变化将对水力特性产生影响。一般认为，上游堰高 $P_1 \geqslant 1.33H_S$ 时为高堰（H_S 为定型设计水头），$P_1 < 1.33H_S$ 时为低堰。河岸溢洪道中的实用堰多为低堰。

实用堰的堰面曲线对泄流能力影响很大，在设计堰面曲线时，要求在堰面不产生负压。对有闸门控制的溢洪道，在宣泄各种洪水时，堰顶附近出现的压力应符合下述规定值：当闸门全开时，不出现负压；在闸门局部开启时，可允许有较小的负压值。

溢洪道设计规范推荐，高堰的堰面曲线采用 WES 曲线。定型设计水头可采用 $(0.75 \sim 0.95)H_{max}$，H_{max} 为堰顶最大水头。低堰由于下游水深相对较高，堰面基本不出现负压，所以低堰的定型设计水头可取得较低，一般取 $(0.65 \sim 0.85)H_{max}$。

低堰的上、下游堰高对流量系数影响较大。低堰流量系数随上游相对堰高 P_1/H_S 的减小而减小，对 WES 剖面曲线的低堰，当 $P_1/H_S < 0.3 \sim 0.4$ 时，m 值明显降低，故上游堰高一般应满足 $P_1 \geqslant 0.3H_S$。为使过堰水流不受堰后水流顶托影响以及不发生淹没出流状态，下游堰高 P_2 必须保持一定高度，一般应满足 $P_2/H_S \geqslant 0.6$。

低堰除采用 WES 堰外，国内还常采用梯形折线（浆砌石结构），特点是易施工。驼峰堰由三段圆弧组成，堰身较宽，地基应力较均匀，整体稳定性较好，且设计与施工较简单，适用于软弱地基。其流量系数比宽顶堰要大。

（三）带胸墙的实用堰

带胸墙的堰，其堰顶高程较上述两种堰型低，在库水位较低时也可以泄流，初始泄量大，闸门尺寸较小。当堰顶以上最大水头 H_{max} 与孔口高 D 的比值 $H_{max}/D > 2$ 时，为孔口泄流状态，其堰超泄能力小，且不能过漂浮物，不适于作河岸式溢洪道。

实用堰与泄槽之间常用反弧曲面连接，以便使下泄水流平缓地改变方向。反弧曲面两端分别与堰面及底板面相切。反弧半径可采用(3 ~6)h，h 为校核洪水闸门全开时反弧最低点水深。

溢流堰可以设置闸门，也可以不设置闸门。不设闸门时，堰顶高程就是水库的正常蓄水位，调节能力差，适于小型工程，工程投资少。设置闸门控制时，堰顶高程低于水库的正常蓄水位。其优点是有利于降低洪水位，调节能力强，但设置闸门却要增加闸门及启闭设备的投资，并须加强维护，堰顶高程的降低还可能增加溢洪道的开挖工程量。因此，是否设置闸门、闸门的尺寸与数量应结合水库规划根据具体条件通过方案比较确定。一般情况下，小型水库常采用无闸的，大中型水库溢洪道设置闸门的较多。

溢流堰常采用混凝土或浆砌石结构，上、下游端设齿槽以加强与地基的连接。保证溢流面尺寸准确、表面平整，以加大流量系数。

控制段应做好防渗排水设施，保证溢洪道安全运行。防渗系统的布置要求是：在控制段水头差作用下，要防止库水经裂隙或沿堰底板向下游渗流，以减小底板下的渗透压力并改善泄槽的工作条件；防止或减小侧向绕渗，以保证两岸挡土墙的安全。

当溢洪道靠近坝肩时，其防渗设施应与大坝的防渗设施形成整体防渗系统。

(四)控制段布置

控制段布置包括控制段两侧边墙顶部高程、堰顶高程及垂直水流方向的宽度等。边墙顶部高程，在泄洪时应不低于校核洪水位加安全超高值；关门时应不低于兴利水位加波浪的爬高和安全超高值。安全超高值在泄洪时一般采用 0.5 ~ 1.5 m，关门时一般采用 0.3 ~0.7 m。溢洪道紧靠坝肩时，顶部高程应与大坝坝顶高程一致。控制段垂直水流方向的宽度应在综合考虑地形条件、水库其他建筑物的工程量，以及允许的单宽流量后拟定。通过调洪演算，得出水库各种水位、溢洪道的下泄流量与单宽流量等数值，并相应定出枢纽中各主要建筑物的布置尺寸，估算工程量及造价。最后，从安全、经济以及管理运用等方面进行比较、论证，选出最优的设计方案。

三、泄槽

(一)泄槽的布置

泄槽的平面布置见图 5-5。泄槽落差大、纵坡陡，陡槽内水流为急流状态，布置泄槽时必须注意转弯、宽度变化及纵坡变化等问题，使之适应急流的特点，避免急流给工程带来的冲击波、掺气、气蚀等不利影响。

泄槽的纵坡要根据地形、地质、施工条件和工程量大小等因素综合考虑决定。通常应大于水流的临界坡并以尽量适应地形条件为原则。陡坡应尽量采用均一坡度。如泄槽较长、地形及地质条件较复杂，可以分段设置不同坡度，但分段不宜过多，而且宜采用先缓后陡的坡度，在变坡处用抛物线连接。当底坡由陡变缓时，变坡处用反弧连接，反弧半径通常取为 $R=(6\sim12)h$(h 为水深)，流速大时选用较大值。

从水力条件分析，泄槽应尽量采用直线、等宽、对称布置，以使水流顺畅，保证工程安全。但等宽度设计的结果是泄槽末端流速大，水深小，开挖工程量大，不经济。在实际工

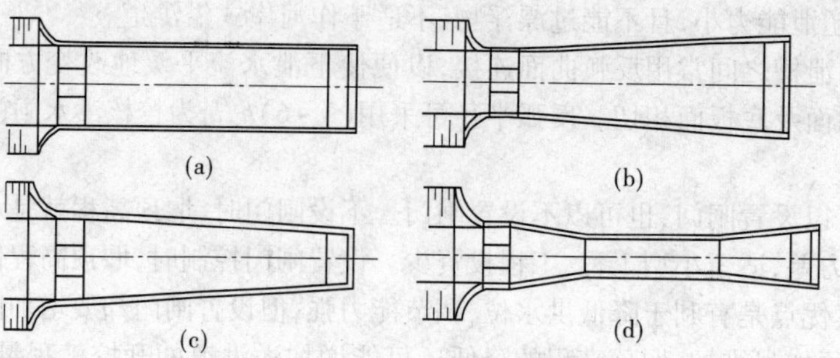

图 5-5　泄槽的平面布置

程中,由于地形、地质等方面的原因,不得不采用转弯及变宽布置时,应采取合理措施,消除或减弱高速水流带来的不利影响。为了减少泄槽工程量而将其宽度缩窄,在控制段与泄槽之间设置收缩段。收缩段设计时,不能影响溢流堰的过水能力,收缩角不宜过大,以防止水流不均匀和产生冲击波。为减小消力池的单宽流量,泄槽末端可以适当扩散,以减小水流能量。根据工程经验和试验资料,收缩角或扩散角为6°左右时流态较好。通常泄槽的扩散角或收缩角可按式(5-1)计算选用,即

$$\tan\theta = \frac{1}{kFr} = \frac{\sqrt{gh}}{kv} \tag{5-1}$$

式中　θ——边线与泄槽中心线的夹角,(°);

k——经验系数,一般 $k = 3.0$;

Fr——扩散或收缩段起、止断面的平均弗劳德数,$Fr = v/\sqrt{gh}$;

h——扩散或收缩段起、止断面的平均水深,m;

v——扩散或收缩段起、止断面的平均流速,m/s;

g——重力加速度,m/s^2。

溢洪道上设置弯道时,应尽量将弯道设在进水渠段或出水渠上,而使控制段与泄槽保持直线。泄槽段必须设置弯道时,应布置在纵坡比较平缓的地带,并尽量使横断面内单宽流量分布均匀,如图 5-6。转弯处用圆弧曲线与前后直段连接,弯段半径不宜小于槽宽的10 倍。工程上常用措施有以下几种:将弯道的槽底做成外高内低的横向坡,外侧边墙加高,在泄槽内设置导水墙等。这些方法的缺点是,只能在某种流量下有较好的流态,其他情况仍会发生扰动。为了尽量满足在不同流量下均有较好流态的要求,通常根据设计流量来确定槽底最大抬高值。

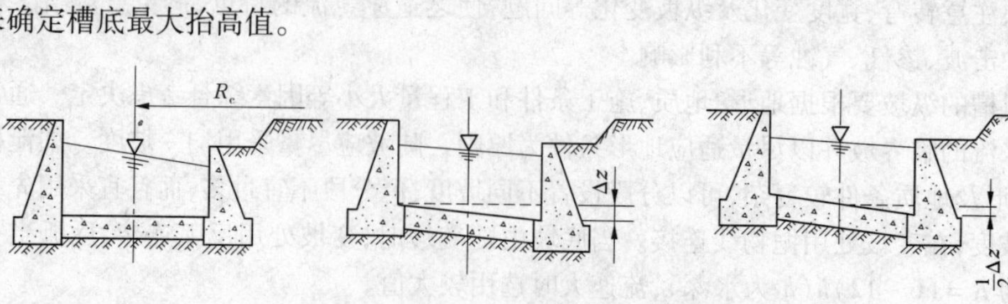

R_c——转变半径;Δz——外侧槽底高于内侧槽底尺寸

图 5-6　弯道上的泄槽

(二)泄槽的底部衬砌

为防止槽内水流冲刷地基、降低槽内糙率、保护岩石不受风化,泄槽常需进行衬砌。衬砌上作用有衬砌自重、水重、扬压力、由高速水流产生的脉动压力等。其中,扬压力和脉动压力是影响衬砌安全的两项主要荷载。脉动压力的大小与边界条件的关系十分密切,主要是受衬砌构造情况的影响。这里所说的脉动压力是指由于高速水流的作用而在建筑物底面或岩石缝隙等处造成的压力,目前还没有定量的计算公式。

衬砌底板破坏的主要原因是:衬砌表面不平整,特别是横向接缝处下游块有升坎,接缝止水不良,施工质量差;地基处理不好,衬砌与地基接触不良;衬砌底板下排水不畅等。这些因素都将导致底板下产生很大的扬压力和脉动压力,甚至可使底板被掀起。因此,为了保证衬砌的安全,必须对衬砌的分缝、止水、排水等给予极大重视,做到衬砌光滑平整、止水可靠、排水通畅。

1. 衬砌表面平整

在急流作用下,泄槽衬砌表面的局部不平整将引起空蚀。衬砌底板局部不平整主要是施工原因造成的,如底板表面凹凸不平、接缝错台、钢筋头及其他的突体、跌坎等。高速水流经过这些不平整体时,将出现局部绕流和分离,使压力降低而造成空蚀。空蚀的产生与流速、坡度、体形等有密切关系,流速越高,坡度越陡,对不平整度的要求越严格。为了防止空蚀,衬砌表面要有足够的平整度。

2. 衬砌的分缝与止水

混凝土衬砌设置纵、横缝是为了适应温度变化及地基不均匀沉降。衬砌块的分缝宜错缝布置。分块尺寸应根据气候特点、地基约束情况、混凝土施工条件等确定。工程中泄槽底板的纵、横缝间距一般采用 10 ~ 15 m。钢筋混凝土衬砌内一般需配置适量的构造钢筋。纵、横缝的形式有平接缝、键槽缝及搭接缝等形式。顺水流方向的纵缝一般可做成平接缝或键槽缝,垂直水流方向的横缝则多采用搭接缝形式。对土基上底板或岩基上未设锚筋以及有可能发生不均匀沉降的底板,宜在板块上游端设齿槽。

一般情况下,横缝的要求比纵缝严格,陡坡段、地质情况差的比缓坡段、地质情况好的要求严格。泄槽底板的纵、横缝间,泄槽底板与控制段、边墙、鼻坎间以及边墙间的缝均应设止水,以形成完整的防渗体系。止水可用金属片、塑料止水片、橡塑板、沥青混凝土等。止水的施工质量必须严格保证。

3. 衬砌的排水

为减小衬砌所受的扬压力,须在衬砌下面设置排水系统。排水系统多由若干道横向排水暗沟(管)及几道纵向排水暗沟(管)组成。通常有两种布置形式:一种是以纵向暗沟为主的布置,其纵、横向排水沟互相连通,汇集的渗水由纵向排水沟排至下游;另一种是以纵向暗沟为主,将纵向排水沟的渗水汇流后向边墙外集中排除。

排水沟的间距应结合衬砌分缝考虑,一般与底板纵、横缝相对应,但不宜跨缝布设。排水沟的构造形式多采用在岩面上挖槽,槽内放置透水的排水管,管周围用碎石充填,或采用土工布包碎石置于沟槽内,或直接在底板下铺设外包土工布的透水排水管。

4. 衬砌的厚度与锚筋加固

衬砌须具有一定厚度,以保证其稳定、易施工、不漏水、耐磨损,以及在气温变化下不裂缝。泄槽底板的稳定主要靠自重、防渗、排水、止水、锚筋等工程措施来解决。由于准确确定作用在衬砌上的各种力比较困难，因此衬砌厚度难以通过定量计算确定，设计中一般均是参照条件类似且运用良好的已建工程拟定的。对大中型工程，衬砌厚度不应小于0.5 m，中小型工程的衬砌厚度不应小于0.3 m。有条件采用锚筋加固时，应尽量采用，可减小底板厚度，同时对底板稳定有利。如果底板依靠自身重力不能满足其稳定要求，而采用降低渗透压力或锚筋加固措施效果又不显著时，可在地基中设置锚筋桩，借助锚筋桩的重力和锚筋桩与地基间的锚固力，使底板与地基较牢固地结合。

（三）泄槽的边墙

边墙的作用是保护墙后山坡不受槽内水流的冲刷，同时起挡土作用，并保证两侧山坡的稳定。边墙的高度应根据计算水深，考虑波动及掺气影响，并加一定的安全超高加以确定。

水流掺气程度与水流速度及水深大小有关，也与边界糙率有关，边界越粗糙，越容易掺气。考虑波动及掺气影响后的水深可按式(5-2)估算，即

$$h_b = h(1 + \zeta v/100) \tag{5-2}$$

式中 h_b——考虑波动及掺气后的水深，m；

h——不计入波动及掺气时的计算水深，m；

v——计算断面上的平均流速，m/s；

ζ——修正系数，视流速大小等情况确定，一般为1.0～1.4，流速大时取大值。

安全超高为0.5～1.5 m。对非直线段，还要适当加高。为节省工程量，边墙可随水面线的下降逐渐降低。

泄水槽断面一般采用矩形，以使水流分布均匀。当结合岩石开挖采用梯形断面时，边坡不宜过缓。岩基断面的护面可以薄些。如果岩石坚硬完整，则只需用薄层混凝土按设计断面将岩石加以平整衬护即可。

由于泄槽的位置较低，两侧山坡的雨水、地下水及来自库内的渗水均向这里集中，产生的水压力对山坡及边墙的稳定不利，应设置岸坡排水以保证岸坡及边墙的稳定性。岸坡排水设施宜沿高度分层设置，应保证排水通畅。对于地表水，可沿岸坡走向和顺坡设明沟排除。为了降低挡土墙后的水压力，通常在墙背后设排水暗沟或在墙身布置适量的排水孔，以降低墙后的地下水位，减小墙后水压力。

四、消能防冲设施

从溢洪道下泄的水流，在泄槽末端集中了很大的能量，应采取有效的消能防冲措施。

河岸溢洪道泄槽出口的消能方式主要有两种：一种是底流式水跃消能，适用于土质地基及出口距坝脚较近的情况；另一种是鼻坎挑流式消能。

底流消能方式参见水闸部分，挑流消能方式参见重力坝部分。

五、出水渠

出水渠的作用是将消能后的水流引入下游河道。出水渠底坡为缓坡，最好同天然河道的自然坡度，宽度逐渐放宽，与原河道衔接。

第三节　非常溢洪道

一、问题的提出

由于我国“大跃进”、“文化大革命”两个时期是水库建设的高峰期，且当时受建设资金、设计能力、施工水平等限制，大部分水库达不到设计标准，对下游有一定的危害。尤其是改革开放30年来，经济的发展和社会的繁荣，使得水库下游的企业增加、人口密集，溃坝的经济损失更大。洪水是随机事件，不同设计条件下洪峰流量和洪水总量相差很大。采用高标准洪水设计将增加工程投资，采用低标准设计将增加水库溃坝的风险。一些已建水库经洪水复核后溢洪道达不到设计标准，为保证大坝安全常采用的保坝措施有：①加高主坝，提高水库的调蓄能力；②拓宽或加深原有溢洪道，加大溢洪道的过水能力；③增设非常溢洪道；④以上任取两种形式组合的综合措施。

我国《水电枢纽工程等级划分及设计标准》（DL 5180—2003）中规定：在有条件时，泄洪设施应尽量分为正常泄洪设施和非常泄洪设施两部分。其中，正常泄洪设施的泄洪能力应不小于正常运用时的泄洪要求。而非常泄洪设施宣泄超过设计标准以上的洪水，这一规定对常遇洪水和非常洪水的泄洪设施，提出采取不同的标准。这样既提高了水库的防洪能力，又降低了工程投资。

在进行非常泄洪设施的设计时，首先要确定非常泄洪设施的启用标准，一般应根据洪水特性、库容特性、工程特点、地形地质条件、所分担的泄洪任务的比重以及对下游的影响等因素分析确定。启用非常泄洪设施时，水库所有泄洪设施的总下泄量不应超过上游的来水量。

二、非常溢洪道的类型

常用的非常溢洪道有漫顶自溃式、引冲自溃式、爆破引溃式等三种。

（一）漫顶自溃式非常溢洪道

漫顶自溃式非常溢洪道是在进口修一自溃坝，在水库正常运用时挡水，遇超标准洪水时借助洪水的冲刷作用自行溃决泄洪。

自溃坝体一般采用以中粗砂等无黏性材料为坝壳的黏土斜墙坝。当库水位超过坝顶即开始泄洪，在坝顶水头达到一定值时，下游坝大填料开始被冲走，并逐渐向上扩展至防渗体，最后防渗体因失去支撑而破坏，导致坝体全部溃决。当坝较长时，为了不使下泄量骤增，可用隔墩分成若干段，各段采取不同的坝顶高程，当库水位超过启溃标准后，洪水即由低向高逐级漫过各段坝顶，分段冲开自溃坝，下泄流量分段增大，可以避免泄量突然加大给下游造成不应有的损失。

这种形式的优点是构造简单、管理方便。缺点是缺口出现的位置和规模有很大的偶然性，无法人为控制，一般仅适用于自溃坝高度较低、分担泄洪比重不大的情况，一般高度不大于4 m。

例如，安徽省城西水库自溃坝高2 m，宽150 m，泄量为1 800 m^3/s，如图5-7所示。

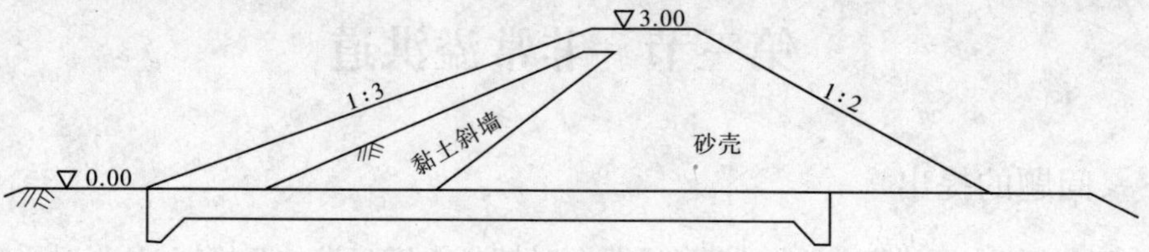

图 5-7　漫顶自溃式非常溢洪道

（二）引冲自溃式非常溢洪道

引冲自溃式非常溢洪道布置形式同漫顶自溃式非常溢洪道，不同的是在自溃坝顶适当位置分别设置多个引冲槽，当库水位达到启溃水位后，水流即漫过引冲槽，冲刷下游坝坡，形成口门，逐渐向两侧扩展，使之在较短时间内溃决。引冲槽与自溃坝轴线应垂直。其个数和间距应根据溃决速率和调洪要求通过计算确定。引冲槽的宽度对下切速率影响很大，一般采用 1 ~ 2 m。引冲水头对下游护坡冲刷和坝体下切都有影响，从加大水流冲刷能量的角度考虑，引冲槽水深宜选大些，应通过模型试验或参照已建工程选用，其高度一般不超过 6 m。

图 5-8 为浙江南山水库引冲自溃式非常溢洪道的分段分级布置图。自溃坝由隔墩分为三段，每段长 30 m，高程相差 0.5 m，每段设一引冲槽，槽底低于该段坝顶 0.8 m。

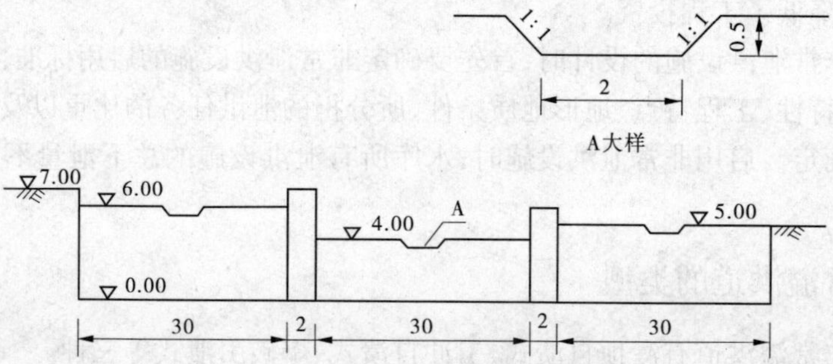

图 5-8　引冲自溃式非常溢洪道的分段分级布置图　（单位：m）

（三）爆破引溃式非常溢洪道

爆破引溃式非常溢洪道多采用爆破副坝泄洪，保证主坝安全的应急运行方式。当洪水位达到一定高程时，用炸药炸开副坝，加大水库的泄洪能力。

爆破副坝的位置，应综合考虑地形、地质条件、副坝高度、对下游的影响、汛后修复工程等因素确定，最好选择在山坳里，与主坝分开，保证爆破的震动不影响主坝的安全。

爆破中只炸毁副坝的填土部分，不影响坝下基础部分（溢流堰），且堰顶高程不低于正常蓄水位。

三、设计要求

非常溢洪道坝型的选择必须具备挡水时稳定，启溃后易冲毁的条件。自溃坝的启溃标准，当库水位达到设计启溃水位后即可启用，如果启溃泄洪将造成枢纽工程的较大破坏,或对下游地区造成较大损失时,宜采用较高的启溃标准。如果适当的提高启溃标准而对水库最高洪水位影响不大时,也可采用较高的启溃标准。如果自溃坝规模较大,则应考虑能够分段分级启用的方式,以控制下泄流量,减轻下游的损失。设计时还应遵循以下原则:

(1)非常洪水与设计洪水的洪峰和洪量相差很大时,应采用非常溢洪设施,以降低造价。

(2)在保坝情况下,启用非常溢洪设施,水库所有泄水建筑物总的泄量不超过上游最大洪峰流量。

(3)非常溢洪道启用条件,应根据水库的规模、重要性、对下游的影响、上游的水文气象、降雨量等因素确定。

(4)规模较大的非常溢洪道必须设计成分级启用的方式,以保证泄水量逐渐增大,减小对下游的冲刷。

(5)非常溢洪道的堰顶高程不得低于水库的正常蓄水位。

(6)非常溢洪道的材料宜采用易冲毁、易修复的黏土薄斜墙砂壳坝。

第四节 迷宫堰

一、迷宫堰的特点

迷宫堰式溢洪道国外1944年已开始应用,现在世界各地应用已很广泛。

这种溢洪道适应性强,结构简单,工程造价低,经济效益大,运行可靠,维修方便,用于溢洪道改造,比建闸方案可节省工程投资一半以上,已引起国内水利界的重视。我国已建水库溢洪道需要改善和续建的比较多,推广这种堰型能提高兴利库容,投资少,见效快,对缓解水资源紧缺状况具有重要意义。

有些地区已根据迷宫堰的特点,结合本地区需要改建的溢洪道,做出分析比较,积极试用,使这项新技术能在我国水库溢洪道改建和其他新建工程中,发挥更大效益。

迷宫堰堰顶轴线呈折线形,状如锯齿,亦似迷宫,故称为锯齿堰或迷宫堰(Laby－rinth),在溢流宽度(溢洪道宽度)相同的条件下,迷宫堰的溢流前缘比一般的直线堰增长几倍乃至十几倍,故其溢流能力比直线堰大得多。

设溢洪道直线宽度为 W,迷宫堰折线展开长度为 L,堰高为 P,堰上水头为 H_0,在宽高比 W/P 一定时,迷宫堰的流量系数 m_w 与 H_0/P、L/W 的关系大致是:m_w 随水头比 H_0/P 的减少而增大,也就是说,迷宫堰在中、低水头下使用最有效。在小水头比时,m_w 几乎随 L/W 成正比地增大,所以适当增大展宽比,可以得到相当大的流量系数。例如,$W/P=2$,$H_0/P=0.3$,$L/W=5$ 时,m_w 值可达1.4。这个数值为宽顶堰流量系数的4倍、实用堰的2.8倍、薄壁堰的2.5倍。以宽顶堰为例,设其宽度为 W,在溢流水头和泄量相同时,迷宫堰的展开长度 L 只需 $0.25W$,或者假定溢流宽度和泄量相同,迷宫堰的溢流水头只需直线宽顶堰的40%。水库溢洪道可利用迷宫堰这一特性提高兴利水位,增加兴利库容。

无闸控制的溢洪道,兴利水位与堰顶高程齐平,在坝顶高程(或最高防洪水位)一定时,减少溢流水头,就可提高堰顶高程,从而提高兴利水位,增加兴利库容。为了既能宣泄一定的流量,又能减少溢流水头,常用的办法就是延长无闸控制溢洪道进口的溢流前沿长度,扩宽溢洪道进口的宽度和侧槽溢洪道都可以增长溢流前沿长度。

但是,扩宽溢洪道进口的尺寸,溢流前沿的延长有限,而侧槽式溢洪道的工程范围太大,工程量较大。迷宫堰溢洪道可补两者的不足:既可几倍乃至十几倍地延长溢流前缘,又可紧凑布置,工程量较省,可作为无闸控制溢洪道进口的一种较理想的控制形式。

迷宫堰的工程造价与设闸相比也是较省的,国外经验节省 2/3,而且迷宫堰与闸门控制相比,还具有运用可靠、管理维修简单、经济等优点,所以其应用在国内外受到很大的重视。

通过较为系统的模型试验资料,分析研究迷宫堰的过堰流态、过流能力、效率以及各主要参数对其过流能力的影响,可给出水力设计的方法以及可供水力设计时查用的曲线图表。

通过分析研究证明,迷宫堰是一种结构简单、性能优越的良好堰型。其最为突出的优点是在泄洪前缘宽度及堰上水头不变的情况下,其过流能力可数倍于直线型堰,并可通过其展宽比 L/W 的大小任意调整。这种过流能力的可调节性使其能广泛地适用于各种设计条件下的泄水建筑物,而对于枢纽布置受限、泄洪前缘不足、无闸门控制的中低水头的溢洪道尤为适宜。因此,迷宫堰的确是一种值得工程界予以重视并推广应用的良好堰型。

二、迷宫堰的主要参数

理论上,平面呈三角形布置的迷宫堰,具有最佳的水力特性,但考虑到结构及施工上的因素,工程上常采用梯形布置,如图 5-9、图 5-10 所示。

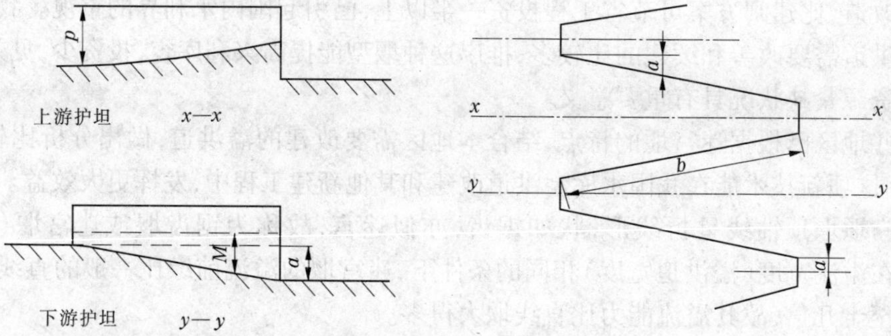

图 5-9 迷宫堰示意

迷宫堰的主要参数说明如下:

$a=(W-L\sin\alpha)/[4(1-\sin\alpha)]$, a 为顶长之半,若为三角形则 $a=0$, m;

b 为堰侧墙边长, m;

C_W 为以迷宫堰总宽为准的含 $\sqrt{2g}$ 的流量系数, g 为重力加速度;

d 为上下游引渠的高差, m;

H 为堰顶水头, m;

H_d 为迷宫堰顶淹没时,下游堰顶上的水头, m;

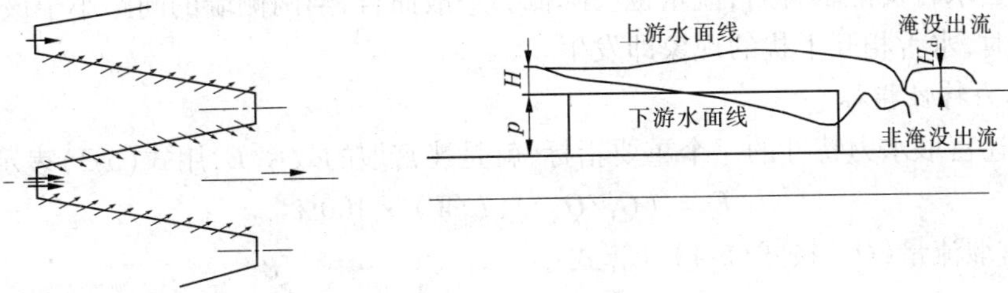

图 5-10　迷宫堰上的溜态

I 为迷宫堰单宫(或单齿)的展开长度,$I=4a+2b$,m;

L 为迷宫堰总展开长度,m;

L/W 为展长与总宽比或称堰宽放大系数,无量纲;

M 为下游引渠护坦最大高度,m;

M/P 为护担与堰高的比值,无量纲;

Q_x 为 Q、Q_L、Q_N、Q_E、Q_B 的总称,Q 为设计最大流量,Q_L 为迷宫堰流量,Q_N 为薄壁堰流量,Q_E 为幂曲线堰(或曲线堰或实用堰)流量,Q_B 为宽顶堰流量,m^3/s;

W_1 为迷宫堰单宫宽,$W_1=4a+2b\sin\alpha$,m;

W 为迷宫堰总宽,$W=nW_1$,m;

W/P 为横竖比,无量纲;

α 为侧墙与主流向的夹角,若为矩形 $\alpha=0°$,若为三角形 α 有极大值 α_{max},$\alpha_{max}=\arcsin(W/L)$。

上述各参数根据研究者观点的不同,可以适当增减取舍。鉴于迷宫堰是一种新型的泄水建筑物,在目前还不曾大量普及使用的情况下,特将国外已建工程的主要参数范围汇总见表 5-1,以供参考。

表 5-1　迷宫堰参数

参数	L/W	H/P	H	P	W/P	n
范围	1.9 ~ 5.0	0.4 ~ 0.72	0.91 ~ 5.8	2.2 ~ 9.15	1.2 ~ 6.0	4 ~ 14

三、迷宫堰水力特性

(一)水力特性

流经迷宫堰上的水流具有三元空间的性质,为简化研究起见,可近似作为二元流,甚至一元流处理。由于迷宫堰既有正堰(前后端),又有侧堰(侧墙)的作用,还有上游引渠为突然收缩的断面而下游引渠为突然扩散断面,因此过堰流态相当复杂。图 5-1 为上下游引渠内的水面线。一般而言,上游引渠内的水面线先降后升,下游则先升后降,而以上游水面线跌降愈小,即堰顶平均水面线愈接近于库水位者,其泄流能力愈大。

影响流态的主要因素除几何形状外,还有上下游引渠的干扰作用,以及水舌间的相互干扰。凡下游引渠的水面高于堰顶处,这种干扰就愈显著。因为在此情况下,迷宫堰全部或部分处于淹没状态下工作。流量减少,效率降低;而且水头愈高,流量愈大时,愈易发生此情况。当水舌交汇融合后,流量也会降低。一般而言,当两侧墙的间距小于该点实际水头的2倍时,水舌相互干扰的现象即发生。

1. 水力特性指标

表征迷宫堰水力特性的一个重要指标,就是迷宫堰的效率 E,用式(5-3)表示:

$$E = (Q_L/Q_X)/(L/W) \times 100\% \tag{5-3}$$

式中,迷宫堰流量(Q_L)按式(5-4)计算式:

$$Q_L = 0.55C_W WH^{1.5} \tag{5-4}$$

薄壁堰流量 Q_N 按式(5-5)计算:

$$Q_N = \frac{2\sqrt{2g}}{3}\left(0.605 + \frac{0.001}{H} + 0.08\frac{H}{P}\right)WH^{1.5} \tag{5-5}$$

幂曲线堰(或曲线堰或实用堰)的流量 Q_E 按式(5-6)计算:

$$Q_E = m\sqrt{2g}WH^{1.5} \tag{5-6}$$

式中 m——曲线堰的流量系数,在设计水头时可取0.49。

对于宽顶堰流量 Q_B,则可用别列辛斯公式(5-7)计算:

$$Q_B = C_B WH^{1.5} \tag{5-7}$$

式中 C_B——宽顶堰的流量系数,按下式计算:

当 $2.5 < \frac{B}{H} < 10$ 时 $\quad C_B = 1.706\left(\frac{1 + 1.3\frac{P}{H}}{1 + 1.63\frac{P}{H}}\right)$

当 $0.6 < \frac{B}{H} < 2.5$ 时 $\quad C_B = 1.973 - 0.222B/H$

式中 B——宽顶堰顶长。

当迷宫堰淹没出流时,其相应的流量以 Q 表示,则可用威里蒙特(Villmont)公式(5-8)计算:

$$Q = Q_L[1 - (H_d/P)^{1.5}]^{0.335} \tag{5-8}$$

式(5-8)中 H_d 为上游堰顶水头,该式也适用于薄壁堰,对于其他堰型,可查阅有关手册计算,P 为堰高。

迷宫堰与其他堰型流量的比值 $Q_R = Q_L/Q_X$,也是表征迷宫堰性能的一项重要指标,比值愈大,表示泄流能力愈大。

2. 与特性指标有关的各重要参数

(1)堰顶水头与堰高比 H/P。H/P 愈小,堰的效率 E 愈高。极限状态下,当 $H/P \to 0$ 时,$Q_R \to L/W$,此时效率为100%。

(2)展长与总堰宽比 L/W,又称堰宽放大系数。虽然 Q_R 随 L/W 的增加而增加,但当 $L/W > 8$ 后,Q_R 的增加将难以弥补造价的增加,因而得不偿失。当 $L/W \to 2$ 时,Q_R 反而较少受 H/P 的影响,基本上能保持最高效率状态,即 $Q_R \approx 2$。一般当 $H/P \geqslant 0.5$ 时,宜取 $L/W < 4$;当 $H/P > 0.25$ 时,宜取 $L/W < b$。

(3)夹角 α。α 变化于0°(矩形)至最大夹角 α_{max}(三角形)之间。当 H/P 值相同,α 愈大,Q_R 愈高,E 也愈大。但由于三角形的平面布置,随堰顶水头 H 的增加而受水舌的干扰愈大,故实践上多舍弃三角形而采取梯形布置;同时,考虑到结构和施工的因素,也以取梯形较多,如要达到最大效率,则梯形的夹角 α 应取

$$\alpha = (0.75 \sim 0.8)\alpha_{max} \tag{5-9}$$

因夹角 α 的大小并不影响工程的造价,故可能时应取更大的夹角以提高效率。其结果名义上呈梯形,而实质上仍非常接近于三角形。

(4)宽高比 W/P。当 $W/P>2.5$ 后,对效率即无影响。若 $W/P<2$,则每一宫(或齿)的尺寸与水头 H 相比过小,随 W/P 的进一步缩小,将失去迷宫堰的作用,效率愈降低,其结果与直线堰几乎无异。建议平面布置呈梯形者,可取 $W/P>2$,三角形者取 $W/P>2.5$。当 P 值很大时,可容许 $W/P<2$,应以 $H/W<2.5$ 为条件。

(5)宫数 n。n 与效率 E 无关,且不受整数 n 与非整数 n 的限制(为施工方便宜取整数 n 或 $n+1/2$),从而为断面模型试验提供方便,可以任意截取少数宫(或齿)即可试验流量及其他特性。当然,必要时仍应依据整体模型试验。

(6)上下游引渠及护坡的影响。上下游引渠宜维持适当的高差 d,使 $d\approx H$,将可避免淹没流态。因为当宣泄相同流量时,迷宫堰上的水头比其他堰型上的水头小,从而增加淹没系数,降低流量,故应设法避免迷宫堰经常处于高度淹没状态下工作。有不采用高差的,即 $d=0$,效率虽有所降低,但可从方便施工及节约工程量上得到补偿。

当上游护坦采用斜坡时,应以最大堰高定义 P。设 M 为斜护坦首末端的高差,若 H/P 相同,则效率 E 将随 M/P 的增加而增加,一般可采用 $M/P=0.5\sim0.75$,但护坦的设置还应从结构上加以考虑。

(7)堰顶剖面形状。堰顶多采用半圆头或上游端采用 1/2 顶厚的圆弧形堰顶,可提高 Q_L 值及效率 E。当迷宫堰在宣泄大流量时,其泄量与堰顶形状无关,故从水力学观点讲,设计任何复杂费工的堰顶,并无必要。

(8)分流板与水舌的通气。当宣泄小流量时,为避免水舌通气不良,贴附堰壁,造成水舌不稳定,产生噪声或振动,必须在迷宫堰下游端设置分流隔板,以促成人工通气。分流板在大流量时可以淹没,因此时水舌已能自行补气。

(二)水流的描述

理论上,溢过迷宫式溢洪道的流量应该是随溢洪道顶长度的增大而增大,但这是对设计水头低的迷宫式溢洪道而言。从定性方面看,若采用迷宫式溢洪道,当上游水头增大时,流态将依次地经过以下四个基本阶段。

1. 充分掺气阶段

充分掺气阶段发生于上游水头低而水流从迷宫式溢洪道顶整个长度上自由跌落时。在这种水流条件下,溢流水舌的厚度和尾水深度对溢洪道的泄流能力无影响。结果与相同的垂直剖面的直线形溢流相比,迷宫式溢流堰的性能几乎是理想的。

2. 局部掺气阶段

当水头增大时,尾水深度也增大,特别是在水舌与迷宫墙之间。由于对碰水舌的汇聚,尾水深度较深以及上游凸缘的面积受限,故在这些凸缘处的水舌下的掺气变难,正如泰勒所述,这种现象是水舌干扰的开始,结果是流量系数减少,水舌干扰的开始决定了局部掺气阶段的开始。由于水舌干扰使上游凸缘处水流不能正常掺气,空气只能在下游凸

缘处的水舌下维持掺气,并沿着迷宫堰侧墙凸缘的下游形成一段掺气区。

3. 过渡阶段

当上游水头较大和尾水位较深时,沿堰顶不同位置的水舌变成受抑制,稳定的空气穴破裂成较小的空气穴并间歇地向上游移动而使水舌不稳定,这就是流态过渡阶段的开始,过渡阶段的特点是水舌在间歇掺杂空气和密实水流两种状态之间变动。显然,有时很难区别局部掺气阶段和过渡掺气阶段,但过渡区可以很容易地确定,因为在流量系数曲线上这个区域是不连续的。

4. 抑制阶段

当迷宫堰式溢流堰顶的水流形成密实的非掺气水舌时,水流处于受抑制阶段。水舌厚度及尾水深度不允许空气被吸引到水舌下。当上游水头增大时,这个最后的流态阶段的迷宫式溢流堰终于完全淹没在水中,严重地限制了它的功能发挥。迷宫式溢流堰完全淹没的情况常常产生于当堰顶水流深度大于迷宫高度的情况。

四、迷宫堰设计实例

(一)设计资料

泄水前缘(即堰宽)限于地形条件,只能与原坝前缘拓宽 0. 2 m,即从 26. 6 m 拓至 26. 8 m,基本相同于原坝前缘宽度。

设计最大水头 $H=1.5$ m,即最高泄洪水位 38. 5 m,高于左岸公路约 0. 5 m。堰高的确定:根据现坝中间泄洪闸底板高程 34. 5 m 及下游 4 000 亩农田灌溉引水位的要求,拟定堰高 $P=2.5$ m,即堰顶高程为 $34.5+2.5=37.0$(m),高于原坝顶高程(36. 875 m) 0. 125 m。

根据水力设计主要是以能满足设计流量及提高效率这一原则,H/P 应保持在 0. 2 ~ 0. 6,最大不宜超过 0. 7。H/P 的大小反映在迷宫堰上具体有 H/P 愈小,堰的效率 E 愈高的特点。极限状态下,当 $H/P\to 0$ 时,$Q_R\to L/W$,此时效率为 100%。本工程 $H=1.5$ m,$P=2.5$ m,故 $H/P=0.6$。

本工程经实测,上游河床高程为 34. 5 m,下游河床高程为 32. 3 m,经核算和水工模型试验结果表明:当堰顶水头由 37. 0 m 到 38. 5 m 时,迷宫堰顶溢洪均不会发生淹没出流(若淹没出流,迷宫堰的泄流效率将会大大降低)。

(二)计算过程

1. 求展开长度 L

初拟迷宫堰 $Q_L=300\ m^3/s$

先计算流量系数 C_W

$$C_W=\frac{Q_L}{0.55WH^{1.5}}=\frac{300}{0.55\times 26.8\times 1.5^{1.5}}=11.08$$

再由 $H/P=0.6$,$C_W=11.8$,查 $C_W\sim L/W\sim H/P$ 曲线图得

$$L/W=5.1$$

根据当 $H/P\geqslant 0.5$ 时,L/W 宜取小于4,实取 $L/W=4$,故由 $H/P=0.6$,$L/W=4$ 反查曲线得 $C_W=10.0$,所以 $L=26.8\times 4=107.2$(m)。

2. 计算 W_1（单宫堰）

当 $W_1/P > 2.5$ 时迷宫堰效率无影响，取 $W_1/P = 2.68$，所以 $W_1 = 2.68 \times 2.5 = 6.7$（m）。

3. 求宫数 n

$$n = \frac{W}{W_1} = \frac{26.8}{6.7} = 4$$

4. 单宫展长 δ

$$\delta = L/n = 107.2/4 = 26.8(\mathrm{m})$$

5. 夹角 α

因为
$$\alpha = 0.8\alpha_{max}$$

$$\alpha = \arcsin(\frac{W_1}{\delta}) = \arcsin(\frac{6.7}{26.8}) = \arcsin 0.25 = 14.480°$$

所以，$\alpha = 0.8 \times 14.480° = 11.60°$，$\sin 11.60° = 0.2008$，实际施工中可取 $\alpha = 12°$。

6. 求堰顶半长 a 及侧墙长 b

由几何关系及 $a = (W_1 - \delta\sin\alpha)/[4(1 - \sin\alpha)]$ 则

$$a = (6.7 - 26.8 \times 0.2008)/[4(1 - 0.2008)] = 1.32/3.2 = 0.41(\mathrm{m})$$

$$b = (\delta - 4a)/2 = (26.8 - 4 \times 0.41)/2 = 12.6(\mathrm{m})$$

7. 求实际泄量 Q_L

因为 $Q_L = 0.55 C_W W H^{1.5}$，已知 $C_W = 10.0$，$W = 26.8$ m，$H = 1.5$ m。所以，$Q_L = 0.55 \times 10.0 \times 26.8 \times 1.5^{1.5} = 270.8(\mathrm{m^3/s})$。

现有河道可通过的最大流量 $Q_{河} = 240$ m³/s，所以 $Q > Q_{河}$，完全可满足溢洪道的泄流要求。

（三）效率分析

1. 采用宽顶堰型

$$Q_B = 1.706 \times \left(\frac{1 + 1.3 \times \frac{P}{H}}{1 + 1.63 \times \frac{P}{H}}\right) W H^{1.5}$$

$$= 1.706 \times \left(\frac{1 + 1.3 \times \frac{2.5}{1.5}}{1 + 1.63 \times \frac{2.5}{1.5}}\right) \times 26.8 \times 1.5^{1.5}$$

$$= 71.6(\mathrm{m^3/s})$$

所以
$$Q_{RB} = \frac{Q_L}{Q_B} = \frac{270.8}{71.6} = 3.78$$

则
$$E_B = \frac{Q_L/Q_B}{L/W} \times 100\% = \frac{3.78}{4} \times 100\% = 94.5\%$$

2. 采用溢流实用堰

$$Q_E = m\sqrt{2g}WH^{1.5} = 0.49\times\sqrt{2\times9.8}\times26.8\times1.5^{1.5} = 106.9(m^3/s)$$

所以
$$Q_{RE} = \frac{Q_L}{Q_E} = \frac{270.8}{106.9} = 2.53$$

则
$$E_E = \frac{Q_L/Q_E}{L/W}\times100\% = \frac{2.53}{4}\times100\% = 63.3\%$$

效率分析计算成果见表5-2，L/W一律按4计，并由不同H/P值查算C_W值。

表5-2　不同水头条件下各参数计算

H	H/P	C_W	Q_L	Q_E	Q_B	Q_L/Q_E	Q_L/Q_B	$E_E(\%)$	$E_B(\%)$
①	②	③	④	⑤	⑥	⑦	⑧	⑨	⑩
0.5	0.2	15.0	78.2	20.6	13.96	3.80	5.60	95.0	140.0
0.75	0.3	13.5	129.3	37.8	24.61	3.41	5.25	85.3	131.4
1.0	0.4	12.1	178.4	58.2	37.90	3.07	4.71	76.8	117.8
1.25	0.5	11.0	226.6	81.3	54.00	2.79	4.20	70.0	105.0
1.5	0.6	10.0	270.8	106.9	71.60	2.53	3.78	63.3	94.5

思考题

1. 水利枢纽在什么情况下须设置河岸式溢洪道？
2. 河岸式溢洪道有哪些形式？各自的特点和适用条件是什么？
3. 溢洪道的控制堰有哪些类型？各自的特点是什么？
4. 非常溢洪道的类型有哪些？各自的特点是什么？
5. 与其他控制堰相比，迷宫堰的优点是什么？

自测题

一、填空题

1. 溢洪道可分为________和________两种。

2. 开敞式正槽溢洪道由________、________、________、________和________等部分组成。

二、判断题

1. 混凝土重力坝一般采用河床式溢洪道，而土石坝一般采用河岸式溢洪道。(　　)

2. 相比河床式溢洪道而言，河岸式溢洪道的泄流能力更大，更安全可靠。(　　)

三、选择题

开敞式正槽溢洪道中，(　　)部分用来控制溢洪道的过水能力。

A. 进水渠　　　　B. 控制段

C. 泄槽　　　　D. 出水渠

第六章　水　闸

【学习指导】

目标：掌握水闸的类型、水闸的组成部分及其作用，了解水闸的工作特点，掌握水闸的防渗排水设计，掌握闸室稳定分析方法，了解水闸设计中常见的问题，熟悉水闸的施工程序及运用管理中应注意的环节。

重点：水闸的工作特点及其各组成部分的作用；防渗长度、地下轮廓线的概念，用全断面直线比例法、改进阻力系数法计算闸基渗透压力；沿闸底的抗滑稳定计算方法。

第一节　概　述

一、水闸的发展

我国远在几千年前就已经开始引水灌溉和航运，因而有修建水闸的悠久历史。新中国成立以来，在广大平原地区和各条江河及大小灌区，修建了近3万座水闸，特别是在长江、黄河、淮河和海河的流域治理中，水闸数量众多，工程规模庞大。在水闸建筑技术上积累了比较丰富的经验，还创造了一些新的结构形式和施工方法。目前，已竣工的世界第一坝——三峡水利枢纽，共布设了各类闸门386扇，表孔泄洪闸门宽18 m，枢纽最大泄量12万 m^3/s。

二、水闸的工作特点和类型

水闸是一种低水头既挡水又泄水的水工建筑物，其作用是调节水位和流量，在防洪、灌溉、排水、航运、发电等水利工程中应用十分广泛。

（一）水闸的工作特点

水闸建成尚未挡水时，常因过大的垂直荷载使地基压力超过地基容许承载力导致地基发生塑性变形，可能产生闸基土被挤出或连同水闸滑动的危险。因此，水闸必须具有适当的基础面积以减少基底压力。水闸关闸挡水时，闸上下游形成的水位差会造成较大的水平水压力，使水闸有可能产生向下游侧滑动。为此，水闸必须有足够的重量以维持自身的稳定。在闸上下游水位差的作用下，水经过闸基及绕过两岸建筑物向下游渗透，闸基渗流对闸底产生渗透压力，减少水闸的有效重力，对水闸稳定不利；两岸渗流抬高了地下水位，增大了水平推力，推动岸墙向河渠内滑动，同时在渗流作用下，可能引起闸基及两岸土壤的渗透变形而危及它们的安全。因此，在水闸设计中，应采取合理的防渗排水措施，尽可能减少基底渗透压力，并防止闸基及两岸土壤发生渗透破坏，保证水闸的抗滑稳定。

当水闸泄水时，过闸水流具有较大的动能，流速较大，流态也较复杂，而河（或渠）床土壤抗冲能力较小，可能引起严重冲刷，甚至引起闸的失事。因此，在水闸设计中，除应有足够的过水能力外，还应采取有效的消能防冲措施，以消除水流的能量改善流态。

当水闸建在软土地基上，由于地基土壤压缩性大，抗剪强度低，在闸室重力和外荷载作用下，地基可能产生过大的沉陷及不均匀沉陷，造成水闸的下沉或倾斜，甚至引起闸底板断裂而不能正常工作。所以，在选定水闸结构和构造时，必须适应地基土壤的变形，保证闸室结构及闸基的稳定，必要时还要对地基进行处理。

(二)水闸的类型

水闸按其所承担任务的不同分为以下几类：

(1)进水闸。是用来从河道、湖泊、水库、灌溉渠首引取水流的水闸。

(2)节制闸。主要用来控制和调节河道水位和流量。一般拦河兴建，枯水时期利用闸门拦蓄水量，抬高水位，调节流量；洪水时期打开闸门，宣泄洪水，避免水闸上游河道洪水位过分壅高。

(3)排水闸。用来排泄河道两岸的积水，它既有排除洼地积水的任务，也有防止江河洪水倒灌的任务，有时还要发挥蓄水和引水的作用。

(4)泄水闸。一般设在重要的渠系建筑物上游或下游的渠侧，当上下游发生洪水漫溢、危及建筑物时能及时排除渠水，保证安全。

(5)挡潮闸。主要用来防止海水倒灌和抬高内水位以利于灌溉和航运，并兼有排水闸的作用。一般建在河道入海口附近，其特点是承受双向水头作用。

三、水闸的形式、组成和适用范围

水闸的形式分为开敞式和封闭式两类。

(一)开敞式水闸

开敞式水闸闸室上面没有填土，是露天的。这种水闸又分为有胸墙和无胸墙两种。开敞式水闸由闸室段、上游连接段及下游连接段三大部分组成。

1.闸室段

闸室段是水闸的主体，包括底板、闸墩、闸门、胸墙、工作桥及交通桥。底板是水闸的基础，承受闸室全部荷载，并较均匀地传给地基，利用底板与地基土壤之间的摩擦阻力来维持闸室的稳定，此外还具有防冲防渗的作用。闸墩的作用主要是形成闸孔，支承闸门，并作为工作桥及交通桥的支座。闸门主要用来挡水、控制水位和流量。胸墙用来挡水和减小闸门高度。工作桥用以安装和检修闸门及启闭机械。交通桥用以沟通河、渠两岸的交通。

2.上游连接段

上游连接段包括上游翼墙、铺盖、护底、上游防冲槽及护坡等。上游翼墙的作用是使水流平顺地进入闸孔，并有防冲、挡土及侧向防渗作用。铺盖主要起防渗、防冲作用。护坡及护底的作用是保护河床及河岸不受冲刷。上游防冲槽主要是保护护底的头部，防止河床冲刷向护底方向发展。

3.下游连接段

下游连接段包括护坦、海漫、下游防冲槽、下游翼墙及护坡。护坦是消减水流动能的主要设施，并具有防冲作用。海漫则继续消减水流动能，并调整流速分布，防止河床冲刷。

下游防冲槽是海漫末端的防冲设施,防止河床冲刷向上游发展。下游翼墙的作用是使水流均匀扩散,并有防冲及防渗作用。铺盖主要起防渗、防冲作用。护坡及护底的作用是保护河床及河岸不受冲刷,下游护坡作用同上游护坡。

(二)封闭式水闸

封闭式水闸又称涵洞式水闸。它的特点是闸室或洞身在填土下面,闸孔是封闭的,门后为无压涵洞,洞顶填土有利于闸室的稳定。

四、水闸设计的基本资料

为了搞好水闸设计,必须首先掌握正确的、足够的资料。

(一)地形资料

闸址选择应有1:5 000~1:10 000的地形图。闸址选择后需测绘1:200~1:1 000的地形图供水闸总体布置和设计之用,另外还需要有闸址处1:200~1:2 000的河(渠)道纵横断面图。

(二)灌区工程资料

灌区工程资料包括渠系布置图、渠道纵横断面图、灌区面积与排水控制面积的大小、道路现状与居民点的位置,以及该地区的远景规划等资料。

(三)闸基地质及水文地质资料

地质资料一般应包括地基土的类别、土质分布的层次和范围、地基土的物理力学性质指标等,这些资料要通过地基勘探和土工试验与分析获得。

(四)水文资料

水文资料是水闸水力计算的依据,包括建闸河段或渠道的水位—流量关系曲线、设计频率的洪水流量及水位、一定保证率的枯水流量与水位、河道的洪水过程线与含沙量及渠道的输水过程线等,以及降雨、风速、气温、冰冻等气象资料。

五、水闸等级划分及洪水标准

(一)工程等别及建筑物级别

根据《水利水电工程等级划分及洪水标准》(SL 252—2000)及《水闸设计规范》(SL 265—2001)的规定,按水闸最大过闸流量及防护对象的重要性划分等级见表6-1~表6-7。

表6-1 平原区水闸枢纽工程分等指标

工程等别	Ⅰ	Ⅱ	Ⅲ	Ⅳ	Ⅴ
规模	大(1)型	大(2)型	中型	小(1)型	小(2)型
最大过闸流量(m^3/s)	≥5 000	5 000~1 000	1 000~100	100~20	<20
防护对象的重要性	特别重要	重要	中等	一般	—

(二)洪水标准

根据《水闸设计规范》(SL 265—2001)的规定,按表6-3~表6-7确定水闸的洪水标准。

表 6-2　水闸枢纽建筑物级别划分标准

工程等别	永久性建筑物级别		临时性建筑物级别
	主要建筑物	次要建筑物	
Ⅰ	1	3	4
Ⅱ	2	3	4
Ⅲ	3	4	5
Ⅳ	4	5	5
Ⅴ	5	5	—

表 6-3　平原区水闸洪水标准

水闸级别		1	2	3	4	5
洪水重现期(a)	设计	100 ~ 50	50 ~ 30	30 ~ 20	20 ~ 10	10
	校核	300 ~ 200	200 ~ 100	100 ~ 50	50 ~ 30	30 ~ 20

表 6-4　挡潮闸设计潮水标准

挡潮闸级别	1	2	3	4	5
设计潮水重现期(a)	≥100	100 ~ 50	50 ~ 20	20 ~ 10	10

表 6-5　灌排渠系上的水闸设计洪水标准

灌排渠系上的水闸级别	1	2	3	4	5
设计洪水重现期(a)	100 ~ 50	50 ~ 30	30 ~ 20	20 ~ 10	10

表 6-6　山丘、丘陵区水闸闸下消能防冲设计洪水标准

水闸级别	1	2	3	4	5
闸下消能防冲设计洪水重现期(a)	100	50	30	20	10

表 6-7　临时性建筑物洪水标准

建筑物类别	建筑物级别	
	4	5
土石结构的洪水重现期(a)	20 ~ 10	10 ~ 5
混凝土、浆砌石结构的洪水重现期(a)	10 ~ 5	5 ~ 3

第二节　水闸的总体布置

一、闸址选择

闸址的选择应根据水闸的功能、特点和运用要求，综合考虑地形、地质、水流、潮汐、泥沙、冻土、冰情、施工、管理、周围环境等因素，经技术经济比较后确定。

(一)地形和水流条件

闸址宜选择在地形开阔、河道顺直、岸坡稳定、岩土坚实、地下水位较低的地点。

拦河节制闸的闸址一般选择在河道顺直、河床稳定、断面单一的河段上。这样可使过闸水流平顺，单宽流量分布均匀，水流过闸后容易扩散，不致引起偏流或折冲水流而使下游产生严重冲刷。

进水闸的首要任务是在规定的水位条件下保证能够引进需要的流量。在多泥沙河道上取水，要尽量减少泥沙进入渠道。当有节制闸控制水位，冲沙闸排除泥沙时，进水闸的这一要求比较容易达到。当采用无坝引水时，这些要求能否达到，主要取决于进水闸闸址的选择是否合适。这时闸址选择在弯曲河道的凹岸顶点或稍下游一些，由于弯道上的环流作用，底沙向凸岸推移，可减少底沙进入渠道。

排水闸一般位于排水渠道的末端，闸址的选择在很大程度上取决于排水渠线的选择。为了最有效地发挥排水闸的功能，要求积水区域中心低洼地带至容泄区的排水渠线最短，尽量减少渠道的水头损失，同时也要求容泄区的水位较低。

(二)地质条件

地基的承载能力直接影响闸槛高程、闸室长度和基础形式的确定，地基的透水性和抗渗稳定性是确定地下轮廓和防渗措施的主要依据，地基的抗冲性能直接影响水闸的单宽流量的选择及防冲工程的布置，地基的均匀性是闸址选择必须慎重考虑的重要条件。闸址优先选择地质条件良好的天然地基，避免采用人工处理地基。除山区水库的溢洪道外，平原地区的水闸一般为土基，地基承载能力和沉降一般符合水闸设计的要求，抗渗能力和抗冲能力则较差，需要在设计中多加注意。

(三)施工条件

施工条件也是闸址选择时要考虑的一个因素。一般来说，水闸多建在平原地区，都有足够宽阔的施工场地，但要考虑建闸地点的运输条件及距离砂石料产地的远近等因素。材料运输距离近，运输条件好，就会降低工程投资和造价。

在江河上建造拦河节制闸，汛期施工导流是一个重要问题，因此常常把闸址选择在弯曲河段的凸岸上，利用河道导流，裁弯取直。这时即要尽量缩短引河长度，减少开挖土方量，也使引河进出口与原河道平顺连接。

水闸闸址的选择还要考虑建成后的工程管理维修、防汛抢险等条件，做出总体布置，拟定具体尺寸，估算工程量，通过各种条件的优缺点分析和对比，选择技术上可行、经济上合理的最优位置。

二、枢纽布置

水闸枢纽的布置应根据闸址地形、地质、水流等条件及枢纽中各建筑物的功能、特点、运用要求等确定,做到紧凑合理、协调美观，组成整体效益最大的有机联合体。水闸枢纽布置时应满足以下要求：

(1)节制闸或泄洪闸的轴线宜与河道中心线正交,其上、下游河道直线段长度不宜小于5倍水闸进口处水面宽度。位于弯道河段的泄洪闸宜布置在河道深泓部位。

(2)进水闸或分水闸的中心线与河(渠)道中心线的交角不宜超过30°,其上游引河(渠)长度不宜过长。位于弯曲河段的进水闸或分水闸宜布置在河(渠)深泓的岸边。

(3)排水闸或泄水闸的中心线与河(渠)道中心线的交角不宜超过60°,其下游引河(渠)长度宜短而直。引河(渠)轴线方向宜避开常年最大风向。

(4)水闸枢纽中的船闸、泵站或电站宜靠岸布置,但船闸不宜与泵站或电站布置在同一岸侧,船闸、泵站或电站与水闸的相对位置应保证满足水闸通畅泄水及各建筑物安全运行的要求。

(5)多泥沙河流上的水闸枢纽,应在进水闸进口或其他取水建筑物取水口的相邻位置设置冲沙闸或泄洪冲沙闸,并应注意解决进水闸进水口或其他取水建筑物取水口处可能产生的泥沙淤堵问题。

(6)水流形态复杂的大型水闸枢纽布置,应经水工模型试验验证。模型试验验证的范围应包括水闸上、下游可能产生冲淤的河段。

三、闸室布置和构造

水闸的闸室由底板、闸墩、闸门、工作桥及交通桥等组成。闸室的布置应根据挡水、泄水和运行要求,结合考虑闸址地形、地质等因素,做到结构安全可靠、布置紧凑合理、施工方便、运用灵活、经济美观。

(一)闸室结构形式

由于地质条件不同,底板的结构形式、配置的闸门形式也不相同,因而组成各种不同形式的闸室结构,且各有其特点和使用条件。底板的结构形式(见图6-1)有整体式平底板、分离式平底板、折线平底板、实用堰式底板、反拱底板等。底板形式应根据地质条件及受力情况选定。

1.整体式平底板

底板和闸墩浇筑成整体时,称为整体式平底板。这种底板整体性强,抗震性能好,使用地基允许不均匀沉陷,一般多建在中等紧密偏差的地基上,其缺点是工程量大,用钢材较多。当水闸挡水水头较高、孔径较大时,一般配置弧形闸门。对于有排冰、过木要求的水闸,不仅要求孔径较大,而且水位以上的净空要求较高,故配置平面闸门或下卧式弧形闸门。当地基软弱,承载力很差(只有30~40 kN/m^2)时,为了减轻底板及上部结构的质量,这时可以考虑采用空箱平底板。这种底板刚度大、质量轻、整体性好,能适应于地基不均匀沉陷,一般适用于地基不作人工处理的情况。

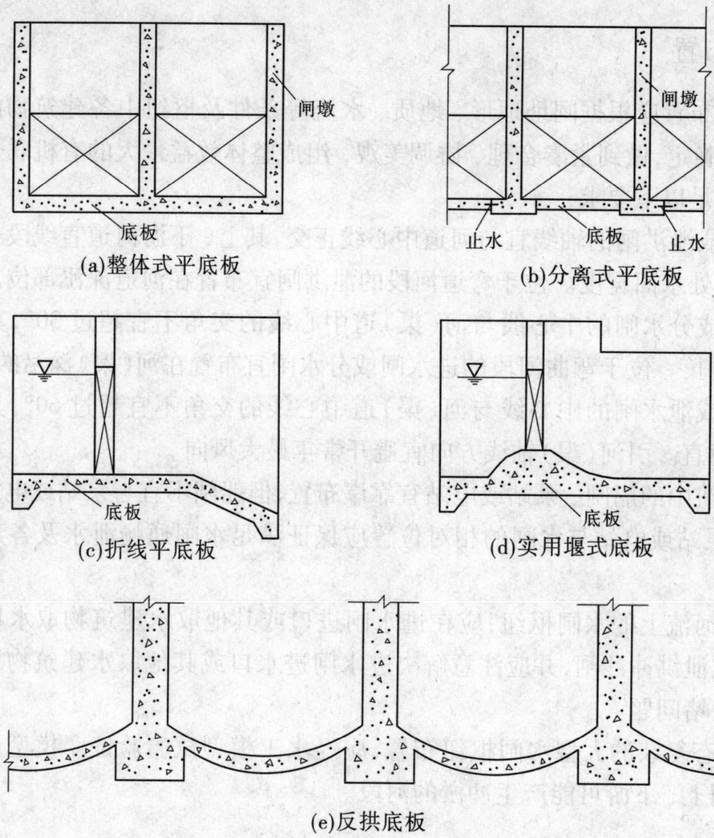

图 6-1　水闸底板的结构形式

2. 分离式平底板

当底板用缝与闸墩分开时，称为分离式平底板。这时，底板上部结构的重力及荷载直接由闸墩传给地基，底板不再承受上部结构传来的荷载，仅具有防冲、防渗的作用，闸室的抗滑稳定是依靠闸墩与地基间的摩擦力来维持的；它与整体底板相比较，底板的受力条件得到改善，厚度较薄，钢筋用量少，但整体性较差，一般建在紧密或中等紧密偏好的地基上，因弧形闸门对闸墩间不均匀沉陷适应性差，常配置平面闸门。对于松软地基，必须先做好地基处理，才能采用分离式平底板。

设有灌注桩并采用分离式平底板的闸室是分离式底板在松软地基上的推广应用。这种闸室，通常是依靠灌注桩的抗剪能力维持稳定，且灌注桩布置在闸墩底部，地板不承受地基反力，故可采用较大的孔径，并且具有沉陷量少、抗震性能好等优点，但灌注桩用钢量大，造价较高。根据实践经验，当底板与地基间的摩擦系数小于 0.3 时，采用灌注桩底板较为经济合理。这种底板在我国海河流域及黄河中、下游地区应用较广泛。

3. 折线平底板

当闸室高度不大，但上、下游河（渠）高差较大时，可采用折线式底板。这种底板一般建在紧密或中等紧密偏好的地基上。

4. 实用堰式底板

当上、下游河（渠）高差较大，为了限制单宽流量，或由于地基表层土质松软，需要降低闸底板高程时，可采用曲线或折线型实用堰和驼峰堰式底板。这种底板的流量系数大，与平底板相比较，有可能缩短水闸总宽和减少闸门高度，但其泄流能力随着淹没度的增大而很快降低。

5. 反拱底板

反拱底板利用拱形结构的特点，充分发挥混凝土的抗压性能，使底板的厚度减薄，钢筋用量减少。但反拱底板系连拱式超静定结构，对地基的不均匀沉陷和温度变化非常敏感，且构造复杂，施工难度大，计算方法还不成熟，抗震性能还有待于研究，所以未能得到广泛应用。

(二)闸墩及闸底板的布置和结构

1. 闸墩

闸墩的作用主要是形成闸孔，支承闸门，并作为工作桥及交通桥的支座。闸门主要用来挡水，控制水位和流量，一般用钢筋混凝土、混凝土及浆砌石建造。闸墩的外形应使水流平顺、减少侧收缩影响，提高闸孔的泄流能力，所以闸墩头部及尾部形状常做成半圆形、流线形及夹角形，其中流线形最好，应用广泛。

闸墩的长度应满足闸门、胸墙、工作桥和交通桥等的布置要求，一般与闸底板同长。闸墩上游部分的顶面高程应根据挡水和泄水两种运用情况确定。挡水时，闸顶高程不应低于水闸正常蓄水位(或最高挡水位)加波浪计算高度与相应安全超高值之和；泄水时，闸顶高程不应低于设计洪水位(或校核洪水位)与相应安全超高值之和。水闸安全超高下限值见表6-8。

表6-8　水闸安全超高下限值　（单位:m）

运用情况		水闸级别			
		1	2	3	4、5
挡水时	正常蓄水位	0.7	0.5	0.4	0.3
	最高挡水位	0.5	0.4	0.3	0.2
泄水时	设计洪水位	1.5	1.0	0.7	0.5
	校核洪水位	1.0	0.7	0.5	0.4

闸孔孔径应根据闸的地基条件、运用要求、闸门结构形式、启闭机容量，以及闸门的制作、运输、安装等因素，进行综合分析确定。选用的闸孔孔径应符合《水利水电工程钢闸门设计规范》(SL 74—95)所规定的闸门孔口尺寸系列标准。闸孔孔数小于8孔时，宜采用单数孔。

闸墩的厚度必须满足稳定和强度要求，并与门型及闸门跨度有关。根据实践经验，一般浆砌石闸墩厚0.8～1.5 m，混凝土闸墩厚1.0～1.6 m，钢筋混凝土闸墩厚0.7～1.2 m，闸墩在门槽处厚度不小于0.4 m。工作闸门门槽应设在闸墩水流较平顺部位，其宽深比宜取1.6～1.8。根据管理维修需要设置的检修闸门门槽，其与工作闸门门槽之间的净距离不宜小于1.5 m。

2. 闸底板

底板是水闸的基础，承受闸室全部荷载，并较均匀地传给地基，利用底板与地基土壤之间的摩擦阻力来维持闸室的稳定，此外还具有防冲防渗的作用。

闸室底板的形式应根据地基、泄流等条件选用平底板、低堰底板或折线底板。一般情况下，闸室底板宜采用平底板；松软地基上且荷载较大时，也可采用箱式平底板。当限制单宽流量而闸底建基高程不能抬高，或因地基表层松软需要降低闸底建基高程，或在多泥沙河流上游有拦沙要求时，可采用低堰底板。在坚实或中等坚实地基上，当闸室高度不大，但上、下游河底高差较大时，可采用折线底板，其后部可作为消力池的一部分。

闸底板的厚度应根据闸室地基条件、作用荷载及闸孔净宽等因素，经计算并结合构造要求确定。可取闸孔净宽的1/5～1/7，一般为1.2～2.0 m，最薄不小于0.6 m。底板内配置的钢筋，最大配筋率不宜超过0.3%。底板上、下游两端常作有齿墙，深为0.5～1.5 m。底板混凝土强度等级应满足强度、抗渗及防冲要求。

闸室底板顺水流向长度应根据闸室地基条件和结构布置要求，以满足闸室整体稳定和地基允许承载力为原则，进行综合分析确定。水头愈大，地基条件愈差，底板愈长，一般为15～20 m。根据实践经验，在砂砾及砾石地基上，底板长度为(2.0～3.0)H(H为闸上、下游最大水位差)；在砂性土及砂壤土地基上，底板长度为(3.0～4.0)H；在黏壤土地基上，底板长度为(3.5～4.5)H；在黏土地基上，底板长度为(4.5～5.0)H。

闸室底板垂直水流向分段长度应根据闸室地基条件和结构构造特点，结合考虑采用的施工方法和措施确定。对坚实地基上或采用桩基的水闸，可在底板上或闸墩中间设缝分段；对软弱地基上或强震区的水闸，宜在闸墩中间设缝分段。岩基上的分段长度不宜超过20 m，土基上的分段长度不宜超过35 m。当分段长度超过上述规定时宜作技术论证。

(三)上部结构的布置

1. 工作桥

为了安置启闭设备及工作人员操作的需要，通常在闸墩上设置工作桥。如果工作桥位置过高，则在闸墩上另建支墩或排架支撑工作桥。

工作桥的高程由闸门及启闭机形式、闸门高度而定。对于平板闸门，若采用固定式启闭机械，桥高为门高的2倍加上1.0～1.5 m的富裕高度。若采用活动式启闭机械，桥面高程可以低些，应大于门高的1.7倍。对于弧形闸门及升卧式闸门，工作桥的高度视桥的位置及闸门吊点的位置等具体情况而定，一般比平面闸门的工作桥高程低得多。

工作桥面宽度应满足安置启闭机和供工作人员进行操作及设置栏杆的要求，宽度为启闭机外轮廓尺寸每侧不小于1.2 m，一般为3～5 m。工作桥的结构形式一般为预制钢筋混凝土板梁结构，由两根T形梁或一根π形梁构成。

2. 交通桥

为了沟通水闸两岸的交通，常在闸墩上设置交通桥，供汽车、拖拉机、行人等通行之用。桥的位置根据闸室稳定及两岸交通连接等条件决定，一般位于闸室的下游侧，桥面的宽度按交通要求确定，双车道的公路桥宽为7.0 m，单车道宽为4.0 m，仅供人及牛马车通行的交通桥宽不小于3.0 m。桥面高程应高出最高洪水位0.5 m以上，若有流冰，应高出冰面以上0.2 m。

四、地下轮廓布置

水闸壅高了闸上游水位,形成上、下游水位差,必然在透水地基中形成从上游流向下游的渗透水流。对水闸工程的影响包括渗流引起的水量损失、渗流对与它接触的任何物体产生的压力、对水闸底板产生的扬压力。渗流在土体的孔隙内流动,给土体的压力超过了阻止颗粒移动的阻力,土粒就会移动,土体结构就会发生变化,这种现象称为渗透变形。不同性质的地基,渗透变形将以不同的形式出现。如果渗透变形不断发展,导致土体骨架颗粒移动,闸基就将丧失稳定。

地下轮廓布置的任务就是选择适当的防渗和导渗措施,并合理布置,尽可能减少渗透流量、建筑物底部的扬压力和出逸比降,防止地基的渗透变形,确保闸基的稳定性。

水闸防渗排水布置应根据闸基地质条件和闸上、下游水位差等因素,结合闸室、消能防冲和两岸连接布置进行综合分析确定。

均匀地基上以水平防渗为主,地下轮廓安全长度按式(6-1)估算:

$$L = C\Delta H \tag{6-1}$$

式中 L——闸基防渗长度,即闸基轮廓线防渗部分水平段和垂直段长度的总和,m;

ΔH——上、下游水位差,m;

C——允许渗径系数值,按表6-9采用。

表6-9 允许渗径系数值

排水条件	地基类别									
	粉砂	细砂	中砂	粗砂	中砾、细砾	粗砾	轻粉壤土	轻砂壤土	壤土	黏土
有滤层	13~9	9~7	7~5	5~4	4~3	3~2.5	11~7	9~5	5~3	3~2
无滤层	—	—	—	—	—	—	—	—	7~4	4~3

当闸基为中壤土、轻壤土或重壤土时,闸室上游宜设置钢筋混凝土铺盖或黏土铺盖,或土工膜防渗铺盖,闸室下游护坦底部应设置滤层。

当闸基为粉土、粉细砂、轻砂壤土或轻粉质砂壤土时,闸室上游宜采用铺盖和垂直防渗体(钢筋混凝土板桩、水泥砂浆帷幕、高压喷射灌浆帷幕、混凝土防渗墙、土工膜垂直防渗结构等)相结合的布置形式,垂直防渗体布置在闸室底板的上游端。在地震区粉细砂地基上,闸室底板下布置的垂直防渗体宜构成四周封闭的形式。

当闸基为较薄的砂性土层或砂砾石层,其下卧层为深厚的相对不透水层时,闸室上游宜设置截水槽或防渗墙,闸室下游渗流出口处应设置滤层。

承受双向挡水的水闸,其防渗排水布置应以水位差较大的一向为主,选择合理的双向布置形式。

五、两岸连接布置

水闸两岸连接应保证岸坡稳定,改善水闸进出水流条件,提高泄流能力和消能防冲效果，满足侧向防渗需要，减轻闸室底板边荷载影响，且有利于环境绿化等。

水闸两岸连接宜采用直墙式结构，当上、下游水位差不大时可采用斜坡式结构，但应考虑防渗、防冲和防冻等问题。在坚实或中等坚实的地基上，岸墙和翼墙可采用重力式或扶壁式结构；在松软地基上，宜采用空箱式结构。

上、下游翼墙与闸室及两岸岸墙应平顺连接。上游翼墙的平面布置宜采用圆弧式或椭圆弧式，下游翼墙的平面布置宜采用圆弧（或椭圆弧）与直线组合式或折线式。在坚硬的黏性土或岩石地基上，上、下游翼墙可采用扭曲面与岸坡连接的形式。

上、下游翼墙顺水流向的投影长度应大于或等于铺盖的长度。下游翼墙的扩散角每侧宜采用7°~12°，其顺水流向的投影长度应大于或等于消力池的长度。在有侧向防渗要求的条件下，上、下游翼墙的墙顶高程应分别高于上、下游最不利的运用水位。

翼墙的分段长度应根据结构和地基条件确定。建在坚实或中等坚实地基上的翼墙分段长度可采用15~20 m，建在松软地基上的翼墙分段长度可适当减少。

第三节　水闸的水力设计

水闸的水力设计内容包括水闸的闸孔设计、水闸的消能防冲设计及闸门的控制方式的拟定。进行水力设计时，应考虑到水闸建成后上、下游河床可能发生淤积或冲刷，以及闸下游水位的变化等情况对过水能力和消能防冲设施产生的不利影响。

一、水闸的闸孔设计

水闸闸孔总净宽应根据下游闸槛形式和布置，上、下游水位衔接要求，泄流状态等因素计算确定。水闸的过闸单宽流量应根据下游河床地质条件，上、下游水位差，下游尾水深度，闸孔总净宽与河道宽度比值，闸的结构构造特点和下游消能防冲设施等因素选定。水闸的过闸水位差应根据上游淹没影响、允许的过闸单宽流量和水闸工程造价等因素综合比较选定。一般情况下，平原区水闸的过闸水位差可采用0.1~0.3 m。

（一）闸底高程的确定

闸底高程的选定是否适当，对闸的稳定与闸孔尺寸的大小有很大影响。闸基表土多是比较松软的，因此闸底板底面必须在地表腐植土层以下。一般说来，闸底高程应低一些，可以缩小闸孔，而且有利于泄流或排水。但是闸底高程定得过低，增加了闸身和两岸建筑物的深度，增加了闸门的挡水高度，也增加了施工困难，因而提高了工程造价。从运行方面看，低的闸槛不仅给防沙、冲沙带来困难，而且泥沙容易进入渠道，增加常年清除渠道的管理费用。另外，从地质条件看，闸基要求置放于密实的土层上，在松软土基上筑闸会增加地基处理费用，而且延长了施工时间。总之，闸底高程的选定是一个方案比较问题。必须从运用、管理、施工、地形、工程地质和水文地质等各方面加以分析和比较，才能确定一个技术上可靠、经济上合理、施工和运用都方便的方案。

灌溉渠系中各种水闸的闸底高程与渠底高程间有密切的关系。进水闸的闸底高程常等于或略高于渠底高程，且比闸前河床至少高1.0 m，以防止推移质泥沙入渠。分水闸的闸底高程常高于渠底高程，以防止泥沙入支渠。若支渠很大或支渠为挖方渠道，分水闸的闸底和支渠渠底可与干渠渠底同高。节水闸的闸底应与该闸所在的渠底相平。泄水闸的闸底与前一段渠道常略低于该闸所在渠道的渠底,以便增加泄水闸的泄流能力,并在必要时泄空渠道,进行修理。拦河闸的闸底高程一般与河床齐平或略高于河床。

(二)过闸单宽流量的确定

过闸单宽流量 q 与总流量 Q 之间有以下关系:

$$Q = qB \tag{6-2}$$

式中 B——闸孔总净宽。

从式(6-2)可以看出,单宽流量用小了,就要增大闸孔宽度;单宽流量用大了固然可以缩小闸孔总净宽,但是闸下游的消能防冲设施必须加强,甚至需要在较长一段范围内进行护砌,不一定经济。适当的单宽流量是与下游河(渠)床土质的抗冲能力及下游水深有关的。对于较大的水闸,在砂质壤土地基上可采用 15 ~ 25 m^3/s;对于尾水较浅的分洪闸,可采用 10 ~ 15 m^3/s;在黏性土地基上对尾水较深的水闸,可采用 35 ~ 40 m^3/s;在岩石地基上单宽流量可增至 70 m^3/s。

(三)闸孔宽度的确定

1. 平底闸的闸孔总净宽计算

对于平底闸,当为堰流时,闸孔总净宽可按式(6-3)计算(计算简图见图 6-2):

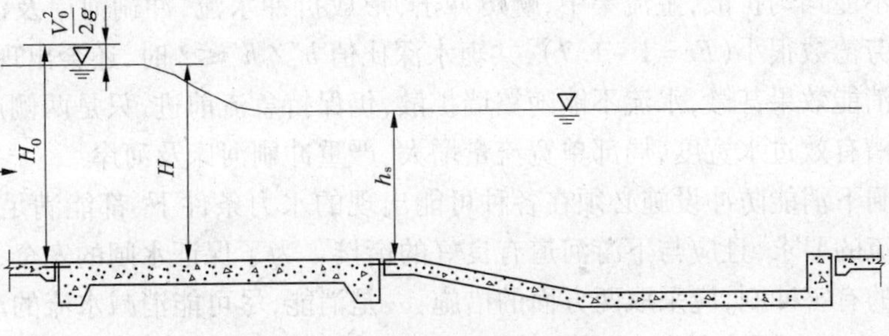

图 6-2 水闸闸孔宽度计算简图

$$B_0 = \frac{Q}{\sigma \varepsilon m \sqrt{2g} H_0^{3/2}} \tag{6-3}$$

式中 B_0——闸孔总净宽,m;

Q——过闸流量,m^3/s;

H_0——计入行近流速水头的堰上水深,m;

g——重力加速度,可采用 9.81 m/s^2;

m——堰流流量系数,可采用 0.385;

ε——堰流侧收缩系数,可由上面有关公式计算或由表 6-10 查得;

σ——堰流淹没系数,可由上面有关公式计算或由表 6-11 查得。

表 6-10 宽顶堰堰流侧收缩系数 ε 值

b_0/b_s	≤0.2	0.3	0.4	0.5	0.6	0.7	0.8	0.9	1.0
ε	0.909	0.911	0.918	0.928	0.940	0.953	0.968	0.983	1.000

表 6-11　宽顶堰堰流淹没系数 σ 值

b_0/b_s	≤0.72	0.75	0.78	0.80	0.82	0.84	0.86	0.88	0.90	0.91
σ	1.00	0.99	0.98	0.97	0.95	0.93	0.90	0.87	0.83	0.80
b_0/b_s	0.92	0.93	0.94	0.95	0.96	0.97	0.98	0.99	0.995	0.998
σ	0.77	0.74	0.70	0.66	0.61	0.55	0.47	0.36	0.28	0.19

2. 实用堰的闸孔总净宽计算

对于实用堰时，闸孔总净宽可按式(6-3)计算。

二、水闸的消能防冲设计

（一）水闸冲刷的原因及消能方式

水闸泄水时，水流具有较大的动能，而河床土壤抗冲能力常较低，因此闸下冲刷是一种普遍现象。形成闸下冲刷的原因很多，主要是由于设计不当或管理不善造成的。对于拦河闸，一般闸宽较原河道窄，水流过闸时先收缩，除渣后再扩散，如闸身布置不当，除渣水流往往不能均匀扩散，主流集中，蜿蜒冲击，形成折冲水流，冲刷河岸及河床。此外，当水流的弗劳德数很小（$Fr=1\sim1.7$），共轭水深比值 $h''_c/h'_c\leq2$ 时，还会出现波状水跃。波状水跃的消能效果甚微，水流不能随翼墙扩散，仍保持急流前进，只是两侧产生回流，因而缩窄了河槽有效过水宽度，局部单宽流量增大，严重冲刷河床及河岸。

水闸闸下消能防冲设施必须在各种可能出现的水力条件下，都能满足消散动能与均匀扩散水流的要求，且应与下游河道有良好的衔接。为了保证水闸的安全，防止水流对河床及河岸的有害冲刷，应采取两方面的措施：一是消能，尽可能消减水流的动能，消除波状水跃，并防止产生折冲水流；二是防冲，保护河床及河岸不受水流冲刷。

水闸的消能方式一般为底流式。对于平原地区的水闸来说，由于水头低，下游水深大，加之土壤抗冲能力较小，所以无法采用挑流消能；又因水闸下游水深变化大，在一般情况下，难以形成稳定的面流式水跃。

底流式消能防冲设施，一般采用护坦和海漫。护坦紧接闸室，其作用是促使出闸水流在护坦范围内产生水跃，以消除水流大部分能量，并保护河床免受冲刷。海漫紧接护坦，其作用是继续消除水流的剩余动能，使水流扩散并调整流速分布，以减少底部流速和保护河床免受冲刷。海漫末端常设防冲槽加固，以防海漫下游河床冲刷而影响海漫安全。

（二）消力池设计

水闸消能防冲布置应根据闸基地质情况、水利条件及闸门控制运用方式等因素，进行综合分析确定。水闸消能防冲设施必须在各种可能出现的水力条件下，都能满足消散动能与均匀扩散水流的要求，且应与下游河道有良好的衔接。

1. 消力池深度的确定

消力池深度可按下面公式计算（计算简图见图 6-3）：

$$d=\sigma_0 h''_c-h'_s-\Delta z \tag{6-4}$$

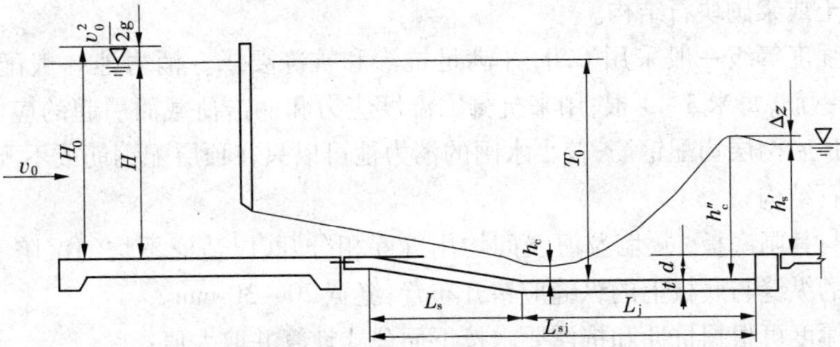

图 6-3　消力池深度的计算简图

$$h''_c = \frac{h_c}{2}\left(\sqrt{1 + \frac{8\alpha q^2}{gh_c^3}} - 1\right)\left(\frac{b_1}{b_2}\right)^{0.25} \tag{6-5}$$

$$h_c^3 - T_0 h_c^2 + \frac{\alpha q^2}{2g\varphi^2} = 0 \tag{6-6}$$

$$\Delta z = \frac{\alpha q^2}{2g\varphi^2 h_s'^2} - \frac{\alpha q^2}{2gh_c''^2} \tag{6-7}$$

式中　d——消力池深度,m;

σ_0——水跃淹没系数,可采用 1.05～1.10;

h''_c——跃后水深,m;

h_c——收缩水深,m;

α——水流动能校正系数,可采用 1.0～1.05;

q——过闸单宽流量,m^2/s;

b_1——消力池首端宽度,m;

b_2——消力池末端宽度,m;

T_0——由消力池底板顶面算起的总势能,m;

Δz——出池落差,m;

h'_s——出池河床水深,m。

2. 消力池长度的确定

消力池长度可按下面公式计算:

$$L_{sj} = L_s + \beta L_j \tag{6-8}$$

$$L_j = 6.9(h''_c - h_c) \tag{6-9}$$

式中　L_{sj}——消力池长度,m;

L_s——消力池斜坡段水平投影长度,m;

β——水跃长度校正系数,可采用 0.7～0.8;

L_j——水跃长度,m。

3. 消力池构造

消力池的受力情况比较复杂,既承受高速水流的冲击,又承受渗透压力顶托,一旦破裂就会失去整体性,并将逐块被水流冲散。因此,所用的建筑材料必须是坚固耐用的,一般采用混凝土或浆砌块石结构。

混凝土强度等级一般采用 C20,并满足抗渗和抗冻要求。消力池一般配置Φ 10 或Φ 12的分布钢筋,每米 3 ~4 根,用来抗御因温度应力和冲击荷载而引起的应力。较大水闸的消力池顶底两层均配钢筋,较小水闸的消力池可以只在顶层配钢筋或不配钢筋,也可采用浆砌块石结构。

消力池与其闸底板、翼墙及海漫间均用缝互相分开,以适应不均匀沉陷和伸缩。池中顺水流向的纵缝与底板上的纵缝应错开布置,缝宽 20 ~30 mm。

消力池厚度可根据抗冲和抗浮要求按下面公式计算并取大值:

抗冲
$$t = k_1 \sqrt{q \sqrt{\Delta H'}} \tag{6-10}$$

抗浮
$$t = k_2 \frac{U - W \pm P_m}{\gamma_b} \tag{6-11}$$

式中 t——消力池底板始端厚度,m;

$\Delta H'$——闸孔泄水时的上、下游水位差,m;

k_1——消力池底板计算系数,可采用 0.15 ~0.20;

k_2——消力池底板安全系数,可采用 1.1 ~1.3;

U——作用在消力池底板地面的扬压力,kPa;

W——作用在消力池底板顶面的水重,kPa;

P_m——作用在消力池底板的脉动压力,kPa;

γ_b——消力池底板的饱和容重,kN/m^3。

消力池末端厚度可采用 $t/2$,但不宜小于 0.5 m。

4. 辅助消能工

为了提高消力池的消能效果,有时还可设置消力墩、消力齿等辅助消能工。辅助消能工对水流具有分散、反击作用,能稳定水跃,减少跃后水深,从而减少消力池深度和长度。

消力墩的形式有方形、直角梯形、梯形,尺寸及布置应通过水工模型试验确定。一般多布置在消力池的前半段,设置 2 ~3 排,交错布置。通常墩高为池中水深的 15% ~25%,并小于 0.5 m。墩宽及墩间净距可取墩高的一半,前后排的净距可比墩高稍大些。

消力齿一般多布置在消力池的前端,其主要作用是改善水闸开门放水的始流条件。即将水流挑起,然后落到池内,促使形成水跃,避免射流冲出尾槛。试验证明,齿的高度为下游水深的 17% ~25%,对水跃消能作用最大。消力齿的齿宽及齿的净距约为齿高一半。

(三)海漫设计

水流经过消力池消能后,有一定的余能,流速较大,分布不均匀,水流紊乱较厉害,如消力池直接与河道连接,必然引起冲刷,所以在消力池后面仍要采取防冲加固措施,即设置海漫。

1. 海漫长度

海漫的长度应根据可能出现的不利的水位、流量组合情况进行计算确定。海漫长度的计算公式如下:

$$L_p = K_s \sqrt{q_s \sqrt{\Delta H'}} \tag{6-12}$$

式中 L_p——海漫长度,m;

q_s——消力池末端的单宽流量,m^2/s;

K_s——海漫长度计算系数,可由表6-12查得。

表6-12 海漫长度计算系数 K_s 值

河床土质	粉砂、细砂	中粗砂、粉质壤土	粉质黏土	坚硬黏土
K_s	14~13	12~11	10~9	8~7

2. 海漫构造

海漫应具有一定的柔性、透水性、表面粗糙性,其构造和抗冲能力应与水流速度相适应。海漫应做成等于或缓于1:10的斜坡,海漫下面应设垫层。

1)干砌石海漫

干砌石海漫有单层和双层之分,单层干砌石厚度为20~30 cm,能抵抗的最大流速为2.0~3.5 m/s;双层干砌石厚度为40~50 cm,能抵抗的最大流速为3.5~4.5 m/s。砌石下面应设砂及碎石垫层,厚度各为10 cm,在中粗砂基础上可只设碎石垫层,在粉砂、粉质壤土及粉质黏土基础上可在碎石垫层下面增设砂垫层。

2)浆砌石海漫

浆砌石海漫的厚度同干砌石,单层浆砌石厚度为20~30 cm,能抵抗的最大流速为3.0~4.5 m/s;双层浆砌石厚度为40~50 cm,能抵抗的最大流速为4.5~6.0 m/s。砌石下面应设砂及碎石垫层,厚度各为10 cm。浆砌石内应设置排水孔,排水孔间距一般为2~3 m。

3)预制混凝土块海漫

预制混凝土块海漫可就地预制,尺寸规整,施工方便,但耐久性比石料差。常用在规模较小的水闸或海漫的末端。

4)现浇混凝土海漫

现浇混凝土海漫常用在较重要的水闸上,厚度根据抗冲及抗浮计算确定,厚度一般为30~50 cm,为了节省投资,可在混凝土中掺入块石,块石掺入量一般为25%~35%。现浇混凝土海漫适应变形能力较差,可进行分块,分块间距一般为4~6 m,分块之间采用沥青油毛毡或沥青木丝板,缝宽为1~2 cm。

(四)防冲槽设计

海漫末端的水流仍具有较小的冲刷力,河床仍难免遭受冲刷,从而危及海漫的安全。为了防止此种冲刷,在海漫末端常设置一道防冲槽。防冲槽的作用是当下游河床形成最终冲刷状态时,确保海漫不致破坏。

防冲槽可做成抛石形式,槽顶与海漫末端齐平,槽底则取决于冲刷深度和施工条件。当海漫下游河床受冲刷时,槽内抛石自行坍塌,形成护面,保护河床。

下游防冲槽的深度应根据河床土质、海漫末端的单宽流量和下游水深等因素综合确定,且不应小于海漫末端的河床冲刷深度。海漫末端的河床冲刷深度按式(6-13)计算:

$$d_m = 1.1 \frac{q_m}{[v_0]} - h_m \tag{6-13}$$

式中　d_m——海漫末端的河床冲刷深度,m;

q_m——海漫末端的单宽流量,m^2/s;

$[v_0]$——河床土质允许不冲流速,m/s;

h_m——海漫末端的河床水深,m。

上游防冲槽的深度应根据河床土质、上游护底首端单宽流量和上游水深等因素综合确定,且不应小于上游护底首端河床冲刷深度。铺盖上游护底首端的河床冲刷深度按式(6-14)计算:

$$d'_m = 0.8 \frac{q'_m}{[v_0]} - h'_m \tag{6-14}$$

式中　d'_m——上游护底首端河床冲刷深度,m;

q'_m——上游护底首端单宽流量,m^2/s;

h'_m——上游护底首端河床水深,m。

三、闸门控制方式的拟定

闸门的控制运用应根据水闸的水力计算或水工模型试验成果,规定闸门的启闭顺序和开度,避免产生集中水流或折冲水流等不良流态。闸门的控制运用方式应满足下列要求:

(1)在大型水闸的初步设计阶段,其水力计算成果应经模型试验验证。

(2)闸孔泄水时,保证在任何情况下水跃均完整地发生在消力池内。

(3)闸门尽量同时均匀分级启闭。若不能全部同时启闭,可由中间孔向两侧分段、分区或隔孔对称启闭,关闭时与上述顺序相反。

(4)对分层布置的双层闸孔或双扉闸门应先开底层闸孔或下扉闸门,再开上层闸孔或上扉闸门,关闭时与上述顺序相反。

(5)严格控制始流条件下的闸门开度,避免闸门停留在振动较大的开度区泄水。

(6)关闭或减少闸门开度时,避免水闸下游河道水位降落过快。

第四节　水闸的防渗排水设计

水闸的防渗排水设计应根据闸基的地质情况,闸基和两侧轮廓线布置及上、下游水位条件等进行,其内容应包括渗透压力计算、抗渗稳定验算、滤层设计、排水及止水设计。

一、水闸的渗透压力计算

岩基上水闸基底渗透压力计算可采用全断面直线分布法,但应考虑设置防渗帷幕和排水孔对降低渗透压力的作用和效果,土基上水闸基底渗透压力计算可采用改进阻力系数法或流网法,复杂土质地基上的重要水闸,应采用数值计算法。

(一)岩基上水闸基底渗透压力计算

当岩基上水闸闸基设有灌浆帷幕和排水孔时,闸底板底面上游端的渗透压力作用水头为 $H-h_s$,排水孔中心线处为 $\alpha(H-h_s)$,下游端为零,其间各段依次以直线连接,渗透压力按式(6-15)计算(计算简图见图 6-4):

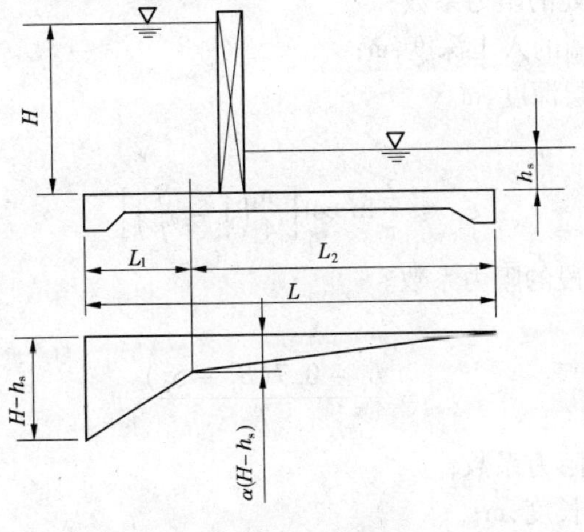

图 6-4　渗透压力分布

$$U = \frac{1}{2}\gamma(H - h_s)(L_1 + \alpha L) \tag{6-15}$$

式中　U——作用于闸底板底面上的渗透压力,kN/m;

L_1——排水孔中心线与闸底板底面上游端的水平距离,m;

α——渗透压力强度系数,可采用 0.25;

L——闸底板底面的水平投影长度,m。

当岩基上水闸闸基未设灌浆帷幕和排水孔时,闸底板底面上游端的渗透压力作用水头为 $H-h_s$,下游端为零,其间各段依次以直线连接,渗透压力按式(6-16)计算:

$$U = \frac{1}{2}\gamma(H - h_s)L \tag{6-16}$$

(二)改进阻力系数法

1. 土基上水闸的地基有效深度计算

当 $L_0/S_0 \geqslant 5$ 时　$$T_e = 0.5L_0 \tag{6-17}$$

当 $L_0/S_0 < 5$ 时　$$T_e = \frac{5L_0}{1.6\frac{L_0}{S_0} + 2} \tag{6-18}$$

式中　T_e——土基上水闸的地基有效深度,m;

L_0——地下轮廓的水平投影长度,m;

S_0——地下轮廓的垂直投影长度,m。

当计算的 T_e 值大于地基实际深度时,T_e 值应按地基实际深度采用。

2. 分段阻力系数计算

1）进、出口段

$$\xi_0 = 1.5\left(\frac{S}{T}\right)^{3/2} + 0.441 \tag{6-19}$$

式中 ξ_0——进、出口处的阻力系数；

S——板桩或齿墙的入土深度，m；

T——地基透水层深度，m。

2）内部垂直段

$$\xi_y = \frac{2}{\pi}\ln\cot\left[\frac{\pi}{4}\left(1 - \frac{S}{T}\right)\right] \tag{6-20}$$

式中 ξ_y——内部垂直段的阻力系数。

3）水平段

$$\xi_x = \frac{L_x - 0.7(S_1 + S_2)}{T} \tag{6-21}$$

式中 ξ_x——水平段的阻力系数；

L_x——水平段的长度，m；

S_1、S_2——进、出口段板桩或齿墙的入土深度，m。

3. 各分段水头损失值计算

$$h_i = \xi_i \frac{\Delta H}{\sum_{i=1}^{n}\xi_i} \tag{6-22}$$

式中 h_i——各分段水头损失值，m；

ξ_i——各分段的阻力系数；

n——总分段数。

用直线连接各分段计算点的水头值，即得渗透压力分布图。

二、水闸的抗渗稳定验算

（一）闸基的渗透变形

土基上建闸蓄水后，闸基中将产生渗透水流。当渗透水流的速度或坡降超过某一限度时，渗流作用下的土颗粒，特别是无黏性土的颗粒会在地基中移动，靠近渗流出逸处首先由细颗粒被渗流携带到地表上来，从而改变土的结构和组成，这种现象称为土的渗透变形。

若渗流只从土中挟出一些细小颗粒，并未破坏由较大颗粒构成的骨架，这种土在渗流作用下仍是稳定的。如果地基土的骨架颗粒被渗流冲动或带走，地基就会产生不均匀沉陷，甚至塌陷，不少水闸因此失事。因此，在水闸设计中，对于地基土的抗渗稳定问题，必须给予高度重视。

由于土类的不同，渗透变形常以管涌或流土的形式出现。

管涌是地基土中的个别颗粒被冲走的现象，多发生在不均匀的无黏性土中。当渗流速度达到一定值时，土中的最小颗粒开始被带走，导致土中的孔隙增大，随着渗流速度增大，有可能带走土中的较大颗粒，如果继续发展，带走的颗粒愈来愈大，土中即形成管状孔隙。当孔隙尺寸大于土骨架颗粒能够维持稳定的土拱尺寸时，就会引起土的塌陷。一般说来，管涌造成水闸的失事，总有一段较长时间的发展过程，不会突然发生。

流土是土体表面一定范围内的所有颗粒被渗流推动的现象。在水闸下游，大片的整块土体被渗流浮起，就是典型的流土现象。但由于土层分布不均匀，有时被浮动的土体较小，还有以泉眼的形式出现的流土，类似管涌，但不是管涌。因为它不是细小颗粒穿过粗颗粒孔隙的流失，而是大小颗粒一起移动，仍然属于流土性质。

闸基渗透变形的形式取决于土的种类、颗粒直径、级配、密实度和渗透系数等因素。

（二）地基的允许坡降

验算砂砾石闸基出口段抗渗稳定性时，应首先判别可能发生的渗流破坏形式（流土或管涌）：当 $4P_f(1-n)>1.0$ 时，为流土破坏；当 $4P_f(1-n)<1.0$ 时，为管涌破坏。砂砾石闸基出口段防止流土破坏。

反滤层的级配应能满足被保护土的稳定性和滤料的透水性要求，且滤料颗粒级配曲线应大致与被保护土颗粒级配曲线平行。

滤层的级配宜符合式(6-23)～式(6-25)的要求：

$$\frac{D_{15}}{d_{85}} \leqslant 5 \tag{6-23}$$

$$\frac{D_{15}}{d_{15}} = 5 \sim 40 \tag{6-24}$$

$$\frac{D_{50}}{d_{50}} \leqslant 25 \tag{6-25}$$

式中 D_{15}、D_{50}——滤层滤料颗粒级配曲线上小于含15%、50%的粒径，mm；

d_{15}、d_{50}、d_{85}——被保护土颗粒级配曲线上小于含量15%、50%、85%的粒径，mm。

滤层的每层厚度可采用20～30 cm。滤层的铺设长度应使其末端的渗流坡降值小于地基土在无滤层保护时的允许渗流坡降值。

当采用土工织物代替传统砂石料作为滤层时，选用的土工织物应有足够的强度和耐久性，且应能满足保土性、透水性和防堵性等要求。

三、水闸的防渗、排水和止水设计

（一）水闸防渗设计

为了延长渗径，减少渗透坡降，降低渗透压力，防止地基土产生渗透变形，需要设置防渗设备。防渗设备主要有铺盖、板桩和帷幕。

1. 铺盖

铺盖设在紧靠水闸闸室的上游河底上，主要作用是延长渗径，降低渗透压力和渗透坡降，有时也兼有上游防冲及协助闸室抵抗滑动的作用。铺盖可采用钢筋混凝土、黏土铺盖、土工膜防渗铺盖等形式。铺盖长度可根据闸基防渗需要确定，一般采用上、下游最大水位差的3～5倍。

1）钢筋混凝土铺盖

混凝土强度等级一般为C20；厚度不宜小于0.4 m；其顺水流向的永久缝缝距可采用

8 ~ 20 m，靠近翼墙的铺盖缝距宜采用小值，缝宽为 2 ~ 3 cm；铺盖兼作抗滑时，受力钢筋按破损阶段轴心受拉构件计算，根据计算配置受力钢筋，上下层均配置钢筋，不得小于Φ 10，间距 30 cm，横向分布钢筋一般采用Φ 10 ~ 12，间距 30 ~ 33.3 cm；铺盖不作阻滑板时，可只在顶层配置分布钢筋，钢筋一般采用Φ 10 ~ 12，间距 30 ~ 33.3 cm；铺盖只作为防冲而无防渗作用时，可以不布设钢筋。

2）黏土铺盖

地基土的渗透系数应比土料的渗透系数大 100 倍以上；厚度根据土料的允许水力坡降计算确定，其前端最小厚度不宜小于 0.6 m，逐渐向闸室方向加厚；为了防止铺盖在施工期间被破坏、运用期间被冲坏或冻坏，铺盖上面应设保护层，厚度为 0.3 ~ 0.5 m，可采用干砌石、浆砌石、混凝土。

3）土工膜防渗铺盖

随着新型材料的发展，土工膜防渗也是常用的防渗措施之一。防渗土工膜厚度应根据作用水头、膜下土体可能产生裂隙宽度、膜的应变和强度等因素确定，但不宜小于 0.5 mm，土工膜上面应设保护层。

2. 板桩

板桩多用来延长铅直渗径。如果不透水层较浅，板桩能达到不透水层而成为截流板桩时，防渗效果最好。当透水层较深时，板桩不可能达到不透水层，而成为悬挂式板桩。板桩打入土中的深度应根据渗径计算和施工条件确定。一般为最大水头的 0.6 ~ 1.0 倍。其按材料分为木板桩、钢板桩、钢筋混凝土板桩等几种。一般采用钢筋混凝土板桩，厚度为 20 ~ 30 cm，宽度为 40 ~ 60 cm，混凝土等级为 C20 ~ C25，预制结构，矩形断面的短边应留三角形和梯形的榫槽，桩尖应呈向一侧倾斜的斜面，板状中的配筋应根据施工时起吊和打桩受力条件确定。

3. 帷幕

近年水泥砂浆帷幕在水闸截渗中有着广泛的应用，是一种较为有效的垂直防渗措施。有高压喷射灌浆、深层搅拌桩等形式。

1）高压喷射灌浆

高压喷射灌浆技术，开始阶段只用于粉细砂地层，随着理论技术水平的提高、设备条件的改进、工艺方法的不断完善，这项技术已拓宽至极弱软淤泥及淤泥质地层加固和含大颗粒极不均匀砾、卵、漂石地层的防渗加固工程。它具有较好的防渗性能、施工简便、灵活等优点，完全可用于低水头水闸闸基防渗，是一种较为有效的垂直防渗措施。

高压喷射灌浆的机理是置换灌浆，即利用置于钻孔中的喷射管，通过高压水（浆）、气同轴喷射，在提升过程中，高压水（浆）、气射流使土体被冲切，经高压水（浆）、气的搅拌作用成为泥浆，同时由下而上灌注水泥砂浆，使泥浆被升扬置换到地面，形成渗透系数小，具有一定强度的凝结体，达到防渗和提高地基承载力的作用。

施工设备高压喷射灌浆有多种方法，目前在防渗中多采用单管法、双管法和三管法。近年，高压泥浆泵性能的提高，新三管法得到了广泛的应用。

所谓新三管法是以水、气、浆为介质喷射的工法，是在原三管法的基础上改低压注浆为高压射浆，形成双介质高压喷射的施工方法。新三管法的工艺特点是首先用高压水切割冲击原始地层，然后用高压喷浆对地层进行二次切割。同时，由于浆嘴、水嘴间间距较大，水对浆的稀释作用大大减小。新三管法与原三管法相比，不仅增大了喷射半径，也提高了凝结体的结石率及强度。

高喷灌浆施工工艺在高压喷射灌浆施工中，使用单向喷嘴和双向喷嘴（90°～180°夹角），分别或组合采用旋喷、定喷和摆喷工艺，可以形成符合设计要求几何尺寸和性状的桩、板、墙及组合形式的高喷凝结体，达到防渗加固的目的。

2）深层搅拌桩

深层搅拌桩也称粉喷桩，是加固地基方法的一种形式，现在也用在堤防闸基截渗中。深层搅拌法是加固饱和软黏土地基的一种新颖方法，它是利用水泥或石灰粉体等材料作为固化剂，通过特制的搅拌机械就地将软土和固化剂强制搅拌，发生一系列物理化学反应而形成的柱状固结体。它是搅拌桩的一种，能使软弱土硬结成具有整体性、水稳定性和一定强度的优质地基。一般当土层的天然含水量大于50%时就可采用粉喷桩处理。

（二）水闸排水设计

就防渗布置来讲，上游的防渗设备要尽可能削减渗透水头，但不可避免底板底面上还有较大的渗透压力。设置排水就是为了继续降低渗压，并将渗水安全地排至下游。

排水是布置在地基中的透水性很强的垫层。常用砂砾石或碎石铺筑，渗水由此与下游相连。排水中的水头与下游水位几乎相同，因此利用排水可以降低排水起点以前闸底所受的渗透压力，并消除排水起点以后建筑物底面上的渗透压力，但却增大了渗流出逸坡降。因此，为了防止管涌，应在渗流进入排水的各个方面都设置反滤层。

排水在地基中的部位和形式主要有平铺式排水、水平带状排水、铅直排水等形式。

（三）水闸止水设计

位于防渗范围内的永久缝内应设一道止水。大型水闸的永久缝内应设两道止水。止水的形式应能适应不均匀沉降和温度变化的要求，止水材料应耐久。垂直止水与水平止水相交处须构成密封系统。永久缝可铺贴沥青油毡或其他柔性材料，缝下土质地基上宜铺设土工织物带。设计烈度为8度及8度以上地震区大、中型水闸的永久缝止水设计，应作专门研究。

止水材料有金属、橡胶和塑料。金属止水有铜片和镀锌铁皮：铜片止水耐久性好，但它有造价高、焊接技术要求高、接头多、焊接质量不易保证等缺点，采用较少；镀锌铁皮止水造价低和耐久性好，也常采用。橡胶止水和塑料止水具有较好的弹性和韧性，割切和熔接工具设备简单，施工方便等优点，是一种常用的止水设备。

接缝和止水设备的工作量虽然较小，但对水闸正常工作的影响很大，如果设计施工不当，止水一旦破坏，严重的将会造成整个水闸的失事，并且止水破坏后是很难修复的，因此必须严格控制止水的施工质量。

第五节 闸室稳定计算

一、闸室荷载计算

作用在水闸上的荷载可分为基本荷载和特殊荷载两类。基本荷载主要有自重、水重、静水压力、扬压力、土压力、浪压力、风压力及其他出现机会较多的荷载等。特殊荷载主要有相应于校核洪水位情况下的水重、静水压力、扬压力、浪压力、地震荷载及其他出现机会较少的荷载等。

(一)闸室结构自重

闸室结构自重按设计尺寸与材料容重计算确定。材料容重按《水工建筑物荷载设计规范》(DL 5077—1997)附录 B 中表 B1 采用。

(二)闸门及启闭机的自重

闸门、启闭机及其他永久设备应尽量采用实际自重。闸门最好在闸门设计完成后按设计图计算自重。闸门设计未完成时,一般按类比法估算,根据已知的闸门孔口大小和设计水头,与同类型已有的闸门的自重相比。启闭机的自重按产品样本采用设备的铭牌自重。

(三)水重

作用在水闸底板上的水重应按其实际体积及水的容重计算确定。多泥沙河流上的水闸,还应考虑含沙量对水的容重的影响。

(四)静水压力

作用在水闸上的静水压力应根据水闸不同运用情况时的上、下游水位组合条件计算确定。多泥沙河流上的水闸,还应考虑含沙量对水的容重的影响。

作用在水闸上的静水压力强度应按式(6-26)计算:

$$P_w = \gamma_w H \tag{6-26}$$

式中 P_w——计算点处的静水压力强度,kN/m^2;

γ_w——水的容重,kN/m^3,$\gamma_w = 9.81\ kN/m^3$;

H——计算点处的作用水头,m。

当在铺盖与底板接头 a 点设金属或橡胶止水带时,a 点上、下的静水压力就突变起来。a 点上、下的静水压力强度之差应等于绕过铺盖至 a 点所消耗的渗压水头,见图 6-5。

如底板上设有黏土铺盖,上游水压力见图 6-6,b 点的水压力应为 b 点的静水压力减去绕过铺盖至 b 点所消耗的渗压水头 ab。

(五) 扬压力

作用在水闸上的扬压力应根据地基类别、防渗排水布置及水闸上、下游水位组合条件计算确定。扬压力包括浮托力和渗透压力,浮托力为水位以下闸室所受的浮力,渗透压力根据本章第四节的方法计算。

(六)土压力

作用在水闸上的土压力应根据填土性质、挡土高度、填土内的地下水位、填土顶面

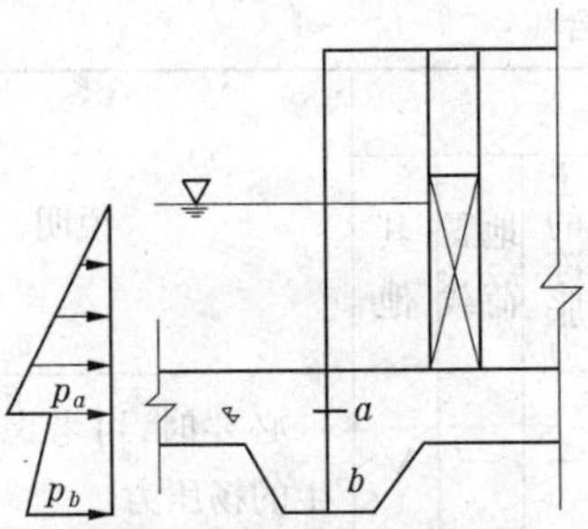

图 6-5　混凝土铺盖水平水压力分布

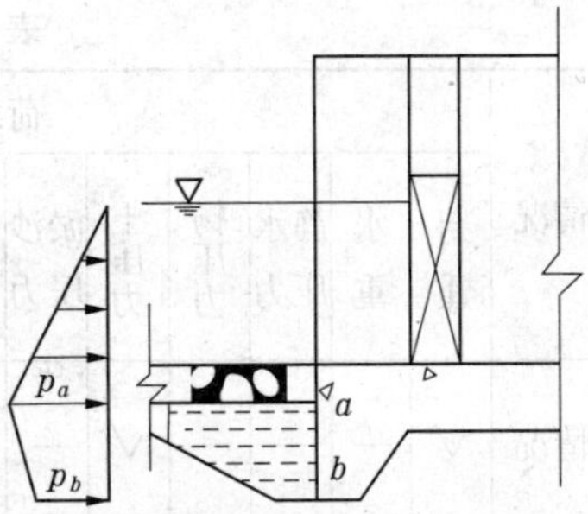

图 6-6　黏土铺盖水平水压力分布

坡角及超荷载等计算确定。对于向外侧移动或转动的挡土结构，可按主动土压力计算；对于保持静止不动的挡土结构，可按静止压力计算。

（七）浪压力

作用在水闸上的浪压力应根据水闸闸前风向、风速、风区长度（吹程）、风区内的平均水深及闸前实际波态的判别等计算确定。浪压力计算公式见《水闸设计规范》（SL 265—2001）的附录 E。

（八）风压力

作用在水闸上的风压力应根据当地气象台站提供的风向、风速和水闸受锋面积等计算确定。计算风压力时应考虑水闸周围地形、地貌及附近建筑物的影响。

（九）地震荷载

水闸的地震荷载应包括自重以及其上的设备自重所产生的地震惯性力、地震动水压力和地震动土压力。可根据设计地震烈度、设计地震加速度、工程抗震设防类别、场地类别、地震作用效应计算。当设计烈度 8、9 度时的 1、2 级水闸应同时计入水平向和竖向地震作用。

二、闸室荷载组合

设计水闸时，应将可能同时作用的各种荷载进行组合，荷载组合可分为基本组合和特殊组合两类。基本组合由基本荷载组成；特殊组合由基本荷载和一种或几种特殊荷载组成，但地震荷载只应与正常蓄水位情况下的相应荷载组合。

计算闸室稳定和应力时的荷载组合可按表 6-13 的规定采用，必要时还可考虑其他可能的不利组合。

三、闸室稳定计算

（一）基本规定

闸室稳定计算时应满足下列基本规定：

（1）闸室稳定计算宜取两相邻顺水流向永久缝之间的闸室段作为计算单元。

（2）土基上的闸室稳定计算应满足下列要求：

①在各种计算情况下，闸室平均基底应力不大于地基允许承载力，最大基底应力不大于地基允许承载力的 1.2 倍。

表 6-13　荷载组合

荷载组合	计算情况	荷载												说明
		自重	水重	静水压力	扬压力	土压力	淤沙压力	风压力	浪压力	冰压力	土的冻胀力	地震荷载	其他	
基本组合	完成情况	√	—	—	—	√	—	—	—	—	—	—	√	必要时，可考虑地下水产生的扬压力
	正常蓄水位情况	√	√	√	√	√	√	√	√	—	—	—	√	按正常蓄水位组合计算水重、静水压力、扬压力及浪压力
	设计洪水位情况	√	√	√	√	√	√	√	√	—	—	—	—	按设计洪水位组合计算水重、静水压力、扬压力及浪压力
	冰冻情况	√	√	√	√	√	√	√	—	√	√	—	√	按正常蓄水位组合计算水重、静水压力、扬压力及冰压力
特殊组合	施工情况	√	—	—	—	√	—	—	—	—	—	—	√	应考虑施工过程中各个阶段的临时荷载
	检修情况	√	—	√	√	√	√	√	√	—	—	—	√	按正常蓄水位组合（必要时可按设计洪水位组合或冬季低水位条件）计算静水压力、扬压力及浪压力
	校核洪水位情况	√	√	√	√	√	√	√	√	—	—	—	—	按校核洪水位组合计算水重、静水压力、扬压力及浪压力
	地震情况	√	√	√	√	√	√	√	√	—	—	√	—	按正常蓄水位组合计算水重、静水压力、扬压力及浪压力

②闸室基底应力的最大值与最小值之比不大于《水闸设计规范》（SL 265—2001）规定的允许值。

③沿闸室基底面的抗滑稳定安全系数不小于《水闸设计规范》（SL 265—2001）规定的允许值。

（3）岩基上的闸室稳定计算应满足下列要求：

①在各种计算情况下，闸室最大基底应力不大于地基允许承载力。

②在非地震情况下，闸室基底不出现拉应力；在地震情况下，闸室基底拉应力不大于 100 kPa。

③沿闸室基底面的抗滑稳定安全系数不小于《水闸设计规范》（SL 265—2001）规定

的允许值。

(4)土基上闸室基底应力最大值与最小值之比的允许值,见表 6-14。

表 6-14　土基上闸室基底应力最大值与最小值之比的允许值

地基土质	荷载组合	
	基本组合	特殊组合
松软	1.50	2.00
中等坚实	2.00	2.50
坚实	2.50	3.00

注:1. 对于特别重要的大型水闸,其闸室基底应力和最大值与最小值之比的允许值可按表列数值适当减小。

2. 对于地震区的水闸,闸室基底应力最大值与最小值之比的允许值可按表列数值适当增大。

3. 对于地基特别坚实或可压缩土层甚薄的水闸,可不受本表的规定限制,但要求闸室基底不出现拉应力。

(5)在没有试验资料的情况下,闸室基底面与地基之间摩擦系数 f 值,可根据地基类别按表 6-15 所列数值选用。

表 6-15　闸室基底面与地基之间摩擦系数 f 值

地基类别		f
黏土	软弱	0.20~0.25
	中等坚硬	0.25~0.35
	坚硬	0.35~0.45
壤土、粉质壤土		0.25~0.40
砂壤土、粉砂土		0.35~0.40
细砂、极细砂		0.40~0.45
中砂、粗砂		0.45~0.50
砂砾石		0.40~0.50
砾石、卵石		0.50~0.55
碎石土		0.40~0.50
软质岩石	极软	0.40~0.45
	软	0.45~0.55
	较软	0.55~0.60
硬质岩石	较坚硬	0.60~0.65
	坚硬	0.65~0.70

(6)闸室基底面与土质地基之间摩擦角 φ_0 值及黏聚力 c_0 值可根据土质地基类别按表 6-16 的规定采用。

表 6-16　闸室基底面与土质地基之间摩擦角 φ_0 值及黏聚力 c_0 值(土质地基)

土质地基类别	φ_0	c_0
黏性土	0.9φ	$(0.2\sim0.3)c$
砂性土	$(0.85\sim0.9)\varphi$	0

注:表中 φ 为室内饱和固结快剪(黏性土)或饱和快剪(砂性土)试验测得的内摩擦角,(°);c 为室内饱和固结快剪试验测得的黏聚力,kPa。

（7）闸室基底面与岩石地基之间的抗剪断摩擦系数f'值及抗剪断黏聚力c'值可根据室内岩石抗剪断试验成果，并参照类似工程实践经验及表6-17所列数值选用。但选用的f'、c'值不应超过闸室基础混凝土本身的抗剪断参数值。

表6-17　抗剪断摩擦系数f'值及抗剪断黏聚力c'值（岩石地基）

岩石地基类别		f'	c'（MPa）
硬质岩石	坚硬	1.5～1.3	1.5～1.3
	较坚硬	1.3～1.1	1.3～1.1
软质岩石	较软	1.1～0.9	1.1～0.7
	软	0.9～0.7	0.7～0.3
	极软	0.7～0.4	0.3～0.05

注：如岩石地基内存在结构面、软弱层（带）或断层的情况，f'、c'值应按现行的《水利水电工程地质勘察规范》（GB 50287—99）的规定选用。

（8）土基上沿闸室基底面抗滑稳定安全系数的允许值，见表6-18。

表6-18　土基上沿闸室基底面抗滑稳定安全系数的允许值

荷载组合		水闸级别			
		1	2	3	4、5
基本组合		1.35	1.30	1.25	1.20
特殊组合	Ⅰ	1.20	1.15	1.10	1.05
	Ⅱ	1.10	1.05	1.05	1.00

注：1. 特殊组合Ⅰ适用于施工情况、检修情况及校核洪水位情况。
2. 特殊组合Ⅱ适用于地震情况。

（9）岩基上沿闸室基底面抗滑稳定安全系数的允许值，见表6-19。

表6-19　岩基上沿闸室基底面抗滑稳定安全系数的允许值

荷载组合		按式（6-29）计算时			按式（6-31）计算时
		水闸级别			
		1	2、3	4、5	
基本组合		1.10	1.08	1.05	3.00
特殊组合	Ⅰ	1.05	1.03	1.00	2.50
	Ⅱ	1.00	1.00	1.00	1.00

注：1. 特殊组合Ⅰ适用于施工情况、检修情况及校核洪水位情况。
2. 特殊组合Ⅱ适用于地震情况。

（10）当沿闸室基底面抗滑稳定安全系数计算小于允许值时，可在原有结构布置的基础上，结合工程的具体情况，采用下列一种或几种抗滑措施：

①适当增加地板宽度；

②在基底增设凸榫；

③在墙后增设阻滑板或锚杆；

④在墙后改填摩擦角较大的填料，并增设排水；

⑤在不影响水闸正常运用的条件下，适当限制墙后的填土高度，或在墙后采用其他减

载措施。

(二)闸室基底应力计算

闸室基底应力应根据结构布置及受力情况,分别按下列规定进行计算。

(1)当结构布置及受力情况对称时,按下列公式计算:

$$p_{\min}^{\max} = \frac{\sum G}{A} \pm \frac{\sum M}{W} \tag{6-27}$$

式中 $p_{\min}^{\max}$——闸室基底应力的最大值或最小值,kPa;

$\sum G$——作用在闸室上的全部竖向荷载(包括闸室基础底面上的扬压力在内),kN;

$\sum M$——作用在闸室上的全部竖向和水平荷载对于基础底面垂直水流方向的形心轴的力矩,kN·m;

A——闸室基底面面积,m^2;

W——闸室基底面对于该底面垂直水流方向的形心轴的截面矩,m^3。

(2)当结构布置及受力情况不对称时,按下列公式计算:

$$p_{\min}^{\max} = \frac{\sum G}{A} \pm \frac{\sum M_X}{W_X} \pm \frac{\sum M_Y}{W_Y} \tag{6-28}$$

式中 $\sum M_X$、$\sum M_Y$——作用在闸室上的全部竖向和水平向荷载对于基础底面形心轴 X、Y 的力矩,kN·m;

W_X、W_Y——闸室基底面对于该底面形心轴 X、Y 的截面矩,m^3。

(三)闸室基底抗滑计算

(1)土基上沿闸室基底面的抗滑稳定安全系数按下列公式计算。

土基上沿闸室基底面的抗滑稳定安全系数,应按式(6-29)或式(6-30)计算:

$$K_c = \frac{f\sum G}{\sum H} \tag{6-29}$$

$$K_c = \frac{\tan\varphi_0 \sum G + c_0 A}{\sum H} \tag{6-30}$$

式中 K_c——沿闸室基底面的抗滑稳定安全系数;

f——闸室基底面与地基之间的摩擦系数;

$\sum H$——作用在闸室上的全部水平向荷载,kN;

φ_0——闸室基底面与土质地基之间的摩擦角,(°);

c_0——闸室基底面与土质地基之间的黏聚力,kPa。

(2)岩基上沿闸室基底面的抗滑稳定安全系数按下列公式计算。

岩基上沿闸室基底面的抗滑稳定安全系数,应按式(6-29)或式(6-31)计算:

$$K_c = \frac{f'\sum G + c'A}{\sum H} \tag{6-31}$$

式中 f'——闸室基底面与岩石地基之间的抗剪断摩擦系数;

c'——闸室基底面与岩石地基之间的抗剪断黏聚力,kPa。

第六节　水闸设计常见问题

自新中国成立以来,在广大平原地区和各条江河及大小灌区,修建了近 3 万座水闸,特别是在长江、黄河、淮河和海河的流域治理中,水闸数量众多。在水闸设计、施工、运行管理中积累了丰富经验,也出现了一些问题和事故,在已建水闸上留下了缺陷,甚至导致毁灭性破坏,分析造成这些问题和事故的原因,从中吸取教训,将有利于水闸设计水平的提高。

一、消能防冲设计中存在的问题

(1)消能设施不足。主要是对闸下游尾水位的选定缺乏实际资料的依据或对下游河床的演变分析预测不够。对下游河床的演变分析预测不仅要考虑建闸后的自然冲刷影响,更重要的是分析预测人为因素的影响,由于基本建设规模迅速增加,河道人为采沙量随之增加,必须科学合理地分析预测人为采沙对闸下游河床的影响,确定合理的下游尾水位,以防止消能设施不足而带来的问题。

(2)消力池结构单薄,强度不足而遭冲毁。多数是对消力池的受力条件缺乏正确的分析和足够的估计。例如,消力池底的脉动水压力,池底因跃前水面凹陷而产生的上、下游压力差,消力齿、消力槛的水流冲击力,均无法精确计算,常根据已建工程经验用类比方法确定,如果类比条件不一致,就会出现不同程度的事故。

(3)海漫结构形式采用不当。海漫要求柔性、粗糙、透水等条件,但在山丘型河道中要慎重。例如,采用干砌石海漫,由于流速较大,产生的脉动水压力较大,如果反滤层级配不良,海漫下层的颗粒容易带出而发生渗透变形,使海漫坍塌而破坏。采用浆砌石海漫或混凝土海漫,必须做好排水设施和合理分缝。

(4)翼墙扩散角过大,回流没有消除,冲刷坑沿回流与主流交界的部位发展,该处单宽流量集中,流速较大,如果海漫过短,未延伸到回流的末端,则遭受冲刷。

二、水闸的渗流控制设计存在的问题

(1)地下轮廓布置和两岸边墙的布置不协调,地基渗透和两岸绕渗的水头损失不一致,以致常用的两向渗透计算结果不符合实际。通常对两岸的绕渗注意不够,渗径不足而产生渗透破坏。

(2)对两岸地下水向河槽渗透补给的情况估计不足。当岸坡有强烈的透水层且地下水位较高时,这种渗透将显著影响闸基下和边墙后的渗透水头分布,但设计中往往缺乏必要的防护措施。

(3)渗流逸出面的位置布置在急流低压区。例如,在消力池斜坡段上设置排水孔,水闸泄水时,由于急流脉动水压力而产生负压,渗透水头增加,出逸坡降随之加大,如果出口反滤层级配不良,都容易发生渗透变形。

(4)反滤层堵塞导致闸基和护坦扬压力增大,特别容易引起护坦失稳而发生重大事故。

(5)地下轮廓范围内止水不严密而漏水,带出地基颗粒而发生渗透破坏。

三、地基不均匀沉陷引起的问题

地基不均匀沉陷的原因有两方面:一是地基不均匀,二是荷载不均匀。前者较被人们所关注,在闸址选择时总竭力避开那些明显不均匀的地基。但是天然地基的形态复杂多变,即使地层性质相同,但在微观上如含水量、密实程度、压缩性等往往是不均匀的,由此产生的不均匀沉降是在所难免的。后者常被人们所忽视,例如边墙后填土的荷载大于闸室,闸室的荷载大于上、下游护坦,相互之间必然产生不均匀沉降。但常常被忽视,不采取相应的措施,造成水闸不均匀沉陷而引起水闸的缺陷。

地基不均匀沉陷常引起以下问题:

(1)闸室缝墩张开,与上、下游护坦的接缝错动,导致止水片断裂而失效。

(2)闸室倾斜,导致闸门止水不密而漏水、闸门启闭不灵等问题。

(3)闸室的梁、板构件由于支座的相对变位而裂缝。

(4)上、下游护坦因闸室和翼墙的沉降影响而裂缝,多由于护坦的强度设计未考虑边荷载的影响,以致配筋不足而引起。

四、混凝土构件因温度变化而裂缝

(1)固结于闸墩上部的胸墙、桥梁等结构,断面尺寸远小于闸墩,在温度变化的过程中,受闸墩约束而不能自由伸缩,常因温度降低时拉应力过大而裂缝。有些简支胸墙和桥梁,由于支座摩阻力的约束,也因温度降低时产生拉应力而裂缝。

(2)闸墩底部受基础的约束,在温度降低时会产生拉应力,导致自上而下的竖向裂缝。此种裂缝在直接位于岩基上的装置弧形闸门的闸墩上最为多见。

(3)经常露出水面的护坦和底板,由于冬季温差过大及寒流冲击而裂缝,这种裂缝表现为不规则的龟裂,是逐渐发展的,起初为表面裂缝,经多次胀缩,裂缝由浅入深。护坦厚度较薄,最终成为贯穿裂缝。底板厚度较大,配筋多,很少发展成贯穿裂缝。闸墩表面也常出现这种裂缝。

第七节　水闸运用管理

一、管理机构

为确保工程正常运行,长期发挥工程效益,必须加强工程管理,建立健全管理体制和管理机构。具体负责工程运行与管理工作,进行统一调度,综合利用。

根据水利部、财政部《水利工程管理单位定岗标准》(试点),设立工程管理机构,并从简配备人员,成立工程管理机构,包括处长室、工程科、财务供应科和综合办公室等管理科室。

二、控制运用

认真贯彻执行《中华人民共和国水法》、《中华人民共和国防洪法》、《中华人民共和国环保法》及上级有关条例、文件精神，建立健全管理规章制度，加强污水监测、供水计量技术培训，搞好工程确权划界，做到责任到人，上下协调统一，蓄泄灵活机动。管理过程中要以洪水调度为指导，在管好用好工程的前提下，开展综合经营，积累资料，总结经验，不断提高管理工作水平，使工程管理与运行走上良性轨道。搞好职工培训工作；建立健全各项管理规章制度，落实岗位责任制；按照国家和上级有关水费征收文件精神，搞好水费计征改革，加强水费征收，实现工程管理自食其力、合理上缴、良性循环。

(一)水闸控制运用依据

水闸应根据规划设计的工程特征值，结合工程现状确定下列有关指标：

(1)上、下游最高水位与最低水位。

(2)最大过闸流量，相应单宽流量。

(3)最大水位差及相应的上、下游水位。

(4)上、下游河道的安全水位和流量。

(5)兴利水位及流量。

(二)水闸控制运用原则

(1)局部服从全局，全局照顾局部，兴利服从防洪，统筹兼顾。

(2)综合利用水资源。

(3)按照有关规定和协议合理利用。

(4)与上、下游和相邻有关工程密切配合运用。

(三)水闸控制运用

(1)水闸管理单位应按年度或阶段制定控制运用计划，报上级主管部门批准后执行，有防洪任务的水闸，汛期的控制运用计划报防汛指挥部备案，并接受其监督。

(2)水闸的控制运用，按批准的控制运用计划执行，不得接受其他任何单位和个人的指令，指令要做好记录，并向上级主管部门报告。

(3)当水闸超过规定的控制运用指标运用时，必须进行充分的分析论证，提出可行的运用方案，报上级主管部门批准后施行。

(四)闸门的操作运用

1. 闸门操作运用的基本要求

(1)过闸流量必须与下游水位相适应，使水跃发生在消力池内。

(2)过闸水流应平稳，避免发生集中水流、折冲水流、回流、涡流等不良流态。

(3)关闸或减少过闸流量时，应避免下游河道水位降低过快。

(4)避免闸门停留在发生振动的位置运用。

2. 闸门启闭前的准备

(1)对管理范围内的船舶、竹木筏等，应做好妥善处理。

(2)检查闸门启、闭状态，有无卡阻。

(3)检查机、电、启闭设备是否符合运转要求。

(4)观察上、下游水位与流态,查对流量。

3. 闸门操作规定

闸门操作应有专门记录,并妥为保存,记录应符合以下规定要求:

(1)应有熟练人员进行操作,做到准确及时,保证工程和人员安全。

(2)手电两用的启闭机人工操作前,必须先断开电源;闭门是严禁松开制动器使闸门自由下落,操作结束应立即取下摇柄。

(3)闸门启闭如发现沉重、停滞、杂生等异常情况,应及时停车检查,加以处理。

(4)使用油压启闭机,当闸门开启到预定位置,而压力仍然升高时,应立即将回油控制阀开大至极限位置。

(5)当闸门开启接近最大开度或关闭接近闸底时,应注意及时停车;遇有闸门关闭不严现象,应查明原因进行处理;使用螺杆启闭机的,严禁强行顶压。

4. 多孔闸门操作运用规定

(1)多孔水闸闸门按设计提供的启闭程序或管理运用经验进行操作运行,一般同时分级均匀启闭,不能同时启闭的,应由中间孔向两边依次对称开启,由两边向中间依次对称关闭。

(2)多孔挡潮闸下游河道淤积严重时,可开启单孔或少数孔闸门进行适度冲淤,但必须加强监视,严防效能设施遭受损坏。

(3)双层孔口或上、下扉的闸门,应先开启底层或下扉的闸门,再开启上层或上扉的闸门,关闭顺序相反。

三、检查观测

(一)水闸检查观测的主要任务

(1)监视水情和水流形态、工程状态变化和工作情况,掌握水情、工程变化规律,为正确管理提供科学依据。

(2)及时发现异常现象,分析原因,采取措施,防止发生事故。

(3)验证工程规划、设计、施工及科研成果,为发展水利科学技术提供资料。

(二)水闸检查观测工作的基本要求

(1)检查观测应按规定的内容、测次和时间执行。

(2)观测成果应真实、准确,精度符合要求,资料应及时整理、分析,并定期进行整编。

(3)检测设施应妥善保护,监测仪器和工具应定期校验、维修。

(三)工程检查

工程检查工作包括经常检查、定期检查、特别检查和安全鉴定。

经常检查:管理单位应经常对各部位、河床冲淤、管理范围内的情况等进行检查,每月检查不少于一次。

定期检查:每年汛前、汛后、冬季,应对各部位进行全面检查。运用前检查岁修工程完成情况,汛后检查工程变化和破坏情况,冬季检查防冻、防冰凌的情况。

特别检查:当发生特大洪水、强烈地震和其他重大情况时,应及时进行特别检查。

安全鉴定:水闸投入运行后,每隔 15 ~20 年应进行一次全面的安全鉴定,安全鉴定由管理单位报请上级主管部门负责组织实施。

（四）工程观测

工程观测应按设计要求确定，设计未作规定的，可结合工程的具体情况和需要确定。必须观测的项目包括垂直位移、扬压力、裂缝、混凝土炭化、河床演变，水位流量。专门性观测的项目包括水平位移、绕渗、水流形态、水质、泥沙、冰凌等。

四、养护修理

工程养护修理分为养护、岁修、抢修和大修。应本着“经常养护、随时维修、养重于修、修重于抢”的原则进行，在施工过程中应确保工程质量和安全生产，并做好详细的记录。

（一）土工建筑物的养护修理

堤坝出现雨淋沟、塌陷，岸、翼墙后填土区发生塌陷时应修补夯实；堤坝发生渗漏、管涌现象时，应按照“上截、下排”的原则及时进行处理；堤坝出现滑坡迹象时，应按“上部减载、下部压重、迎水坡防渗、背水坡导渗”的原则进行处理；河床冲刷坑已危及防冲槽或岸坡稳定时应立即抢护；河床淤积影响工程效益发挥时，应及时采取人工开挖、机械疏浚等方法清除。

（二）砌石建筑物的养护修理

砌石护坡、护底有松动、塌陷、隆起、底部掏空、垫层散失等现象，应按有关规定及原状修复；水闸的防冲槽、海漫等遭遇冲刷破坏时，一般采取加筑消能设施或抛石笼、抛石等办法处理；水闸的反滤设施、减压井、排水设施等应保持畅通，若有堵塞、损坏，应予以疏通、修复。

（三）混凝土建筑物的养护修理

消力池、门槽范围内的砂石和杂物等应定期清除；建筑物上的进水孔、排水孔、通气孔等应保持畅通；经常出露水面的底部钢筋混凝土构件，应采取适当的保护措施防止腐蚀和受冻；钢筋混凝土保护层损坏时，应采用涂料封闭、喷浆等措施修补处理；混凝土建筑物出现裂缝后，应加强检查观测，查明原因，确定修补措施；伸缩缝填料如有流失，应及时填充，止水损坏，可用柔性材料灌浆或重新埋设止水予以修复。

（四）闸门的养护修理

闸门表面附着的水生物、污垢、杂物等应定期清除；运转部件的加油设施应保持完好、畅通，并定期加油；钢闸门可采用喷涂金属、涂装涂料进行防腐；闸门止水出现磨损、变形或止水橡皮自然老化、失去弹性且漏水超过规定值时，应予更换；承载构件发生变形时，应进行核算并及时矫形、补强或更换；行走支承装置的零部件出现问题时应及时维修或更换；寒冷地区的水闸，冰冻期间应因地制宜地对闸门采取有效的防冰冻措施。

（五）启闭机的养护修理

启闭机的连接件应保持坚固，不得有松动现象；传动件应加油润滑；闸门开度指示器应保持运转灵活，指示准确；制动装置应经常维修，适时调整，确保动作灵活、制动可靠；钢丝绳应经常涂抹防水油脂，定期清洗保养；螺杆启闭机的螺杆发生弯曲变形影响使用时，应予以矫正。

(六)机电设备的养护修理

(1)电动机维护:保持无尘、无污、无锈;接线盒应防潮,压线不松动;绕组的绝缘电阻值应定期检测,不符合要求时应进行处理。

(2)操作设备维护:开关应经常打扫,保持清洁,露天开关应防雨、防潮;各种开关、继电保护装置,应保持干净、触点良好、接头牢固;主令控制器及限位装置应保持定位准确可靠,触点无烧毛现象;保险丝必须按规定使用,不得用其他金属丝代替。

(3)输电线路维护:各种线路应防止发生漏电、断路、短路、虚连等现象。

(4)指示仪表及防雷器:按供电部门的有关规定进行定期校验。

(5)防雷设施:按供电部门的有关规定进行定期校验。接地电阻超过规定值的20%时,应增设补充接地极;防雷设施构架上严禁架设低压线、广播线及通信线。

五、实例

【例题6-1】 某河道上水闸地下轮廓布置如图6-7所示,上游水深6.0 m,下游水深2.0 m。闸基透水层深度为30 m。试用阻力系数法求:

(1)闸底板下的渗透压力;

(2)闸底板水平段的平均渗透坡降和出口处的平均逸出坡降。

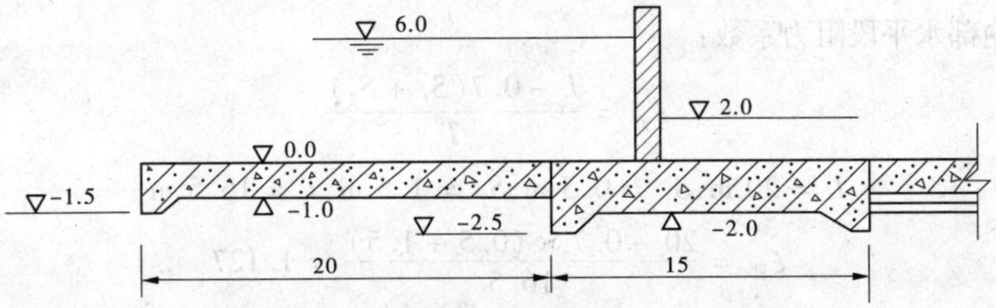

图6-7 某河道上水闸地下轮廓布置 (单位:m)

解:第一步,地下轮廓线的简化。

为了便于计算,将复杂的地下轮廓线进行简化,由于铺盖头部及底板上、下游两端的齿墙均较浅,可以将它们简化为短板桩,见图6-8。

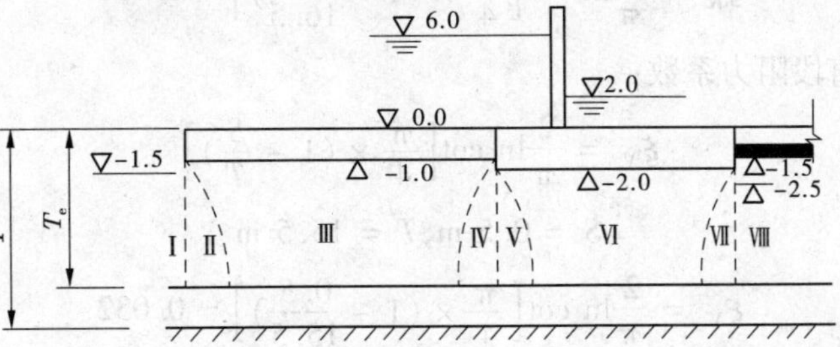

图6-8 地下轮廓的简化 (单位:m)

第二步,确定地基的有效深度。

由图6-8可知,地下轮廓的水平投影长度 $L_0 = 20 + 15 = 35(\mathrm{m})$,垂直投影长度 $S_0 =$

2.5 m。$L_0/S_0=35/2.5=14>5$,故地基的有效深度:

$$T_e = 0.5L_0 = 0.5 \times 35 = 17.5(\text{m})$$

第三步,渗流区域的分段和阻力系数的计算。

地下轮廓线的角点、尖点,将渗流区域分成8个典型段,见图6-8。Ⅰ、Ⅷ段为进出口段,Ⅱ、Ⅳ、Ⅴ、Ⅶ为内部垂直段,Ⅲ、Ⅵ为内部水平段。

(1)进口段阻力系数:

$$\xi_{\mathrm{I}} = 1.5\left(\frac{S}{T}\right)^{3/2} + 0.441$$

$$S = 1.5\ \text{m}, T = 17.5\ \text{m}$$

故
$$\xi_{\mathrm{I}} = 1.5 \times \left(\frac{1.5}{17.5}\right)^{3/2} + 0.441 = 0.479$$

(2)内部垂直段阻力系数:

$$\xi_{\mathrm{II}} = \frac{2}{\pi}\ln\cot\left[\frac{\pi}{4} \times \left(1 - \frac{S}{T}\right)\right]$$

$$S = 0.5\ \text{m}, T = 16.5\ \text{m}$$

故
$$\xi_{\mathrm{II}} = \frac{2}{\pi}\ln\cot\left[\frac{\pi}{4} \times \left(1 - \frac{0.5}{16.5}\right)\right] = 0.030$$

(3)内部水平段阻力系数:

$$\xi_{\mathrm{III}} = \frac{L - 0.7(S_1 + S_2)}{T}$$

$$L = 20\ \text{m}, S_1 = 0.5\ \text{m}, S_2 = 1.5\ \text{m}, T = 16.5\ \text{m}$$

$$\xi_{\mathrm{III}} = \frac{20 - 0.7 \times (0.5 + 1.5)}{16.5} = 1.127$$

(4)内部垂直段阻力系数:

$$\xi_{\mathrm{IV}} = \frac{2}{\pi}\ln\cot\left[\frac{\pi}{4} \times \left(1 - \frac{S}{T}\right)\right]$$

$$S = 1.5\ \text{m}, T = 16.5\ \text{m}$$

故
$$\xi_{\mathrm{IV}} = \frac{2}{\pi}\ln\cot\left[\frac{\pi}{4} \times \left(1 - \frac{1.5}{16.5}\right)\right] = 0.091$$

(5)内部垂直段阻力系数:

$$\xi_{\mathrm{V}} = \frac{2}{\pi}\ln\cot\left[\frac{\pi}{4} \times \left(1 - \frac{S}{T}\right)\right]$$

$$S = 0.5\ \text{m}, T = 15.5\ \text{m}$$

故
$$\xi_{\mathrm{V}} = \frac{2}{\pi}\ln\cot\left[\frac{\pi}{4} \times \left(1 - \frac{0.5}{15.5}\right)\right] = 0.032$$

(6)内部水平段阻力系数:

$$\xi_{\mathrm{VI}} = \frac{L - 0.7(S_1 + S_2)}{T}$$

$$S_1 = S_2 = 0.5\ \text{m}, T = 15.5\ \text{m}, L = 15\ \text{m}$$

故 $$\xi_{VI} = \frac{15 - 0.7 \times (0.5 + 0.5)}{15} = 0.953$$

(7)内部垂直段阻力系数：

$$\xi_{VII} = \frac{2}{\pi}\ln\cot\left[\frac{\pi}{4} \times (1 - \frac{S}{T})\right]$$

$$S = 0.5\ \text{m}, T = 15.5\ \text{m}$$

故 $$\xi_{VII} = \frac{2}{\pi}\ln\cot\left[\frac{\pi}{4} \times (1 - \frac{0.5}{15.5})\right] = 0.032$$

(8)出口段阻力系数：

$$\xi_{VIII} = 1.5(\frac{S}{T})^{3/2} + 0.441$$

$$S = 0.5\ \text{m}, T = 16.0\ \text{m}$$

故 $$\xi_{VII} = 1.5 \times (\frac{0.5}{16.0})^{3/2} + 0.441 = 0.449$$

故 $\xi = \sum_{i=I}^{VIII} \xi_i = 0.479 + 0.030 + 1.127 + 0.091 + 0.032 + 0.953 + 0.032 + 0.449 = 3.193$

第四步，计算渗透压力。

(1)各段水头损失的计算 $h_i = \frac{\Delta H}{\xi}\xi_i, \Delta H = 6 - 2 = 4(\text{m})$。

$$h_{I} = 0.600\ \text{m}$$
$$h_{II} = 0.038\ \text{m}$$
$$h_{III} = 1.412\ \text{m}$$
$$h_{IV} = 0.114\ \text{m}$$
$$h_{V} = 0.040\ \text{m}$$
$$h_{VI} = 1.194\ \text{m}$$
$$h_{VII} = 0.040\ \text{m}$$
$$h_{VIII} = 0.562\ \text{m}$$

(2)进出口水头损失的修正。

进口处修正系数 β_1 为：

$$\beta_1 = 1.21 - \frac{1}{\left[12(\frac{T'}{T})^2 + 2\right](\frac{S'}{T} + 0.059)}$$

已知 $$S' = 1.5\ \text{m}, T' = 16.5\ \text{m}, T = 17.5\ \text{m}。$$

故 $$\beta_1 = 1.21 - \frac{1}{\left[12 \times (\frac{16.5}{17.5})^2 + 2\right] \times (\frac{1.5}{17.5} + 0.059)} = 0.665 < 1.0$$

应予以修正。

进口段的水头损失修正为：

$$h'_{I} = \beta_1 h_{I} = 0.665 \times 0.600 = 0.399(\text{m})$$

修正量为 $\Delta h = 0.600 - 0.399 = 0.201(\text{m})$，且该修正量应转移给相邻各段，则

$$h'_{\mathrm{II}} = 0.038 + 0.038 = 0.076(\mathrm{m})$$

$$h'_{\mathrm{III}} = 1.412 + (0.201 - 0.038) = 1.575(\mathrm{m})$$

出口处修正系数β_2为：

$$\beta_2 = 1.21 - \frac{1}{[12(\frac{T'}{T})^2 + 2](\frac{S'}{T} + 0.059)}$$

已知$S' = 1.0$ m，$T' = 15.5$ m，$T = 16$ m。所以$\beta_2 = 0.589 < 1.0$，应修正。

出口段的水头损失修正为：

$$h'_{\mathrm{VIII}} = \beta_2 h_{\mathrm{VIII}} = 0.589 \times 0.562 = 0.331(\mathrm{m})$$

修正量$\Delta h = 0.562 - 0.331 = 0.231(\mathrm{m})$，转移给相邻各段，则

$$h'_{\mathrm{VII}} = 0.040 + 0.040 = 0.080(\mathrm{m})$$

$$h'_{\mathrm{VI}} = 1.194 + (0.231 - 0.040) = 1.385(\mathrm{m})$$

(3)计算各角偶点的渗压水头(见图6-9)。

$$H_1 = 4.0 \text{ m}$$

$$H_2 = 4.0 - h'_{\mathrm{I}} = 4.0 - 0.399 = 3.601(\mathrm{m})$$

$$H_3 = H_2 - h'_{\mathrm{II}} = 3.601 - 0.076 = 3.525(\mathrm{m})$$

$$H_4 = H_3 - h'_{\mathrm{III}} = 3.525 - 1.575 = 1.95(\mathrm{m})$$

$$H_5 = H_4 - h_{\mathrm{IV}} = 1.95 - 0.114 = 1.836(\mathrm{m})$$

$$H_6 = H_5 - h_{\mathrm{V}} = 1.836 - 0.040 = 1.796(\mathrm{m})$$

$$H_7 = H_6 - h'_{\mathrm{VI}} = 1.796 - 1.385 = 0.411(\mathrm{m})$$

$$H_8 = H_7 - h'_{\mathrm{VII}} = 0.411 - 0.080 = 0.331(\mathrm{m})$$

$$H_9 = H_8 - h'_{\mathrm{VIII}} = 0.331 - 0.331 = 0(\mathrm{m})$$

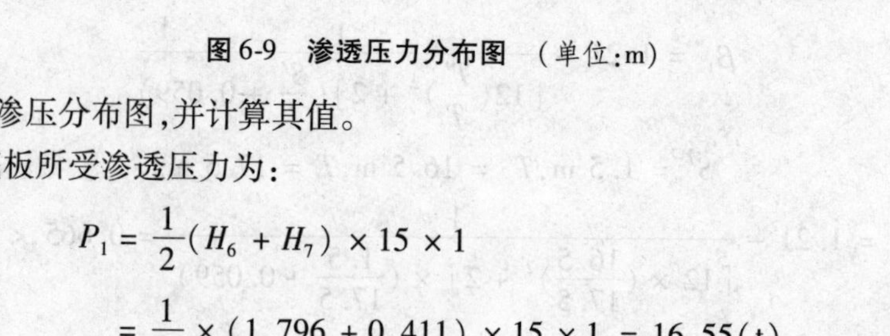

图6-9　渗透压力分布图　(单位:m)

(4)作出渗压分布图，并计算其值。

单位宽底板所受渗透压力为：

$$P_1 = \frac{1}{2}(H_6 + H_7) \times 15 \times 1$$

$$= \frac{1}{2} \times (1.796 + 0.411) \times 15 \times 1 = 16.55(\mathrm{t})$$

单位宽铺盖所受的渗透压力为：

$$P_1 = \frac{1}{2}(H_3 + H_4) \times 20 \times 1$$

$$= \frac{1}{2} \times (3.525 + 1.95) \times 20 \times 1 = 54.75(\mathrm{t})$$

第五步，计算闸底板水平段的平均渗透坡降 J_x 和出口处的平均出逸坡降 J_0。

$$J_x = \frac{h_{\mathrm{VI}}}{L_x} = \frac{1.194}{15} = 0.080$$

$$J_0 = \frac{h'_{\mathrm{VIII}}}{S'} = \frac{0.331}{1.0} = 0.331$$

【例题 6-2】 某水闸闸室结构布置如图 6-10 所示。两孔一联，每孔净宽 6.5 m，闸孔净宽 13 m，中墩厚 1.10 m，总宽度为 15.2 m，底板长 16 m，厚 1.2 m。上游设计水位 4.3 m，下游水位 1.0 m。混凝土、钢筋混凝土的容重取为 25 kN/m^3。地基为坚硬粉质黏土，凝聚力 $c = 60.0$ kPa，内摩擦角 $\varphi = 19°$，天然容重 $\gamma = 20.3$ kN/m^3，浮容重 $\gamma_b = 10.09$ kN/m^3，地基最大承载力$[\sigma] = 110$ kPa。波浪高度 $h_l = 0.8$ m，波浪长 $L_l = 8$ m。取中间一个独立的闸室单元进行分析，分析：①闸室基底压力；②闸室的抗滑稳定性。

解：(1)荷载计算。

在设计水位下，闸室的荷载包括闸室结构的重力，闸室内水的重力、浪压力、水压力、扬压力等。

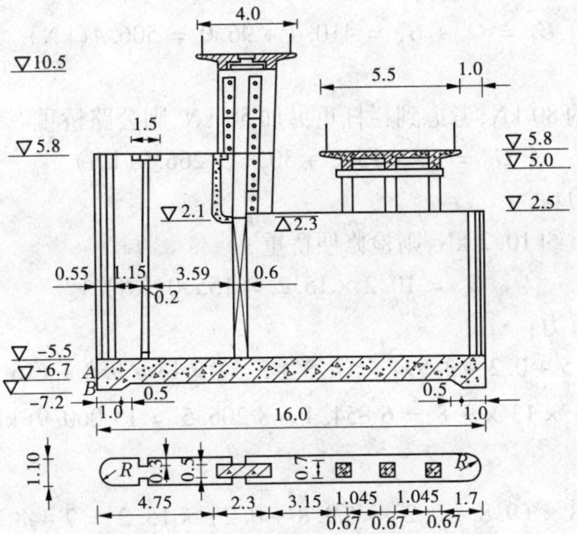

图 6-10 闸室结构布置 （单位：m）

①底板重力：

$$G_1 = 16 \times 1.2 \times 15.2 \times 25 + \frac{1}{2} \times (1 + 1.5) \times 0.5 \times 15.2 \times 25 \times 2 = 7\,771.0(\mathrm{kN})$$

②闸墩重力：

每个中墩重

$$G'_2 = \frac{1}{2} \times 3.14 \times 0.55^2 \times 11.3 \times 25 + \frac{1}{2} \times 3.14 \times 0.55^2 \times 8.0 \times 25 +$$
$$(4.2 \times 1.10 \times 11.3 - 2 \times 0.2 \times 0.3 \times 11.3) \times 25 + (2.3 \times 1.10 \times$$

$11.3 - 2 \times 0.3 \times 0.6 \times 11.3 + 2.3 \times 0.5 \times 4.7) \times 25 +$

$(8.4 \times 1.10 \times 8.0 + 3 \times 0.67 \times 0.7 \times 1.8 + 0.7 \times 0.7 \times 4.7) \times 25$

$= 134.2 + 95.0 + 1\,271.3 + 748.2 + 1\,968.9 = 4\,217.6(\text{kN})$

每个闸室单元有两个中墩,则

$$G_2 = 2G_2' = 2 \times 4\,217.6 = 8\,435.2(\text{kN})$$

③闸门重力:

$$G_3 = 200.0 \times 2 = 400.0(\text{kN})$$

④胸墙重力:

$$G_4 = 0.3 \times 0.5 \times 13 \times 25 + 0.4 \times 0.8 \times 13 \times 25 + 0.2 \times (3.7 - 0.4 - 0.3) \times 13 \times 25 = 347.8(\text{kN})$$

⑤工作桥及启闭机重力:

工作桥重考虑到栏杆及横梁重等工作桥每米重约为 27.0 kN,则

$$G_5' = 27 \times 15.2 = 410.4(\text{kN})$$

启闭机 QPQ2×25 单台机身重 40.7 kN,考虑到机架混凝土及电机重,每台启闭机重按 48.0 kN 计,启闭机重力

$$G_5'' = 2 \times 48 = 96.0(\text{kN})$$

则

$$G_5 = G_5' + G_5'' = 410.4 + 96.0 = 506.4(\text{kN})$$

⑥公路桥重力:

公路桥每米重约 80 kN,考虑到栏杆重另加 50 kN,则公路桥重

$$G_6 = 80 \times 15.2 + 50 = 1\,266.0(\text{kN})$$

⑦检修便桥重力:

检修便桥每米重约 10.2 kN,则检修便桥重

$$G_7 = 10.2 \times 15.2 = 155.0(\text{kN})$$

⑧闸室内水的重力:

$$W_1 = (0.55 + 1.15 + 0.2 + 3.59) \times (4.3 + 5.5) \times 13 \times 9.8 + (16 - 5.49 - 0.6) \times (1.0 + 5.5) \times 13 \times 9.8 = 6\,854.4 + 8\,206.5 = 15\,060.9(\text{kN})$$

⑨水平水压力:

$$P_1 = \frac{1}{2} \times 9.8 \times (9.8 + 0.2) \times (9.8 + 0.2) \times 15.2 = 7\,448.0(\text{kN})\ (\rightarrow)$$

$$P_2 = \frac{1}{2} \times (8.33 \times 9.8 + 9.75 \times 9.8) \times 1.5 \times 15.2 = 2\,019.9(\text{kN})(\rightarrow)$$

$$P_3 = \frac{1}{2} \times 9.8 \times (1.0 + 7.2) \times (1.0 + 7.2) \times 15.2 = 5\,008.0(\text{kN})(\leftarrow)$$

⑩浪压力:

首先计算波浪要素,由已知资料知:$h_l = 0.8$ m,$L_l = 8$ m,上游 $\overline{H} = 9.8$ m,则上游波浪中心线壅高

$$h_0 = \frac{\pi h_l^2}{L_l} \times \coth \frac{2\pi \overline{H}}{L_l} = \frac{\pi \times 0.8^2}{8^2} \times \coth \frac{2\pi \times 9.8}{8} = 0.25(\text{m})$$

波浪破碎的临界水深

$$H_{lj} = \frac{L_l}{4\pi}\ln\frac{L_l + 2\pi h_l}{L_l - 2\pi h_l} = \frac{8}{4\pi}\ln\frac{8.0 + 2\pi \times 0.8}{8.0 - 2\pi \times 0.8} = 0.94(\text{m})$$

可见，上游平均水深$\overline{H}=9.8$ m，大于$\frac{L_l}{2}=4$ m，且大于H_{lj}，故为深水波。因此

$$P_l = \frac{1}{2} \times (4 \times 9.8) \times (4 + 0.25 + 0.8) \times 15.2 - \frac{1}{2} \times$$
$$(4 \times 9.8) \times 4 \times 15.2 = 312.8(\text{kN})(\rightarrow)$$

⑪浮托力：

$$F = 7.7 \times 9.8 \times 16 \times 15.2 + 2 \times \frac{1}{2} \times (1.0 + 1.5) \times$$
$$0.5 \times 9.8 \times 15.2 = 18\ 538.0(\text{kN})(\uparrow)$$

⑫渗透压力（计算过程见例题6-1）：

$$U = 0.30 \times 9.8 \times 16 \times 15.2 + \frac{1}{2} \times 1.22 \times 9.8 \times 16 \times 15.2$$
$$= 715.0 + 1\ 453.8 = 2\ 168.8(\text{kN})(\uparrow)$$

荷载和力矩计算简图见图6-11，计算结果见表6-20。

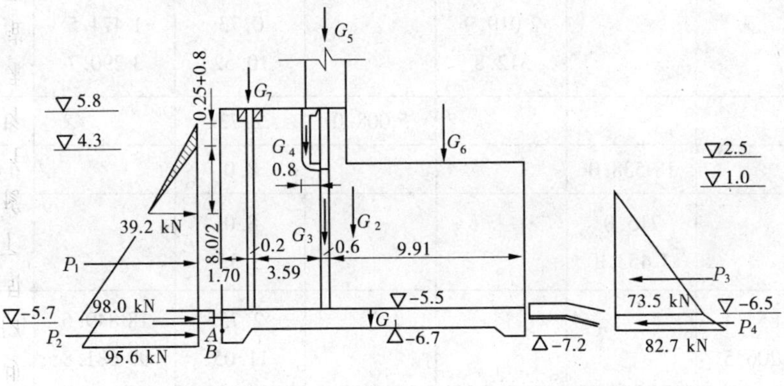

图6-11　荷载和力矩计算简图

（2）闸室基底压力验算。

闸室地基压应力计算，由表6-20可知：$\sum G = 13\ 235.5$ kN，$\sum M = 122\ 682.7$ kN·m。

则
$$e = \frac{16}{2} - \frac{122\ 682.7}{13\ 235.5} = -1.27\ \text{m}(\text{偏下游})$$

$$P_{\substack{\max\\ \min}} = \frac{13\ 235.5}{243.2} \times \left(1 \pm 6 \times \frac{1.27}{16}\right) = \frac{80.34(\text{下游端})}{28.50(\text{上游端})}(\text{kPa})$$

$P_{\max} = 80.34$ kPa $< [\sigma] = 110$ kPa，小于容许值。

$P_{min}=28.50\ \text{kPa}>0$，不出现拉应力。

表 6-20　荷载和力矩计算（对 B 的力矩）

荷载名称	竖向力（kN）		水平力（kN）		力臂 M	力矩（kN·m）	
	↓	↑	→	←		↻	↺
底板	7 771.0				8.0	62 168.0	
闸墩(1)	268.4				0.32	85.9	
闸墩(2)	2 542.6				2.65	6 737.9	
闸墩(3)	1 496.4				5.90	8 828.8	
闸墩(4)	3 937.8				11.25	44 300.3	
闸墩(5)	190.0				15.68	2 979.2	
闸门	400.0				5.79	2 316.0	
工作桥	410.4				5.90	2 421.4	
启闭机	96.0				5.90	566.4	
公路桥	1 266.0				12.25	15 508.5	
检修便桥	155.0				1.80	279.0	
胸墙	347.8				4.79	1 665.5	
上游水压力			7 448.0 2 019.9 312.8		4.83 0.73 10.52	35 973.8 1 474.5 3 290.7	
下游水压力				5 008.0	2.73		13 671.8
浮托力		18 538.0			8.0		148 304.0
渗透压力		715.0 1 453.8			8.0 5.33		5 720.0 7 748.8
水重力	6 854.4 8 206.5				2.75 11.05	18 849.6 90 681.8	
合计	33 942.3	20 706.8	9 780.7	5 008.0		298 127.3	175 444.6
	13 235.5(↓)		4 772.7(→)			122 682.7(↻)	

因此，基底压力验算满足要求。

（3）闸室抗滑稳定验算。

地基产生深层滑动的临界压应力

$$P_{kp}=A_1\gamma_b B\tan\varphi+2c(1+\tan\varphi)$$

$$=1.75\times10.09\times16\times\tan19°+2\times60\times(1+\tan19°)=258.6(\text{kPa})$$

$P_{kp}>P_{max}=80.34\ \text{kPa}$，故闸室不会发生深层滑动，仅需作表层抗滑稳定分析。

$$K_c=\frac{\tan\varphi_0\sum G+c_0A}{\sum H}$$

其中：$\varphi_0 = 0.9\varphi = 17.1°$，$c_0 = \frac{1}{3}c = 20.0\ \text{kPa}$，由于本闸齿墙较浅，可取 $A = 243.2\ \text{m}^2$，则

$$K_c = \frac{\tan 17.1° \times 13\ 235.5 + 20.0 \times 243.2}{4\ 772.7} = 1.87 > [K_c] = 1.25$$

因此，闸室抗滑稳定性满足要求。

思考题

1. 水闸按其所承担的任务和结构形式分类，可分为哪几类？各种类型水闸的作用和运用要求是什么？

2. 水闸的组成部分及其各部分的作用和构造要求是什么？

3. 水闸是一种低水头建筑物，既挡水又泄水，建在土基上的水闸有哪些工作特点？

4. 地下轮廓线长度必须满足闸基不产生渗透变形的基本条件是什么？

5. 运用直线法和改进的阻力系数法求解闸底板下渗透压力和渗透坡降的步骤是什么？如何求解"关键点"处的渗透压力强度或渗流的水头损失？

6. 黏土铺盖和钢筋混凝土铺盖各适用于何种地基条件？它们各自的优缺点是什么？

7. 下游护坦、海漫、防冲槽为三道消能防冲设施，以保证闸室安全和下游河道不被冲刷。简述它们的作用及其构造要求。

8. 闸室主要由底板、闸墩、工作桥和交通桥等组成，整体式闸底板和分离式闸底板的优缺点及其适用条件如何？

9. 闸室抗滑稳定验算时，滑动面应如何选取？计算工况有哪几种？

10. 大中型水闸翼墙的平面布置形式多采用哪几种？其特点是什么？

11. 桩基水闸与一般水闸相比有哪些优缺点？它适用于什么条件的地基？

自测题

一、填空题

1. 水闸是一种低水头建筑物，既________又________。

2. 水闸的三个主要组成部分是________、________、________。

3. 闸室的主要作用是____。

4. 闸基渗流计算的方法有________、________、________。

5. 渗流计算中的直线法，假定渗流沿地基轮廓的坡降相同，即________按直线变化。

6. 护坦的作用是消减水流的________。

7. 按照闸墩与底板的连接方式，闸底板可分为________和________。

8. 闸底板与铺盖之间所设的缝称为________。

9. 计算闸墩底部应力时，一般采用________公式计算。

二、判断题

1. 大型水闸的闸底板高程选择高一些有利于节省工程投资。(　　)
2. 翼墙与边墩之间所设的缝称为水平缝。(　　)
3. 闸底板与护坦之间所设的缝应设止水。(　　)

三、多项选择题

1. 枯水期下闸挡水,洪水期开闸泄水,这个闸可能是(　　)。
A. 节制闸　　B. 进水闸　　C. 分洪闸　　D. 挡潮闸
2. 海漫的构造要求为(　)。
A. 光滑性　　B. 不透水性　　C. 透水性　　D. 柔性
3. 翼墙的平面布置形式有(　　)等。
A. 重力式　　B. 圆弧式　　C. 悬臂式　　D. 反翼墙式
4. 可能设排水孔位置的有(　　)。
A. 上游翼墙　　B. 下游翼墙　　C. 铺盖　　D. 护坦
5. 闸孔设计的影响因素有(　　)。
A. 闸底板高程　　B. 闸孔形式　　C. 铺盖　　D. 护坦

四、简答题

1. 土基上水闸的工作特点是什么?
2. 地下轮廓线长度的定义是什么?
3. 水闸两岸连接建筑物的作用有哪些?
4. 渗流计算的目的是什么? 有哪些计算方法?

第七章 橡胶坝

【学习指导】

目标：掌握橡胶坝的结构组成，内压比对橡胶坝受力的影响；坝袋长度、贴地片长度的确定方法和设计要求；充排水时间确定，充排水系统布置要求；橡胶坝水力计算方法，不同堰上水头条件下流量系数的选用方法。

重点：橡胶坝的土建、坝袋、充排水系统组成；橡胶坝的布置，充排水设计。

第一节 概 述

一、橡胶坝技术的应用

橡胶坝是一种随着高分子合成纤维和橡胶工业的发展而出现的一种新型低水头水工建筑物。它以高强力合成纤维织物做受力骨架，内外涂敷橡胶做黏结保护层而制成坝袋，在坝袋内注水或充气，充胀后控制上游水位，形成挡水坝，坝高可以调节，坝顶可以溢流，起活动坝和溢流坝的作用。其可以发挥灌溉、发电、航运、防洪、挡潮等多种功能。

国外从1956年开始研制橡胶坝，至今已在很多国家被广泛应用。我国最早兴建的试点工程有北京右安门橡胶坝和广东洪秀全水库橡胶坝，由于重视管理工作，目前运行状况良好。我国橡胶坝经历了20世纪60年代创立时期，80年代发展期，90年代高潮期，至今已到达建设的成熟期。从设计理论、施工技术到运行管理，都已做了成功的尝试。目前，我国已成功地建设橡胶坝近20 000座，其中单跨最长170 m，多跨最长1 136 m，最大坝高6 m。

橡胶坝具有跨度大，基础简单，施工容易，管理方便，工期短，投资省，抗震性强，抗不均匀沉陷，水密封性强，节省三材等明显优点，已广泛应用于水利、水电、水运、港湾、市政工程等许多部门，对农业、工业、交通运输业起着非常重要的作用。总之，橡胶坝特别适用于低水头的宽浅河道，在我国40多年得到了广泛的应用和发展，但由于坝体为柔性结构，受材料影响，易发生老化和撕裂现象。

（一）工程实例

（1）山东省临沂市小埠东橡胶坝工程是一座集防洪、灌溉、发电、供水、滩地开发环境景观于一体的大型综合开发利用项目。橡胶坝于1997年建成，总坝长1 360 m（其中橡胶坝长1 136 m），坝高3.5 m，设计回水面积10.7 km^2，一次蓄水量2 830万 m^3，回水长10.8 km。结合滩地绿化带，碧水绿荫，亭台楼阁，为人们提供了游览、休闲、观光的场所，改善了临沂市的生态环境，提高了临沂的知名度。同时，又为临沂工农业生产提供水资源，回灌地下水，促进城市经济的发展，又能利用余水发电。年供水发电收入200多万元。工程自运行以来，充分发挥了设计效益，成为城市水利工程的建设范例。橡胶坝形成的库区（沂蒙湖）被水利部评为首批18个国家级水利风景区之一。该橡胶坝的成功建设，带动了临沂市橡胶坝的发展，5 年内新建橡胶坝几十座，增加拦蓄洪水量 1 亿多 m^3。

（2）北京市自 1983 年以来，在永定河、潮泊河、北运河上先后建成了 30 余座橡胶坝，结合河道整治极大地改善了河道引水条件和河道景观，满足了河道梯级开发的要求，每年可拦蓄地表径流近 1 000 万 m^3，灌溉农田几十万亩，又为回灌地下水提供水源。每座橡胶坝不仅有宽阔的水面，而且每建一处，即成为一道靓丽的风景。为改善首都形象、开展旅游创造了优美的环境，经济、社会效益也极为明显。

（3）其他有代表性的工程：①沈阳市浑河上建成的 5 座橡胶坝，对河道进行了梯级开发，形成了一条长 31 km、宽 400 m 的固定河道主槽，河流水面相互连接，形成了 12 km^2 水面，成为沈阳市最大的水上、冰上天然娱乐中心，发挥了美化环境、净化空气、补充和调节地下水的功能和作用。②深圳市在深圳水库和东湖公园先后建成 4 座橡胶坝，对河道形成了梯形开发。承德市区 5 km 长的武烈河上，建成了 5 座橡胶坝，形成梯级湖面，春夏秋三季都可在湖内荡舟，冬季开展冰上运动，为市民提供了一个优美的游泳和体育运动场所。③天津市蓟运河橡胶坝位于蓟运河宁河段中下游，该橡胶坝总长 45 m，双向挡水，坝高 5.0 m，坝袋采用三布四胶，厚度为 14.5 mm，坝袋自重（45 ± 0.2）t，布置形式为整体式，无搭接缝，双向挡水，双线螺栓锚固，一次蓄水 1 100 万 m^3，在畜淡、防咸、防污和调节水源方面发挥了重要的作用，灌溉农田 22 万亩。

（二）橡胶坝技术的优点

橡胶坝已是一种比较成熟的新型水工结构，具有跨度大、基础简单、施工工期短、投资省、施工容易、管理方便、抗震性能好、抗不均匀沉陷性强、水密封性好、节省三材、宜与周围环境相协调等突出优点。其适合我国中小型水利、水电、水运及城市环境建设的需要。

二、发展橡胶坝的意义

橡胶坝属低水头水工建筑物，目前对橡胶坝的理论分析和技术措施已相对成熟。研究橡胶坝工程及其技术问题，探讨充水式橡胶坝技术特性和降低其造价的措施，对指导橡胶坝工程的决策和设计，确保橡胶坝建设安全、适用、经济、美观，对促进我国橡胶坝技术进步和橡胶坝工程建设有重要意义，同时研究成果有较大的经济价值和社会意义。

发展橡胶坝具有以下意义：

（1）与相同规模的水闸相比，橡胶坝工程投资少。从决策、设计到实施的工程建设，可以最大限度地节省建设资金。

（2）将橡胶坝作为研究对象，立足实际工程技术问题，更有利于橡胶坝技术的推广和进一步分类研究及建设。

（3）研究适合于橡胶坝工程特性和河道自然特性的总体布置新形式，并从分析工程泥沙角度论证坝址所在位置的合理性，达到调节小流量、利用洪水冲沙、水资源调配、工程检修的良好结合。

（4）由于橡胶坝坝袋投资所占总投资的比例较大，分析确定坝袋优化内压比，可实现坝袋设计可靠的同时，节省坝袋投资。同时，研究系列坝高优化内压比和优化内压比条件下锚固结构可达到快速设计、节省设计成本的目的。

（5）对充水橡胶坝螺栓锚固技术的改进，可实现锚固可靠，解决锚固线上的渗漏水问题,解决锚固件锈蚀。

探讨橡胶坝拦河枢纽工程技术特性,可以确保橡胶坝工程建设的安全性、适用性、经济性。随着橡胶坝技术的不断发展,在大宽度大流量河道上应用橡胶坝作为拦河主体工程将更为普遍。橡胶坝综合技术的实施,可以指导橡胶坝工程项目的决策、设计、实施和运行管理,使橡胶坝技术适应更广泛的领域,满足新时期水利大发展的要求。

三、橡胶坝建设中取得的经验

中国水利水电科学研究院主编了《橡胶坝技术规范》(SL 227—98),于 1998 年由水利部批准颁布执行。

国内橡胶坝技术应用:我国地域辽阔、气候多变。北方多为季节性河流,非汛期水量小,冬季河流结冰,而南方降水量大,即使在非汛期,河水流量也较大。为适应在不同条件下应用橡胶坝,进行了大量的试验研究。例如,坝袋胶布的胶料配方技术研究、帆布试制、坝袋抗波浪试验、泥沙冲淤试验、坝袋振动试验、流量系数试验、坝袋锚固试验和其他技术研究等,为适应我国南北方地区及不同条件下兴建橡胶坝提供可靠的技术保证。在 30 多年的实践和运用中,也积累了大量的经验。

(1)坝袋结构形式的改进。相关研究单位的研究和结构模型试验证明:堵头式坝袋便于枢纽布置和坝袋锚固,但两端易出现塌肩现象。斜墙式连接边止水效果好、无塌肩现象,但锚固较为麻烦。在双向挡水及双层橡胶坝方面,中国水利水电科学研究院进行了研究,取得了满意的成果。

(2)橡胶坝枢纽工程总体布置。中国水利水电科学研究院、天津大学、河海大学等均对橡胶坝包括土建、坝体、充排水及安全方面的合理布置、结构简单、安全可靠、造型美观等方面进行了研究。河海大学还从推移质泥沙河床演变模型分析角度,提出了判断取水枢纽河段稳定的计算方法。

(3)锚固构件的改进。锚固是橡胶坝工程建设的关键部分之一,对橡胶坝的锚固既要牢固,又要保证密封性,使坝袋不透水。锚固结构以螺栓锚固形式居多。

(4)坝袋制造。我国橡胶坝制造技术经历了冷粘、热压合、无搭接缝三个时代。以前使用的坝袋胶布强度低,单层帆布强度通常小于 300 kN/m。目前,坝袋帆布强度有了较大提高,单层帆布强度已达 500 kN/m,这为兴建较高橡胶坝创造了基本条件。现在普遍采用热压合机械成型工艺,使坝袋质量在进一步提高的基础上,完成了无搭接缝坝袋。有的橡胶坝制造厂生产出钢丝骨架橡胶坝。无接缝及钢丝骨架坝的产生,为我国橡胶坝填补了空白。无接缝坝袋改善了坝袋应力条件,增加了坝袋安全度,减少了水流脉动压力引起的坝袋振动,具有良好的抗挠曲能力,而内衬钢丝坝袋具有自重轻、便于运输、抗老化性增加,延长坝袋寿命,可以承受高洪水位和大洪水流量,以及抗冰凌和不易被人为漂浮物破坏的特性。另外,彩色的坝袋可以美化环境,深受人们喜爱,但坝袋彩色的保持及表层胶的耐老化性还有待进一步研究开发。

我国现行的规范只适用于 5 m 以下橡胶坝的设计,对于 5 m 以上高橡胶坝和特别重要的枢纽主体,设计标准就有所提高,坝袋安全系数应达到 8 以上,坝袋表层胶和内层胶的厚度都应达到 4 mm 以上,使用年限 25 年以上。

第二节　工程布置

橡胶坝工程规划首先要符合工程所在的河道及河道所在地的流域规划和城市总体规划要求，还要考虑橡胶坝工程作为分项工程时，在枢纽工程中的规划要求。同时，还应满足特殊水工建筑物的特点，适应当前橡胶坝技术研究水平和施工能力、经济水平，保障橡胶坝规划的超前性、适应性、技术性、经济性和可操作性。

一、基本资料的收集、整理、分析

基本资料收集、整理、分析是橡胶坝工程整体规划阶段工作的重要任务，不仅满足工程规划要求，还为工程设计、施工及运行管理提供最原始的数据依据，以保证规划的符合性、设计的可靠性，达到施工期间的变更少，运行管理期间积累资料的连续性，保障工程建设的安全，便于运行管理和效益的发挥。基本资料包括以下几个方面。

（一）地形资料

地形资料应包括工程规划的地形图、坝址地形图、回水区域地形图、河道纵横断面图。其中，区域地形图应采用包括工程所在地的小比例地形图，根据工程大小选定，对中小型工程，一般为1:10 000或1:50 000。坝址地形图一般为1:2 000、1:1 000、1:500、1:200。回水区域地形图一般为1:5 000、1:2 000、1:1 000。河道纵横断面可根据河道形状确定比例尺，以方便应用即可。测量范围应根据工程任务和规模确定，各种比例尺的图应符合现行测量规范要求。

（二）水文气象资料

水文气象资料包括流域概况和河道特征、坝址洪水流量、含沙量、冰情、水质、漂浮物以及气温、降水、蒸发、湿度、风力、日照、冰冻期、冻土深、潮汐等。特别要注意收集坝址以上大中型蓄拦水工程下泄洪水的传播时间及区间洪峰的传播时间，并注意相关流域，相关站点水文气象资料的分析研究和借用。

（三）工程地质及水文地质资料

目前，可按照《水利水电工程水库库区工程地质勘察技术规范》（DL/T 5336—2006）要求进行必要的地质勘察工作，主要有坝址地质纵横剖面图、地基和天然建筑材料的物理力学指标、地下水位、比降、水质等资料，还应研究回水范围区域的地质情况，探明有关对工程地质和水文地质有影响的不利情况。

（四）工程建设历史资料

收集、整理、分析、研究已建工程的历史资料，包括规划设计、施工及运行管理方面的经验和创新，并有选择地与拟建工程进行类比。

（五）橡胶坝生产厂家及产品规格、性能、标准

我国目前有坝袋生产厂家几十家。可选择产品规格齐全、性价比高、检测手段先进、服务质量好的生产企业作为合作对象。

二、坝址选择

坝址选择应满足以下要求：

(1)橡胶坝址的选择应根据橡胶坝特点和运用要求,综合考虑地形、地质、水位、泥沙、环境等因素,经过技术经济比较确定坝址。

(2)坝址宜选择在河段相对顺直、水流流态平顺及岸坡稳定的河段,不宜选在冲刷和淤积变化大、断面变化频繁的河段,必须在坝址上下游均有一定长的水平段;并且应分析建坝后对原河道的各种影响。

(3)坝址选择应考虑施工导流、交通运输、供水供电、运行管理、坝袋检修等条件。在满足泄洪条件下,将基础底板抬高 0.2 ~0.4 m。

(4)坝址选择应有利于枢纽工程总体布置。重要水利工程应做水工模型试验。

三、工程规模及枢纽布置

(1)工程规模。应根据水文水利计算研究确定。包括设计洪水计算、洪水调节计算、兴利调节计算、河槽泄洪能力计算等。对工程规模起控制作用的主要有防洪评估和水资源评估两个方面。即工程必须符合流域对防洪和水资源统一调配的要求。

(2)工程布置包括三部分:一是基础土建;二是坝体;三是控制和安全监测系统。规划要求布局合理、结构简单、安全可靠、运行方便、造型美观。坝轴线应与坝址处河段水流方向相垂直,除考虑以上一般要求外,还必须考虑橡胶坝本身的特点和适用条件,布置形式有三种。

①建在溢流堰或溢洪道上的橡胶坝,坝后紧接陡坡段,无下游回流顶托,无须布置上游的防渗铺盖和下游的消力设备。在溢洪道上的橡胶坝是运行情况最好的。

②建在平原河道上的橡胶坝。平原河道水流比较平稳,河流断面较宽,充分发挥橡胶坝跨度大、阻力小的优点。建在平原地区的橡胶坝,在运用时要考虑过坝水流与下游水深的关系,布置好消能设施,防止河床和河岸冲刷,尽可能避免产生坝袋振动磨损。当河道断面很宽时,可布设中墩,应注意布设中墩不宜过短,避免墩下游产生很大的旋涡回流冲击坝袋振动磨损。

③建在山区河道上的橡胶坝。应注意防止推移质对坝袋的磨损导致坝袋破裂,布置时宜将基础底板适当抬高,改善上、下游水面的衔接,更要加强橡胶坝振动磨损的观测,及时修补。

(3)坝长的确定。应与河宽度相适应,能满足河道设计泄洪要求,单跨坝长应满足坝袋的制造、运输、安装、检修及管理要求。特别注意满足设计及校核标准上、下游回水位不超过防洪限制水位,下游单宽泄量不超过允许单宽泄量。根据不同工程确定单宽流量与坝袋振动的关系,并以调节坝高为手段来控制单宽流量,以避免坝袋振动,减少下游河床的强烈冲刷。

(4)取水工程应保证进水口取水和防沙的可靠性。充坝的水源水量应有保证,且水质良好,无污染,少泥沙,必要时需建蓄水池沉淀泥沙。同时,应特别注意对取水工程上、下游河段的河床进行冲淤分析,在保证河床长期稳定的前提下,确定坝址下游河床的平衡参数,以此再分析建坝条件。

(5)坝袋设计高度应根据工程要求满足综合用水需要确定。坝顶高程宜高于上游正常水深 0.1 ~0.2 m。坝顶泄洪能力按现行规范确定,但应控制坝袋充胀时溢流水深满足坝袋内压的要求，即溢流水深不应把橡胶坝压扁，下游消能设施应能满足溢流消能的要求，坝顶过流时，坝袋振动不应影响坝的正常使用。当橡胶坝充水没有达到设计内压比时，坝顶过流水深应根据坝的充胀高度和下游水位来确定。在这种情况下，坝顶过流水深根据坝的充胀高度可以定为0.2~0.5 m。

(6)坝底板尺寸布置。包括坝底板高程、厚度及顺水流方向上的宽度等。坝底高程应根据地形、地质、水位、流量、泥沙、施工及检修条件等确定，宜比上游河床地形平均高程适当高0.2~0.4 m。坝底宽度应满足充排水(气)管检修及锚固结构布置要求。坝底板顺水流方向的宽度应按坝袋坍平宽度及安装检修要求确定。

(7)防渗排水布置。应根据坝基地质条件和坝上、下游水位差等因素，结合底板、消能和两岸布置考虑，布置结构完整的防渗排水系统。

(8)消能防冲设施的布置。要根据地基情况、运行工况等因素确定，根据橡胶坝可能的三种泄流流态(设计坝高、部分塌坝、完全塌坝)具体计算确定。

(9)坝袋与两岸连接布置。应使过坝水流平顺，上、下游翼墙与岸墙两端应平顺连接，其顺水流方向长度应根据水流与地质条件确定。改变墙高视布置情况而定。

(10)坝袋充排水控制设备及安全观测装置。观测设备均应设在控制室内，控制室布置应考虑运行管理方便，严寒或潮湿地区有防冻、防潮措施。超长橡胶坝可在左、右岸分设控制系统。

(11)多跨橡胶坝之间应设中墩，墩高不小于坝顶溢流水头，墩长应大于坝袋工作状态的长度。墩厚满足侧向稳定和布设超压溢流管要求。

(12)在枯水期流量较大河流上的橡胶坝工程应考虑检修时的导流方式。

(13)对超长橡胶坝应考虑检修交通方式，尽量布设永久性交通桥，可考虑轻型钢结构。

四、环境及经济评价

建设橡胶坝工程对生态和社会影响应依据《水利水电工程环境影响评价规范》(SDJ 302—88)编写环境评价报告。

工程建设还应按照《水利建设项目经济评价规范》(SL 72—94)进行项目经济合理性和财务可行性评价。

第三节　工程设计

橡胶坝工程设计包括泄洪能力计算、坝袋设计、螺栓压板锚固结构设计、控制系统设计和土建工程设计等部分。

一、泄洪能力计算

橡胶坝属于低水头水工建筑物，从总体上作为水工建筑单体或其综合体(水利枢纽)，其规划、设计、施工和运行管理应尽量遵循综合利用水资源的原则，进行橡胶坝总体布置、消能防冲设计、泄洪能力分析、坝袋设计、锚固结构设计、运行管理，除考虑一般水工建筑物的要求外，还必须考虑橡胶坝本身的特点和使用条件。

（一）常用计算公式

橡胶坝泄洪能力计算可按以下堰流基本公式计算：

$$Q = B\varepsilon\sigma m\sqrt{2g}h_0^{\frac{3}{2}} \tag{7-1}$$

式中 Q——过坝流量，m^3/s；

B——溢流断面的平均宽度，m；

h_0——计入行近流速水头的堰顶水头，m；

m——流量系数；

σ——淹没系数，可取宽顶堰的试验数据；

ε——堰流侧收缩系数，对单孔可直接查《水闸设计规范》（SL 265—2001）。

（二）泄洪流量系数计算

橡胶坝的流量系数介于宽顶堰与曲线型实用堰之间。坝袋完全坍平时，可视做宽顶堰，流量系数 $m=0.33\sim0.36$；坝袋冲胀时，可视为曲线型实用堰，流量系数 $m=0.36\sim0.45$。

二、坝袋设计

充水式坝袋设计计算包括坝袋径向拉力、坝袋环向各部尺寸、坝袋单宽容积、坝袋堵头轮廓坐标等。充水式橡胶坝示意见图7-1。

（一）坝袋设计参数

用数解法求坝袋各项设计参数。

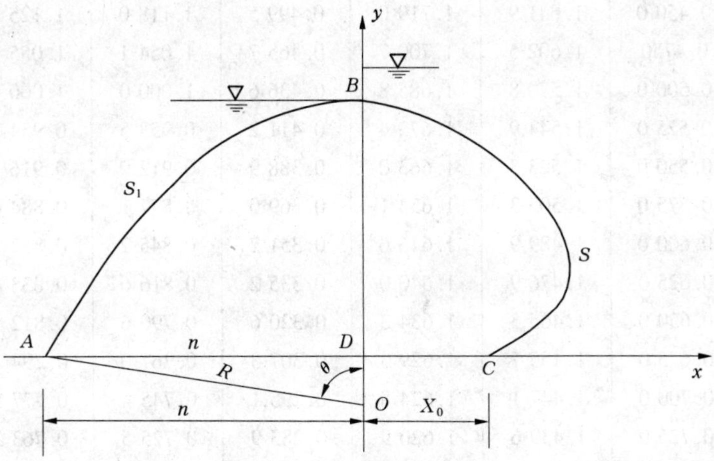

图7-1 充水式橡胶坝示意

1. 坝袋径向计算强度 T

$$T = \frac{1}{2}\gamma(\alpha - \frac{1}{2})H_1^2 \tag{7-2}$$

式中 T——坝袋径向计算强度，kN/m；

γ——水的容重，kN/m³；

α——内压比，H_0/H_1；

H_0——内压水头，m；

H_1——设计坝高，m。

2. 坝袋有效周长、底垫片有效长度

坝袋有效周长 $$L_0 = S_1 + S \tag{7-3}$$

底垫片有效长度 $$L = n + X_0 \tag{7-4}$$

3. 坝袋单宽容积

$$V = \frac{1}{2}R^2\theta - \frac{1}{2}n(R - H_1) + \alpha H_1 X_0 \quad (\text{m}^3) \tag{7-5}$$

由《橡胶坝技术规范》(SL 227—98)得橡胶坝坝袋相关技术参数，见表7-1、表7-2。

表7-1　充水式橡胶坝坝袋相关技术参数

α	$\frac{T}{H_1^2}$	$\frac{S_1}{H_1}$	$\frac{S}{H_1}$	$\frac{X_0}{H_1}$	$\frac{n}{H_1}$	$\frac{R}{H_1}$	$\frac{V}{H_1^2}$
1.05	0.275 0	3.369 1	2.321 9	1.277 8	3.162 3	5.500 0	3.491 4
1.10	0.300 0	2.523 2	2.063 7	0.986 7	2.236 1	3.000 0	2.634 2
1.15	0.325 0	2.171 4	1.940 7	0.829 2	1.825 7	2.166 7	2.240 9
1.20	0.350 0	1.973 8	1.862 8	0.724 3	1.581 1	1.750 0	2.003 3
1.25	0.375 0	1.846 4	1.809 7	0.647 3	1.414 2	1.500 0	1.840 5
1.30	0.400 0	1.757 5	1.771 1	0.587 6	1.291 0	1.333 3	1.720 4
1.35	0.425 0	1.692 0	1.741 8	0.539 4	1.195 2	1.214 3	1.627 5
1.40	0.450 0	1.641 9	1.719 0	0.499 5	1.118 0	1.125 0	1.553 0
1.45	0.4750	1.602 5	1.700 7	0.465 7	1.054 1	1.055 6	1.491 7
1.50	0.500 0	1.570 8	1.685 8	0.436 6	1.000 0	1.000 0	1.440 3
1.55	0.525 0	1.544 9	1.673 4	0.411 2	0.953 5	0.954 5	1.396 4
1.60	0.550 0	1.523 3	1.663 0	0.388 9	0.912 9	0.916 7	1.358 4
1.65	0.575 0	1.505 3	1.654 1	0.369 0	0.877 1	0.884 6	1.325 3
1.70	0.600 0	1.489 9	1.646 6	0.351 2	0.845 2	0.857 1	1.296 0
1.75	0.625 0	1.476 9	1.640 0	0.335 2	0.816 6	0.833 4	1.270 0
1.80	0.650 0	1.465 5	1.634 3	0.320 6	0.790 6	0.812 5	1.246 5
1.85	0.675 0	1.455 7	1.629 3	0.307 3	0.767 0	0.794 1	1.225 4
1.90	0.700 0	1.447 1	1.624 8	0.295 1	0.745 4	0.777 8	1.206 3
1.95	0.725 0	1.439 6	1.620 9	0.283 9	0.725 5	0.763 2	1.188 8
2.00	0.750 0	1.433 0	1.617 4	0.273 5	0.707 1	0.750 0	1.172 8
2.10	0.800 0	1.422 0	1.611 4	0.255 0	0.674 2	0.727 3	1.144 5
2.20	0.850 0	1.413 3	1.606 5	0.238 9	0.645 5	0.708 3	1.120 3
2.30	0.900 0	1.406 5	1.602 5	0.224 8	0.620 2	0.692 3	1.099 3
2.40	0.950 0	1.400 8	1.599 1	0.212 3	0.597 6	0.678 6	1.080 8
2.50	1.000 0	1.396 3	1.596 2	0.201 1	0.577 4	0.666 7	1.064 5

表 7-2　充气式橡胶坝坝袋相关技术参数

α	$\frac{T}{H_1^2}$	$\frac{S_1}{H_1}$	$\frac{S}{H_1}$	$\frac{D}{H_1}$	$\frac{L_0}{H_1}$	$\frac{V}{H_1^2}$
0.5	0.250 0	1.685 8	1.570 8	1.249 2	4.505 7	1.017 3
0.6	0.300 0	1.401 4	1.570 8	0.872 9	3.845 1	0.965 5
0.7	0.350 0	1.351 7	1.570 8	0.761 2	3.683 7	0.937 3
0.8	0.400 0	1.329 1	1.570 8	0.690 3	3.590 2	0.918 1
0.9	0.450 0	1.317 3	1.570 8	0.638 9	3.527 1	0.903 8
1.0	0.500 0	1.311 0	1.570 8	0.599 1	3.480 9	0.892 7
1.1	0.550 0	1.307 8	1.570 8	0.566 8	3.445 4	0.883 7
1.2	0.600 0	1.306 5	1.570 8	0.539 9	3.417 1	0.876 3
1.3	0.650 0	1.306 3	1.570 8	0.516 9	3.394 0	0.870 1
1.4	0.700 0	1.306 9	1.570 8	0.497 0	3.374 7	0.864 7
1.5	0.750 0	1.308 0	1.570 8	0.479 4	3.358 2	0.860 1
1.6	0.800 0	1.309 5	1.570 8	0.463 9	3.344 1	0.856 0
1.7	0.850 0	1.311 2	1.570 8	0.449 9	3.331 8	0.852 4
1.8	0.900 0	1.313 0	1.570 8	0.437 2	3.321 0	0.849 2
1.9	0.950 0	1.315 0	1.570 8	0.425 6	3.311 4	0.846 3
1.99	0.995 0	1.317 0	1.570 8	0.415 9	3.303 7	0.844 1

(二)坝袋胶布技术要求

1. 坝袋胶料要求

(1)耐大气老化、耐腐蚀、耐磨损、耐水性能好。

(2)有足够的强度。

(3)在寒冷地区要有抗冻性能。

(4)坝袋使用的胶料达到物理机械性能要求的规定。

2. 胶布的层胶厚度

(1)胶布的外覆盖胶大于2.5 mm。

(2)胶布的夹层胶厚0.3～0.5 mm。

(3)胶布的内覆盖胶大于2.0 mm。

3. 坝袋胶布的性能要求

(1)有足够的抗拉强度和抗撕裂性能。

(2)柔曲性、耐疲劳性、耐水浸泡及耐久性好。

(3)与橡胶具有良好的黏合性能。

(4)质量轻、加工工艺成熟。

三、螺栓压板锚固结构设计

单位长度螺栓计算荷载应考虑锚固构件的强度、耐久性、锚固力、锈蚀等因素，根据所采用的锚固结构形式计算确定。螺栓间距根据采用的压板强度和螺栓直径进行计算确定，宜取为0.2～0.3 m。

（一）螺栓承受荷载计算公式

$$Q_0 = \frac{T_0}{n}k_1 \tag{7-6}$$

式中 Q_0——每根螺栓承受的荷载，kN；

T_0——单位长度螺栓计算荷载，kN/m；

k_1——拴紧力及扭转力的影响系数，一般取1.75；

n——1 m长度内的螺栓根数。

（二）螺栓直径计算公式

$$d \geqslant \sqrt{\frac{4 \times 1.3Q_0}{\pi[\sigma]}} \tag{7-7}$$

式中 d——螺栓直径，cm；

$[\sigma]$——螺栓允许拉应力，N/cm^2。

螺栓的埋置深度 L_m 宜根据螺栓材料的承载力设计值，由混凝土锥计算确定。规范规定埋深最小值为250 mm。但由于螺栓埋深可能受限制，一般在螺栓底部弯钩或开叉或与基础底板中的预埋钢筋牢固地焊在一起，共同承受拉拔力。不同坝高对应的螺栓规格见表7-3。

根据上、下游锚固力可计算确定锚固件尺寸（锚栓直径、压板宽、压板厚、锚栓长度）。不同坝高按优化内压比进行计算，可以得到锚固件尺寸（见表7-3）。计算锚栓直径时，锚栓拉力考虑材料质量、施工混凝土质量、拴紧力和扭转力及其他各种影响因素，需要对 P_d（锚固力）扩大（即安全系数），SL 227—98 提出安全系数取4～6，根据多年设计施工经验，认为安全系数不能一概而论，对小型低坝及非重要性坝可取小值4，对一般橡胶坝取6，但对高橡胶坝及重要坝取大值8及8以上。

表7-3 锚固件尺寸计算成果（正锚）

坝高（m）	压板宽（mm）	压板厚（mm）	垫板宽（mm）	垫板厚（mm）	螺栓直径（mm）	螺栓长度（mm）
1.0	90	40	110	10	12	300
1.5	100	40	120	10	16	400
2.0	120	40	130	10	20	500
2.5	150	47	140	10	24	600
3.0	150	47	150	10	28	700
3.5	150	47	160	10	30	750
4.0	180	47	190	10	34	850
4.5	180	49	190	10	38	950
5.0	200	57	210	10	42	1 050

对于埋置于混凝土基础中的锚栓长度，应保证锚栓通过其和混凝土的黏着力传递拉应力，并不发生拉拔破坏。锚栓预埋长度的初步确定一般凭经验很难做到准确，拉拔试验经常要进行多次。为此，在设计中，对钢埋件采用单应力锥法进行计算，即认为锚栓中心距足够大，混凝土设计抗拉拔力由单力锥控制。根据设计的锚栓拉力可以求出较准确的与混凝土抗拉拔力相等的埋置深度，减少了重复试验次数。

四、控制系统设计

橡胶坝充排水控制系统的设计主要包括水泵选型及管道计算。

（一）水泵选型

水泵选型一般根据橡胶坝的规模、充（坍）坝要求时间及拟定的系统计算泵的流量与扬程，据此选定泵的型号。

$$Q = \frac{V}{nt} \tag{7-8}$$

式中 Q——计算水泵所需的最小流量，m^3/h；

V——坝袋充水容积，m^3；

n——水泵台数；

t——充坝或坍坝所要求的最短时间，h。

水泵的扬程应根据管道的布置分别计算充坝或塌坝时所需的水压力：

$$H_B = (\nabla_1 - \nabla_2) + \Delta H \tag{7-9}$$

式中 H_B——水泵所需扬程，m；

∇_1——水泵出水管管口高程，m；

∇_2——水泵吸水管最低水位，m；

ΔH——水泵吸水管和压力管水头损失总和，m。

当水泵吸水管直接向坝袋内充水时，则

$$\nabla_1 = \alpha H_1 + \nabla_3$$

式中 α——坝袋内压比；

H_1——坝高，m；

∇_3——坝底板高程，m。

根据计算的出口流量和扬程，参照水泵的样本选用合适的水泵。

（二）管道的计算

$$D = \sqrt{\frac{4Q}{\pi v}} \tag{7-10}$$

式中 Q——管段内最大计算流量，m^3/s；

v——管道采用的计算流速，m/s。

管道中流速按下述原则选取：水泵吸水管中的流速为 1.2～2 m/s，压力水管中的流速为 2～5 m/s。

五、土建工程设计

橡胶坝土建工程设计与水闸基本相同，可根据坝的设计条件、水工总体布置分别验算其强度、防渗、抗滑、稳定等。不同水闸土建工程部分介绍如下。

(一)坝底板结构

1. 底板顺水流方向长度

底板顺水流方向长度 L_d，对称布置双向坍落，双锚橡胶坝。

$$L_d = L + L_1 + L_2 + L_3 \tag{7-11}$$

$$L_3 = \frac{L_0 - L}{2} \tag{7-12}$$

式中 L_d——底板顺水流方向长度，m；

L——坝袋底垫片有效长度，m；

L_1、L_2——上、下游安装检修通道，一般取 0.5～1.0 m；

L_3——坝袋坍落贴地长度，m，双向挡水时，式(7-11)中的 L_3 取 $2L_3$；

L_0——坝袋的有效周长。

2. 作用在橡胶坝底板上的设计荷载

设计荷载包括基本荷载和特殊荷载。

(1)基本荷载包括结构自重，水重，正常挡水位或坝顶溢流时对应的静水压力、扬压力(包括浮托力和渗透压力)、土压力、风载、泥沙压力等。

(2)特殊荷载包括地震荷载及温度荷载。

3. 底板厚度

底板厚度根据地基条件、坝高及上、下游水位差等确定其地下轮廓时，依据《水闸设计规范》(SL 265—2001)进行应力分析。

橡胶坝底板形式多采用平底板。其底板厚度计算应根据不同地质条件和结构分缝情况，分别计算底板和边坡底板的纵向和横向强度，而不能仅计算一个方向，忽略另一个方向。橡胶坝底板分缝应考虑沉降、伸缩，其永久缝间距在岩基和土基上要求可适当比水闸放宽，以便增大底板的整体性，但应满足应力要求且节省投资。

大中型水闸的底板设计厚度一般为 1.0～2.0 m，最薄的为 0.6 m，而橡胶坝底板厚度明显低于水闸，一般为 0.3～0.8 m。

4. 岸墙与中墩

岸墙与中墩是橡胶坝进行边锚和充胀使坝袋成密封状的重要组成部分。其设计高度应首先满足坝袋锚固布置的要求，同时要高于坝顶溢流时最高溢流水位。岸墙有直墙和斜墙两种形式。岸墙(中墩)的计算与底板基本相同。各种情况下的平均基底压力不大于地基容许承载力，基底应力的最大值与最小值之比以及抗滑安全系数都不应小于容许值。岸墙与中墩一般与坝底板连成整体，坝底板分缝根据地基条件确定，分缝起沉降和伸缩作用。

(二)坝底板构造措施

坝底板构造措施有以下几个方面：

(1)坝底板上、下游一般设置齿墙，一方面起抗滑和增加刚度的作用，另一方面起延长渗径作用。

(2)坝底板顶高程在满足泄洪流量要求的前提下，底板高程可适当抬高，一般比河床抬高 0.2～0.5 m，这样可以一方面满足坝袋检修时的水上条件，另一方面防止过坝水流将推移质卷入坝袋底部。

(3)坝底板与岸墙(中墩)连体部分考虑充水橡胶坝两端部分的塌肩问题,设计时一般考虑设置垂直水流方向的坡度,坡比根据不同坝高对应的塌肩值确定,或者依据需要的抬高值确定。抬起坡度一般为1:10~1:5。

(4)充排水管路及观测管路若布设在底板内,宜采取与底板整体浇筑与防护,应尽量减少对坝底板的影响。

(5)为防止推移质泥沙对坝底板摩擦和冲刷,坝底板表层可选用钢纤维混凝土,以对抗摩蚀。

(6)中墩及岸墙与坝袋接触部分,应做成光滑度高的接触面,以减少坝袋坍落过程中的摩阻力。一般采用环氧砂浆二次找平磨光,或贴大理石面板、贴光面塑料板、贴不锈钢板、贴水磨石等。

(三)消能防冲措施

消能防冲设计包括消力池、海漫、防冲槽等的设计,具体表现在以下几个方面:

(1)水流衔接状态的判断。坍坝泄洪时,由于控制运用方式与水闸不同,其计算工况包括的内容与水闸不同。但可以根据溢流水深、流量、水位差、下游水深、流速等因素,计算收缩断面水深 h_c 的共轭水深 h''_c,将其与下游水深 h_t 进行比较。当 $h_t > h''_c$ 时,产生淹没水跃,无须设消力池;当 $h_t < h''_c$ 时,产生远驱式水跃,需设消力池,并配合辅助消能设施。特别是未完全坍坝,坝顶溢流的控制运用,其消能设施需结合溢流水深(控制水深)、地质条件进行分析。

(2)根据橡胶坝运行时的外形变化、水流衔接状态,经与同类水闸消能防冲计算比较,在泄量相同的条件下,橡胶坝消能设施可简化,甚至不需设置消力池。但为检修方便,便于河流夹带砂石下排,减少坝袋振动和磨损,也常将底板与消力池底板上部连成斜坡。

(3)调节闸(冲沙闸)与橡胶坝结合的枢纽工程,一方面要考虑调节闸的泄洪流量对橡胶坝消能工的有利影响(可提前建立坝下水位);另一方面要在调节闸(冲沙闸)与橡胶坝间设隔离导流墙,以便调节闸与橡胶坝能单独运用。

(4)多跨橡胶坝,由于在大流量防洪河道上,其控制运用要结合总体布置,尽量避免单跨泄流运用,而频繁运行坝段,要采取加强措施(包括坝袋标准、锚固材料标准的提高)。其消能工要根据工程标准及所在位置的重要性优选。

(5)对砂土基河床上的橡胶坝,应特别注意由于河床演变及采砂等人为影响因素对坝下消能的影响。其包括采砂等造成坝下水位降低值的预测,河床自然演变对橡胶坝处河段的坝下游水位降低的分析,并注意防止横向折冲水流对坝下消能防冲设施的不利影响。

第四节 工程设计实例

本节以某橡胶坝枢纽工程为例,介绍橡胶坝的设计方法。

一、工程概况

某橡胶坝工程设计坝高 3.2 m,坝址处主河道宽度 300 m,河底高程 1.80 m,左右滩地总宽 350 m,滩地高程 7.50 m。规划在主河槽建 5 孔橡胶坝,每孔净宽 60 m,从上游至下游主要由铺盖、坝袋底板、消力池、海漫等部分组成。建成后蓄水库容达到 1 100 万 m^3,每年可调节水量约 5 000 万 m^3/年,用于农业灌溉和周边工业供水。按 50 年一遇洪水设计($Q_{设}=4\ 500\ m^3/s$)。工程规模为大(2)型,工程等别为Ⅱ等,永久性建筑物级别为 2 级。设计拦蓄水位 5.50 m,坍坝水位 5.80 m,泄量 1 670 m^3/s。设计洪水位 8.81 m,河道泄量 4 500 m^3/s。

二、工程地质

坝址位于河道下游冲积平原区。地质构造:地下是深厚的砂层,具有富水构造;表面是数米的壤土,坡降为 1/4 000。

三、河道过水能力计算

50 年一遇洪水 $Q_{设}=4\ 500\ m^3/s$,左岸堤顶高程为 10.87 m,右岸堤顶高程为 10.45 m,设计死水位为 2.10 m,下游河床底高程为 0.83~3.50 m,整理后为 1.80 m。

河道纵向坡度 $i=1/4\ 000$,河床为细砂,有杂草,糙率系数 $n_1=0.035$。

滩地汛期有未成熟的农作物及少量桃树,糙率系数 $n_2=0.035$。

主河槽部分过水能力　　　　$Q_1=\omega_1 C_1\sqrt{R_1 i}$

滩地部分过水能力　　　　$Q_2=\omega_2 C_2\sqrt{R_2 i}$

河道过水能力(水面线计算)见图 7-2,不同水深条件下河道过水能力计算见表 7-4。当 $Q=4\ 500\ m^3/s$ 时,$h_1=7.6$ m,$h_2=2.1$ m,设计洪水位为 9.40 m。

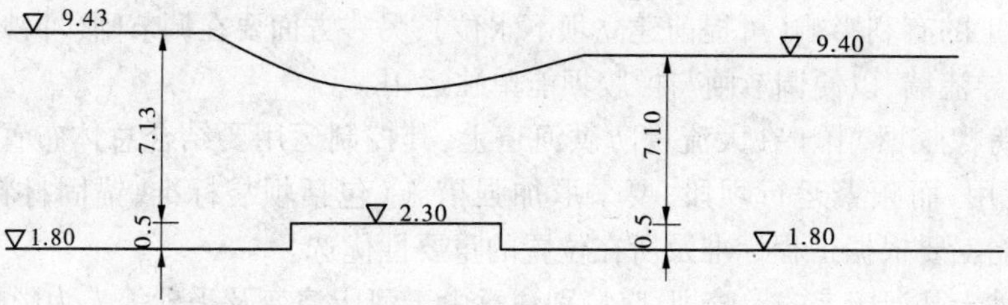

图 7-2　河道过水能力　(单位:m)

四、工程总体布置

坝址处设计河底高程为 1.80 m,橡胶坝底板顶高程为 2.30 m,坝顶设计高程(坝袋充满水)为 5.50 m,橡胶坝设计挡水位为 5.50 m,坝前蓄水深度为 3.70 m,橡胶坝边墩顶高程为 7.50 m,坝袋垂直水流方向长 60 m×5,橡胶坝底板顺水流方向长 12 m,上游 C25 钢筋混凝土铺盖长 10 m,M10 浆砌石护底长 10 m。

表 7-4　不同水深条件下河道过水能力计算

Z (m)	h_1 (m)	v_1 (m/s)	Q_1 (m^3/s)	h_2 (m)	v_2 (m/s)	Q_2 (m^3/s)	Q (m^3/s)
1.8	0	0	0				0
2.0	0.2	0.15	10				10
2.5	0.7	0.36	77				77
3.0	1.2	0.51	189				189
4.0	2.2	0.76	516				516
5.0	3.2	0.97	960				960
6.0	4.2	1.16	1 505				1 505
7.0	5.2	1.33	2 139				2 139
7.3	5.5	1.38	2 346	0	0	0	2 346
7.5	5.7	1.41	2 488	0.2	0.15	11	2 499
8.0	6.2	1.49	2 856	0.7	0.36	87	2 943
8.5	6.7	1.56	3 244	1.2	0.51	213	3 457
9.0	7.2	1.64	3 650	1.7	0.64	380	4 030
9.4	7.6	1.70	3 987	2.1	0.74	520	4 507
9.5	7.7	1.71	4 074	2.2	0.76	584	4 658
10.0	8.2	1.78	4 515	2.7	0.88	820	5 335

五、橡胶坝过流能力验算

坝址处排涝流量及行洪流量，根据提供的资料推求，橡胶坝在枯水季节充水升坝拦蓄河道径流，汛期则塌坝泄洪。塌坝后的橡胶坝过流能力，按宽顶堰淹没出流过流公式计算：

$$Q = \sigma_s \varepsilon m B \sqrt{2g} H_0^{3/2}$$

式中　σ_s——宽顶淹没系数，计算中随下游水深 h_s 增加 σ_s 变小，用查表法求得；

ε——宽顶堰侧收缩系数，取 1；

m——宽顶堰流量系数，计算中随坝袋塌落，堰上水头 H_0 增大，m 值也增大；

B——宽顶堰过流断面净宽，m；

H_0——宽顶堰堰上总水头，m；

Q——宽顶堰（橡胶坝排空塌坝）过流能力，m^3/s。

橡胶坝袋过水能力计算结果见表 7-5。

表 7-5　橡胶坝袋过水能力计算

Z(m)	2.3	3.3	4.3	5.3	6.3	6.82	7.3	8.3	9.3
H_0(m)	0	1	2	3	4	4.52	5	6	7
Q(m^3/s)	0	469	1 326	2 436	3 750	4 500	5 241	6 889	8 681

当 $Q = 4\ 500\ m^3/s$ 时，堰上水头 $H_0 = 4.52$ m。对应的洪水位为 6.82 m < 9.40 m，故

堰体(橡胶坝地板)对过水能力不起控制作用,实际过水能力由河道的过水能力控制。

六、各部分结构尺寸确定

(一)坝袋底板顺水流方向长度及底板厚度确定

根据《橡胶坝技术规范》(SL 227—98)及橡胶坝袋相关定型产品,按照充水后坝高3.2 m,坝袋充水内压比1.25,计算坝袋外形参数,确定坝袋塌落宽度,考虑坝袋上、下游安装、检修通道宽度要求后,参照表7-1确定底板长度。

采用如下公式计算:

$$L = 1/2(L_{02} + L_{03}) + L_1 + L_2$$

式中 L_1——上游安装、检修通道宽度,取1.0 m;

L_2——下游安装、检修通道宽度,取1.0 m;

L_{02}——双锚固时坝袋有效周长,取11.7 m;

L_{03}——双锚固时坝袋贴地长度,取6.60 m。

坝袋内压比:$\alpha = H_0/H_1 = 1.25$;

$H_1 = 3.2$ m;

$T = 3.84$ kN/m;

$S_1 = 5.908\ 5$ m;

$S = 5.791\ 0$ m;

$X_0 = 2.071\ 4$ m;

$n = 4.525\ 4$ m;

$S_1 + S = 11.70$ m;

$L = n + X_0 = 6.60$ m;

$R = 4.80$ m;

$V = 18.846\ 7\ m^3/m$;

$L_3 = (11.7 - 6.6)/2 = 2.55(m)$;

$L_1 = 1.0$ m;

$L_2 = 2.0$ m;

$L_d = L + L_1 + L_2 + L_3 = 6.60 + 1.0 + 2.0 + 2.55 = 12.15(m)$。

经计算确定基础底板取 $L = 12$ m,厚度为0.8 m,采用C25钢筋混凝土结构。

(二)橡胶坝上游铺盖长度及厚度确定

根据《水闸设计规范》(SL 256—2001)、《橡胶坝技术规范》(SL 227—98)有关规定,橡胶坝上游铺盖长度综合考虑上、下游水位差,坝址处的工程地质资料等情况,确定橡胶坝上游铺盖长度。铺盖的厚度,根据构造要求,且保证防渗效果和方便施工等因素,常采用0.3~0.5 m,综合考虑工程特点和工程地质条件,确定本次设计采用C20钢筋混凝土铺盖,厚度取0.4 m。

$$L_1 \geq c\Delta H = 5 \times (5.5 - 1.8) = 18.5(m)$$

$$L = 18.5 - 12 = 6.5(m)$$

取防渗铺盖长 $L = 7.0$ m,厚0.4 m,每20 m一条缝。

铺盖按构造要求上、下游齿墙宽0.4 m,深0.6 m。

铺盖按构造要求配筋,配筋Φ 10@200。

(三)消力池设计

橡胶坝下游消能防冲水力计算按以下三种情况考虑:

工况一:坝袋充胀至设计蓄水位,坝顶溢流水;

工况二:塌坝排涝,过排涝流量;

工况三:塌坝行洪,过行洪流量。

消能工计算采用《水利水电工程设计计算程序集 V3.0》D-25(底流式消能工水力计算)进行。经计算消力池长15 m、深0.85 m,消力池底板采用C25钢筋混凝土结构,厚度取0.4 m。

(四)海漫设计

海漫长度

$$L_p = K\sqrt{q\sqrt{\Delta H}}$$

下游河床为细砂及砂壤土 $K=10$,即:$L_p = K\sqrt{q\sqrt{\Delta H}} = 31$ m。

海漫长度应为31 m,但对水闸运行有控制要求,即不在高水位下单独泄水,故海漫设计长度同橡胶坝部分。

(五)防渗设计

橡胶坝基础防渗采用阻渗和导渗两种工程措施。

(1)阻渗。按照勃莱法计算坝基所需防渗长度。根据工程地质资料综合考虑正常运用5.5 m工况计算,确定防渗长度以满足防渗要求。

(2)导渗。坝下消力池首端底板下设反滤层,底板内布设直径5 cm(间距2.0 m、梅花状布置)的塑料排水管,将坝基内的渗透水流导出,以降低水的渗透压力。

(六)坝袋计算及选型

根据《橡胶坝技术规范》(SL 227—98),综合考虑坝袋长度、强度及投资,选定充水橡胶坝,坝袋内压比为1.25。按照坝前挡水高度,坝下无水计算坝袋特征参数,坝袋特征参数见表7-6。

表7-6 坝袋特征参数

内压比 α	袋壁环向拉力 (kN/m)	安全系数 K	坝袋总长度 (m)	坝袋贴地长度 (m)	每延米容积 (m^3/延米)
1.25	93.75	7.7	11.70	6.60	18.85

根据《橡胶坝技术规范》(SL 227—98),充水橡胶坝内外压比值宜选用1.25~1.60,安全系数应不小于6.0,满足要求。

工程实际采用JBD3.5-240-2型二布三胶坝袋,坝袋厚度为8 mm,安全系数为7.7,并根据橡胶坝运行特点,加工制作坝袋时添加抗腐蚀材料。经技术经济比较,选择 $\alpha=1.25$,安全系数 $K=7.7$,大于规范要求的6.0,投资适中,安全可靠。

橡胶坝袋底部采用螺栓固定压板双线锚固,坝袋端部采用枕式堵头。螺栓锚固系统采用坝袋生产厂家相关配套产品，不进行结构设计。

七、抗滑稳定验算

底板（分离式底板）抗滑稳定计算采用以下公式：

$$K_c = \frac{f(\sum G - \sum U)}{\sum H}$$

式中 K_c——沿坝基底面的抗滑稳定安全系数；

f——坝基底面与地基之间的摩擦系数（$f=0.40$）；

$\sum H$——作用在坝基上的全部水平向荷载，kN；

$\sum G$——作用在坝底板上的全部竖向荷载，kN；

$\sum U$——扬压力，kN。

基本资料：混凝土与碎石垫层、碎石桩之间的摩擦系数 $f=0.40$，钢筋混凝土底板 $\gamma_h=2.4\ t/m^3$，下游无水。坝体受力如图 7-3 所示。

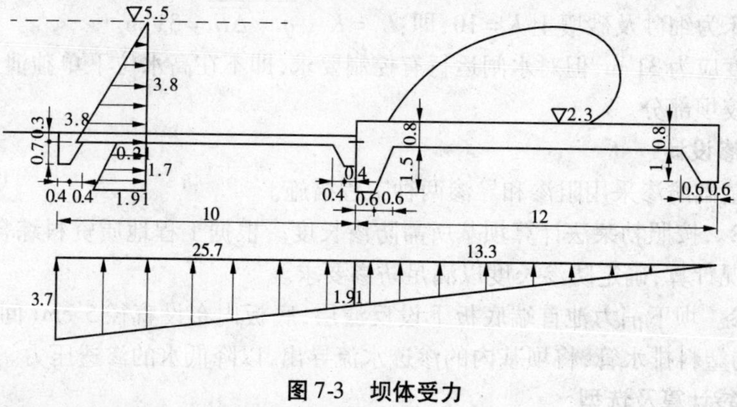

图 7-3 坝体受力

计算过程略，抗滑稳定安全系数为：

$$K_c = f(\sum G - \sum U)/\sum H = 0.40 \times (49 - 19.56)/7.1 = 1.66 > [K] = 1.30$$

满足安全要求。

按正常蓄水位情况进行验算，K_c 均大于规范要求值 1.30，满足抗滑稳定要求。

八、橡胶坝充排水设计

充排水系统是橡胶坝工程控制系统的主要组成部分，根据工程实际情况，选定坝袋适宜的充排水方式，并适应汛期能快速排空下塌坝袋的目的。主要做好设备的选型、进出水装置、超压溢流、空气排除和观测装置设计，力求做到因地制宜，操作运用方便，既经济合理又安全可靠。结合工程的地形和交通条件，在左岸建控制室及管理房，对橡胶坝坝袋进行充排水，从而达到升坝蓄水，坍坝泄洪的目的。

（一）充排水系统布置

充水水源：为减少工程运行费用，利用上游主河槽水资源，达到节约用水的目的。

充排水管路设计：为节约工程投资，将充水管及排水管合并，充排水调度时运用电动蝶阀控制，以达到半自动化水平。

(二)充排水系统计算

从实际情况考虑，橡胶坝上游的来水量主要是上游某水库泄洪水，其区间长度为 56 km，经河道水力计算得水库开闸泄洪后 21 h，水才能流到橡胶坝前，故排水时间采用 20 h。

本工程回水长 10 km，库容相对较大(1 100 万 m^3)，充水升坝时间可根据供水量大小适当延长。本次设计以 12 h 为控制。经计算，坝袋充排水管及水泵出口排水管均采用 *DN*300 mm 镀锌钢管(壁厚 7 mm)。

充水系统：关闭出水管阀门，开启吸水管阀门，由水泵抽水经埋于坝袋底板的充(排)水管路，向坝段充水。每个坝袋各设两个进(出)水口，为避免坝袋超压运行，在中、边墩内设超压溢流管连接于坝底板充水管，当坝袋内水压超过要求高程时，将溢流出水，此时应立即停止向坝内充水。

排水系统：坝袋排水按自流和抽排结合设计。在坝内充排水管路充排水口处设置水帽，关闭吸水管阀门，开启出水管阀门，坝高在 1.00～3.20 m 时采用自流排水，坝高在 1.00 m 以下时采用水泵抽水经控制室排向坝下消力池。

(1)单跨容积 $V_1 = 18.5\ m^3/m \times 60\ m = 1\ 110\ m^3$，5 跨总容积 $\sum V = 5V_1 = 5\ 550(m^3)$。

(2)充水时间，均采用 12 h，一用一备水泵：

$$Q_{总} = \frac{5\ 550}{3\ 600 \times 12} = 0.128(m^3/s) = 462.5\ m^3/(h \cdot 台)$$

(3)水泵扬程计算

$$h_{总} = h_{净} + h_{损} = 5.15 + 4.382 = 9.532(m)$$

根据设计流量 $Q = 462.5\ m^3/h$，扬程 $H = 9.532$ m，选择水泵一用一备，推荐型号 8HBC－35($Q = 450\ m^3/h$、$H = 10$ m、$N = 18.5$ kW、$n = 1\ 450$ r/min)。

九、结构计算

略。

十、坝袋安装及锚固要求

(一)安装前准备

(1)坝袋从工厂运到工地现场后，首先要检查坝袋和底垫片的尺寸，在搬运过程中如发现有磨损或小孔洞应修补好。

(2)检查底板、岸墙与坝袋接触部位的混凝土是否平整光滑。

(3)预埋螺栓、锚固槽、进出水口、排气孔、超压溢流孔等的位置和尺寸是否符合设计标准。对于预埋螺栓，须由专人清理螺栓上的砂浆、污泥，并涂以润滑油。

(4)锚固构件(压板和螺帽或楔块)、水帽、观察管、法兰盘和安装工具等是否齐备。

(5)充排水(气)管道内的杂物是否已被清除干净，并检查接头是否漏水(气)。

(6)安装场地是否清理干净。

(7)在坝袋和底垫片上事先是否已将锚固线、中心线和塌落线的位置画好。

(二)坝袋就位

(1)底垫片就位,对准底板上的中心线和锚固的位置,拧紧螺帽,使其临时固定于底板和岸墙(边坡)上。

(2)搬运坝袋就位,应先对齐下游端相应的锚线和中心线,再使其与上游端锚线和中心线对齐吻合。

(3)为防止止水胶片在安装过程中移动,也可以将止水胶片粘在底垫片上。

(4)坝袋成型后又软又长,搬运比较困难,可在坝袋四周的锚固线外打孔,孔距为1.0~1.5 m,孔径为2~3 cm,并在下游塌落部分的上面粘贴两排带孔的胶布把子(正反方向各一块),以便在孔中系绳索采用机械或人工拖运和移动坝袋。

(三)坝袋安装

坝袋安装的一般程序是从上(下)游中心线开始,向左右两侧展开。用双锚线锚固时,应从下游中心线开始,左右两边进行。随着橡胶坝高度增加,坝袋胶布增厚,下面锚固采用内锚安装,受力均匀,取得良好效果。下游锚固好后,再用填料(最好用石棉线)堵塞底垫片与坝袋间的夹层,以达到严格止水的目的。然后将胶布翻向上游,对准锚固中心线,从底板中心线开始向左右两侧同时安装,上游锚固采用外锚方式。锚固两侧岸墙时,须将底垫片和坝袋片对齐挂起拉平,从下部向上部进行锚固。上游坝袋片的锚固,也可将坝袋片与底垫片黏合在一起。锚固两侧转角因折叠次数较多,一定要精心垫平,力求密实。

(四)坝袋锚固施工

以螺栓压板锚固方法为例:压板要齐平,不平整时可用橡胶片或胶布垫平,螺帽四周要均匀落地,避免出现悬空现象,坝袋充水试验后,用带有扭矩的扳手再统一拧紧螺帽。

(五)工程检查和验收

(1)施工期间要加强检查,检查坝袋、锚固构件、管道、操作设备性能,施工单位要提供质量检查记录和分部分项目的质量评定记录,必要时还要进行抽检。

(2)坝袋安装后要进行全面检查,在不挡水的条件下作坝袋充胀试验,若条件许可,可进行挡水试验。在试验过程中,要观测的项目为:①坝袋及锚固处的密封性。②锚固构件的状况。③坝袋外观及用简易方法画方格法测量坝袋变形,根据坝袋实际变形情况来调整安全溢流口的高程位置,以消除不安全因素。④充排系统和观测系统情况严防坝袋胶布堵塞排水口等。

试验结果要详细记录。

(3)工程验收前,应由施工单位负责管理维护,对工程施工遗留的问题,施工单位必须认真加以处理,并在验收前完成。工程竣工后,建设单位应及时组织验收。

(4)竣工验收工作可按《水利水电建设工程验收规程》(SL 223—1999)和《橡胶坝技术规范》(SL 227—98)的规定办理。

(5)验收后,验收组织应提出验收报告书,交工程上级主管部门。

思考题

1. 橡胶坝与水闸相比有哪些优点？哪些缺点？
2. 橡胶坝可以应用于哪些领域？
3. 橡胶坝充填介质的种类？各种介质的适用条件？
4. 橡胶坝设计中应收集哪些基本资料？
5. 何为内压比？内压比对坝袋受力有哪些影响？
6. 坝袋锚固形式有哪几种？各有什么优点、缺点？
7. 充排水系统形式选择、运用要求有哪些？
8. 超压溢流管的作用是什么？
9. 坝袋安装过程中应注意哪些问题？
10. 怎样防止和延缓橡胶坝袋的老化？

自测题

一、填空题

1. 橡胶坝已是一种比较成熟的新型水工结构，适合我国中小型水利工程，突出优点是________、________、________、________、________。

2. 橡胶坝的锚固形式有________、________，坝袋内充填的介质可分为________、________、________。

3. 橡胶坝的排水方式可分为________、________、________。

4. 橡胶坝建设可分为三个部分________、________、________。

二、判断题

1. 橡胶坝的高度越大，则坝袋的内压比越大。（　　）
2. 橡胶坝溢流管的作用是坝袋充水过程中保证坝袋的安全。（　　）
3. 橡胶坝与相同规模的水闸相比有许多优点，最主要的优点是橡胶坝寿命长。（　　）

三、多项选择题

1. 橡胶坝是一种新型低水头水工建筑物，可应用于（　　）。

A. 农田灌溉　B. 水力发电　C. 城市水利景观　D. 回补地下水位

2. 橡胶坝制造技术可以采用（　　）。

A. 冷粘　B 热压合　C. 无搭接缝工艺　D. 机器缝合

3. 橡胶坝袋中使用的帆布，按其经纬向的强度对比可以是（　　）。

A. 经向高于纬向　B. 纬向高于经向　C. 经向等于纬向　D. 没有要求

第八章　地基防渗与加固处理

【学习指导】

目标：不同地基（岩基、砂砾石基、软土地基）的防渗处理方法、特点，不同地基（岩基、砂砾石基、软土地基）的加固处理方法、特点，不同类型开槽施工机械的适用条件，各种防渗墙的适用条件和指标要求，各种防渗墙的质量检查方法和相关指标要求。

重点：不同防渗墙的适用条件，泥浆固壁原理，墙体配合比确定。

第一节　概　述

各类水工建筑物，都面临着基础防渗处理问题，基础处理不当，将对以后的工程运用带来无穷的隐患。严重时，直接危害大坝的安全，给国家财产造成巨大损失。

我国20世纪50～70年代是大规模的水利基本建设时期，所兴建的水利工程对国民经济建设起了巨大的作用。但由于当时的客观条件限制，也存在很多问题。坝、堤、闸的渗透破坏占32%以上，严重影响工程效益的正常发挥。

随着科学技术的不断发展，新的施工工艺、新施工设备、新材料不断出现。本章将介绍水利工程基础防渗设备中常用的方法及设计条件。

传统的方法有黏土截水墙、混凝土帷幕灌浆、冲击钻造孔的柱列式混凝土板墙、液压抓斗施工法成槽的型板墙等。

近年来兴起的振动沉模防渗板技术、劈裂帷幕灌浆技术、高压喷射灌浆技术、垂直铺塑技术等已得到广泛的应用，其特点是施工进度快、投资省。

因此，在基础防渗的施工方法上，设计者有广泛的选择余地。要求设计者根据工程特点和客观条件，能选择出最佳的设计方案。

第二节　砂土地基上的黏土截水墙

黏土截水墙是一种传统的坝基防渗处理方法，适用于设有黏土的心墙坝或斜墙坝，且地基透水层厚度较浅（一般在10 m以内），可以挖深槽直达不透水层或基岩，槽内回填黏土，与坝体防渗体连成整体。

这种截水墙结构简单、工作可靠、防渗效果好，广泛应用于土坝工程。

截水墙底部宽度由回填土的允许渗透坡降而定。回填黏土，渗透系数为$K=10^{-4}\sim10^{-5}$ cm/s，压实度为0.96～0.98。底部宽度采用重壤土时不小于1/10水头；中、轻壤土不小于1/5水头，且最小宽度不小于3.0 m，以利于施工。上部与坝体防渗体相连。

为加强截水墙与基岩间的结合，防止接触渗流，黏土截水墙应嵌入不透水层0.5～1.0 m，或在岩基上做混凝土齿墙。当基岩节理裂隙发育或有强透水构造，可在混凝土齿墙下做灌浆处理。

第三节　岩基上的帷幕灌浆

一、概述

帷幕灌浆是在坝基偏向上游部位打孔、灌入水泥浆,在地下形成一道防渗墙。一般做1~3排深孔灌浆,用水泥充填和胶结裂隙,形成一道不透水的帷幕。灌浆的目的是增加渗径,减少渗透压力,防止坝基产生管涌且减少渗漏量。帷幕灌浆常安排在专门设置的基础灌浆廊道内进行,这样既可以在岩基开挖好后随即浇筑坝体混凝土,不影响浇筑进度,又可以在有一定厚度的压重混凝土后进行灌浆,有利于加大灌浆压力,提高帷幕灌浆质量。

帷幕灌浆一般分为钻孔、冲洗、压水试验、灌浆四个工序。

二、水泥浆质量要求

(一)浆液性能控制指标

水泥浆的特点是胶结性能好、结石强度高,主要有以下设计指标。

1. 相对密度

相对密度反映浆液浓度的高低和水泥含量(水灰比 W/C),水灰比越小,相对密度越大,结石性能越好,但可灌性差。

2. 黏度

水泥浆也是塑性流体,表观黏度随流速增大而减小。灌浆中先采用低黏度,后采用高黏度。

3. 拌和时间

拌和时间影响浆液的均匀性和结石强度。普通机械拌和时间不小于3 min,水泥浆从开始制备到用完的时间不超过4 h。

4. 析水率

$$\alpha = V_w/V \times 100\% \tag{8-1}$$

式中 α——浆液析水率(%);

V_w——从浆液中析出的水量,L;

V——浆液总体积,L。

水泥强度越高,水灰比越小,析水时间越短,浆液析水率越低,结石效果越好。

5. 结石性能

水泥浆结石强度与浆液水灰比有关,水灰比越大结石强度越低。

(二)浆液配合

水泥用量

$$M_c = \frac{G_c \rho_w v_{cj}}{1 + \alpha M_c} \tag{8-2}$$

水用量

$$M_w = \alpha M_c \tag{8-3}$$

式中 G_c——水泥相对密度，一般 $G_c = 3.0$；

ρ_w——水的密度，$\rho_w = 1\ t/m^3$；

V_{cj}——欲配制水泥浆液体积，m^3；

α——水灰比。

三、灌浆压力设计

灌浆中，提高灌浆压力有利于浆液扩散，有可能通过较少的灌浆工作量起到防渗、加固效果。一般在砂性土进行防止渗透的灌浆，灌浆压力只需浆液充填土的孔隙或岩缝而不改变原状土的结构和体积。对于在非饱和土体中用以调整不均匀沉陷及土体加固的挤压灌浆，主要靠提高浆液浓度或增加水泥砂浆压力的办法。

灌浆试验时采用逐步升压法进行。

(1)在无压重情况下，许用灌浆压力为：

$$[P_e] = P_o + mH \tag{8-4}$$

式中 P_o——地面段许用灌浆压力，kPa；

m——灌浆段每增加1 m许用增加压力值，kPa/m；

H——灌浆段深度，m。

(2)地面有附加压重时，许用灌浆压力为：

$$P_L = P_e + k\gamma h \quad (\text{kPa}) \tag{8-5}$$

式中 k——系数，一般取1.0~3.0；

γ——压重层容重，kN/m^3；

h——压重层厚度，m。

四、可灌性估计

不同的地基条件其可灌性不同，灌浆工艺也不同，可从以下几方面考虑。

(一)地基渗透系数影响

通常认为，渗透系数是直观反映可灌性的指标。$K = (2 \sim 3) \times 10^{-1}$ cm/s 时，可灌性较好，可采用水泥浆材灌浆；$K > (5 \sim 6) \times 10^{-2}$ cm/s 时，可灌性较差，宜采用水泥黏土浆液灌浆。

(二)可灌比的影响

砂砾地基中含量15%的粒径尺寸与浆材中含量85%的粒径尺寸的比值 $M = D_{15}/d_{85} \geq 10 \sim 15$ 时，可灌性较好。

中国岩基防渗标准规定(DL 5108—1999)，处理后单位吸水率 $\omega \leq 0.01 \sim 0.05$ L/(min·m·m)。

(三)灌浆材料选择

(1)强度要求，一般采用以水泥为基本材料的高强度混合物，如水泥浆、水泥砂浆、水泥水玻璃浆等。

(2)以防渗为主,一般采用黏土水泥浆、黏土水玻璃浆、水泥粉煤灰混合物等。

(3)在裂隙性岩层中,一般采用纯水泥浆。

(4)对裂隙较大的砂砾层,宜采用渗入性注浆。

五、灌浆工艺

(一)钻孔工艺

帷幕灌浆分自上而下或自下而上分段灌浆,根据岩石性质不同,钻机的钻压、转速、泵量等而不同。工程中常采用回转钻机钻孔。

(二)洗孔

工程中常采用高压水冲洗,压力为灌浆压力的70% ~80%,为增加冲洗效果,可改变压力,即高压脉动冲洗或掺入高压气体冲洗。

(三)压水试验

1. 稳定流量测试

在设计压力条件下,连续测4次,要求4次中的最大值与最小值满足以下关系:

$$\frac{Q_{\max} - Q_{\min}}{Q_{\min}} \leqslant x\% = 3\% \sim 20\% \tag{8-6}$$

2. 试验压力

SDJ 210—83 中规定,试验压力一般为1 MPa。

3. 试验段长度

试验段长度一般同灌浆段深度。分段试验时,每段取5 m。

(四)灌浆方法

对于浅孔且地质条件较好的,可以一次成孔灌浆;对于深孔或地质条件复杂的,应分段灌浆,一般为自上而下进行,以保证有一定压重,可提高灌浆压力,达到理想效果。

六、灌浆终止条件

高坝 $\omega \leqslant 0.01$ L/(min·m·m),中坝 $\omega = 0.01 \sim 0.03$ L/(min·m·m),低坝 $\omega = 0.03 \sim 0.05$ L/(min·m·m)。ω 为单位吸水率,指1 m孔深,在1 m水头作用下,1 min吸入的水量,单位为L/(min·m·m)。

第四节　混凝土防渗墙

一、概述

混凝土防渗墙是采用钻机在坝基或坝体内开槽后灌入混凝土,形成连续的防渗墙体。坝体厚度和深度可以人为控制,采用不同的配合比可以得到不同的强度、弹性模量、塑性、透水系数等。

混凝土连续墙之所以能在世界范围内得到较广泛应用,主要是因为它具有如下几个方面的特点。

(1)适用性较广。它适用于各种地质条件,如砂土、砂壤土、粉土及直径小于 10 mm 的卵砾石土层。

(2)实用性较强。它广泛应用于水利水电、工业民用建筑、市政建设等各个领域。塑性混凝土防渗墙可以在江河、湖泊、水库、堤坝中起到防渗加固作用;刚性混凝土连续墙可以在工业民用建筑、市政建设中起到挡土和承重作用。混凝土连续墙深可达 100 m 左右。

(3)施工条件要求较宽。地下连续墙施工时噪声低、震动小,可在较复杂条件下施工,可昼夜施工,加快施工速度。

(4)比较安全、可靠。地下连续墙技术自诞生以来有了较大发展,在接头的连接性技术上有很大进步,其渗透系数可达到 10^{-7} m/s 以下;作为承重和挡土墙,它可以做成刚度较大的钢筋混凝土连续墙。

(5)存在问题。有些造孔成墙技术对槽孔之间的接头和墙体下部开叉问题难以彻底解决,相对来讲施工速度较慢、成本较高。

二、造槽技术

混凝土连续墙施工工艺的区别主要在于造孔方法和排渣方法的不同。在造孔方面,有锯槽法和挖掘法。锯槽法中,有往复射流式开槽、斗链式开槽、液压式开槽;挖掘法所用机具中,有抓斗、冲击、回转钻或两者并用的钻具。在出渣方面,有正循环、反循环的泥浆出渣和不循环出渣。正循环是指通过管道把泥浆压送到槽孔底,泥浆在管道的外面上升,把土渣携出地面;反循环是指泥浆从管道外面自然流到槽孔内,然后在槽孔底与土渣一起,被抽到地面上来;不循环是指用抓斗挖槽,泥浆处于静止状态。

(一)锯槽法造孔

锯槽法造孔浇筑连续墙是 1990 年发展起来的一种新的混凝土连续墙施工技术。目前,已经被广泛应用于黄河、长江大堤的防渗除险加固工程中。其主要特点有如下几个方面:

(1)新一代开槽机作业机理明确,设备新颖,结构简单,操作方便。

(2)成墙既满足设计要求,又达到节约投资的目的。可以做厚 20 cm 左右的超薄连续墙,而不像挖掘法造孔那样受设备条件限制而将墙做得很厚,使得成墙造价较高。

(3)施工速度快,造价较低。锯槽法造孔施工速度快,20 m 深度以内槽孔,日造孔可达 250 ~ 400 m^2;造孔成墙厚度可以调节,因而经济实用。

(4)锯槽法可以实现真正的连续开槽,成槽质量好。由于浇筑混凝土时需隔离分段,因此接头处理较为重要。

(5)锯槽机由于链杆本身较长,加之行走牵引机构较远,机械转弯比较困难,造槽孔深度限在 40 m 以内。

1. 往复射流式开槽机造孔

往复射流式开槽机是应用最广泛的开槽机械,它适应范围较广。该设备综合了锯、犁和射流冲击的理论,集中了各类开槽机的优点,具有功率大、成槽速度快、整机结构紧凑、便于拆装、便于运输等优点。

往复射流式开槽机最适合于砂壤土、粉土地层情况作业。由于引用了锯的切割作用、犁的翻土作用、高压水(泥浆)的射流冲击作用,所以对砂壤土、粉土地层特别有效。其拥有100多个射流喷嘴,出口流速达到20 m/s,在锯、犁和射流的共同作用下切开土体,由反循环抽砂泵迅速排出粗颗粒液体和沉渣,从而形成槽孔,同时由循环水(泥浆)形成浆液达到固壁作用。

2. 斗链式开槽机造孔

斗链式开槽机工作原理是利用耐磨链条带动挖斗将土体挖开,然后造浆固壁成槽。其最大优点是对黏性土、直径小于15 cm的卵石土层作业特别有效。

斗链式开槽机行走机构有两种形式,一种是轮式,另一种是轨道式。前者较简单方便,后者则复杂笨重。

3. 液压式开槽机造孔

液压式开槽机工作原理为:液压系统使液压缸的活塞杆作垂直运动,带动工作装置刀杆做上下往复运动,刀杆上的刀排紧贴工作面切削和剥离土体,被切削和剥离掉的土体及切屑,由反循环排渣系统强行排出槽孔,开槽机沿墙体轴线方向全端面切削,不断前移,直至防渗墙末端,从而形成一个连续规则的长形槽孔,作业中使用泥浆固壁。液压式开槽机可以在各种土类地层进行连续开槽作业,负载能力90～160 kN,最大成槽深度45 m,开槽宽度0.18～0.4 m,排渣粒径小于8 cm,一般地层开槽效率13～14 m^2/h。液压式开槽机主要由底盘、液压系统、工作装置、排渣系统、起重设施和电气系统等组成。

(二)挖掘法造孔

1. 抓斗式成槽机造孔

液压抓斗式成槽机较冲击钻机具有更大的适用性。它可以在坚硬的土壤与砂砾石中成槽,能挖出最大直径1 m左右的石块,成槽深度最大可达60 m。

目前,国内抓斗式成槽机有进口、合资、国产三种。进口、合资的设备价格昂贵,不可避免地提高了造槽单价,国内设备相对价位较低。例如,由中国地质装备总公司与中国水利水电科学研究院共同研制的GDW3型抓槽机,其目标参数是成槽深度40 m,成槽厚度300 mm,一次成槽宽度2 000 mm。

抓斗式成槽机造孔是一种先钻后抓法,也叫两钻一抓成孔法。抓斗式成槽施工工艺:做好施工准备后,用冲击钻机或回转钻机首先完成主孔,并要保证主孔的垂直度符合要求。主孔的间距应小于或等于液压抓斗的有效抓取长度。主孔完成以后,用液压抓斗抓取副孔成槽。基岩部分的钻进由重锤完成,不带重锤的抓斗,仍需由冲击钻机或回转钻机完成基岩钻进,最后成槽。

抓斗式成槽与冲击式成槽相比较,它的优点是:

(1)成本较低,效率较高。一台液压抓斗式成槽机的施工效率相当于10～15台冲击钻机。相应的单位成本也较低。

(2)成槽孔型好,孔壁光滑。抓斗抓取副孔时,斗齿切削孔壁使得槽孔孔壁光滑而平直,故成槽后孔型较好。一般采用抓斗式施工的连续墙,混凝土的充盈系数(混凝土的实际浇筑方量与理论方量之比)小于1∶1,而采用冲击式成槽其充盈系数要大得多。

(3)施工时泥浆扰动小,废浆排放少。采用冲击式施工时,冲击钻头反复强烈冲击钻进对泥浆的扰动很大,不利于槽壁稳定。用捞砂筒捞取钻渣时,连同部分泥浆一起捞出排掉，造成废浆排放过多，而抓斗式施工时，液压抓斗平稳地直接抓取土渣，废浆排出很少，对泥浆的扰动也小，施工场地较整洁。

(4)造槽深度大，适用地层广。抓斗式成槽机最大成槽深度可达 80 m 深，并且适用于多种不同地层条件，尤其适用于有大孤石的地层中成槽。

当然，抓斗式成槽机也有一定的局限性，如液压抓斗机身一般比较重，因此对导墙的结构和质量要求比较高。由于抓斗式成槽机要求液压抓斗和冲击钻机配合施工，因此合理地安排和调度各种机械交叉作业是非常重要的，相对造价也较高。

2. 回转钻机造孔

对于地质条件较好的地层，可用反循环回转钻机造孔。

1)工作原理

反循环回转钻机造孔施工方法是，在槽孔顶处设置护筒，护筒内的水位要高出自然地下水位 2 m 以上，以确保孔壁的任何部分均保持 0.02 MPa 以上的静水压力，从而保护孔壁不坍塌。钻机工作时，旋转盘带动钻杆端部的钻头钻挖孔内土。在钻进过程中，冲洗浆液从钻杆与孔壁间的环状间隙中流入孔底，携带被钻挖下来的钻渣，由钻杆内腔返回地面，与此同时，浆液又返回孔内形成循环。反循环回转钻机造孔施工按浆液循环输送的方式、动力来源和工作原理可分为泵吸、气举和喷射等反循环施工。

2)优点

(1)振动小，噪声低。

(2)除个别特殊情况需使用稳定浆液护壁外，一般用天然泥浆即可满足护壁要求。

(3)因钻挖钻头不必每次上下排弃钻渣，因此只要接长钻杆，就可进行深层钻挖，槽孔深浅易于掌握。

(4)采用特殊钻头可钻挖岩石。

(5)反循环成孔采用旋转切削方式，钻挖靠钻头平稳的旋转，同时将土砂渣和水吸升；钻孔内的泥浆压力抵消了孔隙水压力，从而避免了涌砂等现象。因此，反循环钻机成孔是对砂土层较适宜的成孔方式，可钻挖地下水位以下的厚细砂层。

3)缺点

(1)很难钻挖比钻头吸泥口径大的卵石(15 cm 以上)层。

(2)土层中地下水压力较大或有流动状态的水时，施工较困难。

(3)废泥水处理量大，钻挖出来的土砂中水分多，弃土困难。

三、泥浆固壁

泥浆在地下连续墙造孔施工中有固壁、悬浮、携渣、冷却钻具和润滑的作用，成墙后还可增加墙体的抗渗性能。泥浆的正确使用，有利于槽孔的营造和浇筑以及提高墙体的防渗性能。

(一)泥浆的固壁作用

地泥浆具有一定的比重，泥浆柱体的压力可抵抗作用在槽壁上的土压力和水压力，防止地下水渗入。

泥浆在槽壁上形成不透水泥皮，从而使泥浆柱体的压力有效地作用在槽壁上，防止槽壁剥落。

泥浆从槽壁表面向地层内渗透到一定的范围就会使黏土颗粒黏附在槽壁上，通过这种黏附作用可以防止槽壁坍塌和透水。

（二）泥浆的悬浮土渣和携带钻渣的作用

泥浆具有一定的黏度，在造槽成孔过程中，它可以将造槽施工时掉下来的土渣悬浮起来，便于泥浆循环携带排出，同时避免土渣沉积在工作面上影响挖槽效率。

（三）泥浆的冷却和润滑作用

在地下连续墙施工中，造孔机具是在泥浆中进行作业的，泥浆既可降低挖孔机具因连续工作而引起的温度剧烈升高，又具有润滑作用而减轻机具的磨损，以利于延长机械的使用寿命和提高挖槽效率。

（四）泥浆技术性能要求

泥浆应能在孔壁上形成密实泥皮，并且在泥浆自重作用下，孔壁上形成一定的静压力，保证孔壁不坍塌，但泥皮不宜太厚，以免孔径收缩。泥浆应具有一定静切力，使钻屑呈悬浮状态，并且随循环泥浆带至地面，但黏滞性不宜太高，否则会影响泥浆泵的正常工作并给泥浆净化工作带来困难。泥浆应具有良好的触变性，流动时近于流体，静止时迅速转为凝胶状态，有足够大的静切力，能够避免砂粒的迅速沉淀和渗入槽孔周围砂砾石的岩屑较快固结。泥浆中砂粒含量应尽可能少，便于排渣，提高泥浆重复使用率，减少泥浆的损耗。泥浆应有良好的稳定性，即处于静止状态的泥浆在重力作用下不致离析沉淀而改变泥浆性能。

四、混凝土灌注及接缝处理

地下连续墙是在水下（或泥浆下）灌注混凝土。水下灌注混凝土的施工方法主要有刚性导管法和泵送法，根据工程需要进行选择。其中，刚性导管法最为常用，其特点是：混凝土竖向顺导管下落，利用导管隔离环境水（或泥浆），使其不与混凝土接触，导管内的混凝土依靠自重压挤下部导管出口的混凝土，并在已灌入的混凝土体内流动、扩散上升，最终置换出泥浆，保证混凝土的整体性。此处就刚性导管法着重叙述。

混凝土连续墙的浇筑是施工的最后一道工序，也是连续墙工程施工的主要工序，因此混凝土浇筑施工必须满足下列质量要求：①外形尺寸、浇筑高度、技术性能指标必须满足设计要求；②墙体要均匀、完整，不得存在夹泥浆、夹泥断墙、孔洞等严重质量缺陷；③墙段之间的连接要紧密，墙底与基岩的接触带和墙体的抗渗性能要满足设计要求。

五、漏失地层的处理

当钻进风化残积层、坡积层、冲积层、洪积层、断层破碎带、节理裂隙带、溶洞、空洞及一些松软地层时，往往发生泥浆漏失现象。此外，泥浆使用不合理，地下水流速过大，也会引起漏失。

泥浆漏失程度分为三类：①轻微漏失，孔内循升泥浆少于注入泥浆，但循环未中断。②中等漏失，循环中断，液面低于孔口。③严重漏失，孔内已无泥浆或液面在几米以下。

泥浆漏失不仅增加泥浆消耗量，而且会造成坍塌及卡埋钻具等事故，所以必须采取有效措施预防和处理。

第五节　高压喷射灌浆技术

一、概述

高压喷射灌浆技术是利用钻机造孔后，再把带有喷头的灌浆管下到预处理部位，以高压水射流冲击破坏土层，部分细颗粒随泥浆冒出地面，其余部分与灌入的浆液混合掺搅，在堤坝中形成凝结体。其基本原理是利用射流作用切割掺搅土层，改变原土层的结构和组成，同时灌入水泥浆达到防渗的目的。

（一）喷灌形式

（1）旋喷。边喷浆边旋转，形成柱状凝结体，墙体厚。

（2）摆喷。边喷浆边摆动，形成亚铃状凝结体，墙厚中等。

（3）定喷。喷浆方向不变，形成板状凝结体，墙厚较小。

（二）高压喷射灌浆的方法分类

高压喷射灌浆的基本方法有单管法、二管法、三管法和多管法等。它们各有特点，可根据工程要求和土质条件选用。

1. 单管法（CCP 法）

单管法是利用高压泥浆泵装置，以 30 MPa 左右的压力，把浆液从喷嘴中喷射出去，形成的射流冲击破坏土体，同时借助灌浆管的提升或旋转，使浆液与从土体上崩落下来的土粒混合掺搅，凝固后形成凝结体。它的优点是水灰比易控制、冒浆浪费少、节约能源等。该工法适用于淤泥、流砂等地层。但由于该工法需要高压泵直接压送浆液，形成凝结体的长度（柱径或延伸长）较小。一般桩径可达 0.5～0.9 m，板墙体延伸可达 1.0～2.0 m。

单管法用于加固软土地基、淤泥地层中的桩间止水，已有建筑物纠偏及地基加固等。

2. 二管法（JSG 法）

二管法是利用两个通道的注浆管，通过在底部侧面的同轴双重喷射，同时喷射出高压浆液和空气两种介质射流冲击破坏土体，即以高压泥浆泵等高压发生装置用 30 MPa 左右压力将浆液从内喷嘴中高速喷出，并用 0.7～0.8 MPa 的压缩空气，从外喷嘴（气嘴）中喷出。在高压浆液射流和外圈环绕气流的共同作用下，破坏泥土的能量显著增大，与单管法相比，在相同的压力作用下其形成的凝结体长度可增加 1 倍左右。

二管法用于加固软土地基及粉土、砂土、砾石、卵（碎）石等地层的防渗加固。

3. 三管法（CJP 法）

三管法是使用分别输送水、气、浆三种介质的三管（铁路、冶金系统多用三重管），在压力达 30～60 MPa 的超高压水喷射流的周围，环绕一股 0.7～0.8 MPa 左右的圆筒状气流，利用水气同轴喷射，冲切主体，再另由泥浆泵注入压力为 0.1～1.0 MPa、浆量为 50～80 L/min 的稠浆。浆液多用水泥浆或黏土水泥浆，浆液相对密度可达 1.6 左右。如前所述，当采用不同的喷射形式时，可在上层中形成各种不同形状的凝结体。三管法由于可用高压水泵直接压送清水，机械不易磨损，可使用较高的压力，形成的凝结体长度较二管法大。

二、高压喷射灌浆技术的特点

(一)可灌性好

高压喷射灌浆是强制性破坏原土层结构,不存在一般注浆的可灌性问题。只要高压射流能破坏的地层如细砂、特细砂、黏性土均可处理。尤其是夹杂于地层中的各类土,高压喷射灌浆的效果比一般注浆方法更为明显。

(二)可控性好

对块、卵石层的较大孔隙及集中渗漏的空间,以各种射流机理加之绕流、位移等作用将地层颗粒或级配料予以充填封堵,已被许多的工程实例证实效果良好。

(三)连接可靠

连接可靠是指高压喷射灌浆板墙自身及其与周边构筑物在上下、左右、前后能实现三维空间的连接。主要表现如下:

(1)大量的现场开挖可以看出,规范设计孔距与单孔板墙喷射长度(范围)间的安全系数达1.5~2.0。

(2)新高压喷射灌浆板墙与老板墙或地下各种原有构筑物之间连接时,新喷射流将原构筑物表面冲刷干净并与其凝结,牢固地溶为一体。

(四)机动灵活

(1)高压喷射灌浆工艺不需要对地层开挖,而在钻孔内的任何高度上,采用不同方向、不同喷射形式,可按设计要求喷射成如糖葫芦、大底、半圆台等形状的凝结体,亦可通过坝体以及涵洞等建筑物对数十米下砂砾层、隐患进行处理。

(2)可在水上对水下隐患进行处理。

(3)板墙物理力学指标可人为通过浆液予以调整。

(五)适应地层深度较大

高压喷射灌浆所适应的地层,从20世纪80年代的中细砂地层扩展到目前,包括块球体在内的所有第四系地层,均可构筑高压喷射灌浆板墙或桩。基础处理的深度,是基础处理技术上很重要且难度较大的一项技术指标。我国高压喷射灌浆,在1992年处理深度达63 m,目前已达80余m。关键是钻孔垂直度问题,现在可控制在3‰左右。

(六)施工场地要求不高

相对其他成槽法造墙工艺来讲,高压喷射灌浆无须护壁浆液和混凝土制作浇筑系统,对施工场所的要求不高。

(七)可用于软基加固

高压喷射灌浆固结体除连接成一体做防渗外,还可用于软基加固或松散体的整体固化。

因为高压喷射灌浆具有上述诸多优势,在我国的防渗工程中得到了较普遍的应用,所完成的防渗墙面积及该项技术的创新发展都居世界前列。20多年的实践,也积累了大量的经验和教训,成功的工程占大多数。该项技术具有其他技术不能代替的独到之处,只要尽快地制定正式的全国性的技术规范,加强施工组织管理,选用高素质、熟练的施工队伍,严格控制施工质量,就可以保证该项技术的成功运用。

三、技术参数选择

高压喷射灌浆对土体的切割能量来自压力水流。压力水流由高压泵、供水系统、喷嘴等组成。喷嘴直径一般为3 mm。

(1)喷嘴水流与压力的关系：

$$v_0 = \varphi\sqrt{2gp/\gamma} \quad (\text{m/s}) \tag{8-7}$$

式中 φ——流速系数,取0.96~0.97;

p——喷嘴入口压力,Pa;

γ——水的容重,kN/m^3;

$g = 9.8\ kN/m^3$。

(2)射流功率：

$$N = 3P^{3/2}d_0^2 \times 10^{-9} \quad (\text{kW}) \tag{8-8}$$

式中 P——泵的压力,Pa;

d_0——喷嘴直径,取3 mm。

不同压力下的 $P \sim V_0 \sim N$ 关系如表8-1所示。

表8-1 不同压力下的 $P \sim V_0 \sim N$ 关系

P(MPa)	10	20	30	40	50
V_0(m/s)	136	192	243	280	313
N(kW)	8.5	24.1	44.4	68.3	95.4

高压喷射灌浆质量的好坏、工效和造价的高低,不仅受工程类型、喷射地形及地质地层条件的影响,更重要的是取决于施工工艺技术参数的合理选用。以三管法为例,主要是选好水、气、浆的压力及其流量,喷嘴大小及数量,喷嘴旋转、摆动和提升的速度,浆液配比、相对密度等。

对于高压喷射灌浆的原理,如前所述为综合因素。上述各种工艺参数,在理论上虽可作些计算和分析,但仅仅是定性的,要定量地选择离实际应用还有相当的距离。因此,实际上工程的应用多依据试验和实践经验。这些技术参数的确定与被处理地层的工程和水文地质情况是密切相关的,尽管已积累了不少经验,但要全面地提出不同地层的最佳参数配合,还须作很多的资料积累和试验研究工作。一般情况下,重要工程在开工前,视工程复杂程度与地质情况,都应进行现场试验,以取得较为适宜的符合该工程实际情况的施工工艺技术参数。下面根据实践经验的总结简述几个主要参数的选用。

高压射流压力如前所述,是使喷射流产生高速,从而有强大的破坏力,而喷射的流量是产生强大动能的重要条件,所以一般都采用加大泵压和加大泵量来增大其冲切效果,以获得较大的防渗加固体,限于目前国内机械设备的水平,常用的喷射压力为20~40 MPa,最大可达60 MPa,视地层结构的强弱而定。

提升速度和旋转是喷射流相对性移动的速度,它是决定喷射流冲击切割土层时间长短的两个主要因素。实践证明,土体受到高压射流的冲切后,很快被切割穿透。切割穿透的程度是随射流持续喷射时间的增加而增大的。一定的喷射时间，产生一定的喷射切割量，便可将土冲切到一定的深（长）度。提升速度和旋转速度的相互配合是至关重要的。旋喷或摆喷时，提升速度过慢影响工效，增加耗浆量；旋转速度过快桩径太小，影响施工质量。它们之间均有较佳的相互配合。一般控制在每旋转一转，提升 0.5～0.25 cm，这样可使土体破坏，且土颗粒破坏得较细且均匀。当为定喷时，只是提升速度与切割沟槽长短及冲切颗粒粗细之间的关系，因而也较好选取。

四、设计要点

（一）孔距及布置形式

设备确定之后，下一步工作就是孔距及板墙布置形式的设计。孔距及布置形式的设计合理与否，对高压喷射灌浆的造价及质量影响很大，应结合施工现场试验精心设计，结合高压喷射灌浆参数的选定选取较为合理的、适宜的孔距及布置形式，以确保施工质量，降低工程造价。

作为防渗工程，通过大量的工程实践经验及定性理论分析，总结出几种常用的孔距及布置形式。临时性和一般性的工程常采用单排布孔，重要工程可布置成双排或多排孔，以确保施工质量。

孔距及布置形式受水文地质情况影响较大。在相同的工艺参数情况下，在中细砂、粉砂地层，孔距可大些，一般为 2.0～2.5 m；在砾卵石及卵漂石地层，孔距多采用 1.0～1.5；在中粗砂、壤土或杂填土层，孔距多采用 1.5～2.0 m。但针对某具体工程，最优的孔距及布置应通过现场试验确定。

防渗工程中常用的定喷板墙，可以布置成多种形式，以适应不同的工程需要。根据目前的工程实践经验，工程部门大多采用交叉折线形连接，俗称人字形。这种连接形式，连接可靠，结构稳定性好。喷射方向与轴向的夹角一般设计为 20°～30°，连接角度为 120°～140°，布孔施工时可按由疏到密的原则，分序施工，先喷一序孔，再喷二序孔。如遇到转折孔，则孔距和喷射角度要做适当调整，以确保转折孔与邻孔墙体之间的紧密连接。另外，直摆对接也是一种常用的连接形式，对孔深在 20 m 以内的工程较为适用。

高压喷射灌浆防渗技术，用于加固地基提高地基承载力的工程，一般采用旋喷桩，布置成单个或多个连续或不连续的结构形式。

旋喷桩直径的大小，依据地层、水文地质情况的不同亦有差别，对此应作出正确的估计。直径估计得过大或过小，将对工程造成不利的影响。就目前我国水利方面的施工水平，旋喷桩直径多采用 1.5 m 左右，特殊条件下采取一定的措施，也可采用 2.0 m 的直径。一般在砂层（包括细砂、半粗砂）旋喷桩直径较大，而在黏性土层、淤泥质层、砂卵及卵漂石地层，旋喷桩直径较小，所以具体到某一工程，正确的旋喷桩直径也应通过现场试验来确定。

（二）灌浆材料

目前，最常用的灌浆材料有两类：一为固体浆材，如水泥等；二为化学浆材，如水玻璃、氯化钙、环氧树脂等。与之对应常用的浆液有水泥浆、水泥黏土浆，以及掺加适量化学浆材的浆液，采用何种浆材及浆液要根据工程需要，视设备工艺条件，一般需通过配方试验加以确定。

高压喷射灌浆时,一部分浆液与地层搅混进入地层,另一部分浆液将由孔壁流出地面(俗称冒浆)。浆液控制的主要目的是在保证浆液量的前提下,使用最优的浆液水灰比,尽量减少或降低冒浆量,为此应采取如下几条措施:

(1)选用合适的水灰比。高压喷射灌浆工程一般采用水灰比不大于1:1的浆液,对于强度要求不高,主要作为防渗用的工程可用一定比例的黏土水泥浆,以降低工程造价。

(2)通过试验,调整工艺参数,使其冒浆量最小。

(3)对流出地面的浆液,经过沉淀池沉砂回收再次利用。用灌浆泵把冒浆打回搅浆桶内与新浆液混合,再灌入地层,如此循环往复,可充分利用浆液材料降低材料消耗。

总之,灌浆材料与浆液控制是高压喷射灌浆过程中的一个重要环节,其好坏将直接影响灌浆质量。为此,在施工之前,应对浆材及浆液做现场配方试验,选取最优的浆液,以满足工程质量要求。

第六节 水泥搅拌桩

我国于1983年开始对水泥搅拌桩进行试验,主要用于软土地基的加固处理,1996年起用于基础防渗。其加固深度可达30 m左右,按施工方法不同可分为粉喷和浆喷,水泥渗入量一般为10%~20%。土体经过水泥搅拌后形成复合地基——水泥土,其抗压强度可达0.3~4.0 MPa,比天然软土的抗压强度提高10~100倍。

一、水泥搅拌防渗墙设计要点

(一)适用条件

水泥搅拌桩的经济施工深度为5~30 m。按施工方法可分为浆体搅拌法和粉体搅拌法,粉体搅拌适于土体含水量大于30%的情况,否则采用浆体搅拌法。

水泥搅拌桩加固法适用于淤泥、淤泥质土、黏土、粉质黏土、粉土、砂土等软土地基。其加固原理是水泥硬化过程中与土体结合形成改性土,增加了土的密实度和强度,达到防渗效果。一般加固后水泥土的抗压强度为1.0~4.0 MPa。

(二)材料要求

水泥搅拌法加固的主要材料是水泥,一般采用32.5级以上的普通硅酸盐水泥。水泥掺入量决定了水泥土的抗压强度、变形模量、渗透破坏比降等。水泥掺量一般为:黏性土掺8%~12%,砂性土掺10%~18%。水灰比为0.5~2.5,视土壤含水量而定。

二、水泥搅拌防渗墙施工

(一)施工流程

使搅拌桩就位,调平,启动主机,开始进钻,达到设计深度后,后向转动、提升钻杆、注粉(浆)三步同时进行,重复进行2~3次,达到均匀为止。成墙施工中先搅拌奇数孔,再搅拌偶数孔(次序同冲击钻做防渗墙)。

(二)施工要点

(1)主机调平,通过主机四个支腿油缸调平,核定好水平控制装置,确保主机机架处于垂直状态。施工中因某个支腿地基下陷时,应及时调整。

(2)输粉(浆)根据土质的性质,通过试验确定输粉量,并保证输粉压力均匀,一般输浆压力为0.3~1.0 MPa。

(3)提升和下降速度,为保证搅拌的均匀性,进钻速度一般不大于0.8 m/min,且进钻速度还与输浆量有关。

(4)施工深度,防渗墙为线性工程,施工段长度大,高程变化大,施工深度与设计深度的误差应小于5 cm,由于墙体为地下工程,设计中因地基资料不可能很准确,施工中应根据实际情况确定施工深度,以满足实际工程的防渗要求。变更施工深度时应征得业主和设计单位的同意。

(三)施工注意事项

(1)保证垂直度,由于主机的制造误差、调平误差、施工中支腿下陷、地层中有大块石造成钻头漂移等,均可能导致墙体倾斜。施工前可沿墙顶开挖0.5 m深的导向槽,必要时压实两侧土基。

(2)协调输浆量和提升速度,两者的操作由两人完成,因此两人要协调好。

(3)水灰比与土的孔隙率、土的含水量、土质结构等有关。水灰比过大,则墙体不密实;水灰比过小,可能无法搅拌均匀而不成墙。

三、施工前准备工作

(一)现场资料勘察

了解土层分布,各土质的物理力学性质,如土的主要成分、有机质含量、地下水的酸碱度(pH值)、施工图纸、施工要求等。

(二)配合比试验

确定水泥浆的比重、黏度、初凝时间,搅拌物的抗压、抗渗强度,外加剂的种类、掺入量等。

(三)场地平整

能基本保证施工设备在运行中保持水平,雨季施工应在施工场地设排水沟,对局部松软的地段要填土压实,保证施工路线土基的均匀性。

(四)机械安装

粉(浆)喷工艺由多台设备组成,施工前要按次序就位、连接。全部接好后进行试运转,保证浆、水、气畅通,各类仪表显示正常。

(五)施工备料

主要材料是水泥和外加剂,根据施工强度和对外联系的供料能力确定施工现场的储存量,以不影响正常施工为准,水泥浆配制好后应及时使用,一般不超过3~5 h。

(六)施工组织设计

绘制施工总平面布置图;按图布置场内施工道路、材料、水、电、气的供应,施工设备型号、台数、生产力、技术性能、施工方法、质量保证体系、安全施工体系、事故处理方法、施工组织管理等。

(七)施工放样

准确定出防渗墙中心轴线位置,划分施工单元长度,一般以50 m为一个施工单元,沿施工方向用定位标尺标定桩位。

四、质量控制

(一)建立施工质量保证体系

施工企业的项目经理、工程师、施工队长、质检员等人分级管理,采取层层一把手负责制,严格执行三检制。

(二)加强全员质量意识

严格管理,加强劳动纪律教育,严格按施工操作规程施工;定期总结施工过程中的经验和教训,使全体员工知道哪些是质量控制的要点;保证机组的正常运行,人机固定,建立合理的奖罚制度,调动员工的积极性。

(三)材料控制

水泥为正规厂家生产,有合格证及出厂日期,按标准抽样检查、试验,不合格的材料不能使用,已进场的材料要保管好,不得受潮,且在保质期内用完。

(四)施工参数控制

桩位放样要准确,误差不大于10 mm,桩机就位误差不大于20 mm,由质检员复核。

桩长应达到或略超过设计深度,可折算成高程来进行施工控制。

桩径由设计墙厚(桩径)而定,当钻头磨损严重达不到设计值时,应及时补焊。

垂直度,防渗墙垂直度一般不大于0.5%,施工前必须严格调平钻机,且施工中不断对垂直度进行测定复合。

五、施工设备

(一)转盘式搅拌桩机

主机由行走机构、动力机构、传动机构、操作机构、钻进机构和机架等组成。单头设备成孔直径一般为500 mm,电机动力为30~45 kW,加固深度为12~18 m,生产效率为100~150 m/台班。

主机可分为单头式和多头式(3~6头)。其中,多头小直径搅拌桩机多用于水利水电工程的防渗墙施工。

多头钻机成墙厚度为350~470 mm,电机功率为150 kW,生产效率为120~200 m^2/台班。

单头式为BJS系列,多头式为ZCJ系列。

(二)动力头式搅拌桩机

动力头式搅拌桩机机型的特点是:动力装置与钻杆连成一体,主电机在钻杆顶端,重心高,质量重,进钻时不需要另外加压力。机组由动力头、滑轮组、搅拌轴、搅拌钻头、钻机架、底车架、操作系统、制浆系统等组成。

动力头式搅拌桩机分为单头式和双头式两种,搅拌桩直径为600~700 mm,功率为

60 ~ 80 kW,生产效率为 40 ~ 60 m/台班。

(三)主要附属设备——制浆系统

制浆系统由储料罐、称量系统、搅拌罐、储浆罐、流量仪、操作手柄、高压浆泵、高压输浆管等组成。

六、材料要求

(一)水泥

水泥是主要的加固材料。水泥品种可根据土质特性而定(一般由设计单位定出),水泥掺入量一般为 12% ~20%。

(二)外加剂

早强剂一般采用石膏,掺入量为水泥的 2%。

减水剂一般采用木钙,掺入量为水泥的 0.2%。

(三)水

水的加入量用水灰比控制,且与土的天然含水量、施工地点的地下水位等有关,水灰比的最终确定一般由现场试验而定。水灰比过小,则搅拌不均匀;水灰比过大,则搅拌体不密实。工程中的水灰比一般为 0.5 ~2.5。

(四)防渗墙体厚度

(1)以渗透稳定条件控制,墙体厚度为:

$$S_1 \geqslant \Delta H/[J] \quad (\mathrm{m}) \tag{8-9}$$

式中 ΔH——墙体两侧最大水头差,m;

$[J]$——防渗墙的许可破坏坡降,$[J]=100 \sim 300$。

(2)变形条件。防渗墙位于土体中,应验算其变形能力,必要时还要作强度分析。

(3)施工条件。有时由抗渗和变形条件计算出的墙体很薄,小于钻机(槽子)的有效直径(或厚度),这时为满足施工要求,应以机械的最小施工厚度而定。

以上三个条件要同时满足,以最大值控制。

(五)防渗墙深度

当透水层较浅(20 ~30 m)时,要求防渗墙深入基础不透水层 0.5 m;当透水层较深(超过机械施工深度)时,可采用悬挂式防渗墙,按防渗要求确定墙深;对于岩基,水泥搅拌桩无法施工,不需嵌入,可采用岩基接触面喷浆法以增加防渗效果。

第七节 振冲加固法

一、适用条件

振冲加固法主要适用于河道下游冲积形成的砂土、粉土、粉质黏土、素填土等地基。对于有地震设防要求的饱和松砂,为防止其在地震中产生液化,为提高地基加固处理效果,在振冲加固中掺入部分碎石,以提高砂土地基的抗压强度、抗剪强度、排水性能等。

采用碎石桩处理后的粉土地基天然孔隙比小、相对密实度大、标准贯入击数高,地基承载力将有大幅度提高，在工程中广为应用。

二、设计要求

（一）处理范围

振冲桩处理范围应根据建筑物的重要性和场地条件确定，宜在基础外缘扩大 1～2 排桩。当要求消除地基液化时，在地基外缘扩大宽度不应小于基底下可液化土层厚度的一半。

（二）桩位布置

对于大面积的满堂处理，宜采用等边三角形布置。对于单独基础或条形基础，宜采用正方形、矩形、等腰三角形布置。振冲桩的间距应根据上部结构荷载大小和场地土层情况，并结合所采用的振冲器功率大小综合考虑。

（三）桩长的确定

当硬土层埋深不大时，应按硬土层埋深确定。当硬土层埋深较大时，应按建筑物地基变形允许值确定。在可能液化地基中，桩长应按要求的抗震处理深度确定。

在桩顶与基础之间应铺设一层厚 300～500 mm 的碎石垫层。

（四）碎石桩直径

桩直径一般采用 300～800 mm，可根据地基土质情况和成桩设备等因素确定，对饱和黏土地基宜选用较大的直径。

（五）碎石桩的间距

碎石桩的间距应通过现场试验确定。对粉土和砂土地基，不宜大于碎石桩直径的 4.5 倍；对黏性土，不宜大于碎石桩直径的 3 倍。

（六）桩体材料

桩体材料可采用碎石、卵石、角砾、圆砾、砾砂、粗砂、石屑等硬质材料，含泥量不大于 5%，最大粒径不大于 50 mm。

第八节　强夯加固法

一、适用条件

强夯加固法适用于处理碎石土、砂土、低饱和度的粉土、黏性土、湿陷性黄土、素填土、杂填土等地基。

二、设计要求

强夯施工前应在施工现场有代表性的场地选取几个试验区进行夯实试验，以确定以下参数作为施工中的控制指标。

（一）夯点的夯击次数

按现场试夯得到的夯击次数和夯沉量关系曲线确定，并应满足下列条件：

（1）最后两击的平均夯沉量不宜大于下列数值：当单击夯击能小于 4 000 kN · m 时，

为 50 mm;当单击夯击能为 4 000 ~ 6 000 kN · m 时,为 100 mm;当单击夯击能大于 6 000 kN · m 时,为 200 mm。

(2)夯坑周围地面不应发生过大的隆起。

(3)不因夯坑过深而发生提锤困难。

(二)夯击遍数确定

夯击遍数应根据地基土的性质确定,可采用点夯 2 ~ 3 遍,对透水性较差的细颗粒土,应适当增加夯数。最后用低能量夯满夯两遍。

(三)夯击点布置

夯击点布置应根据基底平面形状,采用等边三角形、等腰三角形、正方形布置。第一遍夯击点间距可取夯锤直径的 2.5 ~ 3.5 倍,第二遍夯击点位于第一遍夯击点之间。

(四)夯击处理范围

强夯处理范围应大于建筑物基础处理范围,每边超出基础外缘的宽度宜为基底下设计处理深度的 1/2 ~ 2/3,且不宜小于 3 m。

第九节　工程实例

一、工程概况

某水库大坝清基不彻底,填筑质量差。大坝背水坡有集中渗漏,且渗漏量大。下游坝脚因渗漏形成沼泽地。大坝老河槽段下游坡在正常运用和非常运用条件下抗滑稳定及抗震稳定均不满足规范要求。大坝白蚁危害严重。为此,需对坝体和坝基进行防渗处理。

混凝土防渗墙其物理力学指标要求如下:抗压强度 $R_{28} \geqslant 10.0$ MPa,渗透系数 $K \leqslant i \times 10^{-7}$ cm/s。

根据岩石情况,两岸山坡和中间山头岩石破碎,对混凝土防渗墙不能深入的破碎岩层部分采用双排帷幕灌浆,帷幕灌浆深度 5.0 m,帷幕灌浆孔距 1.0 m。

二、防渗墙设计

(一)施工平台设计

防渗墙施工前先进行坝顶土方开挖等工作,平台宽度 10 m。防渗墙轴线位置为大坝轴线处。平台需确保坚实、平坦,使其不会因降雨或施工期的延长而发生较大变形或沉陷。

(二)混凝土导墙设计

导墙断面如图 8-1 所示,导墙中心线与防渗墙中心线重合。在中心线两侧确定导槽的开挖边线,一般开挖宽度为 1.10 ~ 1.50 m,导槽的开挖深度为 1.30 ~ 1.50 m。导槽开挖使用挖掘机作业,在接近设计底面高程 30 cm 左右时,应及时用水准仪抄平,打上水平桩,以作为挖槽时控制深度的依据,同时结合人工清理整平。

开挖完毕,人工清理整平边坡和槽底,使其平整密实,再进行钢筋的绑扎、支模板及混凝土的浇筑。混凝土浇筑前,对松散地基土进行加密处理,保证导墙的稳定性。导墙浇筑

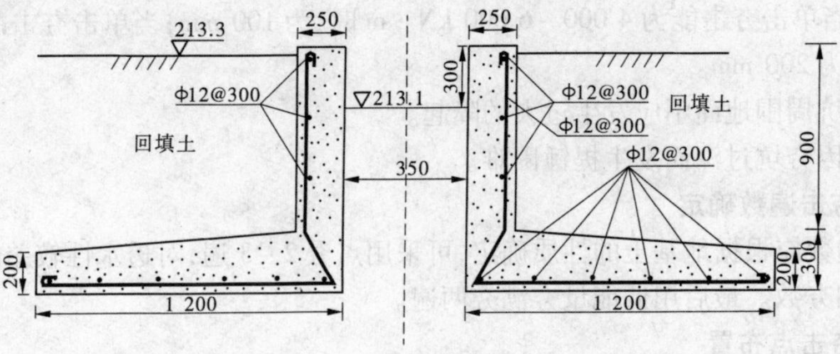

图 8-1　混凝土导墙结构示意　（单位：mm）

的技术指标应满足下列规定：导墙中心线，其允许偏差为 ±1 cm；导墙顶面高程（整体）允许偏差为 ±1 cm；导墙间净距允许偏差为 ±0.5 cm。

槽段划分应遵循的原则：当地质情况不稳定时，为避免沟槽壁面坍塌应减小槽段长度，以缩短成槽时间。如果墙较深，造孔时间长，施工难度大，槽段宜短些，反之可长些。若近旁有较大的地面荷载，为了确保沟槽的稳定，应减小槽段长度，缩短槽壁暴露时间。

混凝土防渗墙槽段划分及施工顺序见图 8-2。

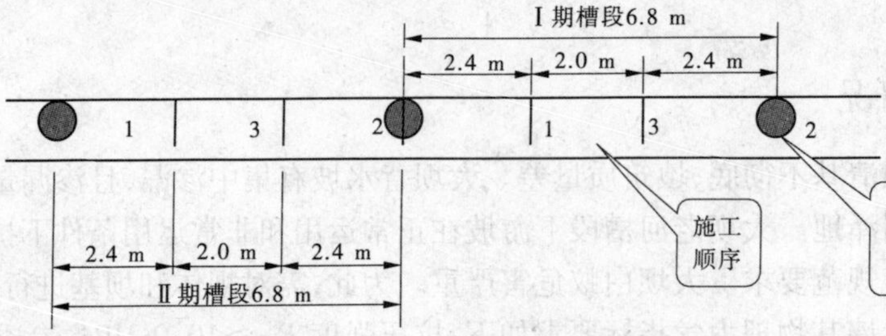

图 8-2　混凝土防渗墙槽段划分及施工顺序

（三）固壁泥浆设计

泥浆池的容积应满足施工高峰期一天的耗浆量和最大的槽孔换浆量。泥浆池总容量设为一个单元槽段挖土量的 2～3 倍。制浆材料包括：①膨润土，选用的膨润土应达到《钻井液用膨润土》（SY 5060—85）所规定的二级膨润土指标。②水，用新鲜洁净的淡水，使用前应对水质进行化验。③分散剂，选用工业用纯碱。④絮凝剂，选用聚丙烯酰胺。其功能为对膨润土护胶，同时提高抗剪切稀释能力。⑤防漏剂，选用锯末等。

（四）防渗墙设计

根据防渗墙两侧水力梯度、地质勘察报告提供的地层分界线和风化岩面线的深度，确定墙体厚度和设计深度。防渗墙设计要求嵌入强风化岩 1.0～2.0 m，施工中可以根据现场实际地质情况确定合理入岩深度。

防渗墙体厚度 30 cm，孔壁平整垂直，孔位允许偏差不大于 30 mm，主孔孔斜不大于 0.3%，副孔孔斜率≤0.4%；对于Ⅰ、Ⅱ期槽孔接头套接孔的两次孔位中心任一深度的偏差值，不大于墙厚的 1/3；遇基岩面倾斜度较大等特殊地层情况时，其孔斜率应控制在 0.6% 以内。

防渗墙体的连接：对于混凝土防渗墙，特别是30 cm、40 cm的薄墙，在实施Ⅰ、Ⅱ期槽段连接时采用下设接头管法。这种方法优点为：施工方便，无需增加其他设备，同时增大了Ⅰ、Ⅱ期混凝土的接触面积，使墙段接头较好，并能加快施工进度，减少混凝土损耗。

（五）终孔、清孔验收

槽孔成孔后，进行终孔质量检查，槽孔应满足以下指标：

（1）槽孔孔壁平整垂直，孔位中心偏差不大于3 cm。

（2）孔斜率不大于0.4%。

（3）清孔1 h后要求达到下列标准：孔底淤积厚度≤10 cm；当使用膨润土泥浆时，密度≤1.15 g/cm^3，马氏漏斗黏度32～50 s，含砂量≤6%；当使用黏土泥浆时，密度≤1.30 g/cm^3，500/700 mL漏斗黏度≤30 s，含砂量≤10%。

（六）墙体混凝土浇筑

对配置主要材料要求分别如下：水泥优先选用矿渣硅酸盐水泥，水泥强度等级不小于32.5级，采用普通硅酸盐水泥；细骨料要求细度模数为2.4～2.8，砂率为35%～45%；粗骨料最大粒径不超过20～40 cm。

选用导管内径为210 mm，采用丝扣连接，丝扣之间用橡胶密封圈密封。导管下设具体要求为：Ⅰ、Ⅱ期槽段浇筑均采用三组导管，导管中心距≤4.0 m；采用一级配混凝土时，导管中心距可适当加大，但不得大于5.0 m。导管中心至槽孔端部或接头管壁面的距离宜为1.0～1.5 m，当槽孔底部高差>0.25 m时，应将导管置于控制范围的最低处；开浇前，导管底口距槽底距离应控制在15～25 cm。

采用直升式导管法进行泥浆下的混凝土浇筑。浇筑时导管埋入混凝土深度应≥2.0 m，不宜大于6.0 m；保持槽孔内混凝土面均匀上升，上升速度应≥2 m/h，混凝土面高差控制在0.5 m以内；至少每隔30 min测定一次槽孔内得混凝土面深度，并及时绘制混凝土浇筑指示图；浇筑混凝土时，孔口设盖板，以防杂物掉入槽孔内。夏季应控制入槽混凝土温度在28 ℃以内。

（七）混凝土防渗墙工程质量检验

（1）混凝土机口或浇筑槽口取样试验数量应与常规混凝土试验要求相同，采用机口或槽口取样检查，每台班抽取试样一组，28 d进行室内试验检测。

（2）钻孔沿轴线平均每20～40 m一孔，每孔做钻孔取样和压（注）水试验，钻孔取样为每一孔取试样2～4组进行室内检测。

（3）整个坝体防渗墙开挖两处，具体位置由监理工程师指定，每处长6～8 m，深2～3 m，开挖处主要检查墙体的厚度、接缝连接可靠度，并在每开挖处取1～2组试样做室内检测，取样部位用石灰水泥砂浆抹平。

（4）实验室内试验主要检测墙体的单轴抗压强度，弹性模量和渗透系数及渗透比降。其合格标准为：防渗墙物理力学强度值和抗渗标准应达到设计要求值，合格率达95%以上，不合格部分的物理力学指标必须达到设计值的70%以上，且不得集中在相邻槽孔中；压（注）水检查标准为渗透系数 $K<1\times10^{-7}$ cm/s。墙体厚度≥设计值，墙体连接可靠。钻孔芯样获得率大于80%，强度均匀。

思考题

1. 简述黏土截水墙的优点、缺点、适用条件。

2. 何为帷幕灌浆？帷幕灌浆的设计要求是什么？

3. 混凝土防渗墙施工中，开槽方法有哪些？

4. 简述泥浆固壁的作用、机理、设计要求。

5. 简述高压喷射灌浆防渗墙的形式、各自的特点、适用条件。

6. 简述水泥搅拌桩的适用条件、设计要点。

自测题

一、填空题

1. 水工建筑物地基防渗处理可采用的方法有________、________、________、________。

2. 水工建筑物地基加固处理可采用的方法有________、________、________。

3. 混凝土防渗墙施工中，常用的开槽设备有________、________、________、________。

4. 固壁泥浆设计中，主要的控制指标有________、________。

二、判断题

1. 碎石桩的作用是提高粉砂地基的防渗效果。(　　)

2. 坝下黏土截渗墙适用于透水层很深的地基。(　　)

3. 混凝土截渗墙防渗效果好，但成本相对较高。(　　)

三、多项选择题

1. 混凝土防渗墙是采用钻机在坝基或坝体内开槽后灌入混凝土，形成连续的防渗墙体。混凝土防渗墙设计的控制指标有(　　)。

A. 弹性模量　　B. 抗拉强度

C. 塑性指标　　D. 透水系数

2. 地下混凝土防渗连续墙造孔施工中槽孔内灌满泥浆，泥浆除有固壁作用外，还有(　　)的作用，成墙后还可增加墙体的抗渗性能。

A. 悬浮、携渣　　B. 节省混凝土用量

C. 提高混凝土抗压强度　　D. 冷却钻具

3. 高压喷射灌浆技术是利用钻机造孔后，把带有喷头的灌浆管下到预处理部位，以高压水射流冲击破坏土层，在堤坝中形成凝结体，按施工方法分为(　　)。

A. 高压喷射　　B. 低压喷射

C. 旋转喷射　　D. 定向喷射

第九章　土工合成材料的应用

【学习指导】

目标：土工合成材料的分类，防渗材料的设计方法，反滤材料的设计方法，土工合成材料的物理、力学、水力学指标，土工合成材料防止老化的措施。

重点：土工合成材料类型与性能，设计中应注意的问题。

第一节　概　述

土工合成材料是应用于岩土工程的、以合成材料为原材料制成的新型建筑材料，已广泛应用于水利、公路、铁路、港口、建筑等工程的各个领域。

目前，国内外通常采用聚酯纤维（PER）、聚丙烯纤维（PP）、聚酰胺纤维（PA）、聚乙烯（PE）、聚氯乙烯（PVC）、高密度聚乙烯（HDPE）等原料制造土工合成材料，形成了八大系列产品，如土工织物、土工膜、土工网、土工格栅、土工席垫、土工格室、土工复合材料及相关产品等。其中：土工膜是土工合成材料中应用最早，也是最广泛的一种系列产品，土工膜为相对不透水的聚合物薄片，在岩土和土木工程中用于防渗和气体的输送；土工复合材料是用两种以上土工合成材料经人工组合的复合体，用于排水、截水及加筋等。

随着高分子化学工业的发展，自 20 世纪以来相继出现了聚氯乙烯、聚乙烯醇、聚酰胺、聚酯、聚乙烯、聚丙烯等各种纤维，这些合成材料具有强度高、弹性好、耐磨、耐化学腐蚀、不会发霉、不怕虫蛀及吸湿性小等特点，用于工程又具有施工简便、易保证质量、施工进度快、造价低等优点，故被人们所重视，应用也日益广泛。

目前，国内外堤坝渗流控制中所应用的土工合成材料，主要是透水的土工织物和相对不透水的土工薄膜两大类。本章主要介绍土工膜、土工织物及其应用，其他类型的土工合成材料在此不再叙述。

一、土工合成材料的分类及性能

（一）土工织物

土工织物按制造方式可分为织造型（包括编制、平织、针织）、非织造型（包括针刺、热粘、胶粘），主要用于反滤、排水和隔离功能。

（二）土工膜

土工膜有材质、厚薄之分，按制造方式可分为吹塑、压延、涂敷等，主要用于防渗工程。

（三）土工特种材料

土工特种材料有土工格栅、土工带、土工模袋、土工格室、土工网、土工石笼、土工管、三维网垫、EPS 等，各自功能不同。

(四)土工复合材料

土工复合材料包括复合土工膜(膜与织物或其他材料相复合)和复合防水排水材料(包括排水带、排水管、防水材料等)。

二、土工膜的种类

土工膜是一种由高聚合物制成的透水性极小的土工合成材料。根据原材料不同,其可分为聚合物和沥青两大类。为满足不同强度和变形需要,又有不加筋和加筋的区别。聚合膜在工厂制造,沥青膜则大多在现场施工。

(一)国内外制造土工膜的基本材料

国内外制造土工膜的基本材料大致可分为如下几种:

(1)热塑性材料,如聚氯乙烯(PVC)、耐油聚氯乙烯(PVC-OR)等。

(2)结晶热塑性材料,如低密度聚乙烯(LDPE)、高密度聚乙烯(HDPE)、聚丙烯(PP)等。

(3)弹性材料,如二烯—异丁烯橡胶(IIR)、氯丁橡胶(CR)、环氧丙烷橡胶(CV)等。

(4)热塑性弹性材料,如氯化聚乙烯(CPE)、氯磺聚乙烯(CSPE)、氯化聚乙烯熔合物(CPE-A)等。

(5)沥青和树脂,如沥青、煤焦油沥青、改性沥青、环氧树脂和丙烯树脂等。

这几种土工膜基本材料性能如表 9-1 所示。

表 9-1　几种土工膜基本材料性能

性能		氯化聚乙烯 CPE	高密度聚乙烯 HDPE	聚氯乙烯 PVC	氯磺聚乙烯 CSPE	耐油聚氯乙烯 PVC-OR
力学性能	顶破强度	好	很好	很好	好	很好
	撕裂强度	好	很好	很好	好	很好
	伸长率	很好	很好	很好	很好	很好
	耐磨性	好	很好	好	好	—
热力特性(低温柔性)		好	好	较差	很好	较差
尺寸稳定性		好	好	很好	差	很好
最低现场施工温度(℃)		-12	-18	-10	5	5
渗透系数(m/s)		1×10^{-14}	—	7×10^{-15}	3.6×10^{-14}	1×10^{-14}
极限铺设边坡		1:2	垂直	1:1	1:1	1:1
现场拼接	溶剂	很好	好	很好	很好	很好
	热力	差	—	差	好	差
	黏结剂	好	—	好	好	好
最低现场黏结温度(℃)		-7	10	-7	-7	5
相对造价		中等	高	高	高	中等

(二)土工膜的类型

1. 现场制成的非加筋土工薄膜

现场制成的非加筋土工薄膜即是在工地防渗面现场(土体或混凝土表面)喷涂一层热的或冷的黏性材料,常用材料是沥青、沥青和弹性材料混合物及其他聚合物(如聚氨基甲酸酯)。这种土工薄膜的主要优点是不存在拼接的问题,价格低,但厚度较厚,为3.0~7.5 mm。

2. 现场制成的加筋土工薄膜

现场制成的加筋土工薄膜是在现场将一层土工织物先铺设固定在需要施工的防渗面上,然后在织物上喷涂一层热的或冷的黏性材料,使透水性很低的黏性材料浸渍在织物的表层,以形成整体性的防渗薄膜。所用的黏性材料与现场制成的非加筋土工薄膜相同。起加筋作用的织物,早期主要为玻璃纤维布,现大多使用针刺无纺土工织物。这种土工薄膜的典型厚度为3.0~7.5 mm。

3. 工厂预制非加筋土工薄膜

预制非加筋土工薄膜使用聚合物及低分子材料通过滚压和挤压工艺制成,是一种没有任何织物加筋的均质薄膜。其典型厚度为0.25~4 mm(挤压工艺)和0.25~2 mm(滚压工艺)。

4. 工厂预制复合土工膜

预制复合土工膜是将土工织物通过滚压或喷涂使表面浸渍或黏合一层聚合物薄膜,应用较多的是非织造针刺土工织物,其单位面积质量一般为200~600 g/m^2。复合土工膜在工厂制造时可以有两种方法,一是将织物和膜共同压成,二是根据工程的质量也可在织物上涂抹聚合物以形成二层(俗称一布一膜)、三层(俗称二布一膜)、五层(俗称三布二膜)的复合土工膜。

复合土工膜有许多优点,以织造型土工织物复合,可以对土工膜加筋,保护膜不受运输或施工期间的外力损坏;以非织造型织物复合,不仅对膜提供加筋和保护,还可起到排水排气的作用,同时提高膜面的摩擦系数,在水利工程和交通隧洞工程中有广泛的应用。

(三)土工膜的性能

土工膜被广泛应用于岩土工程的各个领域。不同的工程对材料有不同的功能要求,并以此选择不同类型和不同种类的土工膜。土工膜的一般性能包括物理、力学、化学、热力学和耐久性能等。在工程应用中更重视其防水(渗透性及透气性)、抗变形的能力及耐久性。大量工程实践表明,土工膜有很好的不透水性;有很好的弹性和适应变形的能力,能承受不同的施工条件和工作应力;有良好的耐老化能力,处于水下、土中的土工膜的耐久性尤为突出。总之,可以认为土工膜具有十分突出的防渗性能。

土工织物的特性随其类别、制作方法、产品类型的不同而变化较大。

1. 物理性能指标

(1)单位面积质量,系1 m^2 土工膜的质量,称为土工膜的基本质量,单位为g/m^2。它是土工织物的一个重要指标。土工织物的单价与单位面积质量大致成正比,其力学强度随质量增大而提高。因此,在选择产品时单位面积质量是必须考虑的技术和经济指标。

(2)厚度,指土工织物在2 kPa法向压力下,其顶面与底面之间的距离,单位为mm。土工织物厚度随所作用的法向压力而变,规定2 kPa压力表示土工膜在自然状态无压条件下的厚度。

2. 力学性能指标

针对土工膜在设计和施工中所受荷载性质不同,其力学强度指标分为下列几项:抗拉强度、握持强度、撕裂强度、胀破强度、顶破强度、圆球顶破强度、刺破强度等。在前3项强度试验中,试样均为单向受力,其纵向和横向强度需分别测定;而后4项强度的试验都表示土工膜抵抗外部冲击荷载的能力,其共同特点是试样均为圆形,用环形夹具将试样夹制住,承受轴对称荷载,纵、横双向同时受力。在上述众多力学指标中,最基本的是抗拉强度。

(1)抗拉强度和延伸率,为单向拉伸。纵向和横向抗拉强度表示土工膜在纵向和横向单位宽度范围内能承受的外部拉力,其对应抗拉强度的应变为土工膜的延伸率,用百分数(%)表示。抗拉强度是力学性能中的重要指标,用于产品质量控制。聚合物土工膜拉断时的极限延伸率可达到150%~900%。加筋土工膜的最大抗拉强度高达10~30 kN/m。

(2)握持强度,是反映土工膜在挟持情况下分散集中荷载的能力,用做土工膜的质量控制。试验时,仅1/3试样宽度被挟持,进行快速拉伸。土工膜对集中荷载的扩散范围越大,则握持强度越高,单位为N。

(3)撕裂强度,是土工膜沿某一裂口或切口蔓延过程中的最大拉力,单位为N。

(4)胀破强度、顶破强度、圆球顶破强度、刺破强度,这4个强度都表示土工膜抵抗外部冲击荷载的能力。其差别是试验时试样尺寸、加载方式不同,胀破强度单位为kPa,其他3项强度单位为N。水力胀破试验是确定土工膜平铺在孔洞上的抗拉强度,以模拟实际情况。圆球顶破试验是量测土工膜的局部顶破强度,是土工膜的基本特性指标之一。试验是模拟土工膜铺设在软基和密实的粗粒料间,土工膜所能承受的应力。水力刺破试验是量测土工膜支承在带有尖锐棱角的支承物上时的刺破强度。

顶破类试验示意如图9-1所示。

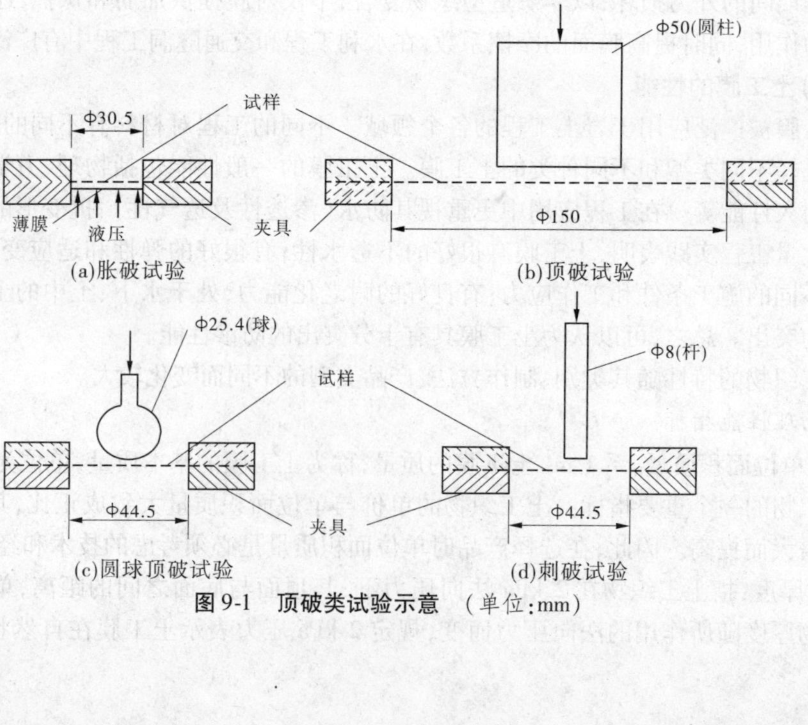

图9-1　顶破类试验示意　（单位:mm）

除抗拉强度外，其他各力学强度指标并不直接用于设计，它们主要是作为参考指标，根据工程实际情况，便于对产品进行比较和选择。

3. 水力性能指标

水力性能指标主要为渗透系数或抗渗强度，是土工膜很重要的水力特性指标，反映土工膜的抗渗透能力。其渗透系数或抗渗强度通过抗渗强度试验确定。

4. 土工膜与介质面相互作用性能指标

土工膜与介质面相互作用性能指标即土或混凝土面与土工膜界面的摩擦系数。土工膜埋在土中，通过土与土工膜界面摩擦力传递土中应力，形成连续稳定的应力场；土工膜铺设在混凝土或沥青混凝土面板上联合防渗，两种介质间通过胶结黏合在一起，共同承担防渗作用，通过界面摩擦力抗衡内部孔隙水应力，防止滑坡形成稳定的复合坝面体。土工膜与界面间的摩擦系数，需通过试验确定。

5. 土工膜的耐久性指标

影响聚合物土工膜耐久性的因素包括热、光、氧、臭氧、湿气、大气中的二氧化氮和二氧化硫、溶剂、低温、酶和细菌、应力和应变等。土工膜破坏可能的原因：反聚合作用和分子断裂使聚合物分解，从而使聚合物物理性能衰化和发生软化；失去增塑剂和辅助成分，导致聚合物硬化变脆；薄膜遇液体发生膨胀或溶解而发生强度的衰减，渗透性增大；接缝不良或拉开。

聚合物土工膜一般不会因温度而分解，只有工业废水池中衬护聚合物薄膜会因氧化温升而起分解作用。许多聚合物对紫外线很敏感，会使聚合物分解（加炭黑后可增强抵抗紫外线分解的能力）。臭氧破坏不饱和主链，当聚合物薄膜的拉应变达15% ~25%时，容易受臭氧作用而开裂。

在长期应力或反复应力作用下，有的聚合物会因蠕变或疲劳而变薄、破裂。聚合物一般能抵抗生物分解，但增塑剂或其他单体成分会在湿空气中产生生物分解，从而变软或发脆。

交联型聚合物有很好的抵抗化学分解的能力；结晶型聚合物成分简单，含增塑剂和填充料很少，不会因增塑剂容易丧失而很快老化；PVC是热塑型的，老化快；丁基橡胶薄膜是由异丁烯和小比例的异戊二烯聚合而成的，主要具有烷族的性质，允许硫化处理，是紧序高分子，具有很好的抗氧化、化学、紫外线等侵害的性质（但容易被臭氧破坏）。

土工膜耐久性指标主要有耐磨、抗紫外线、抗生物、抗大气环境等多种指标，但大多没有可遵循的规范、规程，一般根据工程实际情况，按工程经验来选取。当土工膜铺设于渠道边坡和渠底时，上面应覆盖厚25 ~30 cm浆砌石保护层，当土工膜铺设于混凝土或沥青混凝土面板上时，上面应设置10 ~20 cm厚的混凝土防护层。

三、土工膜在水利防渗工程中的应用

土工薄膜是由高分子聚合物制成的透水性甚小的材料，渗透系数一般为10^{-11} ~ 10^{-12} cm/s，这样低的透水性是一种颇为理想的防渗材料。其在水利防渗工程中可应用于以下几个方面：①堤坝的防渗斜墙或垂直防渗心墙；②透水地基上堤坝的水平防渗铺盖和垂直防渗墙；③混凝土坝、圬工坝及碾压混凝土坝的防渗体；④渠道的衬砌防渗；⑤涵闸水平铺盖防渗;⑥隧道和堤坝内埋管的防渗;⑦施工围堰的防渗。土工膜防渗形式见图 9-2。

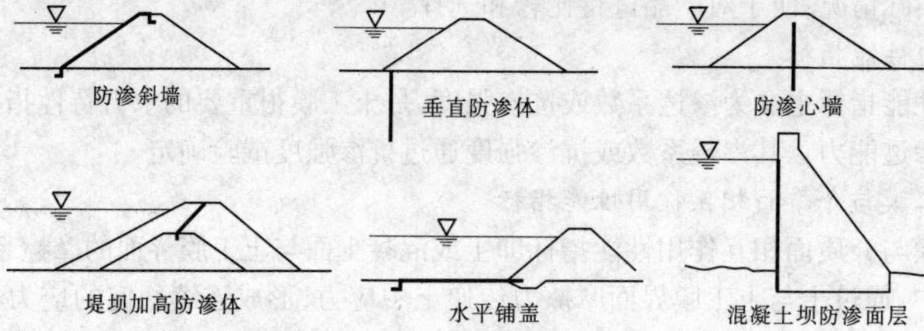

图 9-2　土工膜防渗形式

土工膜作为一种良好的防渗材料,目前在土石坝中,特别是堤防防渗工程中已被广泛地采用;在混凝土坝或碾压式混凝土坝的修补中,作为防渗护面也逐渐增多;在我国的土坝建设和堤防加固中,作为垂直防渗墙的墙体材料等,被广泛地应用。

(一)土工膜的防渗结构

土工膜的厚度很薄,容易遭受破坏,为了有效保护和提高其在坡面上的稳定性,在土工膜与堤身或堤基接触处应加一定厚度的垫层(过渡层)或反滤层,尤其对于膜与粗粒料直接接触的情况。若防渗薄膜选用复合土工膜材料,则反滤层可以简化。对于已有的堤防加固情况,由于铺反滤层较困难,可以直接选用较厚非织造土工织物的复合土工膜作为反滤层,以便于施工。但应强调指出,不管什么情况下,反滤层是必不可少的。土工膜防渗结构原则上应包括 5 层,如图 9-3 所示。

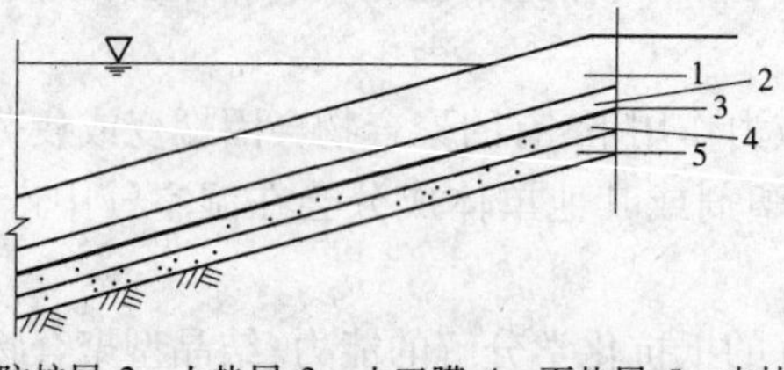

1—防护层;2—上垫层;3—土工膜;4—下垫层;5—支持层

图 9-3　土工膜防渗结构

1. 防护层

防护层是与外界接触的最外层,是为了防御外界水流或波浪冲击、风化侵蚀、冰冻破坏和遮蔽日光紫外线而设置的。该层由堆石、砌石或混凝土板构成,厚度一般为 15 ~ 25 cm。

2. 上垫层

上垫层是防护层和土工膜之间的过渡层,由于防护层多是大块粗糙材料且易移动,如果直接置于土工膜上,很容易破坏土工膜,因此上垫层必须做好。上垫层一般采用透水性良好的砂砾料,厚度应不小于 15 cm;如果防渗材料采用的是复合土工膜,可不必另设垫层。

3. 土工膜

土工膜是防渗主体,除要求有可靠的防渗性能外,还应该能承受一定的施工应力和使用期间结构物沉降等引起的应力,故也有强度要求。土工膜的强度与其厚度直接有关,可通过理论计算或工程实践经验来确定。

单一土工膜表面光滑,摩擦系数小,易产生滑动,不宜铺设在坡面上,在此情况下,一般多采用复合土工膜,其表面的非织造土工织物与土的摩擦系数要比单膜大得多。另外,有时也可将单膜加上纹路以增加糙度。

4. 下垫层

下垫层铺在土工膜的下面,有双重功能:一是排除膜下的积水、积气,确保土工膜的稳定;二是保护土工膜,使其不受支持层的破坏。

对于粗粒的堆石坝,下垫层也可起堆石与土工膜之间过渡层的作用,这时的下垫层由细砾和砂构成,三者之间的粒径应符合一定的层间关系。对于面板堆石坝的防渗加固工程,多采用复合土工膜,可用沥青直接黏结在防渗面板上。对于碾压式土坝,一般采用复合土工膜,下垫层一般可以省去,因为非织造土工织物可以起到保护和排水作用,而且增加膜与坝体间的摩擦力。

下垫层对土工膜起支持层的重要作用。如果土工膜直接放在粗粒料上,在水压作用下,它会被压进粗粒的大孔隙中,而被拉破。相反,如果土工膜下为平整硬层或细粒土料,则情况就会不同。试验研究证明,0.25 mm 厚的聚乙烯土工膜铺在级配良好的砂卵石层上,作用水头达到 200 m,土工膜也没有破坏,这表明膜下垫层的状态对膜的安全至关重要。

5. 支持层

土工膜是柔性材料,必须铺设在可靠的支持层上,它可以让土工膜受力均匀。对于堤坝,支持层可采用级配良好的压实土层,粒径应根据膜厚来选择,对于 0.2 mm 厚的土工膜,支持层的最大粒径应不大于 6 mm,不均匀系数应不小于 20。对于堆石坝,支持层可采用混凝土或沥青混凝土面板斜墙。如果是碾压式土石坝,由于其坝面平整,又有较大密实度,可不设支持层。

(二) 土工膜的防渗形式

1. 堤坝地基垂直防渗墙

对于已建堤坝的防渗加固工程,一般采用垂直铺塑技术建造垂直防渗墙。垂直防渗墙是在堤坝地基内造孔或开槽,填入透水性极低的材料形成的连续墙。我国现在用铺塑技术已完成多项垂直防渗墙工程。

修建防渗墙的土工合成材料多采用土工膜、复合土工膜。采用插入土工膜,则膜厚应不小于 0.5 mm。在目前技术条件下,插入深度可以达到约 15 m,要求地基土中大于 5 cm 的粗颗粒不多于 10%,最大颗粒粒径不大于 15 cm,否则将超出开槽宽度。

对于新建堤坝,采用中央复合土工膜做垂直防渗墙时,其要求与土工膜斜墙防渗相同。但垫层和过渡层在填筑压实时,应注意不使土工膜损伤。施工时要求堤坝填筑与土工膜心墙同时上升,而且土工膜应作锯齿形铺设,以适应堤身的沉陷。

2. 水平防渗铺盖

堤坝建在透水地基上,当地基厚度过大,采用其他防渗形式不经济或不可能时,可采用铺盖防渗。它是将透水性小的材料水平铺设在堤坝上游的一段长度内,并与堤身或坝身的防渗体系相连接，以增加渗径，减少渗透坡降，防止地基渗透变形并减少渗流量。一般用于铺盖材料的渗透系数至少应比地基的渗透系数小 100 倍，故以往常用黏性土。土工膜比黏土的透水性还要小，具有极大的柔性，能和地面密切贴合，而且施工相当方便，防渗效果良好。

3. 其他防渗形式

土工膜用于堤防的防渗加固，其心墙式或斜墙式等形式的选用与堤基地层结构及其渗透性有关。增大 PE 膜摩擦性能的方法有三种：一是采用复合土工膜，因复合土工膜外层的土工织物与土料的摩擦系数较大，接近于 PVC 膜与土料的摩擦系数；二是对 PE 膜采用加糙措施，如在土工膜的光滑表面上压纹或喷涂加糙材料；三是改变水工建筑物的结构，如调整坝坡，加防滑槽或防滑槛等。另外，当 PE 膜的厚度从 0.12 mm 增加到 0.24 mm 时，其与粗砂的摩擦系数可以增加 30%。

第二节　垂直铺塑防渗技术

一、概况

垂直铺塑是 1980 年开始研制发展起来的一项新的防渗技术，经过几十年的发展和革新，该技术已日趋成熟并广泛应用于水库大坝和江河、湖泊大堤的防渗加固工程。其基本原理是：首先用链斗式锯槽机或往复式锯槽机在需防渗的土体中垂直开出槽孔，并以泥浆护槽壁；然后将与槽深相当的整卷土工膜下入槽内，倒转轴卷，使土工膜展开，相邻两幅之间用搭接的方式连接；最后进行膜两侧的填土，即形成防渗帷幕。回填时，在槽底回填黏土，深度不小于 1 m，目的是密封，以防止水从下部绕渗，接着填与原筑坝土质相同的土，待其下沉稳定后，往槽内继续填土压实；将槽外土工膜与建筑物的其他防渗体系连接，不得外露。在与建筑物连接处，土工膜应留有足够的富裕，以防建筑物变形时拉断土工膜。

与较早类似的其他防渗技术（如地下混凝土连续墙等）相比较，垂直铺塑防渗技术有如下特点：

（1）开槽机造槽经济适用。开槽机是垂直铺塑防渗技术施工开槽的主要设备，是根据防渗技术要求和有利于施工两个方面而研制的，槽孔的深浅、宽窄可以调节，能够满足不同工程设计要求，经济适用。

（2）防渗材料性能好。垂直铺塑防渗技术所采用的防渗材料一般为土工膜或塑料板，如聚乙烯（PE）土工膜、聚氯乙烯（PVC）土工膜、复合土工膜或防水塑料板等。这类材料防渗效果好，其本身渗透系数一般小于 10^{-11} cm/s；柔性好，易于施工；寿命长，在地下良好的保护状态下，其工作寿命至少在 30 年以上。

（3）施工速度快，工程造价低。垂直铺塑防渗技术之所以被广泛应用，一是新型开槽机结构简单、操作方便、施工速度快；二是防渗材料的单位面积造价经济，且易于施工。

二、垂直铺塑防渗技术适应范围

垂直铺塑防渗技术在土层分布、地下水位高低等方面都有其技术本身的要求和适应范围。垂直铺塑施工的开槽深度与土层分布和地下水位高低三者之间是相互联系和相互影响的。

在确定工程设计方案时，要同时考虑土的地质条件和地下水位情况。如果地质报告显示，土层中有大量石块、纯中粗砂情况，就不宜采用垂直铺塑技术；如果地下水位很低，但蓄水条件不好，护壁浆液可能保持不够，易造成塌孔，也不宜采用垂直铺塑技术。

综合起来，垂直铺塑防渗技术的应用应具备下列几个条件：

(1)透水层深度一般在 12 m 以内，或通过努力，开槽深度可以达到 16 m。

(2)透水层中大于 5 cm 的土粒含量不超过 10%(以质量计)，其少量大石块的最大粒径不超过 15 cm，或不超过开槽设备允许的尺寸。

(3)透水层中的水位能满足泥浆固壁的要求。

(4)当透水层底为岩石硬层时，对防渗要求不很严格。

(5)透水层中流砂夹层或纯中粗砂段所占比例很少，能满足泥浆固壁的要求。

三、机械设备

垂直铺塑防渗技术主要设备是开槽机，辅助设备有拌浆机、循环泥浆泵、抽砂泵、水泵等。

四、泥浆循环固壁

为了保证槽孔的稳定性，垂直铺塑防渗施工过程中泥浆循环固壁工艺非常关键。

泥浆材料的选择：护壁泥浆要求相对密度小，黏度适当，稳定性好，过滤水量少，泥皮形成时间短且薄，表面又有韧性。从管理上说，还希望操作方便、成本低。

泥浆拌制和使用时必须检验，选择护壁泥浆的性能时应考虑到地质条件及挖槽方法。泥浆的性能指标应通过试验确定。

泥浆制造中应设有一条泥浆拌和系统联动线，其中应包括泥浆拌和机、储料斗、储有各种性能材料的桶或容器等。在经过试验确定好泥浆的材料配合比后可进行泥浆搅拌。首先加水至搅拌筒 1/3，开动搅拌机，在定量水箱不断加水的同时，加入膨润土纯碱液搅拌 3 min 左右，再加入其他掺合物，搅拌时间控制在 5 min 以内，如果泥浆搅拌后直接使用，搅拌时间应再延长 2 ~ 3 min，现场搅拌泥浆应控制黏度和相对密度。每 10 罐抽查泥浆试样一组，检查全面指标。一般情况下泥浆搅拌后应储存 24 h 以上或加分散剂，使膨润土或黏土充分水化后方可使用。

通过沟槽循环而排出的泥浆，由于膨润土和增黏剂等主要成分的消耗以及土渣和电解质离子的混入，其质量降低，失去原有的性质，因此必须净化处理后，才能继续循环使用。

五、材料要求

(一)材料

水利工程中做垂直防渗用的土工合成材料一般为土工膜和复合土工膜。由于聚乙烯抗拉强度比聚氯乙烯高，耐老化，使用寿命较长，故近年来多采用聚乙烯土工膜。聚乙烯土工膜又称 PE 膜,PE 膜又分为薄膜和薄片两种,习惯上以膜的厚度区分,但无明确划分标准。PE 土工膜属新型防渗材料,其性能明显优于其他材料。PE 土工膜具有优质的防渗性能,在我国已得到广泛应用。

(二)物理力学性能指标

应满足《聚乙烯(PE)土工膜防渗工程技术规范》(SL/T 231—98)中的相关规定。

六、铺膜施工

(一)施工要求

(1)PE 土工膜的储运要符合安全规定。运至现场的土工膜应在当日用完。

(2)PE 土工膜铺设前应做相应准备工作。进行现场铺设试验,确定焊接温度、速度等施工工艺参数。

(3)PE 土工膜的铺设施工应符合以下技术要求:大捆 PE 土工膜的铺设宜采用拖拉机、卷扬机等机械;条件不具备及小捆 PE 土工膜,也可采用人工铺设。铺设 PE 土工膜时,应适当放松,并避免人为硬折和损伤。PE 土工膜焊缝搭接面不得有污垢、砂土、积水(包括露水)等影响焊接质量的杂质存在。

(4)铺设 PE 土工膜时,应根据当地气温变化幅度和工厂产品说明书要求,预留出温度变化引起的伸缩变形量。

(5)PE 土工膜铺设完毕、未加保护层前,应在膜的边角处每隔 2 ~ 5 m 放 1 个 20 ~ 40 kg 重的砂袋。

(二)下膜形式

垂直铺塑下膜有两种形式,一是重力沉膜法,二是膜杆铺设法。

(1)重力沉膜法。对于砂性较强的地质情况,造就槽孔后,由于其回淤的速度较快,槽孔底部高浓度浆液存量多,宜采用重力沉膜法。

(2)膜杆铺设法。对于一般的黏土、粉质黏土、粉砂地质情况,由于其回淤的速度较慢,泥浆固壁条件好,效果好,可采用膜杆铺设法。首先将土工膜卷在事先备好的膜杆上,然后由下膜器沉入槽孔中,在开槽机的牵引下铺设土工膜,采用模杆铺设法在施工过程中,要经常不断地将膜杆上下活动,使其在槽孔中处于自由松弛状态,防止膜杆被淤埋或卡在槽中。

七、回填

垂直铺塑的最后一道工序是回填,下膜后回填一般是回淤和填土两种办法相结合。回淤即是利用开槽时砂泵抽出的原坝体中的砂土料浆液进行自然淤积。由于开槽过程中的泥浆利用,回淤量不够填满槽孔,因此需备土填充。所备土料不应含有石块、杂草等物质,其质量应与原坝体相同。

第三节　土工膜的坝体防渗

对于堆石坝体的防渗加固,可以选择坝面防渗处理方案,也可以采用垂直防渗方案。

垂直防渗方案一般为建造混凝土防渗墙，这种方案造价较高、施工困难，甚至根本无法施工，对于中高堆石坝，采用此方案是不经济的。堆石坝防渗加固应采用坝面防渗工程，即坝面铺设复合土工膜防渗工程，此方案技术可行、防渗可靠、施工方便、经济合理，是堆石坝防渗加固处理工程的首选方案。

一、堆石坝的复合土工膜防渗工程设计

一般防渗工程中的复合土工膜都是铺设在散粒土体上，而堆石坝在沥青混凝土斜墙或混凝土面板上铺设复合土工膜有自己的特点，既有其有利的一面也有其不利的一面，在设计中应尽量扬长避短。

（一）复合土工膜规格初选

根据作用水头，通过试验、计算，选择符合强度和变形要求的复合土工膜。根据《水利水电工程土工合成材料应用技术规范》（SL/T 225—98）规定，土工膜厚度不应小于0.5 mm。对于重要工程应适当加厚；对于次要工程，可以适当减薄，但最小不得薄于0.3 mm。

（二）复合土工膜厚度的计算

（1）SL/T 225—98 规定，确定土工膜厚度时土工膜材料允许抗拉强度用式（9-1）计算：

$$T_a = \frac{1}{F_{id}F_{cr}F_{cd}F_{bd}}T \tag{9-1}$$

式中 T_a——材料的允许抗拉强度，kN/m；

T——极限抗拉强度比，kN/m；

F_{id}——考虑铺设机械破坏影响系数；

F_{cr}——考虑材料蠕变影响系数；

F_{cd}——考虑化学剂破坏影响系数；

F_{bd}——考虑生物剂破坏影响系数。

根据工程的具体情况，规范建议，最大值可采用 $F_{cr}F_{cd}F_{bd}=5$，即安全系数为5。同时，确定土工膜厚度时土工膜材料极限抗拉强度用下面的公式计算。

裂缝上的复合土工膜拉应力为：

$$T = 0.204\frac{pd}{\sqrt{\varepsilon}} \tag{9-2}$$

孔洞上的复合土工膜拉应力为：

$$T = 0.122\frac{pd}{\sqrt{\varepsilon}} \tag{9-3}$$

式中 T——单宽土工膜所受最大拉力，与缝方向垂直，kN/m；

p——膜上作用水压力，kPa；

d——预计膜下地基可能产生的裂缝宽度，m；

ε——膜的拉应变。

作几种复合土工膜的拉应力—拉应变试验曲线，并画出上述公式的 $T\sim\varepsilon$ 曲线，用曲线交会法，求出各复合土工膜曲线与此曲线的交点。当这些交点的 T 与该复合土工膜断

裂强度之比为 5 或大于 5(即安全系数为 5),且此交点的 ε 与该复合土工膜的断裂(极限)拉应变之比为 5 或大于 5 时,则该复合土工膜满足要求。

如果用黏结剂将膜牢牢粘贴在沥青混凝土斜墙或混凝土面板上,斜墙限制了它的伸长变形,则土工膜容易断裂,当斜墙变形超过沥青混凝土斜墙或混凝土面板的允许变形时,斜墙开裂,产生裂缝。由于在裂缝处,膜的初始长度为零,因而在斜墙裂缝处膜的应变和应力是比较大的,则土工膜容易断裂,应该设法避免这种情况发生。

根据有关规定,复合土工膜保护层可采用喷射混凝土或现浇混凝土,中间不需设其他垫层。复合土工膜如果用喷射混凝土或现浇混凝土做保护膜,保护层会对土工膜产生约束和嵌固。从理论上来说,只要混凝土保护层出现裂缝,膜就可能断裂。与沥青混凝土斜墙相比,混凝土受拉和适应变形能力差,混凝土保护层更易出现裂缝,再则膜在保护层下面,对膜更不利。

对于较高的堆石坝,经研究表明,斜墙上的复合土工膜承受的拉力较大,安全系数偏低,需选较厚的复合土工膜,也可以根据不同的部位选择不同厚度的复合土工膜。

(2)加强及处理措施如下:

①选择断裂强度大、断裂伸长率大、性能优良的复合土工膜,但这往往受国内技术水平的限制,只能尽力而为之。

②在受力大、易出现问题的部位用二层膜或一层厚膜。如果两层复合土工膜间的摩擦系数可达 0.533 以上,则不黏结;如果摩擦系数小,则要黏结,可用网格式黏结,即纵横分条带黏结,横稠纵稀。当局部黏结满足不了要求时,可全面粘贴。

③将复合土工膜的表面加糙,提高表面的粗糙度,以增大摩擦系数,采用此方法需经试验研究。

④复合土工膜上铺一层细砂,上面喷射混凝土,可使保护层与复合土工膜间摩擦系数达 0.533 以上,保护层满足抗滑稳定要求。成都科技大学试验得 300 g/m^2 土工织物与细砂的摩擦系数:干砂为 0.54,湿砂为 0.55,均大于 0.53。可使复合土工膜与斜墙间摩擦系数达到设计要求,满足抗滑稳定要求。

(三)复合土工膜沿斜墙抗滑稳定性分析

复合土工膜与斜墙间的摩擦系数小于堆石体的内摩擦系数亦小于斜墙与堆石间的摩擦系数,它是一个薄弱面,需校核复合土工膜沿斜墙和护坡混凝土与复合土工膜间的抗滑稳定性。对复合土工膜的抗滑稳定性,应通过有关的材料试验,提出试验参数,进行计算后方可确定。

复合土工膜上面的护坡要作抗滑稳定分析,护坡可用现浇混凝土、混凝土预制板、干砌块石。当坝坡陡于 1:3,可现浇混凝土或喷混凝土,因为坝坡陡,靠摩擦不足以维持稳定,还要靠黏聚力;当坝坡缓于 1:3,可用预制混凝土板或干砌块石。

护坡不需要防渗,应能畅通排水,故现浇混凝土应留排水孔。

抗滑稳定安全系数为:

$$K = mf + \frac{\sqrt{1 + m^2}}{\gamma t}c \tag{9-4}$$

式中 m——坡率;

f——摩擦系数；

γ——护坡混凝土容重，在施工期或未蓄水时，为混凝土干容重，在蓄水后为混凝土浮容重，kN/m^3；

t——护坡混凝土厚度，m；

c——黏聚力，kPa。

复合土工膜与其底部的无砂混凝土面板或沥青混凝土之间的抗滑稳定也需要计算，只计算施工期或水库水位骤降期的。复合土工膜是隔水层，其下游面的土工织物可排水或以其他措施排水，故复合土工膜与其底部的无砂混凝土面板或沥青混凝土之间无水，水库水位降落时，复合土工膜下面没有水的顶托力（或反推力）。水库蓄水后，复合土工膜上面有水压力，底面无水压力，安全系数比未蓄水时大；水库水位降落时，复合土工膜的抗滑安全系数与施工期或未蓄水时相同。

（四）复合土工膜铺设的前期要求

（1）加固防渗体基础。为减少上游坝坡变形，对混凝土面板或沥青混凝土斜墙下堆石坝体进行托底固结灌浆。基础灌浆材料的选择，应通过灌浆试验确定。堆石体固结灌浆的范围和深度，应事先进行大坝有限元应力应变分析，根据有限元分析成果、测得的沉降和位移资料、渗透变形破坏的部位等，进行综合分析，最后确定托底固结灌浆的范围和深度，曾发生渗透破坏部位则加深。

（2）平整洗刷混凝土面板或沥青混凝土斜墙。混凝土面板或沥青混凝土斜墙是复合土工膜的垫层，先将凹凸不平的板面整平修复，特别是对坝面的塌陷裂缝部位，应重点修复，使板面均匀受压，减少不均匀沉降。对现已老化和产生裂隙的面板或沥青混凝土铲除、清洗干净后填补平整。

（五）混凝土护坡

复合土工膜上设混凝土保护层（即护坡），作用是保护复合土工膜，防止风浪冲刷、风沙的吹蚀、人和机械的损坏、冰冻的破坏、山坡滚下石块的碰砸、紫外线的照射、风力的掀动，以及防止因膜下水压力而使膜浮起等作用。

保护层需要一定厚度、强度和黏聚力，以保证保护层的稳定、不被损坏和耐久性。在复合土工膜上可喷射混凝土或现浇混凝土保护层，保护层厚 15 ~ 20 cm。

（六）复合土工膜与周边的连接

整个混凝土面板或沥青混凝土斜墙上复合土工膜接缝应不漏水，还要求与周边连接密封不漏水，这样才能保证整个斜墙面上的复合土工膜成为一个完整的封闭不透水层。

（1）与左右岩岸坡连接。首先进行两岸边坡处理，为防止绕坝渗漏，对位于正常蓄水位以下的两岸岩体的节理裂隙，应作防渗处理，可采用喷射水泥砂浆的方法，喷射厚约 3 cm水泥砂浆封闭进口渗漏通道。为保护新修的防渗面板不受破坏，对两岸不稳定的危岩事先进行清除，形成两岸稳定的边坡。

在做混凝土面板或沥青混凝土斜墙与岸边连接滑动接头时，应将岸坡开挖成一平台，平台处岩石新鲜、裂隙少，不用再爆破削坡开挖，直接可浇筑岸坡混凝土。

在与两岸边连接时，在原混凝土面板或沥青混凝土与基岩的接触带附近，开挖宽为 1 m的槽子，当遇破碎裂隙岩体时清除到弱风化岩面，将复合土工膜置入槽内，用混凝土回填锚固。

若两岸岩石新鲜平整，可在岸边浇筑混凝土墩，在岸边基岩中钻孔、插锚筋、铺设复合土工膜，膜在岸边打一褶皱，用钢板槽钢将膜压住，上紧固螺栓，并在其上浇筑混凝土保护层。

(2)与坝基截水墙的连接。在截水墙上游侧做一混凝土锚墩，将复合土工膜弯折埋入墩内，注意在墩的上游侧膜要打一褶皱。在与基础连接时，将倒挂井防渗墙顶部做成圆形，在防渗墙的上游侧开挖深、宽均为 1 m 的槽，将复合土工膜置入槽内，用混凝土回填锚固。

(3)与冲沟截渗墙连接。在冲沟挡土墙侧做一混凝土锚固墩，并用锚杆连接，形式同(1)。

(4)与坝顶防浪墙的连接。将坝顶防浪墙与复合土工膜浇筑在一起。连接固定上部边界，或在墙的上游侧做一混凝土锚固墩，为使其抗滑稳定须用钢筋与防浪墙基础连接。

二、水库浆砌石坝防渗加固工程实例

(一)工程概况

某水库流域面积 9.4 km^2，总库容 349.3 万 m^3。大坝坝型为小石混凝土浆砌石重力坝，最大坝高 40 m，采用混凝土心墙防渗。水库于 1990 年开工兴建，1992 年 6 月底竣工并投入使用。当年水库蓄水后就发现大坝漏水严重，整个下游坝面普遍有库水外渗，溢洪道左右两侧伸缩缝处漏水呈喷射状，坝体廊道内渗水尤为严重，几乎成为“水帘洞”。据测量，水库的最高日漏水量达 1.5 万 m^3。大坝漏水带走大量的钙质，使小石混凝土逐渐失去黏聚力，如不及时治理，不仅影响工程效益的充分发挥，更重要的是对大坝安全造成严重威胁。

(二)工程措施

大坝渗漏的治理首先进行了灌浆处理，经运行检验，效果甚微，另一途径就是坝面防渗。经过充分的调研、分析与论证，大坝的防渗加固采用在上游坝面构筑复合土工膜坝面防渗体方案。坝面防渗体平均厚度 3.5 cm，其中找平层平均厚度 2 cm，最小厚度不小于 1 cm；随坝高不同，防水层选用 400 ~ 600 g/m^2 的复合土工膜；水泥砂浆保护层厚度 1.5 cm，最小厚度大于 1 cm。复合土工膜与水泥砂浆通过含 20% 的 107 胶水泥胶黏结。复合土工膜的搭接宽度 15 cm，用聚氨酯冷压黏合。

(三)防渗效果分析

水库的防渗加固工程于 1995 年、1996 年汛前施工，共铺设坝面防渗体面积 4 200 m^2，高程为 161.5 ~ 180.6 m。由于水库的运用要求，加固工程在未放空水库情况下进行，还有约 1 800 m^2 的坝面尚未施工，但防渗效果已初步发挥。根据水库的观测资料，1995 ~ 1997 年汛期的最高库水位均为 172.5 m，堵漏前的 1995 年相同水位的大坝渗水量为 5 000 m^3/d，而堵漏后的 1997 年最大值为 2 000 m^3/d，大坝漏水量减少 60%。从现象上看，经过两个汛期和两个冬天的运行，坝体下游面干燥无水，坝面防渗体结构完好，表现出良好的抗渗、抗冻性能。大石村浆砌石坝面复合土工膜防渗加固工程说明，复合土工膜坝面防渗技术经济上合理、技术上可行，具有很好的推广应用前景。

浆砌石坝复合土工膜坝面防渗新技术，具有造价低、防渗效果可靠，与砌石体结合牢固的特点。同时，更为重要的是，复合土工膜坝面防渗体不仅适用于已建浆砌石坝工程，也可用于新建工程的防渗加固。不论是新建工程还是已建浆砌石坝工程，新型坝面防渗技术均可比常规防渗方案节省工程投资60%以上。

第四节　土工膜应用中存在的问题

一、几项主要试验测定方法的一些问题

(一)拉伸试验中的几个问题

(1)目前，国内实验室大多采用窄条试样，即试样宽50 mm、长100 mm。国际上大多采用宽条试样，试样宽200 mm、长100 mm。这两种试样的试验方法相同，但宽条试样试验要具备一对实际有效宽度为210 mm的夹具，试验荷载相应增大，操作技术也复杂一些。目前，国际上只认定宽条法试验成果，为此国内有关部门还需不断改进设备，提高操作技术，逐步过渡到宽条法。

(2)拉伸过程中应记录拉力—伸长量曲线。目前，设计往往要求提供某一应变时的抗拉强度，有时要求提供初始模量，两者都由拉力—伸长量曲线获得。

(3)握持试验和撕裂试验的方法与条带拉伸试验方法相似，仅夹持方法不同。握持试验试样夹持面积(长×宽)为50 mm×25 mm，撕裂试验试样夹持宽度为84 mm，试验拉伸速率为100 mm/min。拉伸过程中最大拉力即为握持强度或撕裂强度，单位为N。

(二)垂直渗透试验问题

土工膜的防渗性能也可用垂直渗透系数表示，垂直渗透系数是水力梯度等于1(或单位水力比降)时的渗透速率。一般土工膜的渗透系数值小于1×10^{-11} cm/s。试验时一般在有压力(一般为100 kPa，相当于1 000 cm水位差)下进行，由于渗水量很小，试验持续时间较长。

二、土工膜在使用中常出现的问题

土工膜在储运及运行过程中可能造成穿刺和撕裂等破坏，还可能在工程应用中发生以下几种的破坏情况：

(1)遭受块石或其他尖角物的穿刺。

(2)薄膜受到下层气体或液体的顶托产生应力集中导致破坏。

(3)铺设在支承上与混凝土面板之间的土工薄膜由于遭受温度、重力、土体位移、浪压力及水位变化等因素，可能引起界面滑动，使土工薄膜产生过度拉伸、撕裂或擦伤。

(4)在斜面上用土保护的土工薄膜，当水位骤降时，土体中的孔隙水压力与库水位失去平衡而造成失稳滑动。

鉴于上述情况，工程中根据不同要求在土工膜上面或下面或上下两面采用保护措施。土工织物保护土工膜最佳，故在工厂将土工织物通过喷涂或滚压或压延等工艺黏合一层高聚合物薄膜，即采用一布一膜、二布一膜等形式的复合土工膜，可以解决土工膜在使用

运输过程中可能发生的上述破坏。

三、土工膜耐久性问题

(一)影响土工膜耐久性的主要因素

土工膜的原材料是高分子聚合物,这种物质是链节结构,它对氧化十分敏感,容易发生降解反应和交换反应,引起其组成、结构的变化逐渐失去原有的优良性能,最后丧失其使用价值,这种现象叫做老化。老化是一种不可逆现象,有如下变化:

(1)外观变化,如变色、发黏、变软或变硬、龟裂、变形等。

(2)物理化学性能的变化,如相对密度、导热系数、玻璃化温度、熔点、溶解度、耐热性及透水性的变化。

(3)力学性能的变化,如抗拉强度、伸长率、耐磨损、硬度的变化。

(4)电性能的变化,如表面电阻、介电常数及击穿强度等的变化。

高分子聚合物的老化,一方面是由于它自身内在的弱点,另一方面是由于受到外界因素的影响,两者相辅相成。老化的内在因素主要表现为高聚物化学结构、链结构和物理结构上的弱点:

(1)化学结构上的弱点,主要是一些高聚合物原子间的内在结合力不好,与原子结合的不牢固,或一些基因、链受到外界因素的作用而引起老化。

(2)链结构上包括分子量、分子量分布和聚合度等。

(3)物理结构上主要是聚合物的结晶度,结晶度大的聚合物有较好的热稳定性。

(4)影响材料耐久性的还有物理因素、化学与生物侵蚀、干湿作用、冻融变化和机械度等。

老化的外界因素,如物理因素,包括光、热、电和高能辐射等,其中主要的是光和热,太阳光的紫外线会引起高分子聚合物的光化学反应,使高分子产生断链或交联,分子量下降而老化。热会使高分子材料发生分解或热氧化反应,引起或促进老化。化学因素包括氧、臭氧、水(湿气)化学介质(酸、碱、盐雾等)、腐蚀性气体(NH_3、HCl、SO_2 等)等,其中氧的因素较为主要。生物因素,微生物主要是霉菌;昆虫和海洋吸附生物的作用。在上述外界因素中,以日照紫外线的影响最重要。

各种原材料抗紫外线的能力以聚丙烯和聚酰胺最差,聚脂最佳,聚乙烯、聚氯乙烯介乎其间,颜色浅的比深的差。由于老化是从表层逐渐向内部发展,故产品厚的较薄的耐老化。

(二)延缓老化的措施

了解了高分子聚合物产生老化的内在因素和外界因素,从而可以采用对应措施,减缓老化过程,通常采用下列方法:

(1)物理防护,如涂漆、镀金属及用防老化剂溶液浸涂等方法。

(2)改进聚合工艺。由于聚合物在聚合过程中将产生不稳定结构、杂质、催化剂残留物、低分子量聚合物等老化弱点,因此需改进聚合工艺,尽量减少这些老化弱点,以提高聚合物的稳定性,延缓老化过程。

(3)改性,就是用共聚、共混、接技、嵌段、增强等方法改善高分子聚合物的性能,使纤维的性能得到全面大幅度的提高,以适应不同的需要。

(4)在运输过程中,土工膜成品应避光、隔热。储藏时应放置在室内,避免光、氧、热的作用,露天存放最多不超过 15 d。

(5)在原材料中加入防老化剂,抑制光、热、氧等外界因素对材料的作用,如掺入适量的抗氧剂、光稳定剂和深色碳黑等。

(6)在工程中采用防护措施,如尽量缩短材料在日光中的暴露时间,用黏土(要求厚度在 30 cm 以上)或深水覆盖等。老化破坏程度常以材料的某物理力学量的变化率来反映,如材料抗拉强度的损失或延伸率的变化等。

第五节　土工织物的反滤及排水设计

一、土工织物

土工织物是一种透水材料,分为织造型和非织造型两种。

(一)织造型土工织物

织造型土工织物又称为有纺土工织物,先将材料加工成丝状后再编织。织造型又分为平纹、斜纹、缎纹三种。最常见的是平纹,其特点是厚度小、强度高。

(二)非织造型土工织物

非织造型土工织物又称为无纺土工织物,按加工方法又分为热黏合、化学黏合、机械黏合三种。

热黏合织物布厚度较小,一般为 0.5 ~ 1.0 mm;化学黏合厚度较大,一般为 1 ~ 3 mm;机械黏合多采用针刺法,厚度为 1 ~ 5 mm,孔隙率高,渗透性大,反滤排水性能好,是应用最广泛的一种。

二、反滤作用

当土中的水通过土工织物时,水可以顺畅通过,土粒被阻留。当土中水从细粒土流向粗粒土,或水流从土内向外流出的出逸处,需要设置反滤措施。否则土粒将受水流作用而被带出土体外,发展下去可能导致土体渗透破坏。土工织物可以代替水利工程中传统采用的砂砾等天然反滤料作为反滤层。

土工织物反滤的特点是厚度小,省材料(主要节省运输投资),易施工,反滤效果好,但使用寿命不如砂砾料耐久。

堤坝工程中,需要反滤的主要部位有黏土心墙或斜墙两侧、坝体与下游排水体之间、坝体与上游护坡之间、水闸护坦的排水孔下部、挡土墙后排水体周围、排水暗管、排水井等。

三、反滤设计要求

为保证土工织物能长期使用,对土工织物的基本要求有:被保护的土料在水流作用下，土粒不得被水流带走，即保土性，以防止管涌破坏；水流必须能顺畅地通过织物平面，即透水性，以防止积水产生过高的渗透压力；织物孔径不能被水流挟带的土粒阻塞，即防堵性，以避免反滤作用失效。

(一)保土性要求

满足保土性，织物的孔径与土的粒径之间必须符合一定的关系。孔径过大，土粒可能穿过孔洞而流失；孔径过小，可能妨碍透水和容易被堵塞。

根据保土要求准则，织物的等效孔径 O_e 和被保护土的特征粒径 d_{85} 之间应符合以下关系：

$$O_e \leqslant nd_{85} \tag{9-5}$$

式中 O_e——由试验测得的等效孔径，一般采用 $O_e = O_{95}$ 或 $O_e = O_{90}$，$O_{95}/O_{90} \approx 1.2$；

d_{85}——筛分曲线中重量为85%对应的粒径；

n——系数，当 $O_e = O_{95}$ 时，一般取 $n = 1 \sim 2$。

(二)透水性要求

对于级配良好的土，水力梯度低，不会产生淤堵时，$k_g \geqslant k_s$；

对于级配不良的土，水力梯度高，排水失效会导致土体结构破坏时，$k_g \geqslant 10k_s$。

上述中，k_g 为土工织物透水系数，k_s 为被保护土体透水系数。

(三)防堵性要求

为防止土工织物在长期使用中被淤堵，提出以下要求：土体级配良好时，取 $O_{95} \geqslant 3d_{15}$（d_{15} 为15%重土体粒径），被保护土具有分散性时，水力梯度大，易产生管涌。流态复杂时，要求 $GR \leqslant 3$（GR 为梯度比）。

四、排水功能

水利工程中需要将土中水排出的情况很多，如降低土坝内浸润线高度、挡土墙后排水、水闸的软基排水等。采用土工合成材料排水具有施工简便、工期短、节约工程费用等优点。

排水设计与反滤设计类似，既要排水又要保土，排水量往往大于反滤的排水量。在水闸软基中常采用塑料排水带来代替传统的砂井，其优点是用插板施工法对周边土体扰动少，施工进度快。

五、设计要点

采用土工织物反滤、排水，要满足反滤要求，铺设后的稳定要求有一定的强度要求。

设计前必须已知被保护土体的类别、颗粒分析曲线、土的不均匀系数 C_u，透水系数 K、抗剪强度、干容重 γ_{dmax}、最优含水量 ω_{op} 等。

土工织物的指标有单位面积质量、等效孔径 O_{95}、透水系数 k_g、梯度比 GR 等。一般有强度要求的无纺土工织物的单位质量不小于300 g/m^2。

第六节　土工膜在水库防渗中的应用

一、工程概况

某水库为调水工程中的中间调节型平原水库，其主要任务是调蓄调水工程向周边城区城市居民和工业供水目标。根据《水利水电工程等级划分及洪水标准》(SL 252—2000)，水库主要建筑物级别为 2 级，次要建筑物级别为 3 级，其他指标为：

(1)城市工业及居民生活用水保证率为 95%。

(2)地震动参数：地震动峰值加速度 0.05g，动反应谱特征周期为 0.55 s。

(3)防洪标准：根据《防洪标准》(GB 50201—94)，由于水库位于滞洪区内，因此水库主要建筑物的设计洪水标准应与滞洪区防洪标准相协调，滞洪区建设按照 30～50 年一遇标准建设，经分析确定该水库设计洪水标准采用 50 年一遇。

该水库设计最高蓄水位 29.80 m，相应最大库容 5 209 万 m^3，设计死水位 21.00 m，死库容 745 万 m^3，水库调节库容 4 464 万 m^3。水库围坝坝轴线总长 8 913.99 m，水库工程总占地面积 9 732.90 亩。

二、围坝工程

围坝轴线长 8 913.99 m，坝顶高程 32.30～32.65 m，防浪墙顶高程 33.30～33.65 m，坝顶宽 7.5 m，上游边坡坡比为 1∶2.75，下游边坡坡比为 1∶2.5。水库最高蓄水位 29.80 m，死水位 21.00 m。

围坝坝型为砂壤土和裂隙黏土混合坝型，上游坝坡采用预制混凝土块护坡，下游坝坡 27.6 m 高程以上部分为草皮护坡，27.6 m 高程以下部分为弃土平台。

三、水库库底防渗工程

该水库坝基地层主要由砂壤土、裂隙黏土、粉细砂、中细砂组成，各层土均为中等透水层，水库渗漏和库周浸没问题突出。水库防渗采用坝体上游坡铺设复合土工膜和库底水平铺膜相结合的防渗方案。

根据地质勘察分析，坝址区地下水类型为松散岩类孔隙潜水，地下水位埋深一般为 1.10～1.80 m，坝基各层土渗透系数为 0.089～13.60 m/d，具有中等—强透水性，无相对不透水层，各透水层间水力联系密切，透水性差别较小，可视为均质透水体。

整个围坝在未考虑防渗措施的情况下，水库平均水位年渗漏量达 1 202.3 万 m^3，占总库容的 23.4%，占年入库水量的 9.27%，渗漏严重，坝后排水沟出逸比降最大为 0.55，远大于裂隙黏土及砂壤土的渗透允许比降，因此水库必须采取可靠的防渗措施。

(一)库盘防渗方案设计

水库防渗采用库底全铺膜与坝坡铺膜相结合的防渗方案。库盘土工膜选用二布一膜，PE 膜厚 0.5 mm，上层土工布单位面积质量为 200 g/m^2，下层土工布单位面积质量为 300 g/m^2，土工膜的渗透系数为 5×10^{-10} cm/s，土工膜上铺土压重平均厚 1.0 m。坝坡土工膜选用两布一膜，PE 膜厚 0.5 mm，上层土工布单位面积质量为 300 g/m^2，下层土工布单位面积质量为 200 g/m^2。经计算，在坝坡土工膜局部破损的情况下，基本不影响坝体安全。

根据《聚乙烯（PE）土工膜防渗工程技术规范》（SL/T 231—98），PE 土工膜作为新型防渗材料，性能明显优于其他材料，可用于土石坝的防渗体工程。

（二）排气排水措施

在库底铺设复合土工膜，水库蓄水后，水渗入土工膜底部的土层中，将土孔隙的空气置换出来，气体对土工膜顶托，如果没有排气或压重措施，则土工膜将被顶破。水库蓄水后，库水位降落，而土工膜下的渗水不能很快排出，则渗透水压将对土工膜顶托一致顶破或漂浮。因此，需采取可靠的工程措施。

针对水库土工膜铺设面积大，地下水埋藏较浅的特点，设计采用排水排气盲沟、逆止阀及压重组合措施。复合土工膜底部排水排气盲沟按间距 50.0 m 布设，盲沟为碎石外包土工布滤层组成，在盲沟交点位置，设逆止阀排气排水。水库地下水位埋深 1.10～1.60 m，库内筑坝取土深约为 1.8 m，库底直接铺膜，则复合土工膜下水头为 0.7～0.2 m，引起土工膜上浮，需采取压重措施；为了防御风浪淘刷、冰冻损坏及气体渗水顶托破坏等，复合土工膜上部也需设置保护层；填土压重厚度主要受地下水水位变化、膜下气体压力、风浪、施工机械等因素控制，膜上填土压重土料本着经济合理、就地取材的原则从库内取土，复合土工膜铺设深度加大，同时承担的水头也随之加大，综合考虑以上因素，并结合已建工程经验，设计确定膜上填土压重的厚度为 1.0 m。

库盘水平铺膜防渗后，水库年平均渗漏量为 425.1 万 m^3，最大出逸坡降为 0.26，截渗沟需要反滤层保护。

思考题

1. 土工合成材料是怎样分类的？
2. 土工合成材料的物理指标、力学性能指标、水力学指标各是什么？
3. 防渗材料的设计要求怎样？
4. 简述土工膜焊接要求和质量检查标准。
5. 简述土工膜与周边建筑物的连接形式。
6. 简述反滤材料的设计要求。
7. 简述土工合成材料防止老化的措施。

自测题

一、填空题

1. 土工合成材料广泛应用于水利工程，按其作用可分为____________、____________、____________、____________等功能。

2. 高分子聚合物形成的土工合成材料在外界因素影响下会产生老化，从而可以采用对应措施，减缓老化过程。通常采用下列方法________、________、________、________、________。

3. 为保证土工织物能长期使用，对土工织物的基本要求有________、________、________、________。

二、判断题

1. 土工膜是高分子材料，抗冻能力强，适于在寒冷的冬季施工。(　　)

2. 垂直铺塑适用于透水层较浅的地基。(　　)

3. 土工合成材料在施工过程中可以长时间在阳光下暴晒而不影响材料的质量。(　　)

三、多项选择题

1. 土工膜的力学性能指标有(　　)。

A. 撕裂强度　　B. 抗拉强度

C. 胀破强度　　D. 透水系数

2. 土工织物的物理性能指标有(　　)。

A. 胀破强度　　B. 单位面积质量

C. 水力梯度　　D. 厚度

3. 土工膜在土石坝或堤防的防渗布置形式可以是(　　)。

A. 心墙式　　B. 斜墙式

C. 重力式　　D. 水平铺盖式

第十章　其他水工建筑物

【学习指导】

目标：掌握倒虹吸管、跌水和陡坡的类型、作用及适用条件，比较跌水和陡坡两类落差建筑物的布置异同。

重点：倒虹吸管的布置、作用、适用条件、构造、布置与水力计算，跌水、陡坡的类型、作用及适用条件。

第一节　倒虹吸管

一、倒虹吸管的布置和构造

倒虹吸管是渠道与河流、谷地、道路、冲沟及其他渠道相交时，为连接渠道而设置的压力输水管道，一般由进口、管身和出口三部分组成。

（一）倒虹吸管管路布置

倒虹吸管的管路布置原则如下：

（1）管路与它所通过的水道、沟谷或道路应尽量成正交，管身及进出口轴线在平面上应布置成直线，以缩短管长。

（2）管身及进出口宜布置在稳定地段，地形不应过陡以便于施工。

（3）尽可能将进出口布置在挖方渠段，尽量避免建于高填方上，确实难以避免时，应慎重采取夯实加固和防渗排水措施。

（4）管路一般沿地面坡度布置（露天或浅埋），应避免转弯（变坡）过多，以减少水头损失和镇墩数目。

根据管路埋设情况及高差大小，倒虹吸管可采用下列几种布置形式。

对于高差不大的小型倒虹吸管，管身常布置成斜管式和竖井式两种。斜管式（见图10-1(a)）采用较多。竖井式（见图10-1(b)）多用于穿过道路且管内流量不大、压力水头较小（$H<3\sim6$ m）的情况，井底常设0.5～0.8 m深的集沙坑，以便清除泥沙及检修水平段时作排水之用。竖井式水流不顺畅，但便于施工。

对于高差大的倒虹吸管，管道常随自然起伏的地形露天敷设或浅埋于地面以下（见图10-2），露天敷设的优点是开挖工程量小、便于检修，但在气温影响下，内外壁将产生较大的温差，易引起纵向裂缝而漏水。因此，除温差较小地区的小型倒虹吸管可考虑露天布置外，多数倒虹吸管均浅埋于地面以下。试验表明，管道埋于地面下对减小温差应力的作用较显著，但有的试验资料也表明，当埋深大于0.8 m时，减小内外壁温差的作用增加得不显著，且增大了土压力及填土工程量，故埋深一般以0.5～1.0 m为宜。

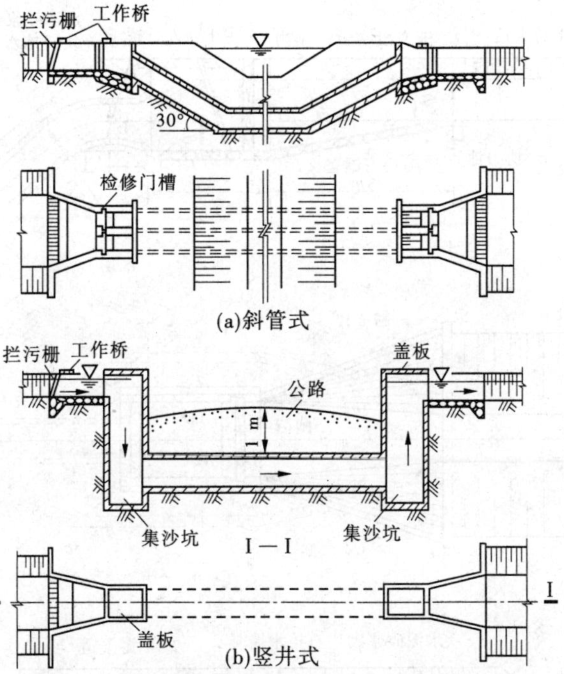

图 10-1　斜管式及竖井式倒虹吸管布置样式

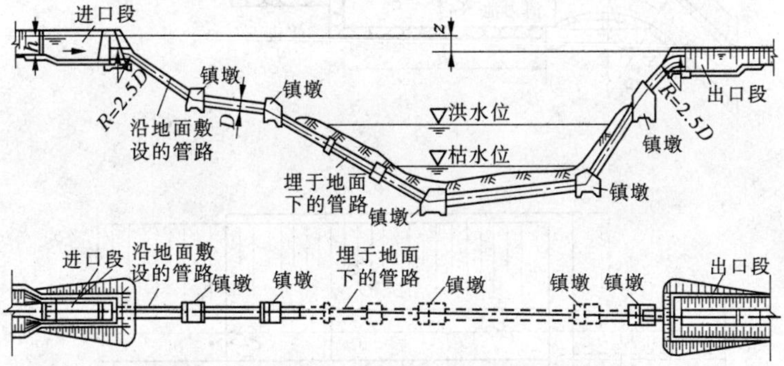

图 10-2　沿地面露天敷设及浅埋的倒虹吸管

(二)倒虹吸管进出口布置

倒虹吸管进出口布置应满足水力条件良好、运用可靠及稳定、防渗、防冲、防淤等要求。

1. 进口段布置

进口段包括进水口、闸门、启闭台、拦污栅、通气管及渐变段(见图 10-3),对于大中型倒虹吸管,进口处应设泄水闸(或溢水堰)。多泥沙渠道,尚应设沉沙及冲沙设施。进水口形式应满足管道通过不同流量时,渠道水位与管道入口处水位的良好衔接。进口轮廓应使水流平顺,以减少水头损失。对于大型倒虹吸管,进水口常用圆弧曲线做成喇叭形,四周向外扩大 1.3 ~1.5 倍管的内径 D。进口段应修建在地质较好、透水性较小的地基上,否则应进行防渗处理。

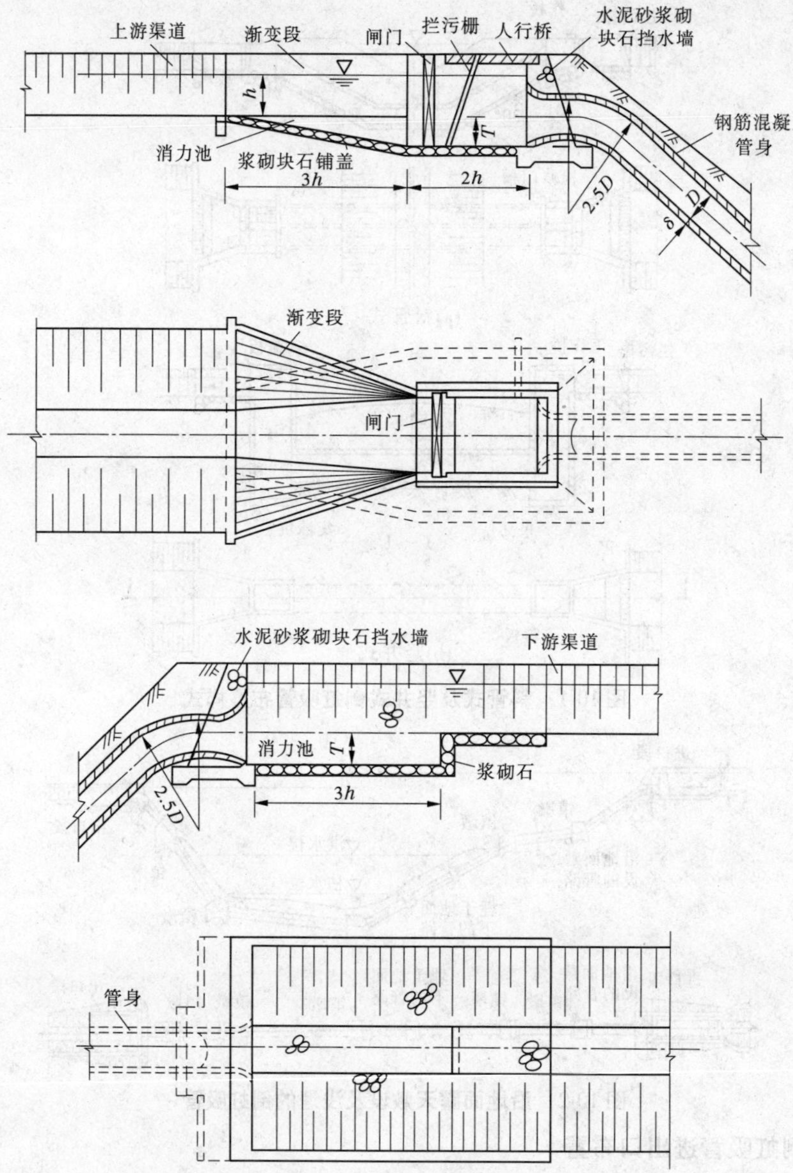

图 10-3　进出口布置

进口段一般应设闸门,以便进行管道清淤和检修。双管或多管倒虹吸的进口必须设闸门,除发生事故关闭及轮流检修用外,小流量时还可利用部分管道过水,以保持管中有较大的流速,防止淤积。不设闸门的小型倒虹吸管,可在进口侧墙上留门槽,需要时用插板挡水。为拦挡漂浮物及保障人畜安全,进口前一般应设置拦污栅。为了清污及启闭闸门,可设工作桥或启闭台。闸门及拦污栅应设专人管理,严防关闸断流或漂浮物堵塞拦污栅造成上游渠水漫溢而发生事故。必要时,可在上游适当位置设置溢水堰或自动泄水闸以保安全。倒虹吸管进口前一般均设置渐变段与渠道连接,其形式和布置要求与渡槽进口的渐变段相同。

倒虹吸管进口前是否设置沉沙池，应根据具体情况从整个渠道系统的规划设计来考虑。从多泥沙河流取水，应在渠首采取措施防止大量泥沙入渠，必要时再在渠首后的适当位置继续采取措施减除不能为渠道水流挟带的泥沙。对于傍山渠段，应布置截流拦沙沟或设置排洪排沙渡槽，以防止泥沙入渠。一般情况下，管内流速比上、下游渠道大，能为渠水挟带的泥沙多不在管内淤积，但粗粒泥沙会磨损管道，因此应防止这种泥沙通过倒虹吸管。洪水时期从多泥沙河流取水，河水含沙量很大，如果这时停止取水，将使取水时间大为缩短，降低甚至破坏用水保证。其实，细颗粒悬移质泥沙并不都是有害的，它具有一定肥效，进入田间后在一定条件下可以改良土壤。显然，对于高含沙引水渠道上的倒虹吸管，应使管中水流具有与渠水含沙量相应的输沙能力，以便将渠水中所含泥沙送过倒虹吸管并防止管道淤塞。有输沙要求的倒虹吸管，宜采取双管或多管，以便在流量变化时决定开管数目，使管中流速不小于挟沙流速。在进口前设置的沉沙池，主要用于沉积渠水带来的粗颗粒泥沙。渠水含沙量小时，可在停水期间进行人工清淤。对于含沙量大的渠道，最好采用水力冲淤，即在沉沙池末端的侧面设置冲沙闸（见图 10-4），当池内泥沙沉积到一定厚度时，关闭倒虹吸管并开启冲沙闸将淤沙冲走。沉沙池的长度 l_p、宽度 b_p 和深度 T 应根据渠水的泥沙含量、颗粒大小、水流速度和一定期间内的可能淤积量而定。缺乏这些资料时可按一般经验尺寸决定：

水平段长度 $$l_p \geqslant (4\sim5)h \qquad (10\text{-}1)$$

宽度 $$b_p \geqslant (1\sim2)b \qquad (10\text{-}2)$$

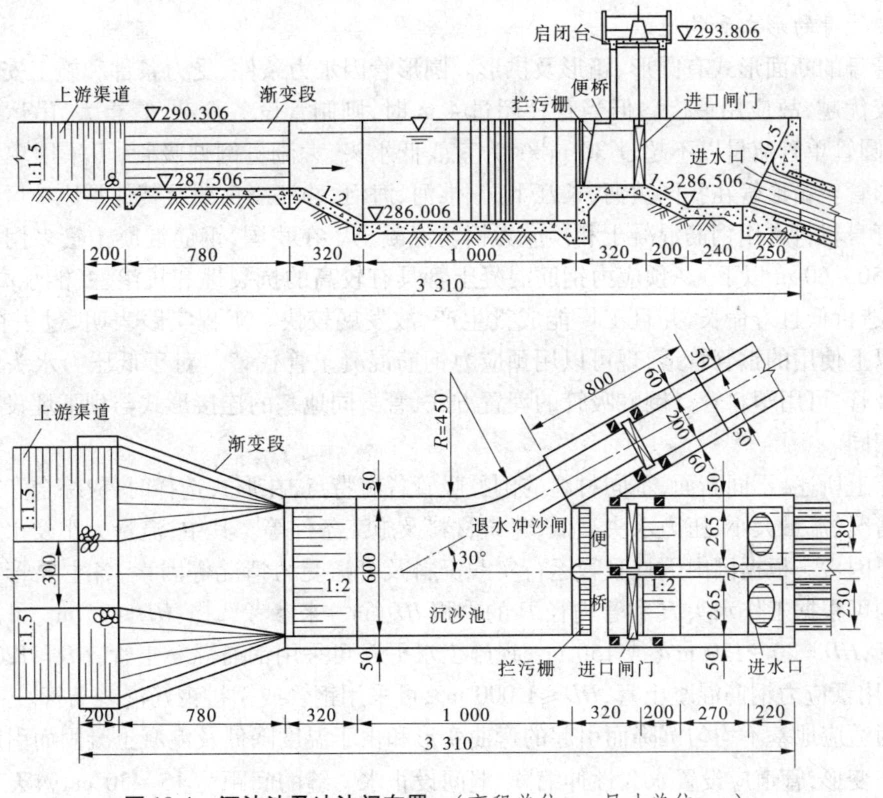

图 10-4　沉沙池及冲沙闸布置　（高程单位：m；尺寸单位：cm）

沉沙池低于渠底的深度 $T \geqslant 0.5D + \delta + 20$ cm (10-3)

式中 h、b——渠道的水深与底宽；

D——管内径；

δ——管壁厚度。

池底与渠底用1∶3～1∶2的斜坡连接。池底及侧墙多用混凝土或浆砌块石砌筑，以承受水流和泥沙的冲刷与磨损。含沙量不大的小型倒虹吸管可在管道最低部位设冲沙孔，定时冲淤。大断面低水头管道也可不设沉沙池，可定期停水直接进管清淤。

2. 出口段布置

倒虹吸管出口段的布置形式与进口段基本相同(见图10-3)。出口段是否设置闸门，应由具体条件决定。多管倒虹吸管的出口段，不设闸门时也需留检修门槽。出口渐变段的形式及布置要求与渡槽出口渐变段相同。出口段常设置消力池，用以调整出口水流的流速分布，池长一般为渠道设计水深的3～4倍，低于下游渠底的池深T(cm)可按经验式估算，即：

$$T \geqslant 0.5D + \delta + 30 \text{ cm} \quad (10\text{-}4)$$

式中符号意义与式(10-3)同。

小型倒虹吸管，流速不大时也可不做消力池，仅用1∶4～1∶2斜坡和八字墙渐变段与下游渠道衔接即可。

(三)管身及镇墩的形式和构造

1. 管身的形式和构造

管身的断面形式有圆形、箱形及拱形。圆形管因水力条件、受力条件和施工安装等方面均较优越，故应用最广。但当直径超过4 m时，则制管设备复杂、管重大，吊运安装困难，故圆管单管流量以不超过30 m^3/s为宜。低水头、大流量倒虹吸管，可采用单孔或多孔箱形管。箱形管在我国黄河、长江下游、淮河、海河、珠江三角洲及其他平原地区应用较多。管身材料常用钢筋混凝土和预应力钢筋混凝土。在我国，钢筋混凝土管多用于中等水头(50～60 m以下)。预应力钢筋混凝土管具有较高的抗裂性和抗渗性，能承高压，省钢材，造价低且寿命长，并且工厂能成批生产，故发展较快。工程实践表明，过去在50 m水头以上使用的钢管管道，现可以用预应力钢筋混凝土管代替。对于低压力水头的小型倒虹吸管，可用塑料管。倒虹吸管的埋置方式、管身同地基的连接形式与坝下埋设的涵管基本相同。

综上所述，不同断面、不同材料的倒虹吸管各有特点，在形式选择时，应综合考虑地形地质情况、流量大小、压力水头高低、建筑材料及施工条件等。其中，流量大小及水头高低是主要因素。根据国内倒虹吸管运行实践资料及管道受力情况等因素，各主要管型的使用范围可根据工作水头H和管内径D的乘积HD(m^2)来参考选择：$HD \leqslant 25$ m^2，可用素混凝土管；$HD = 30 \sim 120$ m^2(或150 m^2，视施工水平)，可采用钢筋混凝土管；$HD = 120 \sim 300$ m^2，可用预应力钢筋混凝土管；$HD \leqslant 1\,000$ m^2，可采用钢管或钢衬钢筋混凝土管。

为适应地基不均匀沉降而引起的弯曲变形和由于温度降低及混凝土凝固而引起的纵向收缩变形，管道应设置永久性伸缩缝，缝间设止水。缝的间距为15～30 m，露天管取小值，完工时填土的埋置管可取大值。管壁与管座接触面上铺设沥青油毡(中间1/3管长可不设)，以减小摩阻。对于预制安装的管道，每节之间一般均采用柔性接头，分段长度即为管节长度。设于刚性管座或坚实地基上的预制管，可采用刚性接头，但每隔一定长度仍需设一柔性接头。伸缩缝及预制管的柔性接头的构造形式一般有平接式(见图 10-5(a)、(b)、(c))、套管式(见图 10-5(d)、(e)、(f))、企口式(见图 10-5(g))和承插式(见图 10-5(h))四种。现浇管多用平接和套接，缝间止水过去常用金属止水片(见图 10-5(a))，随着塑料工业的发展，现止水片多用塑料止水接头(见图 10-5(b))，效果亦佳，或采用环氧基液贴橡皮止水(见图 10-5(c))，这种止水施工工艺简单，易更换，受到施工管理单位欢迎，或采用上述两种形式结合的双重止水，效果更好。预制管在低水头时用企口接，高水头时用套接，缝宽多为 2 cm。各种接缝形式中，应注意塑料(或橡胶)不能直接和沥青类材料接触，否则会加速老化。承插式接头多用于预应力管，管头外壁间隙宜用沥青、麻绳、水泥等材料填塞，以防止橡胶圈老化。

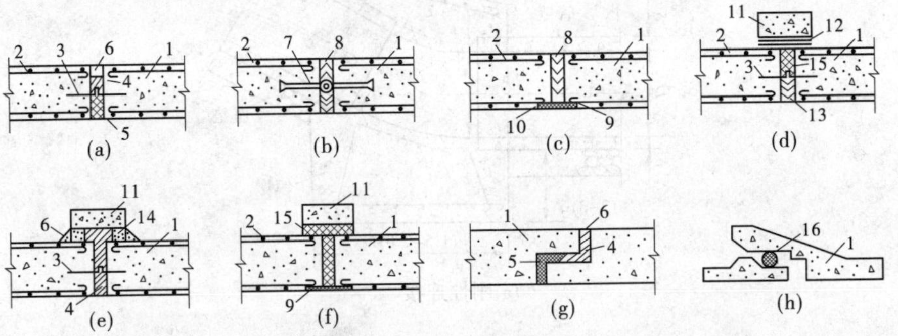

1—管壁；2—钢筋；3—金属止水片；4、5—沥青麻丝；6—水泥砂浆；7—塑料止水带；

8—橡塑板；9—橡胶板；10—保护层；11—套管；12—沥青油毡；13—柏油杉板；

14—石棉水泥；15—玛琋脂；16—橡胶圈

图 10-5　管的接缝止水构造形式

为保证倒虹吸管不被淤塞，应在管段上设冲沙放水孔，以便冲洗管内淤沙和放空管内积水进行检修，冲沙孔的底部高程一般与河道枯水位齐平，如河道枯水断流，可将冲沙放水孔设在位置最低的镇墩中。如管道较长，除冲沙放水孔可以兼作进人孔外，为便于检修，还须在其他镇墩上设进人孔。一般应每隔 500 m 设一个，进人孔的孔径不小于 70 cm，可斜向、竖向或水平向布置。进人孔的封口盖板承受较大的内水压力，除要求必要的强度和刚度外，还要求止水严密，以防漏水。

2. 镇墩的形式和构造

在管道变坡和转弯的地方应设置镇墩(见图 10-2)，其作用是连接和固定两端的管道。

镇墩主要承受斜管段传来的荷载和转弯段水流所产生的力。所以，镇墩自身应维持稳定并保证管身的稳定。如斜管段坡度陡、长度大，为防止管道沿斜坡下滑，还应在斜管段中部设置镇墩，其间距根据地形地质条件而定，地形陡峻而地质良好的斜坡段一般为 20 ~ 30 m，如地质条件不好，间距还应减小。镇墩材料可用浆砌石或混凝土。镇墩与管的连接有刚性和柔性两种形式。刚性连接是将管端与镇墩浇筑成整体(见图10-6(a)),这种形式便于施工,但因镇墩的荷载远大于管身,如地基较差,便可能由于不均匀沉降而使管身产生横向裂缝,严重时甚至开裂漏水,故应注意地基处理。刚性连接适用于斜管坡度大且地基为岩基或承载能力大的土基。柔性连接是用伸缩缝将管端与镇墩分开,管身插入镇墩30~50 cm(见图10-6(b)),接头用石棉水泥捣实封口,中间设止水片,并用沥青麻绒填塞,以防漏水。这种连接形式施工复杂,但适应不均匀沉降及管身伸缩变形的能力较好。当斜管段坡度较大有可能下滑而需镇墩协助维持稳定时,则斜管与镇墩应做成刚性连接,或墩上端用刚性连接,墩下端用柔性连接,而使管身纵向受压,避免受拉。水平管段可一端做成刚性的,另一端做成柔性的,以适应纵向伸缩变形。

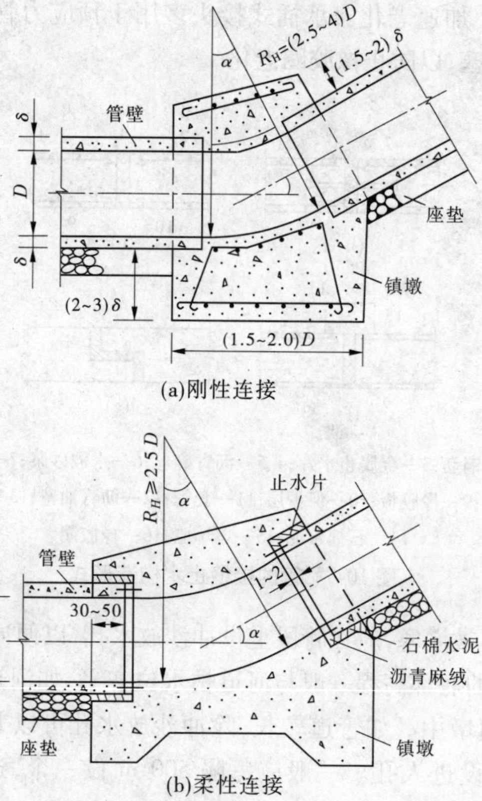

图10-6　镇墩与管的连接端

镇墩的轮廓尺寸,主要由稳定、强度、墩底应力及构造需要而定。初步拟定时可参考下列经验数据(见图10-6):镇墩两侧与管道相接的端面与管轴线垂直,长度为管内径 D 的1.5~2.0倍;底部最小厚度为管壁厚 δ 的2~3倍;镇墩顶部及侧墙最小厚度为管壁厚 δ 的1.5~2倍。为了减小水头损失,两端管道在镇墩内用圆弧形管段连接,圆弧外半径 R_H 一般为管内径 D 的2.5~4倍,弯段圆心角 α 与两侧管段的轴线夹角相等。镇墩还起一段管身的作用,应根据内水压力值,参照两端管身结构配置必要的受力钢筋。

二、倒虹吸管的计算

(一)水力计算

倒虹吸管水力计算的任务有二:一是根据设计流量通过计算选定管的横断面尺寸和管数;二是验算管道通过最小流量和最大流量时的水流状态,进而决定与进口有关的布置形式和尺寸。

倒虹吸管上、下游渠道的断面尺寸、渠底高程、通过各级流量时的水深和水位及允许的水头损失$[z]$,一般在渠系规划中已定出。倒虹吸管进出口及管道断面形式与布置等,通过总体布置也已拟定。根据以上资料,即可按式(10-5)进行各有关计算,即:

$$Q = \mu A\sqrt{2gz} \tag{10-5}$$

式中 Q——通过倒虹吸管的流量;

μ——流量系数,由沿程摩阻损失及局部阻力损失等系数通过计算求得;

A——倒虹吸管的断面面积。

按式(10-5)可进行下述计算:已知设计流量及管的轴线长和纵向布置,拟定管的断面尺寸,计算z值,如算出的z值等于允许水头损失$[z]$,则管的断面尺寸即可确定;否则,重新调整断面尺寸,直到满足要求。断面尺寸拟定后,尚需校核小流量时管内流速是否满足不淤要求,以减小管内淤积。当管身断面尺寸较大或通过小流量时管内流速过小,可考虑采用双管或多管,以便在通过小流量时调节过水断面(关闭1~2管)以保证管内为不淤流速并便于检修。管内流速也不宜过大,以免增加水头损失,减小自流灌溉面积。管内流速在通过设计流量时一般采用1.2~2.5 m/s,一般在允许水头损失的范围内流速应选择得大些,以减小管径。必须指出,允许水头损失值$[z]$的大小,不仅影响自流灌溉面积的大小,而且也直接影响管的断面尺寸及管内流速等的选定。因此,对于流量、水头和长度较大的倒虹吸管,水力计算应在灌区规划阶段进行,通过全面比较,得出经济合理的方案。

在选定布置方案及管的过水断面面积后,还需进一步分析管道通过最小流量及最大流量时进口段的水流状态,以便决定与进口有关的布置形式和尺寸。

如图10-7所示,上、下游渠道通过最小流量Q_{min}时的水位差为z_1,按式(9-5)计算通过Q_{min}时所需要的水位差为z_2,如果$z_1>z_2$,则说明通过Q_{min}时有水位差z_1大于所需要的水位差z_2(总水头损失),因而进口处水位将低于上游渠道水位,渠道水流以跌落形式进入管道,从而在管内产生水跃现象,引起管身震动,破坏正常工作,甚至导致进口伸缩接头等的破坏。为了消除这种现象,在进口处可采取以下布置措施:①当管中水面与渠水面相差较大时,可降低管道进口底高程并在管前设消力池,使池中产生淹没水跃(见图10-8

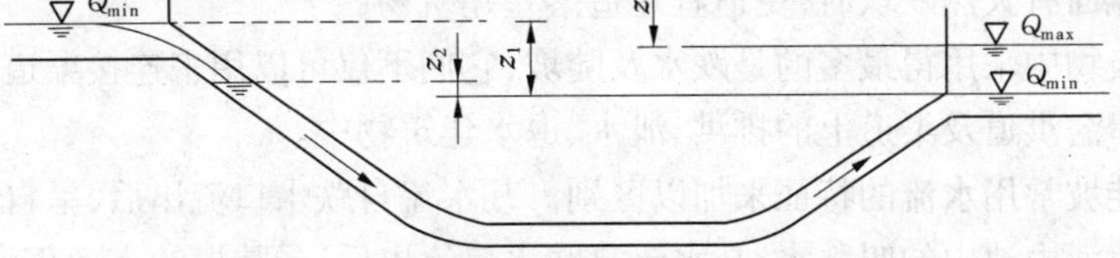

图10-7 倒虹吸管特征水位下的水流状态

(a));②管中水面与渠水面相差不大时,可略降低管道进口底高程,并在管前设一斜坡段,使渠水面在斜坡段上与管口水面衔接(见图10-8(b))。如果 $z_1 - z_2$ 很大,在进口设消力池不经济或不便于布置时,可考虑改单管为双管,或在出口设闸门,用闸下出流来抬高进口水位,使之与进口渠水位相等,但这种方案必须设专人管理。

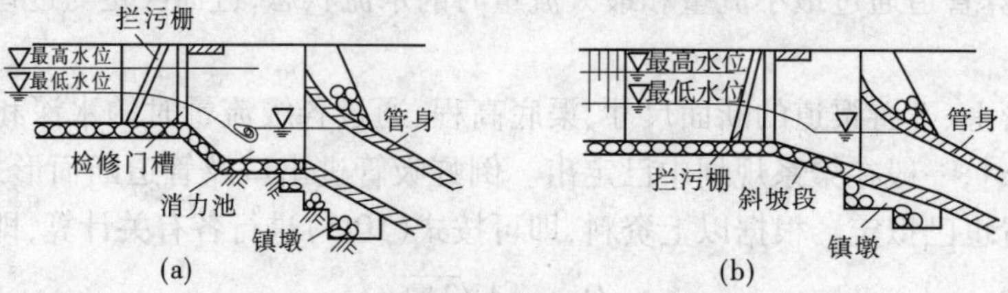

图10-8 倒虹吸管进水口水面衔接

此外,管道通过最大流量 Q_{max} 时,按式(10-5)计算的 z 值(见图10-7)将大于上、下游渠道按均匀流计算而得的水位差,上游渠道将产生壅水现象。所以,倒虹吸管进口各挡水结构的顶部高程和渠顶高程,应按倒虹吸管通过 Q_{max} 时的水流条件来决定。

(二)结构计算

倒虹吸管结构由管身、镇墩和进出口建筑物等各个部分组成。镇墩设计可参考水电站、水泵及水泵站教材及有关书籍和资料。进出口建筑物常是一般的挡土、挡水墙和板、梁、柱结构。下面仅扼要介绍管身结构设计的有关问题。

管身结构设计的步骤一般是先按荷载大小将管身划分为若干计算段并选择设计条件,然后根据管径和压力水头的大小,拟定管壁厚度并确定各项荷载及其组合,再通过横向及纵向内力计算,校核管壁厚度进行配筋计算与抗裂验算。

为了降低工程造价,管壁的厚度及配筋量应根据倒虹吸管在不同高程承受的不同荷载而定。一般根据荷载大小,将管身按5 m或10 m高差一级沿管长划分为若干计算段,每段取最大水头断面为代表进行结构计算。对于中小型倒虹吸管,如斜管段不长,内水压力等荷载的变化范围不大时可不分段,而按受力最大的水平段计算,作为确定整个管道的管壁厚度及配筋的依据。

第二节 跌 水

渠道要保持一定的纵坡,以保证输送需要的流量,并防止渠道受到冲刷或淤积。当渠道通过地面坡度过陡的地段时,为了保持渠道的设计纵坡,避免大填方和深挖方,可将水流的落差集中,并在落差集中的地方修建建筑物,以连接上、下游渠道,这种建筑物称落差建筑物。当地面有天然跌坎时,更适宜建造落差建筑物。

落差建筑物中采用得最多的是跌水及陡坡,它们不仅可以用来连接渠道水流,而且普遍地用于河岸溢洪道及渠道上的排洪、泄水、退水建筑物中。

跌水与陡坡常用水流的特征来加以区别。凡水流自跌水口流出后,呈自由抛投状态,最后落于下游消力池内的叫跌水;凡水流自跌水口流出后,受陡槽约束而仍沿槽身下泄的叫陡坡。

落差建筑物采用的材料有砌石、混凝土和钢筋混凝土等。目前常用的是砌石和混凝土。

落差建筑物设计的最主要的问题是:保证建筑物本身及与之连接的上、下游渠道有良好的水力条件,进口前不得出现较大的水面降落或壅高现象,以避免上游渠床的冲刷或淤积;出口段必须设置消能防冲设施,以免造成下游渠道的冲刷;此外,建筑物本身还需满足强度与稳定的要求。

跌水有单级跌水和多级跌水两种形式。它们在构造上是基本相同的,主要的区别在于前者是单级形式,而后者是由两级或两级以上的多级组成的。单级跌水通常由进口、跌水墙、侧墙、消力池和出口等部分组成。

一、进口

进口由衔接段和跌水口组成。整个进口的布置形式,对泄流及消能的影响很大,必须给予充分注意。

跌水口的过水断面比上游渠道过水断面小,所以需要一个衔接段将两者连接起来。两侧的进口墙常采用八字墙和扭曲墙,以扭曲墙较好。根据陕西省水科所的试验,衔接段的合理长度 L 与上游渠道的底宽 B 和水深 h 的比值 B/h 有关。当$\frac{B}{h}\leqslant 1.5\sim2.0$ 时,$L\leqslant(2.0\sim2.5)h$;当$\frac{B}{h}=2.1\sim3.5$ 时,$L=(2.6\sim3.5)h$;当$\frac{B}{h}>3.5$ 时,L 应根据要求适当加长,使衔接段底边线和渠道中线的夹角 α 不超过 45°。

跌水口(又称控制缺口)两侧边墙应有长约$(1.0\sim1.5)h$(h 为跌水口前的水深)的一段与渠道中心线方向相同,以便保证水流进出跌水口时的对称状态。进口墙顶部应高出渠中水位 30 cm 以上,以防渠水溅出。进口墙两端应伸入渠堤,以减少两侧渗透。此外,在进口衔接段渠底尚应做防渗铺盖,以减少跌水墙后面和消力池底板下面的渗透压力,铺盖长度一般不小于$(2\sim3)h$。为了防冲,铺盖表面应加以护砌,护砌的厚度视所用材料而定。

跌水口是设计跌水(陡坡也相同)的关键。跌水口应该满足在各种流量下使跌水口前的水面不致过分壅高和降落。水面过分壅高会使上游渠道产生淤积;水面降落会使上游渠道流速增加而造成冲刷,并影响上游附近分水闸的正常引水。因此,在水流跌落处,常将跌水口缩窄,并采用各种形式的跌水口,尽量使上游渠道水深接近正常水深。为了满足这个要求,跌水口通常采用以下几种形式。

(一)矩形跌水口

这种形式的跌水口底部高程和上游渠底相同,利用边墙的收缩来减小跌水口的宽度,使跌水口前的水位在通过设计流量时,等于渠道为正常水深时的水位,但通过其他流量时,渠道内仍产生壅水曲线或落水曲线。另外,这种跌水口水流集中,单宽流量大,对下游消能不利。

(二)梯形跌水口

这种形式的跌水口较矩形有所改善,它是按两个特征流量的情况设计的,以便在各种流量情况下,上游渠道不致产生过大的壅水和落水现象,同时也较矩形减少了泄入下游的单宽流量,降低了对下游渠道的冲刷。但这种形式跌水口的单宽流量仍较大,仍易引起下游的冲刷,为了避免这一缺点,在流量较大时,跌水口可用隔墙分成几个梯形缺口, 缺口的数目按式(10-6)确定:

$$N = B/(1.25 \sim 1.5)H_{max} \tag{10-6}$$

式中 N——梯形缺口的数目;

B——跌水口上游渠底宽度;

H_{max}——上游渠道通过最大流量时的正常水深。

此外,为了使下泄水流更好地扩散,常在梯形缺口边缘做一跌舌,工程实践证明,设跌舌后的水流扩散效果较好。

(三)抬堰式跌水口

为了减少单宽流量,可在缺口处做一抬堰,整个跌水口为矩形,其宽度常与渠底宽度相等。这种跌水口也只能保证在设计流量情况下,使跌水口前的水位等于渠道正常水深时的水位,其他流量时则不能满足这一要求。有时为了防止淤积和排除上游渠道余水,常在抬堰上做矩形小缺口或排水孔。

在工程中,多采用梯形跌水口。梯形跌水口设计,主要是决定跌口的底宽 b 及边坡系数 m,使渠道在通过各种流量时,其水深均接近正常水深。现将这种跌水口的设计方法介绍如下。

跌水口有设底槛和不设底槛两种,其水流现象与宽顶堰或实用堰情况相似,故可按堰流计算。

设梯形缺口底宽为 b,边坡系数为 m,则流量为:

$$Q = M\varepsilon(b + 0.8mH)H_0^{\frac{3}{2}} \tag{10-7}$$

式中 ε——收缩系数;

H——堰上水头;

H_0——计入行进流速的堰上水头;

M——流量系数。

在式(10-7)中,b 及 m 均为未知数,须用两个方程才能求解。设计时,在渠道最大流量 Q_{max} 与最小流量 Q_{min} 之间选择具有代表性的两个流量 Q_1 及 Q_2。将上式应用于这两个流量进行计算,即可求得 b 及 m:

$$\left.\begin{aligned} b + 0.8mH_1 &= \frac{Q_1}{M\varepsilon H_{10}^{\frac{3}{2}}} \\ b + 0.8mH_2 &= \frac{Q_2}{M\varepsilon H_{20}^{\frac{3}{2}}} \end{aligned}\right\} \tag{10-8}$$

设与流量 Q_{max}、Q_{min} 及 Q_1、Q_2 相应的渠道正常水深为 h_{max}、h_{min} 及 h_1、h_2。为了使渠道在通过各种流量时,其水面产生的壅高或降落最小,常按下列公式计算 h_1 及 h_2:

$$\left.\begin{aligned} h_1 &= h_{max} - 0.25(h_{max} - h_{min}) \\ h_2 &= h_{max} + 0.25(h_{max} - h_{min}) \end{aligned}\right\} \tag{10-9}$$

由式(10-9)求出 h_1 及 h_2 后,按明渠均匀流公式计算出 Q_1 及 Q_2;同时,由 h_1 及 h_2 可得相应的堰上水头 H_1、H_{10} 及 H_2、H_{20},于是即可由式(10-8)求解 b 及 m 值。

梯形跌水口尺寸拟定后,尚应审查通过各种流量时渠道与进口段水面衔接情况,看是否满足要求,如不满足,则须对 b 及 m 进行修正。

如果渠道的流量较大,须将梯形跌水口设计为 N 个梯形缺口时,则先由式(10-6)求得 N 值(取整数),并在式(10-8)的右端除以 N,求解的结果便是每个缺口的底宽 b 和边坡系数 m。

二、跌水墙及侧墙

跌水墙的主要作用是挡住跌坎上的填土,支撑住整个进口段,此外还要受到下游水流的撞击,它是一个挡土墙结构。跌水墙可以根据工程要求、水力条件、地形及工程量大小等设计成各种形式,但以垂直式和倾斜式应用最多。由于跌水墙插入两岸,其两侧有侧墙支撑,故稳定性较好,其断面可比一般挡土墙小。在可压缩性的地基上,跌水墙与侧墙间常设变形缝,在沉陷很小的地基上,可不留接缝,而将两者固接起来。

侧墙也是一个挡土墙结构,其质量较大,为了适应地基不均匀沉陷,常将它与消力池底板分开。为了减小侧墙背面地下水对侧墙的压力,应在侧墙上设排水孔。

跌水墙及侧墙按一般挡土墙设计。

三、消力池

跌水墙下必须设消力池,使射出的水流在池内消能后转为缓流,再流向下游渠道。消力池断面有梯形和矩形两种,其深度和长度主要由水跃条件决定。关于消力池在平面或横断面上的形状和尺寸的拟定,我国已取得一些经验,但尚未趋于完善,工程中按一般方法所设计的形状和尺寸,多半在下游产生一定程度的冲刷。因此,目前消力池的深度和长度常根据国内外有关文献介绍的经验公式确定,在引用有关经验公式时,需注意其适用条件,并结合当地具体情况进行选择,有条件时,最好通过模型试验决定。

我国已建工程实践说明,从跌水口下泄水流虽经消力池消能,但出池后的水流仍具有较大的动能,流速在断面上的分布极不均匀,水流非常紊乱,下游渠道受冲刷较严重,为了使水流充分扩散,并使流速逐渐分布均匀,以便平顺过渡到下游渠道,在消力池出口与下游渠道间需设置出口段,出口段长度比进口段略长,一般扩散角为 30°~40°。在出口段以至其后的一段渠道(一般不得小于消力池长度),必须加以护砌。实际工程中,渠道两侧边坡遭受冲刷较渠底严重,因此在进行渠道护砌时,应特别注意加强两侧边坡堤岸的护砌工作。

在跌差比较大时,可采用多级跌水(见图 10-9)。上述单级跌水的构造也同样适用于多级跌水。多级跌水的级数及每级高度的确定,应结合地形使开挖量最小,造价最低,并保证有良好的水流条件。从水力学的观点来看,所采用的梯级高度,不得使消力池的跃后与跃前水深之比小于 2,当其比值等于或小于 2 时,将产生波状水跃,消能效率很低。实践中,常采用的水跃共轭水深比为 6~7,这时水跃较稳定,梯级的高度为 3~5 m,对于小流量,可采用上限值。

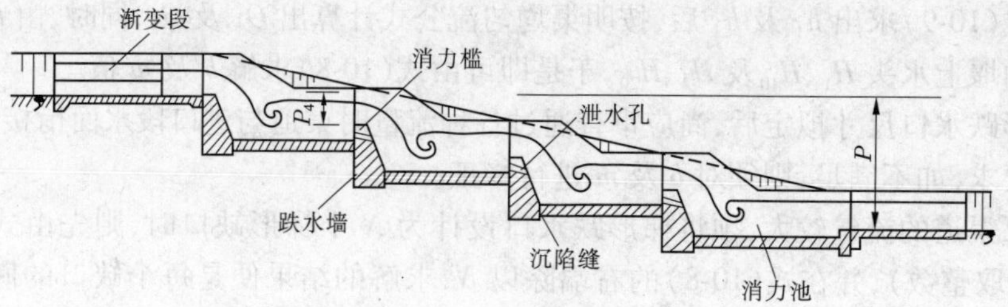

图 10-9 多级跌水

多级跌水每级应做成同样的高度，同时消力池的长度也应相同，使每级具有统一的工作条件。但为了使泄入下游渠道的水流更平稳，对于最后一级消力池力求获得较大的水跃淹没系数。由于各级布置形式一样，使施工工作大为简化，在施工中可以使用同一形式的模板和同一规格的钢筋，从而加快了施工进度，降低了工程造价。

每级跌水都有跌水墙和消力池。为了缩短每一级台阶的长度，常在每一级阶梯末端跌水墙的上部做一溢流墙（消力槛），使在墙前形成消力池。在溢流墙上，必须留有 10 cm × 10 cm ~ 20 cm × 20 cm 的泄水孔，以便跌水停止工作时，放空消力池中的水。各级消力池长度一般很少超过 20 m，因此沉陷缝和温度缝宜设在每级消力池底板的两端，缝间填以沥青麻布等止水材料，以适应不均匀沉陷和温度变化所引起的伸缩。

多级跌水的进口和最末一级的消能出口部分的水力计算与单级跌水相同，其他各级水力计算可参照《水力学》教材。

第三节 陡 坡

水力学中凡渠底坡度大于临界坡度者叫陡坡。当渠道通过地形陡地段时，常利用倾斜渠槽连接上、下游河道，该渠槽的坡度一般均陡于临界坡度，故叫陡坡。

陡坡由进口段、陡坡段、消能设施和出口段组成。采用的材料有混凝土、钢筋混凝土和砌石等。通常采用的是混凝土和浆砌块石。材料的选用应根据陡坡不同部位处的流速大小，按照材料的抗冲能力来进行配置。如进口部分对材料抗冲能力要求不高，可采用砖、石等。而陡坡的后半段则在高流速情况下工作，应选用混凝土或钢筋混凝土等，抗冲能力强的材料，同时必须加强与基础的连接。

渠道对陡坡进口的要求与跌水相同。由于陡坡段的坡度大于临界坡，不影响进口水流状况，所以进口形式的选定和计算基本上与跌水进口相同。但须注意的是，陡坡对进口水流平顺和对称的要求比跌水更加严格，因为进口形式如果不当，会造成水流过分集中，在陡坡段将难以扩散，从而增加下游消能的困难。因此，陡坡进口宜做成平顺而对称的喇叭口形。但当流量不大且陡坡段很长时，水流在陡坡段可基本上达到扩散，对进口的要求可以低些。

一、陡坡段的布置及人工加糙

由本章第二节知道，进口段的布置形式对水流在陡坡上的扩散影响较大，而陡坡段的布置形式及水流扩散情况，对下游消能又有显著影响。因此，陡坡段的布置必须全面考虑进口及下游消能各方面的情况,选用合理的布置形式,以便造成良好的水流条件,达到消能防冲的目的,同时工程布置要简易牢固。陡坡段在构造上的要求,与溢洪道的陡坡段相似。

陡坡段以梯形断面较经济。我国已建的陡坡工程中,绝大部分采用这种断面形式。在平面布置上,底部可做成等宽的、逐渐扩散的和菱形的三种。底部等宽的布置形式,虽然工程布置比较简单,但对下游消能很不利,除小型渠道及小跌差可采用外,一般不宜采用这种布置。从下游消能来说,陡坡段做成扩散形或菱形布置较有利,且布置也较简易。

(一)扩散形陡坡

陡坡段采用扩散形布置,不但可减小单宽流量,增大能量损失,而且对下游消能有直接的促进作用。扩散形陡坡设计的主要问题是确定陡坡的比降及平面扩散角。

在跌差一定时,陡坡段愈短,工程量愈小,因此现有工程中多采用较大的比降,以求经济。但在土基上修建陡坡时,其最大倾角不能超过地基土壤在饱和状态下的内摩擦角,以保证工程的安全,而且过陡的比降将使水流在陡坡上的扩散性能减弱,对下游消能不利。对土基上的陡坡,单宽流量不能太大,当落差不大时,多从进口后就开始采用扩散形陡坡。

工程实践说明,陡坡段上进行人工加糙,对促进陡坡上水流的扩散,降低流速,改善下游流态及消能,起着重要作用。其作用的大小与人工加糙的布置形式、尺寸等有着密切关系,一般应通过模型试验来确定。

当陡坡坡度很陡,跌差较小,而扩散角又较大时,水流在陡坡段比较集中,扩散不开,这时必须采用陡坡加糙与消力池前端加设辅助消能工的联合措施,才能达到消能和平稳水流的目的。

陡坡进行人工加糙后,迫使槽中水流产生混乱,掺入大量空气,故水深加大,因此陡坡段的侧墙要相应加高。值得注意的是,糙条在高速水流作用下,受有很大的冲击力,并易产生气蚀。因此,糙条应采用耐磨材料和抗气蚀材料做成,并注意使糙条生根,与底板连成整体,避免沉陷缝穿过,且各种加糙工的布置,必须是对称的。

(二)菱形陡坡

菱形陡坡布置的特点是陡坡段上部扩散,下部收缩,在平面上呈菱形。水跃区出现在陡坡的下半部,致使水跃前后的水面宽一致,以避免在一般陡坡中所产生的立轴旋流;另外,为了避免下游主渠两侧边坡受冲刷,在陡坡收缩段的边坡上设置导流肋,肋条布置与水流方向成一角度,把坡上的底部水流抛到水流轴线方向去。上述这些措施能防止消力池内发生立轴旋流,使出口处的渠底和渠道边坡附近的流速比较均匀,能防止或减轻下游的冲刷,具体设计可参看有关文献。

二、消力池及出口段

消力池断面常采用梯形,或者低于渠底的部分用矩形,高于渠底部分采用与下游渠道断面相同的形式。这两种形式消能效果较好,且经济合理。消力池的水力计算主要是确定消力池的长度和深度。消力池的计算见《水力学》。

思考题

1. 倒虹吸管的布置形式有哪些？一般由哪几部分组成？适用条件是什么？

2. 跌水的类型有哪些？一般由哪几部分组成？适用条件是什么？

3. 比较跌水和陡坡两类落差建筑物的布置异同。

自测题

一、填空题

1. 倒虹吸管一般由________、________和________三部分组成。

2. 根据管路埋设性质和高差大小，倒虹吸管可采用________、________和________几种布置形式。

二、判断题

1. 倒虹吸管与涵洞的布置组成类似，也包括进口段、管(洞)身段和出口段。(　　)

2. 与同长度的跌水相比，陡坡的工程量比较小。(　　)

3. 陡坡与跌水的布置组成类似，也包括进口、跌水墙、侧墙、消力池和出口等部分。(　　)

第十一章　水利枢纽布置

【学习指导】

目标：了解水利枢纽设计阶段和各阶段的设计任务；熟悉水利枢纽布置的要求、内容以及布置的步骤。

重点：水利枢纽各阶段的设计任务；各种水利枢纽布置的要求和步骤。

为了充分利用水资源，最大限度地满足水利事业各部门（防洪、灌溉、发电、航运及给水等）的需要，应对整个河流和河段进行全面开发和治理的综合利用规划。为实现规划内容，需要修建不同类型和功能的水工建筑物，用以壅水、蓄水、泄水、取水、输水等。若干不同类型的水工建筑物组合在一起，便构成水利枢纽。其任务是实现综合利用规划中对某一河段的治理和水资源开发、利用所提出的要求。

水利枢纽布置是根据已研究确定的各水工建筑物的形式，以及它们的功能、运行方式及相互影响等，布置其相应的位置。影响枢纽布置的因素有自然和社会两种，包括地形、地质、水文、施工、运行、设计中一项复杂而具有全局性的工作。选择合理的枢纽布置对工程的经济效益和安全运行有决定性的作用。由于各工程的具体情况千差万别，枢纽布置无固定的模式，必须在充分掌握基本资料的基础上，认真分析各种具体条件下多种因素的变化和相互影响，研究坝址和主要建筑物的合宜形式，拟定若干可能的布置方案，从设计、施工、运行、经济等方面进行论证，综合比较，选择最优的布置方案。

第一节　水利枢纽设计阶段

一、设计阶段的划分

水利枢纽工程的建设要经过勘测、规划、设计和施工等阶段，按程序逐步进行，最后建成。根据国家基本建设管理规定，水利枢纽建设程序大体可分为前后两个阶段，工程开工建设前以规划、勘测、设计工作为主的前期阶段；工程开工以后至竣工投产的施工阶段。兴建水利枢纽工程应严格按照基本建设程序办事。设计工作应遵循分阶段、循序渐进、逐步深入的原则进行。以往大中型枢纽工程常按三个阶段进行设计，即可行性研究、初步设计和施工详图设计。对于工程规模大，技术上复杂而又缺乏设计经验的工程，经主管部门指定，可在初步设计和施工详图设计之间，增加技术设计阶段。

1980 年以后，我国水利水电建设体制已发生了变化，水利水电设计阶段的划分也须适应这一形势发展的要求。为适应招标投标合同管理体制的需要，并与国家基本建设项目审批程序相协调，缩短设计周期，加快水利水电事业的发展，对水电工程设计阶段的划分作如下调整：

(1)项目建议书阶段。在江河流域综合利用规划及河流(河段)水电规划选定的开发方案基础上,根据国家与地区电力发展规划的要求,对项目的建设条件进行调查和必要的勘察工作,论证资金筹措方法,确定建设规模、地点和建设时间等,论证建设的必要性、可行性、合理性,编制报项目建议书,报上级主管部门审批。

(2)可行性研究报告阶段。将原有可行性研究与初步设计两阶段合并,统称为可行性研究报告阶段。加深原有可行性研究报告深度,使其达到原有初步设计编制规程的要求。本阶段要初定工程等别、建筑物级别、主要建筑物的形式、枢纽布置和投资估算等,并以《水利水电工程初步设计报告编制规程》(DL 5021—93)为准编制可行性研究报告。

(3)初步设计阶段。确定建设地点、建筑物尺寸、施工方法、施工进度,提出建筑材料、劳动力、风水电供应,编制工程预算,进行国民经济评价和财务评价等。

(4)招标设计阶段。暂按原技术设计要求进行勘测设计工作,在此基础上编制招标文件。招标文件由合同文件和工程文件两部分组成。合同文件包括投标者须知和合同条款、合同格式和投标书格式等。工程文件包括技术规范、图纸、工程量清单等,能满足投标者确定报价的基本参数。

(5)施工详图阶段。包括建筑物地基开挖、建筑物结构图、金属结构和机电设备的安装图等。施工图由设计单位或相关的咨询公司完成。

二、设计阶段的任务

(1)项目建议书的任务。项目建议书是在江河流域综合利用规划或河流(河段)水电规划及电网电源规划基础上进行的设计阶段。其任务是论证拟建工程在国民经济发展中的必要性、技术可行性、经济合理性。本阶段的工作内容和深度可参阅《水电工程预可行性研究报告编制规程》(DL/T 5206—2005),主要内容包括:河流概况及水文气象等基本资料的分析;工程地质与建筑材料的评价;工程规模、综合利用及环境影响的论证;初拟坝址、厂址和引水系统线路;初步选择坝型、电站、泄洪、通航等主要建筑物的基本形式与枢纽布置方案;初拟主体工程的施工方法,进行施工总体布置、估算工程总投资,工程效益的分析和经济评价等。预可行性研究阶段的成果,为国家和有关部门做出投资决策及筹措资金提供基本依据。

(2)可行性研究的任务。可行性研究阶段的设计任务在于进一步论证拟建工程在技术上的可行性和经济上的合理性,并要解决工程建设中重要的技术经济问题。主要设计内容包括:对水文、气象、工程地质及天然建筑材料等基本资料作进一步分析与评价;论证本工程及主要建筑物的等级;进行水文水利计算,确定水库的各种特征水位及流量,选择电站的装机容量、机组机型和电气主结线及主要机电设备;论证并选定坝址、坝轴线、坝型、枢纽总体布置及其他主要建筑物的形式和控制性尺寸;选择施工导流方案,进行施工方法、施工进度和总体布置的设计,提出主要建筑材料、施工机械设备、劳动力、供水、供电的数量和供应计划,提出水库移民安置规划;提出工程总概算,进行技术经济分析,阐明工程效益;最后提交可行研究报告,包括文字说明和设计图纸及有关附件。

(3)初步设计阶段的任务。初步设计报告包括以下内容:确定拟建工程等别和建筑物的级别,确定各种特征水位,确定建设地点、主要建筑物的形式、轮廓尺寸,确定装机容量、选择机组型号，确定施工导流方案和施工方法、施工进度，提出建筑材料、劳动力、风水电供应，编制工程预算，进行国民经济评价和财务评价等，施工期对周边环境的影响及水土保持方案等。

(4)招标设计阶段的任务。招标设计是在批准的可行性研究报告的基础上，将确定的工程设计方案进一步具体化，详细定出总体布置和各建筑物的轮廓尺寸、材料类型、工艺要求和技术要求等。其设计深度要求做到可以根据招标设计图较准确地计算出各种建筑材料的规格、品种和数量，混凝土浇筑、土石方填筑和各类开挖、回填的工程量，各类机械电气和永久设备的安装工程量等。根据招标设计图所确定的各类工程量和技术要求，以及施工进度计划，监理工程师可以进行施工规划并编制出工程概算，作为编制标底的依据。编标单位则可以据此编制招标文件，包括合同的一般条款、特殊条款、技术规程和各项工程的工程量表，满足以固定单价合同形式进行招标的需要。施工投标单位，也可据此进行投标报价和编制施工方案及技术保证措施。

(5)施工详图阶段的任务。施工详图设计是在招标设计的基础上，对各建筑物进行结构和细部构造设计；确定地基处理方案，进行处理措施设计；确定施工总体布置及施工方法，编制施工进度计划和施工预算等；提出整个工程分项分部的施工、制造、安装详图。施工详图是工程施工的依据，也是工程承包或工程结算的依据。

在进行上述各阶段的设计中，必须有和它的设计精度相适应的勘测调查资料。主要资料有：①社会经济资料。枢纽建成后库区的淹没范围及移民、房屋拆迁等，枢纽上、下游的工业、农业、交通运输等方面的社会经济情况；供电对象的分布及用电要求，灌区分布及用水要求，通航、过水、过鱼等方面的要求，施工过程中的交通运输、劳动力、施工机械、动力等方面的供应情况。②勘测资料，水库和坝区地形图、水库范围内的河道纵断面图、拟建建筑物地段的横断面图等，河道的水位、流量、洪水、泥沙等水文资料，库区及坝区的气温、降雨、蒸发、风向、风速等气象资料，岩层分布、地质构造、岩石及土壤性质、地震、天然建筑材料等的工程地质资料，地基透水层与不透水层的分布情况、地下水情况、地基的渗透系数等水文地质资料。

必须着重指出，工程地质条件直接影响到水利枢纽和水工建筑的安全。对整个枢纽造价和施工工期有决定性的影响。但是地质构造中的一些复杂问题常由于勘探工作不足而没有彻底查清，造成隐患。有些工程在地基开挖以后才发现地质情况复杂，使地基处理工作十分困难和昂贵，以致工期一再延长，有的甚至被迫停工或放弃原定坝址，造成严重的经济损失。有些工程由于未发现库区的严重漏水，影响水库蓄水；也有些工程由于库区或坝址的地质问题而失事，产生严重后果。这些都应引起足够重视。水文资料同样十分重要。如果缺乏可靠的水文资料或对资料缺乏正确分析，就可能导致经济上不合理，例如错误决定坝的高度或泄洪能力。对多沙河流，如果对泥沙问题估计不足，就有可能在坝建成后不久形成淤积。因此，枢纽设计必须十分重视各项基本资料。

科学试验也往往是大中型水利枢纽设计的重要组成部分。枢纽中有许多重大技术问题常需通过现场或室内试验提出论证。例如：对枢纽布置方案、坝下消能方式及施工导流方法等往往要进行水工水力学模型试验；多沙河上的库区淤积和河床演变也要借助试验来分析研究；建筑物地基的岩体或土壤的物理力学性质如抗剪强度、渗透特性、弹性模量、岩体弹性抗力、地应力、岸坡稳定性等要由现场勘探和室内试验配合提供设计数据；大坝和水电站厂房等主要建筑物的结构强度和稳定性有时也要由静态和动态的结构模型试验来加以分析论证。

第二节　水利枢纽布置

一、坝址和坝型的选择

坝址、坝型选择与枢纽布置密切相关。不同坝轴线适于选用不同的坝型和枢纽布置。同一坝址也可能有不同的坝型和枢纽布置方案。例如，河谷狭窄，地质条件良好，可考虑采用拱坝。若在坝上布置泄洪孔或溢洪道，水电站厂房则可能布置为坝后式、厂房顶溢流式或地下式等；河床覆盖层较深，地质条件较差，且有适宜筑坝的土石料，则可以考虑选用土石坝。这时以何种泄洪方式及何种水电站厂房形式相配合，也要根据具体条件做出相应考虑。可见，坝址和坝型选择是一项非常复杂的工作，影响因素很多。必须根据综合利用要求，结合地形地质条件，选择不同的坝址和相应的坝轴线，做出不同坝型的各种枢纽布置方案，进行技术经济比较，然后才能择优选出坝轴线位置及相应的合理坝型和枢纽布置。在选择坝址和坝型时应考虑以下条件。

（一）地质条件

坝址地质条件是水利枢纽设计的重要依据之一，对坝型选择和枢纽布置往往起决定性的作用。因此，应该对坝址附近的地质情况勘察清楚，并做出正确的评价，以便决定取舍或定出妥善的处理措施。

随着坝型和坝高的不同，对坝基地质条件要求也有所不同。例如，拱坝对地质要求最高，支墩坝和重力坝次之，而混凝土面板堆石坝和土石坝则要求较低，坝的高度越大对地基要求也越高。坝址最好的地质条件是强度高、透水性小、不易风化、没有构造缺陷的岩基，但理想的天然地基是很少的。一般来说，坝址在地质上总是存在这样或那样的缺陷。因此，在选择坝址时应从实际出发，针对不同情况采用不同的地基处理方法，以满足工程要求，还可以在枢纽布置和坝型选择上设法适应坝址地质条件，如沿坝轴线分段选用不同坝型或将坝轴线转折。

选择坝址时，不仅要慎重考虑坝基地质条件，还要对库区及坝址两岸的地质情况予以足够的重视。既要使库区及坝址两岸尽量减少渗漏水量，又要使库区及坝址两岸的边坡有足够的稳定性，以防因蓄水而引起滑坡现象。

（二）地形条件

坝址地形条件与坝型选择和枢纽布置有着密切的关系，不同坝型对地形的要求也不一样。例如：拱坝要求宽高比小的狭窄河谷；土石坝则要求岸坡比较平缓的宽河谷，且附近两岸有适于布置溢洪道的位置。一般来说，坝址选在河谷狭窄地段，坝轴线较短，可以减少坝体工程量。但对一个具体枢纽来说，还要考虑坝址是否便于布置泄洪、发电、通航等建筑物及是否便于施工导流，经济是否要由枢纽总造价来衡量。因此，需要全面分析，综合考虑，选择最有利的地形。对多泥沙及有过木要求的河道，要考虑坝址位置是否对取水防沙及漂木有利；对有通航要求的枢纽，还要注意布置通航建筑物对河流水流形态的要求，坝址位置要便于上、下游引航道与通航过坝建筑物衔接；对引水灌溉枢纽，坝址位置要尽量接近用水区，以缩短引水渠的长度，节省引水工程量。例如，葛洲坝工程和三峡工程都布置在较宽的河谷段上，以适应建筑物多、易于布置的特点。

(三)建筑材料

在坝址上、下游附近地区，是否有足够数量和良好质量的建筑材料，直接关系到坝址和坝型的选择。对于混凝土坝，要求坝址附近应有足够供混凝土用的良好骨料；对于土石坝，除需要有足够的砂石料外，还应有适于做防渗体的黏性土料或其他代用材料。因此，对建筑材料的开采条件如料场位置、材料的数量和质量、交通运输及施工期淹没等情况均应调查清楚，认真考虑。

(四)施工条件

不同坝址和坝型的施工条件包括是否便于布置施工场地和内外交通运输，是否易于进行施工导流等。坝址附近，特别是坝轴线下游附近最好要有开阔的场地，以便于布置场内交通、附属企业、生活设施及管理机构。在对外交通方面，要尽量接近交通干线。施工导流直接影响枢纽工程的施工程序、进度、工期及投资。在其他条件相似的情况下，应选择施工导流方便的坝址。

(五)综合效益

对不同坝址与相应的坝型选择，不仅要综合考虑防洪、发电、灌溉、航运等各部门的经济效益，还要考虑库区的淹没损失和枢纽上、下游的生态影响等。

二、枢纽布置的要求

在进行水利枢纽布置时应全面考虑设计、施工、运用、管理、技术经济等问题，一般应进行多方案比较。在保证运行方便和安全可靠的前提下，力求做到节省工程量、便于施工、缩短工期，优选技术经济效益最佳的方案。具体地说，有下列几方面的要求。

(一)运用方面

枢纽布置应首先满足建筑物正常工作的要求，同时在各建筑物之间应避免相互干扰，保证在各种工作条件下，都能完成枢纽所担负的任务。灌溉取水建筑物在枢纽中的位置视灌区用水部门位置而定，应保证按照水量及水质的需要供给灌溉流量。当从水库取较冷的深层水对农作物生长不利时，则应采用分层取水口，以便取用水库表层水。当枢纽采用无坝取水时，取水口一般应选在弯道下游段凹岸一侧，并采用适宜的引水角及必要的排沙措施。溢洪道或泄洪隧洞的布置应保证安全泄洪，进口水流平顺，出口水流最好与原河道主流方向一致，尽量减小对其他建筑物正常运行的影响。水电站枢纽布置主要应保证电站运用可靠，水头损失较小，因此要求进口水流平顺，尾水能通畅地排出。当电站与溢流坝并列布置时，应采取导流墙措施，以减少下泄水流对电站尾水的影响。通航建筑物的布置应能使船舶顺利航行，有足够的过船能力。船闸的进出口要求水流平顺和水面平稳。如船闸引航道进口有明显的横向流速或泥沙淤积，都对船舶航行不利，应设置导墙或导堤，使其与溢流坝或其他泄水建筑物分开，避免相互干扰。过鱼建筑物应根据鱼类的洄游习性进行布置。要求能诱导鱼类顺利地通过鱼道、鱼闸等过鱼建筑物。过木建筑物的布置也应满足运用要求。筏道最好布置在水电站的另一岸，以免漂浮木材对电站进水口和尾水带来不利的影响。此外，枢纽对外和内部交通线路也要合理布置，以便满足交通运输的要求。

（二）施工方面

枢纽布置应与施工导流、施工方法和施工进度结合考虑力求施工方便，程序简单，技术可行，工期短，劳动力省。施工设计时要尽可能采用在洪水季节不中断施工的导流方案。要较好地安排各建筑物的施工程序和施工进度，使枢纽中的部分建筑物及早投入运行，尽快发挥其效益。要合理安排施工场地的运输路线，避免相互干扰。

（三）环境方面

水利枢纽的兴建将使周围环境发生明显的改变。特别是大型水库的形成为发展水电、灌溉、供水、养殖、旅游等水利事业和防止洪水灾害创造了有利条件，同时也带来了些不利的影响。水利枢纽布置要求尽量避免或减轻对周围环境的不利影响，并充分发挥有利的影响，对于蓄水枢纽要认真分析泄水和输水方式对上游淤积、淹没、浸没及下游河床演变等影响。在汛期要充分利用泄水和输水建筑物进行排沙，以减少水库淤积，延长水库寿命。布置泄水和输水建筑物也要便于配合使用，以减小淹没及浸没损失，降低防洪投资。对于采用底流或面流消能的溢流坝，在布置上也要采取适当措施，以减轻下游河床冲刷、淤积、回流等对尾水的影响。在可能的条件下，还要注意建筑物的美观，使枢纽的外观与周围环境相协调。

（四）经济方面

枢纽布置应在技术可行的条件下，力求经济上最优。在不影响运用且不互相矛盾的前提下，要尽量发挥各建筑物的综合利用能力。例如：利用导流洞改建为泄洪洞、输水洞；导流底孔改建为深式泄水孔，兼起放空水库的作用、排沙泄洪等。在河床较窄，并列布置溢流坝和水电站厂房有困难时，可以考虑采用坝内式厂房、厂房顶溢流或地下式厂房等布置形式。这些形式可以简化枢纽布置，减少工程量，降低造价，但结构较为复杂。要力求缩短枢纽建设工期，考虑提前发电的可能性和分期实施的合理性。在可能的条件下，尽量采用当地材料，节省水泥、钢材和木材用量，减少外来物资的运量，以及注意采用新技术、新材料等，也可有效地降低工程造价。总之，枢纽布置应在满足建筑物的稳定、强度、运用及远景规划等要求的前提下，做到枢纽的总造价和年运转费用最低。

三、枢纽布置的步骤

（1）综合考虑功能要求。根据水利事业各部门对枢纽提出的任务，并结合枢纽所在处的地形、地质、水文、气象、建筑材料、交通及施工等条件，确定枢纽中的组成建筑物及各主要建筑物的形式和尺寸。

（2）结合整个流域规划的需要。按照枢纽布置的原则和要求，研究上、下游已有的和拟建的建筑物的相互关系，本建筑物与河流、河岸之间及各建筑物相互之间的可能位置，编制不同的布置方案及相应的施工导流方案，绘制不同方案的枢纽布置图。

（3）经济的合理性。根据枢纽中各建筑物的主要尺寸和地基开挖处理等情况，计算工程量与造价，并编制各方案的技术经济指标。从技术经济等方面对各方案进行综合分析比较,选出合理的枢纽布置方案。

四、枢纽布置方案的优选和专家系统的概念

从不同枢纽布置方案中选出的最优方案,原则上应该是技术可行,综合效益好,工程投资省,运用安全可靠及施工方便。但是在一般情况下,各比较方案总是各有优缺点,很难十全十美。因此,要对各方案进行具体分析,全面论证,综合比较,慎重选定。不同枢纽的情况各不相同,比较的内容和主次也有差异,通常对如下项目进行比较:

(1)主要工程量,如土石方、混凝土和钢筋混凝土方、金属结构、机电安装、帷幕灌浆、砌石等各项工程量。

(2)主要建筑材料,如钢材、水泥、木材、砂石、炸药等的用量。

(3)施工条件,主要包括施工导流、施工期限、发电日期、施工难易程度、劳动力和机械化要求等。

(4)运用管理,如发电、通航、泄洪是否相互干扰,建筑物和机械设备的检查、维修和运用操作是否方便,对外交通是否便利等。

(5)经济指标,包括总投资、总造价、淹没损失、年运行费、电站单位千瓦投资、电能成本、灌溉单位面积投资、通航能力等。

工程总投资是指达到设计效益所需的全部建设费用,大体上包括:①主体工程、附属工程、配套工程等永久性工程的投资,包括水工建筑物、机电设备、输变电工程、专用道路工程、附属建筑设施等的基建费和设备费。②临时性工程的投资,如围堰、施工临时用房等费用。③工程淹没、浸没、挖压占用土地等的赔偿费及移民安置费等。④为了处理工程的不利影响、保护或改善生态环境所需的补救措施费用等。⑤与本工程直接有关的规划、勘测、设计、科研等必需的前期费用。上述费用中,有一小部分是用于施工或设备安装完毕后可以拆卸或移作其他用途的。从总投资中减去这一小部分可以回收的费用即为工程总造价。⑥其他,指按枢纽特定条件尚需专门比较的项目。

上述比较项目中,有些项目如工程量、造价等是可以定量计算的,但也有不少项目是难以定量的。这就增加了方案选择的复杂性。必须在充分掌握资料的基础上,实事求是,全面论证,综合比较,以求得真正优越的枢纽布置方案。

由上可见,枢纽布置是一项复杂的系统工作,存在着许多非结构性问题,需要借助水工专家的实践经验和综合推理,不是一般确定性算法所能完全解决的。因此,我国已开始研究“水利枢纽布置专家系统”,并取得了一些成果。所谓专家系统,实际上是一种能够直接模拟某一领域内的专家智慧的计算机程序,利用专家的知识和经验有效地解决该领域中的难题。专家系统一般由知识库子系统、推理机子系统、人机接口子系统三部分构成。水利枢纽布置专家系统是将大量的数据信息与有关专业的基本理论相结合,将以往工程成功经验与失败的教训相对照,将专家的宝贵经验与科技成就的最新进展揉合在一起的计算机程序。它不仅包括上述三个子系统,而且要有大量的数据库、方法库和智能CAD(计算机辅助设计)系统等。其功能是:输入工程的地质资料、地形资料、水文气象资料、综合利用要求和施工条件等设计基本资料后,该系统就能自动地通过分析、设计、计算、推理等,优选出最佳方案。输出成果主要包括:枢纽中组成建筑物的形式、尺寸及其相

对位置，工程量、总投资、造价、单位千瓦投资、年运转费、工程效益、抵偿年限或年费用等经济指标，提出分析报告书和枢纽布置图及建筑物剖面图等。当然，这个系统的完全实现尚需不断研究、逐步完善。

思考题

1. 水利枢纽建设一般分哪几个阶段进行设计？各设计阶段的任务是什么？
2. 选择枢纽方案时，一般需要进行哪些项目的比较？
3. 坝址和坝型选择主要受哪些因素影响？

自测题

一、填空题

1. 水利枢纽的设计阶段有________、________、________、________和________。

2. 坝址和坝型选择应考虑的因素有________、________、________、________和________。

二、判断题

1. 枢纽布置就是将枢纽建筑物紧凑地布置在一起。(　　)
2. 一般来说，坝址选在河谷狭窄地段，坝轴线较短，也可以减少坝体工程量。(　　)
3. 当枢纽采用无坝取水时，取水口一般应选在弯道下游段凸岸一侧。(　　)

参 考 文 献

[1] 国家质量技术监督局. GB 18306—2001　中国地震动参数区划图[S]. 北京:中国标准出版社,2001.

[2] 中华人民共和国水利部. GB 50201—94　防洪标准[S]. 北京:中国水利水电出版社,1994.

[3] 中华人民共和国水利部. SL 252—2000　水利水电工程等级划分及洪水标准[S]. 北京:中国水利水电出版社,2000.

[4] 中华人民共和国水利部. SDJ 21—78　混凝土重力坝设计规范[S]. 北京:水利电力出版社,1978.

[5] 中华人民共和国水利部. SL 282—2003　混凝土拱坝设计规范[S]. 北京:中国水利水电出版社,2003.

[6] 中华人民共和国水利部. SL 274—2001　碾压式土石坝设计规范[S]. 北京:中国水利水电出版社,2001.

[7] 中华人民共和国水利部. SL 189—96　小型水利水电工程碾压式土石坝设计导则[S]. 北京:中国水利水电出版社,1996.

[8] 中华人民共和国水利部. SL 228—98　混凝土面板堆石坝设计规范[S]. 北京:中国水利水电出版社,1998.

[9] 中华人民共和国水利部. SL 60—94　土石坝安全监测技术规范[S]. 北京:中国水利水电出版社,1994.

[10] 中华人民共和国水利部. SL 253—2000　溢洪道设计规范[S]. 北京:中国水利水电出版社,2000.

[11] 中华人民共和国水利部. SL 265—2001　水闸设计规范[S]. 北京:中国水利水电出版社,2001.

[12] 中华人民共和国水利部. SL 27—91　水闸施工规范[S]. 北京:水利电力出版社,1992.

[13] 中华人民共和国水利部. SL 227—98　橡胶坝技术规范[S]. 北京:中国水利水电出版社,1998.

[14] 中华人民共和国水利部. DL 5021—93　水利水电工程初步设计报告编制规程[S]. 北京:水利电力出版社,1993.

[15] 中华人民共和国水利部. SL 47—94　水工建筑物岩石基础开挖施工技术规范[S]. 北京:水利电力出版社,1994.

[16] 中华人民共和国水利部. SL 25—2006　浆砌石坝设计规范[S]. 北京:中国水利水电出版社,2006.

[17] 中华人民共和国水利部. DL/T 5039—95　水利水电工程钢闸门设计规范[S]. 北京:中国水利水电出版社,1995.

[18] 中华人民共和国水利部. SL 203—97　水工建筑物抗震设计规范[S]. 北京:中国水利水电出版社,1997.

[19] 中华人民共和国水利部. DL 5077—1997　水工建筑物荷载设计规范[S]. 北京:中国水利水电出版社,1997.

[20] 中华人民共和国水利部. GB 50290—98　土工合成材料应用技术规范[S]. 北京:中国水利水电出版社,1998.

[21] 中华人民共和国水利部. SL/T 231—98　聚乙烯土工膜防渗工程技术规范[S]. 北京:中国水利水电出版社,1999.

[22] 中华人民共和国水利部. SL/T 225—98　水利工程土工合成材料应用技术规范[S]. 北京:中国水利水电出版社,1998.

[23] 中华人民共和国水利部. GB 50287—99　水利水电工程地质勘察规范[S]. 北京:中国水利水电出版社,1999.

［24］中华人民共和国水利部. SL 223—1999　水利水电建设工程验收规程［S］. 北京：中国水利水电出版社，1999.
［25］中华人民共和国水利部. SL 174—96　水利水电工程混凝土防渗墙施工技术规范［S］. 北京：中国水利水电出版社，1996.
［26］中华人民共和国水利部. SL 288—2003　水利工程建设项目施工监理规范［S］. 北京：中国水利水电出版社，2003.
［27］中华人民共和国水利部. GB/T 50123—99　土工试验方法标准［S］. 北京：中国水利水电出版社，1999.
［28］华东水利学院. 水工设计手册［M］. 北京：水利电力出版社，1984.
［29］中华人民共和国水利部. DL/T 5212—2005　水利工程招标设计报告编制规程［S］. 北京：中国水利水电出版社，2005.
［30］陈德亮. 水工建筑物［M］. 3 版. 北京：中国水利水电出版社，1994.
［31］陈德亮. 水工建筑物［M］. 4 版. 北京：中国水利水电出版社，2005.
［32］祁庆和. 水工建筑物［M］. 3 版. 北京：中国水利水电出版社，1997.
［33］林继镛. 水工建筑物［M］. 4 版. 北京：中国水利水电出版社，2009.
［34］左东启. 水工建筑物［M］. 南京：河海大学出版社，1995.
［35］麦加煊．水工建筑物［M］．北京：清华大学出版社，2005.
［36］麻荣永．土石坝风险分析方法及应用［M］. 北京：中国水利水电出版社，2004.
［37］牛运光．病险水库加固实例［M］. 北京：中国水利水电出版社，2002.
［38］汝乃华．大坝事故与安全·土石坝［M］. 北京：中国水利水电出版社，2001.
［39］顾志刚. 混凝土面板堆石坝施工技术［M］. 北京：中国电力出版社，2005.
［40］高本虎．橡胶坝工程技术指南［M］. 北京：中国水利水电出版社，2004.
［41］陆吾华. 橡胶坝设计与管理［M］. 北京：中国水利水电出版社，2005.
［42］崔承章. 治河防洪工程［M］. 北京：中国水利水电出版社，2004.
［43］毛昶熙. 渗流计算分析与控制［M］. 北京：中国水利水电出版社，2003.
［44］李雷. 大坝风险评价［M］. 北京：中国水利水电出版社，2006.
［45］顾慰慈. 土石坝的设计与计算［M］. 北京：中国水利水电出版社，2006.
［46］张景秀. 坝基防渗与灌浆技术［M］. 北京：中国水利水电出版社，2002.
［47］国家电力公司安全运行与发输电部. 大坝安全管理法规与标准汇编［M］. 北京：中国电力出版社，2001.
［48］梅锦煜，等. 土石方工程［M］. 北京：中国水利水电出版社，2002.
［49］白永年，等．中国堤坝防渗加固新技术［M］. 北京：中国水利水电出版社，2001.
［50］苏达根. 土木工程材料［M］. 北京：高等教育出版社，2008.
［51］王萍，等. 中国堤防工程施工丛书：模袋法［M］. 北京：中国水利水电出版社，2006.
［52］甘国权，等. 中国堤防工程施工丛书：深搅法［M］. 北京：中国水利水电出版社，2006.
［53］李刚，等. 中国堤防工程施工丛书：高喷法［M］. 北京：中国水利水电出版社，2006.
［54］吴德绪，等. 中国堤防工程施工丛书：抓斗法［M］. 北京：中国水利水电出版社，2006.
［55］徐国新，等. 中国堤防工程施工丛书：土工合成材料法［M］. 北京：中国水利水电出版社，2006.
［56］中华人民共和国水利部. SL 191—2008　水工混凝土结构设计规范［S］. 北京：中国水利水电出版社，2008.
［57］李天科，等. 水利工程施工［M］. 北京：中国水利水电出版社，2005.
［58］李天科，等. 低水头水工建筑物设计［M］. 北京：中国水利水电出版社，2009.